中国森林能源

China forest Energy

张希良　吕　文　等编著

中国农业出版社

主编：

张希良　　吕　文

编写人员：

张希良	吕　文	张彩虹	常世彦	张　兰
王国胜	刘金亮	庄会永	傅友红	柴麒敏
郭庆方	周玲玲	吕　扬	韩　荣	马隆龙

参加项目研究主要人员：

王　莹	王国胜	王春锋	甘　霖	李　政
李美华	西　古	吕　文	吕　扬	庄会永
刘　轩	刘金亮	吴　琼	张　兰	张大红
张希良	张启龙	张彩虹	周玲玲	赵晓明
俞国胜	袁湘月	柴麒敏	徐剑奇	郭庆方
郭利恒	常世彦	章升东	韩　荣	傅友红
傅玉清	熊邵俊	樊峰鸣		

主要资助单位：

英国石油 (BP)
国家自然科学基金委 (90410016)
世界自然基金会北京分会
北京国林山川生物能源科技公司

主要支持单位和部门：

国家林业局
世界自然基金会
中国可再生能源规模化发展项目管理办公室
清华大学
北京林业大学
北京国林山川生物能源科技公司
国能生物发电有限公司
北京盛昌绿能科技有限公司
中林能生物能源研究中心

图1　2006年，原国家能源办组织有关专家讨论修改《中国可再生能源中长期发展规划》

图2　2006年，中国—UNDP绿色能源减贫项目"小桐子种植示范项目"分别在云、贵、川、琼4省启动

图3　国家发改委和国家林业局组织有关专家考察欧洲林木生物质能开发技术

图4　森林资源——杨树人工林

图5　中国森林资源(图片来源:《中国森林》)

图6　水源涵养林

2007年10月，小桐子产业发展（海南）国际研讨会在海口召开，从事小桐子生物柴油研究、生产的海内外代表400多人出席了会议并进行了讨论交流

图8 小桐子（*Jatropha curtae L.*）原料林基地、果实及生物柴油样品

图9 山桐子（*Idesia polycarpa*）果实

图 10 比较适宜应用的植物油压榨机
（图片来源：中国生物柴油网）

图 11 文冠果（*Xanthoceras sorbifolia*）
原料林基地

图 12 油料果实处理和储藏

图 13　北京盛昌绿能科技公司在大兴建立了成型燃料加工示范基地，该生产线利用农林剩余物，加工成型颗粒燃料能力为 3 吨 / 小时

图 14　丛桦（*Betula fruticosa.*）等灌木林树种是优质森林能源资源

图 15　沙柳（*Salix mongolica*）能源林，一般造林 3 ~ 5 年后枝条产量在 30 ~ 60 吨 / 公顷。

图 16　经平茬复壮的能源林

图 17　森林能源资源——
　　　　采伐和加工余物

图 18　森林能源资源——人工林修枝和抚育间伐剩余物资源

图 19　从事森林能源研究的科研人员深入林区调查，与基层林业工作者共同研究发展森林能源

图 20　四川省攀枝花市可种植小桐子发展油料能源林的荒山地

图 21　东北可种植灌木发展能源林的荒山地

图 22 中国北方部分适宜发展文冠果能源林的荒沙、荒山土地资源

图 24 森林抚育间伐剩余物已成为当地居民主要能源原料

图 23 9GG-0.84 型灌木平茬收割机和粉碎机

图 25　生物乙醇生产厂一角

图 26　江西省萍乡
（必高）生物
质气化发电厂

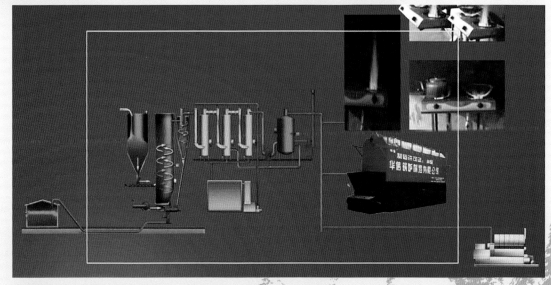

图 27　生物质燃气加工生产与利用工艺流程示意图

图28　建设中的内蒙古奈曼林木生物质热电厂和灌木能源林基地

图29　芬兰木片处理与发电厂

图 30　瑞典木质原料输料螺旋（杆长 34 米）CSR-7F/Kappa 系统

图 31　内蒙古阿尔山林木生物质发电厂木质燃料输送示意图

图 32 　国外林木生物质发电原料
　　　供应模式图

实施森林能源工程

1995 年 9 月全国薪炭林建设
现场会确立了"森林能源工程"
新思路,从而使科研成果成为人
们的共识。

"森林能源工程"从 1996 年
开始实施,标志着科研成果由理
论上升为实践。

中国林业报

ZHONGGUO LINYE BAO

中华人民共和国林业部·全国绿化委员会·主办
· 1996 年 8 月 27 日·星期二·农历丙子年七月十五·邮发代号:1—122

森林能源工程今年开始实施

林业部决定,年内启动首批 37 个重点县(市)

头条新闻竞赛

实施"森林能源工程",必将结出累累硕果

图 33 　1995 年 9 月,全国薪炭林建设
　　　现场会议确定了"森林能源工
　　　程建设"新思路们的共识

前　言

　　能源安全和气候变化已成为当前国际政治、经济和环境领域的热点问题。在现代化过程中，中国将长期面临能源安全和气候变化所带来的挑战。中国能源未来发展的道路会对全球能源市场和应对气候变化格局产生广泛而重大的影响。发展和利用森林能源是中国应对能源危机和气候变化的重要举措之一，也是促进森林资源发展、加快荒山荒沙绿化、帮助林农开辟新的增收渠道的重要途径。中国拥有丰富的森林能源资源，但是受经济发展、科学技术水平和人们重视程度等方面的影响，中国森林能源还没有发挥其应有的作用，还没有走上可持续发展的轨道。

　　中国森林能源发展和利用问题十分复杂，涉及能源、生态、技术、经济、社会、政策、管理体制等多个方面。认识和提出中国可持续的森林能源发展和利用道路需要系统、深入的多学科综合研究。几年来，众多部门和专家们宏扬和继承前人几十年的研究成果，对中国森林能源的可持续发展与利用问题开展了大量调查和研究工作。《中国森林能源》一书是对国内森林能源研究人员和管理人员近几年研究工作的总结，试图从森林能源资源评价、技术路线选择、发展模式识别和政策设计等方面，为我国森林能源的可持续发展与利用提供技术支持和决策参考。

　　本书出版得到英国石油（BP）的资助，特表感谢。

作　者

二〇〇八年七月一日

目　　录

前言

1. 概论 1

   1.1　森林能源 1

     1.1.1　森林能源发展历程 1

     1.1.2　森林能源资源的范畴与计量 2

   1.2　发展森林能源的形势与任务 5

     1.2.1　能源供需形势恶化 5

     1.2.2　化石能源消耗与气候变化 6

     1.2.3　发展森林能源任务与使命 6

   1.3　发展森林能源的条件和战略作用 7

     1.3.1　发展森林能源的资源条件 7

     1.3.2　发展森林能源的战略作用 8

   1.4　森林能源利用方式的多样化 10

     1.4.1　森林能源利用方式 10

     1.4.2　森林能源主要类型 10

   1.5　发展森林能源的战略选择 13

     1.5.1　基本情况 13

     1.5.2　国家扶持森林能源开发的有关政策 14

     1.5.3　我国发展森林能源的指导思想和基本原则 14

     1.5.4　发展森林能源的可行性 15

     1.5.5　我国发展森林能源的阶段性及其重点领域 16

   参考文献 16

2. 森林能源资源及发展潜力分析 17

   2.1　中国森林资源分布及特点 17

     2.1.1　森林资源增长主要特点 17

     2.1.2　全国森林资源存在的问题 18

   2.2　森林能源资源分布与类型 20

     2.2.1　木质资源剩余物及可作为能源利用量测算 20

     2.2.2　油料能源树种资源和果实（种子） 25

   2.3　未来森林能源资源发展潜力分析 26

2.3.1 现有林木资源开发森林能源前景广阔 26

2.3.2 规模化发展能源林的土地资源丰富 27

2.3.3 发展和利用森林能源条件逐步成熟 29

2.3.4 符合产业发展方向 30

2.3.5 符合国际CDM项目的碳贸易原则和方向 31

2.4 发展与利用基本思路与原则 32

2.4.1 基本思路 32

2.4.2 基本原则 32

参考文献 33

3. 森林能源战略评价与情景分析 34

3.1 国家有关发展规划和目标 34

3.2 森林能源资源发展目标 34

3.2.1 现有森林资源剩余物收集与利用 34

3.2.2 发展能源林基地 35

3.3 森林能源资源发展优先区域 36

3.3.1 油料能源林发展重点区域 36

3.3.2 木质能源林发展重点区域 37

3.3.3 各地区特点 37

3.4 国家森林能源战略评价与情景分析模型 38

3.4.1 森林能源战略评价与情景分析模型体系 38

3.4.2 能源供应系统优化模型 39

3.4.3 能源需求预测模型 44

3.5 森林能源战略情景分析与评价 44

3.5.1 终端能源需求情景设定 44

3.5.2 能源系统优化情景设定 44

3.5.3 参考情景分析 44

3.5.4 石油对外依存度控制情景 47

3.5.5 CO_2 排放控制情景分析 50

3.5.6 "双控"情景 51

3.5.7 森林能源利用目标设想 54

参考文献 58

4. 能源林基地建设及能源树种 60

4.1 基地经营类型与模式 60

4.1.1 基地培育经营类型 60

4.1.2 能源树种选择特性 61

4.1.3 能源原料林营造基本要求 62

4.2 主要油料能源树种分布与培育 63

4.2.1 油料能源树种分布 63

4.2.2 油料能源树种用途与培育技术 64

　4.3　主要木本能源树种特性与培育 …………………………………………… 81

　　4.3.1　华北和南方主要能源原料林树种 …………………………………… 81

　　4.3.2　北方主要能源原料林树种 …………………………………………… 85

　4.4　能源树种的良种培育 ………………………………………………………… 87

　　4.4.1　良种培育策略 ………………………………………………………… 88

　　4.4.2　良种培育目标 ………………………………………………………… 88

　　4.4.3　育种程序与选择育种资源 …………………………………………… 89

　参考文献 …………………………………………………………………………… 89

5. 森林能源资源供给工艺与技术 …………………………………………… 90

　5.1　优先开发利用区域 …………………………………………………………… 90

　5.2　优先开发利用类型与规模 …………………………………………………… 90

　5.3　木质燃料资源收集、供给工艺 ……………………………………………… 90

　　5.3.1　原料收割 ……………………………………………………………… 91

　　5.3.2　资源收集 ……………………………………………………………… 93

　　5.3.3　资源利用前处理 ……………………………………………………… 94

　　5.3.4　丹麦生物质发电燃料供给案例 ……………………………………… 96

　5.4　油料能源树种资源培育、收获与供给 ……………………………………… 98

　　5.4.1　油料能源树种资源培育基地（系统）建设 ………………………… 98

　　5.4.2　原料收集模式 ………………………………………………………… 99

　　5.4.3　原料处理和贮藏 ……………………………………………………… 100

　　5.4.4　原料供给技术 ………………………………………………………… 100

　　5.4.5　森林能源原料供给保障措施 ………………………………………… 101

　5.5　内蒙古阿尔山 2×12MW 林木质热电厂燃料供应计划案例 …………… 101

　　5.5.1　项目规模 ……………………………………………………………… 101

　　5.5.2　阿尔山地区可利用林木质资源剩余物 ……………………………… 102

　　5.5.3　原料收集与收购 ……………………………………………………… 105

　　5.5.4　电厂运营 5 年后林木质燃料年可供应种类和数量 ………………… 106

　参考文献 …………………………………………………………………………… 107

6. 液体燃料 …………………………………………………………………………… 108

　6.1　生物液体燃料概述 …………………………………………………………… 108

　6.2　生物柴油 ……………………………………………………………………… 109

　　6.2.1　生物柴油开发利用现状 ……………………………………………… 109

　　6.2.2　生物柴油生产技术 …………………………………………………… 110

　　6.2.3　生物柴油应用评价 …………………………………………………… 112

　　6.2.4　我国生物柴油产业的发展 …………………………………………… 113

　　6.2.5　小桐子生物柴油示范工程 …………………………………………… 115

　6.3　燃料乙醇 ……………………………………………………………………… 116

　　6.3.1　燃料乙醇开发利用现状 ……………………………………………… 116

　　　　6.3.2　燃料乙醇生产技术 ……………………………………………… 117
　　　　6.3.3　燃料乙醇技术评价 ……………………………………………… 119
　　　　6.3.4　我国燃料乙醇产业的发展 ……………………………………… 121
　　　　6.3.5　产业案例 ………………………………………………………… 124
　　6.4　其他液体燃料 …………………………………………………………… 126
　　　　6.4.1　生物油 …………………………………………………………… 126
　　　　6.4.2　其他生物质合成液体燃料 ……………………………………… 126
　　6.5　我国生物液体燃料的发展前景 ………………………………………… 128
　　参考文献 ……………………………………………………………………… 129

7. 固体成型燃料 …………………………………………………………………… 131

　　7.1　开发与利用概述 ………………………………………………………… 131
　　　　7.1.1　国外固体成型燃料加工技术 …………………………………… 132
　　　　7.1.2　我国成型固体燃料加工技术 …………………………………… 133
　　7.2　固体成型燃料成型技术 ………………………………………………… 133
　　　　7.2.1　成型技术原理 …………………………………………………… 133
　　　　7.2.2　成型技术工艺 …………………………………………………… 134
　　　　7.2.3　成型原料粉碎技术与设备 ……………………………………… 137
　　7.3　国内几种比较成熟的固体成型燃料加工设备 ………………………… 138
　　　　7.3.1　块状固体成型燃料加工设备 …………………………………… 138
　　　　7.3.2　颗粒燃料加工设备 ……………………………………………… 140
　　　　7.3.3　成型燃料加工案例分析 ………………………………………… 142
　　7.4　固体成型燃料应用 ……………………………………………………… 144
　　　　7.4.1　炉具燃烧取暖与炊事 …………………………………………… 144
　　　　7.4.2　成型燃料发电供热 ……………………………………………… 146
　　7.5　未来成型燃料开发与利用潜力 ………………………………………… 147
　　　　7.5.1　市场需求和经济效益 …………………………………………… 147
　　　　7.5.2　在农村林区发展的优势 ………………………………………… 147
　　7.6　成型燃料规模化发展亟待解决的问题 ………………………………… 147
　　　　7.6.1　资源问题 ………………………………………………………… 147
　　　　7.6.2　设备问题 ………………………………………………………… 147
　　　　7.6.3　灌木机械平茬收割问题 ………………………………………… 147
　　参考文献 ……………………………………………………………………… 147

8. 气化燃料 …………………………………………………………………………… 150

　　8.1　生物质气化燃料概述 …………………………………………………… 150
　　8.2　生物质气化技术发展评述 ……………………………………………… 150
　　　　8.2.1　气化技术开发利用现状 ………………………………………… 150
　　　　8.2.2　生物质气化技术原理与流程 …………………………………… 153
　　　　8.2.3　气化装置 ………………………………………………………… 155

8.3　生物质气化集中供气技术 ……………………………………………………… 158
　8.3.1　气化集中供气技术系统 ……………………………………………………… 158
　8.3.2　气化集中供气技术系统的优势 ……………………………………………… 159
　8.3.3　气化集中供气 200 户案例 …………………………………………………… 160
8.4　生物质燃气和原料特性 ………………………………………………………… 162
　8.4.1　生物质燃气热值 ……………………………………………………………… 162
　8.4.2　生物质燃气的净化技术 ……………………………………………………… 163
8.5　气化技术评价与发展前景 ……………………………………………………… 164
　8.5.1　经济性评价 …………………………………………………………………… 164
　8.5.2　环境影响评价 ………………………………………………………………… 166
　8.5.3　社会影响评价 ………………………………………………………………… 166
参考文献 ………………………………………………………………………………… 167

9. 直燃和气化发电 …………………………………………………………………… 168

9.1　国外直燃、气化发电概述 ……………………………………………………… 168
　9.1.1　直燃发电 ……………………………………………………………………… 168
　9.1.2　国外气化发电 ………………………………………………………………… 171
9.2　国内生物质直燃、气化发电发展评述 ………………………………………… 171
　9.2.1　生物质气化发电 ……………………………………………………………… 172
　9.2.2　生物质直燃发电 ……………………………………………………………… 173
　9.2.3　直燃与气化发电特性分析 …………………………………………………… 173
　9.2.4　生物质混合燃烧发电 ………………………………………………………… 173
9.3　生物质直燃、气化发电优先发展区域 ………………………………………… 174
　9.3.1　木质燃料直燃发电项目分布 ………………………………………………… 174
　9.3.2　木质燃料热电联产发展区域 ………………………………………………… 174
9.4　森林能源热电联产技术 ………………………………………………………… 177
　9.4.1　热电联产主要技术流程 ……………………………………………………… 177
　9.4.2　直燃发电供热技术指标（示范项目）………………………………………… 177
　9.4.3　气化发电供热技术指标（示范项目）………………………………………… 181
9.5　森林能源发电上网电价测算 …………………………………………………… 183
　9.5.1　直燃发电成本测算 …………………………………………………………… 184
　9.5.2　直燃发电动态测算 …………………………………………………………… 185
　9.5.3　木质原料热值和特性 ………………………………………………………… 186
　9.5.4　燃料成本 ……………………………………………………………………… 187
9.6　林木质热电联产的经济概算 …………………………………………………… 187
　9.6.1　热电联产各类型模式的经济比较 …………………………………………… 187
　9.6.2　确定性经济分析结论 ………………………………………………………… 188
　9.6.3　不确定性经济分析：主要因素及其临界值计算 …………………………… 189
　9.6.4　初步结论与建议 ……………………………………………………………… 190
9.7　案例：山东国能单县 1×25 兆瓦农林剩余物直燃发电项目 ………………… 191

9.7.1 　项目概述 ··· 191

9.7.2 　主要系统介绍 ··· 192

参考文献 ··· 193

10. 森林能源资源开发利用的经济模型 ·············· 196

10.1 　森林能源资源获取与开发利用经济模型 ······ 196

10.1.1 　能源林生物量与林地面积、单位标煤森林能源成本的关系模型 ······ 196

10.1.2 　林木剩余物资源收集半径计量模型 ······ 199

10.1.3 　平均资源合理收集半径模型 ············ 204

10.1.4 　未来能源林资源收集半径与收集成本的关系模型 ······ 206

10.2 　森林能源产业原料供应经济性分析 ·········· 210

10.2.1 　森林能源产业原料供应系统分析 ········ 210

10.2.2 　原料供应模式分析 ··················· 210

10.2.3 　收购点原料派送量分配 ··············· 212

10.3 　参与式农村评估方法（PRA）在森林能源项目的应用 ·· 215

10.3.1 　参与式农村评估（PRA） ············· 215

10.3.2 　参与式农村评估（PRA）方法在森林能源项目中的应用 ······ 217

参考文献 ································ 221

11. 森林能源政策 ························· 222

11.1 　国内外政策介绍 ················· 222

11.1.1 　影响政策制定的因素分析 ············· 222

11.1.2 　森林能源发展与利用国外政策和模式 ···· 223

11.1.3 　促进发展森林能源与利用的相关政策 ···· 229

11.1.4 　森林能源发展与利用政策评价 ·········· 231

11.2 　森林能源发展与利用的政策建议 ·········· 236

11.2.1 　森林能源发展与利用的指导思想 ········ 236

11.2.2 　森林能源发展与利用的基本原则 ········ 237

11.3 　森林能源发展与利用的阶段性战略重点和举措 ·· 237

11.3.1 　发展初期（2008—2010） ············· 237

11.3.2 　产业形成期（2010—2015） ··········· 239

11.3.3 　产业发展期（2015 以后） ············ 241

参考文献 ································ 243

12. 附　　录 ····························· 244

12.1 　可再生能源发展专项资金管理暂行办法［财建［2006］237 号］ ·· 244

12.2 　财政部关于印发《生物能源和生物化工原料基地补助资金管理暂行办法》的通知财建［2007］435 号 ·· 247

12.3 　中国森林能源大事记 ··············· 250

12.4 　森林能源主要研究项目（2004 年 5 月—2007 年 12 月） ·· 257

12.5　文中主要缩写和单位换算 ……………………………………………………… 259

后　　记 ……………………………………………………………………………… 260

封底图片：内蒙古奈曼旗林木生物质热电厂全景

······ 2005 年，国际能源机构发出能源警告：全球能源枯竭问题严峻，目前，已探明的石油储量仅能为人类提供 40 年的开采使用时间！

······ 2007 年 8 月，俄罗斯科学家认为：当前全球变暖已加速冰山融化速度，并造成一些地区永久性冻土解冻。永久性冻土解冻会使沉睡无数世纪的温室气体释放出来，将更加加剧地球温室效应！对此联合国秘书长潘基文先生强调：人类应对气候变化的时间已经不多了！

1. 概论

1.1 森林能源

1.1.1 森林能源发展历程

森林是人类的摇篮，绿色是生命的源泉！

在人类的漫长文明发展中，森林是能源的主要来源，可能是人类利用最早、也是利用时间最长的能源之一。以柴为能"钻木取火"使人类先祖摆脱了"茹毛饮血"的蒙顿，开启了人类的文明。在随后的漫长岁月里，人类烧柴煮饭、取暖，林木成为人类社会经济存在和发展赖以为生的主导能源。

我国先民不仅依赖柴为能源煮饭、取暖，还流传出许多与能源利用有关的各种词语、典故。"上山砍柴"、"卖柴为生"表明林木在我国漫长的农耕社会中具有非常重要的地位，它渗透到我国传统社会生活的方方面面。尤为可贵的是，我国先民不仅以柴为能，还意识到可持续性利用，《孟子·梁惠王上》称"斧斤以时入山林、林木不可胜用也。"

从人类社会发展历史来看，到目前为止，人类所依赖的主导能源经历了从薪材向煤炭替换，然后又向石油、天然气替换的 3 个阶段。随着第一次产业革命的兴起，世界开始进入工业化为主导的社会。在工业大生产条件下，若直接利用，薪材无论是在能量密集度，还是热值都难以适应工业大生产所需要的能量要求。与传统利用方式的森林能源相比，常规化石能源能够人规模开采和集中供应，其价格也相对低廉，能够更有效地支撑工业大生产以及与之相伴生的现代消费方式。以柴为能逐渐失去竞争力，被常规化石能源开始替代，化石能源成为人类社会生产、生活的主导能源。当前，常规化石能源正日益耗竭，其价格不断攀升；常规化石能源的利用还给自然环境带来越来越大的压力。在这种情况下，许多国家已经或开始制订新的能源发展战略，以可再生能源来替代常规化石能源是其中的重要内容。森林能源又出现世界当前和未来能源发展的重要议程上，并被赋予了新的历史使命。

从历史与逻辑相统一的关系来看，森林能源经历了一个否定之否定的过程。这意味着当前和未来的森林能源发展会具有鲜明的时代特征。当前和未来相当长时期的社会经济基础和主导力量是工业大生产，工业大生产的特点是规模化、技术化、装备化、市场化和集中化。当前和未来森林能源利用也是建立在工业大生产基础上的，与传统农耕社会的利用方式相比，其利用方式必须遵循工业大生产上述基本特点。

与传统意义上的零星燃烧相对比，规模化意味着森林能源的利用需要大规模、大批量的生产和加工处理；与传统意义上的简单、粗放相比，技术化意味着森林能源的生产和利用要依靠技术进步、依靠相对复杂的工艺过程进行深加工处理；与传统意义上的直接点火燃烧相比，装备化意味着森林能源的生产和利用需要借助比较复杂的、能够进行各种物理、化学处理的机器设备；与传统意义上的自给自足为主导相比，市场化意味着森林能源的生产和利用需要更多地借助市场力量，森林能源生产分工细化，其种植、收集、加工、配送、使用等环节主要借助市场交换来实现；与传统意义上的分散利用相比，集中化意味着森林能源的生产和利用往往在比较集中的地点、比较集中的时间连续地进行加工和处理。

森林资源具有很多功能，其价值内涵可以从多种角度、多种用途进行界定，森林能源只是森林资源这个大范畴的一个子集。就整个森林资源而言，林木可以保持水土、避免水土流失、防风固沙、保护农田牧场造就秀美山川；森林资源可以加工成木材，利用在工业、民用上；森林资源可以吸收二氧化碳，维持地球的二氧化碳平衡，这对整个人类生存都具有关键意义。有些森林资源的果实或其他部位可以用于食用；有些林木的果实或其他部位是工业加工的原料。从能源使用角度上看，林木的任何部位都可以燃烧和转化利用，都是潜在的能源，但是能源只是林木众多使用价值中的一项。

森林资源作为能源利用既可能与其他用途发生竞争，也可能不发生竞争。就单个林木的某个部位或整体来说，如果用于获取能源，其物理、化学性质一般会发生严重变化，很难再被用于其他用途，因此，林木作为能源利用会与其他用途发生竞争。但林木是可以再生的，林木作为生物质能，只要不严重影响到其生长，就不会与林木生态涵养、二氧化碳吸收等其他用途发生矛盾；林木有很多部位，除了专门的能源林品种外，有些林木品种的某些部位有非能源使用用途，但其他部位则可以成为生物质能。在这种情况下，林木作为生物质能并不与其他非能源使用用途发生冲突。

1.1.2 森林能源资源的范畴与计量

森林能源的内涵是其在森林资源的多种规定中，通过与其他用途的比较和取舍界定的。概括地说，所谓森林能源，就是在森林生物量中，通过人为活动可以获得并可以直接或间接作为能源利用的森林生物量剩余物和能源林资源。

图 1-1 森林为造就秀美山川奠定了基础

森林生物量剩余物和森林能源资源是森林自然生长过程中，或通过人为正常的森林经营活动产生的物质，主要包括：林木采伐、造材和加工剩余物；能源林采伐物；灌木林平茬更新复壮剩余物；中幼林抚育间伐剩余物；经济林抚育修剪剩余物；竹林采伐及加工剩余物；四旁、散生疏林抚育修枝剩余物；城市绿化更新修剪剩余物；苗木修枝、定杆及截杆剩余物；废旧木材剩余物；木本油料果实剩余物等等。

能源林是某些林木品种在保持生态功能和可持续发展的前提下，专门用来作为能源利用的资源。如：种植枝条萌生力强的灌木林和果实含油率比较高的油料树种小桐子、文冠果、黄连木等。

(1) 森林生物量与森林能源资源量

1) 森林生物量。来自林木的一切资源的生物质量被称为森林生物量。

目前，我国对森林生物量测算已有了比较确切的方法和结果，现有森林生物量已超过 180 亿吨，主要由树木的根、茎、叶、花、果实组成。2006 年以来，我国林木蓄积量年平均净增长 5 亿米^3，森林生物量的年净增长量超过了 6 亿吨。

估算森林生物量，特别是可用于能源的生物量是研究中国森林能源现状及发展潜力的基础。要获得准确的森林生物量及其树干、枝、果实等生物量数据，关键在于林木生物量准确测定与估计。目前世界上流行的方法有平均生物量法和生物量转换因子法等。平均生物量法是指基于野外实测样地的平均生物量与该类型森林面积来求取森林生物量的方法。平均生物量法有明显的缺陷：由于中国地域广阔，自然类型复杂多样，同一林龄的树种在不同地区的生长状况差异极大，用有限样地数据计算不同地区同一树种的生物量，误差大，可信度差。生物量转换因子又叫材积源生物量法（volume-derived biomass），是利用林分生物量与林分材积比值的平均值，乘以该森林类型的总蓄积量，得到该类型森林的总生物量的方法。

我国已进行了连续六次全国范围的、系统的森林资源清查，取得了包括人工林和天然林在内的大量宝贵的森林资源资料，为准确测算生物量奠定基础见图 1-2。研究表明，对于某一森林类型，森林的生物量与森林自身的生物学特性（蓄积量、林龄等）有着密切的联系。森林资源清查资料有各树种和林种的面积、蓄积、林龄等精确数据，利用森林蓄积估算森林生物量的方法是比较科学的方法。在同类的林分中就可以利用森林资源清查资料来估计整个林分的生物量，而且有一定的精度保证。

联合国粮农组织（FAO）的全球森林资源报告利用材积测算生物量研究森林生物量，林木地上部分的生物量和蓄积量平均比：

$$B/V = 1.173$$

B——生物量（吨）

V——蓄积量（米^3）

因此，中国森林生物量＝136.2 亿米^3×1.17＋非蓄积量统计资源（各地差异大）

非蓄积量统计资源——灌木林资源、人工造林未成林资源、苗木资源、城镇绿化树木资源、经济林资源、竹林资源等非蓄积量统计资源，其生物量约有 50 亿吨。

另外，中国森林资源具有人工林资源、竹林资源、四旁散生林木资源、防护林资源比重大的特点，在生物量计算方面的系数可略高于平均数。

2) 森林可获得利用资源量。林木在正常的生长和人类的经营过程中，必然会产生大量的生物量。中国森林资源可获得剩余物资源中，除了难以获得（根、叶和分布在边缘地带的资源）和由于价值高当前还不能作为能源利用（树木主干、果实等），可获得利用的资源量和可作为森林能源利用的资源量十分丰富。

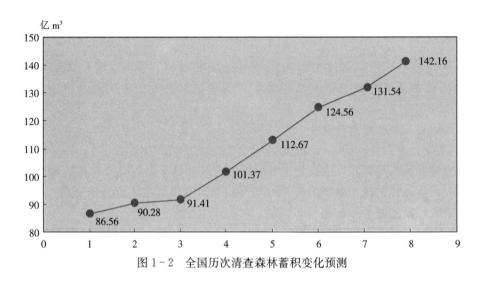

图 1-2　全国历次清查森林蓄积变化预测

森林生物量中的可获得利用资源量的理论蕴藏可以通过以下公式测算：

$$B_T = (M \times G) - N$$

B_T——可获得利用资源量（吨）

M——森林面积（公顷），包括各种天然林、人工林、四旁林、城市绿化林、竹子林、果树经济林、林木苗木资源面积

G——单位面积平均生物量（吨/公顷），平均生物量为 90 吨/公顷

N——不可利用量（吨），占森林资源中的 90% 以上

不可利用量指不能利用、不可获得、不值得利用，或通过现代技术条件不可转化为有用能的森林生物量资源数量。因此，不可获得量是一个与经济、环境、技术、交通有着密切相关的实物量指标，各地差异很大，需要进行抽样调查确定。我国森林生物量资源中绝大多数资源肩负着重要的生态保护功能和特殊的经济效益属于不能利用资源；一些资源由于所处的地理环境属于不可获得资源；还有一些资源因受交通等条件的限制，获得的成本比较高，属于不值得利用资源。

在可获得利用同一种可再生能源资源中，因转换的技术路线不同而有不同的可获得量。为此，用资源最大可获得量和技术基准可获得量两个指标来反映技术对资源利用的制约。

资源最大可获得量＝满足现有能最大限度转换资源技术参数要求的理论资源量×收集系数
技术基准可获得量＝满足某一技术路线的基本参数要求的理论资源量×收集系数

技术基准可获得量与资源利用的具体技术路线密切相关，反映的是某一技术对资源的利用能力。与技术基准可获得量不同，资源最大可获得量反映的是已有技术对资源的最大利用。应当说明的是，这里所说的能够最大限度地转换资源的技术是指可以使用相对劣等资源进行生产的技术。

（2）**森林能源资源量**

在森林生物量中，一部分资源将用于造纸、造板等方面，一部分可以直接或间接作为能源利用。

因此，在可获得利用资源量中，能否作为能源利用的资源量将受到经济和市场的调控。通过人为活动人们可以获得并可以直接或间接作为能源利用的森林生物量剩余物和能源林资源量是森林能源资源量。测算方法是：

$$B_S = (B_T - B_Q) D$$

B_S——森林能源资源量
B_T——森林生物量剩余物资源量和能源林资源量
B_Q——其他用途资源量）
D——可利用系数

可利用系数是一系列对能源生产的非技术性约束的综合表述，通常包括地区该种可再生资源的能源用途份额和环境生态制约因子等。所以，只有充分了解我国森林资源的理论蕴藏量、可获得量和可利用量，才能比较精确的测算森林能源资源量。

1.2 发展森林能源的形势与任务

1.2.1 能源供需形势恶化

能源是人类生存与发展的命脉！

能源是经济社会正常运转和健康发展的重要物质基础，是当前全球关注的焦点问题。在世界大多数国家，能源工业成为其产业体系中的重要组成部分。工业革命以来，世界能源资源、生产和贸易就与国际经济、政治、外交乃至于军事格局紧密联系在一起，能源问题成为事关经济发展、社会稳定和国家安全的重大问题。

人类目前使用的主要能源有石油、天然气和煤炭 3 种。根据国际能源机构统计，地球上这 3 种能源可供人类开采的年限分别为 40 年、60 年和 220 年。近几十年，全球因能源供需而引起的国际争端、经济制裁和军事战争屡见不鲜。目前，原油期货价已超过 150 美元/桶。

根据国家新一轮油气资源评价结果，目前我国常规石油可采资源量约为 212 亿吨，累积探明可采储量 73.6 亿吨。天然气资源量为 55.16 万亿米^3，探明储量 3.11 万亿米^3，可采储量 1.65 万亿米^3。由于我国人口众多，从人均角度看，我国属于名副其实的"贫油、贫气大国"。截至 2006 年年底，全国石油剩余经济可采储量 20.43 亿吨，天然气剩余经济可采储量 2.45 万亿米^3，仍然无法摘掉"贫油、贫气"的帽子。

我国的能源蕴藏量位居世界前列，但同时也是世界第二大能源消费国。近 10 年来，国内原油产量虽然以 1.67％的年平均速度稳定增长，但增速远低于原油消费量 6.05％的增长速度，原油供需缺口越来越大，对进口原油的依赖度逐年增加，供需矛盾日益突出。

我国煤炭剩余可开采储量仅为 1 390 亿吨标准煤，按照 2003 年的开采速度，只能维持 83 年。根据我国目前探明的石油资源经济可采储量，还能开采 10～15 年。2004 年我国净进口石油 1.45 亿吨，进口依存度上升到 42％。因此，尽快改善能源消耗结构，加大能源保障安全迫在眉睫。

在我国油气资源有限和产量日益不能满足国民经济发展的情况下，国家制定实施符合国际环境和我国实际的全面能源战略，尤其从长远发展的视角制定新的能源规划和战略，对促进国民经济的快速、持续发展，稳步提高人民生活品质，全面改善国家环境和生态环境十分重要。

我国经济目前正处在快速增长期，经济发展对能源的依赖度较高。1980 年以来，我国的能源总消耗量每年增长约 5％，是世界平均增长率的近 3 倍。从现在起到 2020 年，是我国经济社会发展的重要战略机遇期，到 2020 年我国要实现经济翻两番。根据国际经验，这一时期是实现工业化的关键时期，也是经济结构、城市化水平、居民消费结构发生明显变化的阶段。从能源供应与经济发展来看，我国的能源发展面临着十分严峻的形势和挑战，为保证 2020 年实现经济翻两番的目标，我国一次能源的需求在 44 亿吨标准煤左右，是 2005 年的 1.9 倍。如果采取正确的能源战略和相关的政策措施，一方面开源，大力发展可再生能源，包括森林能源；另一方面节流，节约能源，降低单位能耗，建设节约型社会，未来我国的能源需求将有可能保持相对较低的增长速度，在低于目前发达国家人均能源消费量的条件下显著提高人民的生活水平。

1.2.2　化石能源消耗与气候变化

过去 100 多年间，人类一直依赖石油煤炭等化石燃料来提供能源。这些能源在使用过程中有害物质的排放使全球生态环境恶化，如二氧化碳、二氧化硫、氮氧化物等就造成全球温室效应、局部地区酸雨、河流污染。大量温室气体（二氧化碳等）被排放并积聚于大气层，成为气候变化的元凶。

全球变暖使人类面临最严峻的挑战，包括雪山雪线上移、冰川消融加快、海平面逐年上升、海啸台风频繁发生、永久冻土解冻等。沉睡无数世纪的温室气体再释放，其灾难和后果不堪设想。

从 1906—2005 年的 100 年间，全球平均气温升高了 0.74 摄氏度，预计到本世纪末全球气温将升高 1.1～6.4 摄氏度。如果不采取有效措施，遏制全球变暖的步伐，人类未来的生活环境将越来越严峻。

经有关国际组织研究表明：地球上的热带区域从 1979 年至 2005 年间已向南北方向总计扩张了 2～4.8 个纬度的距离，相当于 50 公里至 200 公里。而此前，科学家曾经根据气候模型预计，热带将在 21 世纪末期才会完成这样的扩张。科学家指出，热带快速扩张对地球生态环境影响深远，这将导致出现越来越多的风暴天气，现有的干旱区域可能因此变得更加干旱，"地球上的农业资源和水资源也将受到巨大影响。"

图 1-3　2007 年 12 月 8 日，竖立在印度尼西亚巴厘岛联合国气候变化大会会址前的温度计模型——警示全球变暖的危机

2007 年联合国气候变化大会在印度尼西亚旅游胜地巴厘岛举行。大会会场前，一支 6.7 米高的温度计模型巍然耸立，在高高的椰子树和飘扬的会旗之中尤为醒目。温度计模型上有 5 个刻度，分别标着 1 至 5 摄氏度。模型插在一个画着燃烧图案的彩色立体地球模型上，"火苗"已经超过黄色的大写的 2 摄氏度，并正向 3 摄氏度逼近。根据科学家的说法，如果气温上升 2 或 3 摄氏度，那么，地球将发生不可逆转的破坏性变化。

1.2.3　发展森林能源任务与使命

随着气候变化引起的自然灾害对人类的危害越来越加重的同时，全球应对气候变化、发展可再生能源的努力和行动也越来越有效了。1998 年联合国《生物多样性公约》指出："麻疯树（小桐子）是一种极好的柴油替代品"。

2006 年 1 月 1 日，《中华人民共和国可再生能源法》正式生效。确定了发展包括森林能源在内的生物质能、太阳能、风能、水能等可再生能源的法律地位和任务。2007 年 9 月 4 日，国家颁布了《可再生能源中长期发展规划》，提出到 2020 年，可再生能源消费量占整体能源消费量要从目前的

8%提高到15%。其中，生物质发电总装机容量达到3 000万千瓦，生物燃料乙醇年利用量达到1 000万吨，生物柴油年利用量达到200万吨。即15年间，生物质发电、燃料乙醇、生物柴油年均增速分别达93%、59%和2.6倍。

中国发展森林资源和森林能源为遏制气候变暖做出了一定贡献，并受到有关国际组织的赞赏。2007年11月23日，中国气象局国家气候中心将中国近年的努力成效公布于世：中国在过去几十年中大力植树造林，使森林面积大幅增长。这为吸收大气中二氧化碳、减缓全球气候变化做出了巨大贡献。据估计，1980年至2005年，中国通过持续不断地开展造林和森林管理活动，累计净吸收46.8亿吨二氧化碳，通过控制毁林减少排放达4.3亿吨二氧化碳。

图1-4　2007年7月10日，冰岛杰古沙龙湖，漂浮的冰川（冰岛约10万平方公里的国土面积中约有11%被冰川覆盖。专家称，未来200年间，冰岛的冰川将受全球变暖的影响而消失。）

1.3　发展森林能源的条件和战略作用

1.3.1　发展森林能源的资源条件

我国森林面积已经由1949年的8 280万公顷扩大到目前的1.75亿公顷，森林覆盖率由8.6%提高到18.21%，森林资源总量约180亿吨，其中可作为能源利用的资源有3亿多吨，可以替代2亿吨标准煤。我国森林能源资源培育的条件优越，各地有比较成熟的能源林培育模式和方法，能源林树种类型多、生物量大，可利用量将成倍增长。按照目前森林资源自然增长率、人工林发展和能源林建设速度测算，到2010年，全国每年可利用森林能源总量将由现在的3亿吨增长到7亿吨。到2015年和2020年，年可利用量将超过10亿吨和20亿吨，预测到2050年可利用量将超过30亿吨。

图1-5　人工造林拓展了森林能源的发展与利用空间

我国目前还有 5 700 万公顷宜林地和近 1 亿公顷边际土地资源，可以通过发展一定数量的能源林实现绿化和提供能源的双赢目标。可以结合西部大开发和林业生态工程建设，大规模发展规模、成片的能源林。

　　国家已有鼓励企业利用森林采伐、造材、加工三剩余物开展综合加工利用给予一定扶持的政策，使林区一些比较集中的"三剩物"资源用于人造板和造纸业。但是，更大范围内分散分布的林木"三剩物"和其他类型的剩余物资源基本处于废弃状态，特别是林分中不规整的林下灌木、枯枝、火烧死树、病虫木等利用率不足 5%，这些资源将是未来开发能源的主要原料。

　　全国现有人工林 5 000 多万公顷，通过实施抚育间伐，年可获得大量的抚育间伐剩余物作为能源被利用。近年来，人工林资源增长迅速，国家启动了中幼林抚育间伐项目，并制定的《中幼林抚育间伐管理办法》，明确了为调整林分密度，改善林分状况，提高森林清洁量，增强和发挥森林的多种有益功能，鼓励开展森林抚育间伐，从而为燃料加工企业利用林木抚育间伐剩余物提供了政策依据。

1.3.2　发展森林能源的战略作用

　　森林能源的开发利用具有非常高的社会经济效益。它可以充分吸收二氧化碳，有助于应对日益严重的全球气候变化；可以提高我国能源供给，缓解能源供需矛盾；可以减少化石能源燃烧所带来的环境污染，促进环境改善；可以提高从业人员的就业机会、提高这些社会群体的收入水平；可以提高我国低效土地资源的使用效率，实现经济效益和生态效益的双赢等等。

　　（1）森林能源可以减少温室气体排放，有助于应对气候变化

　　据 2005 年联合国政府间气候变化委员会的评估，森林是陆地最大的储碳库。全球陆地生态系统共固定 2.48 万亿吨的碳，其中，有 1.15 万亿吨储存在森林中。另外，森林还是巨大的吸碳器，据专家测定，森林通过光合作用，每生长 1 米^3 木材，约吸收 1.83 吨二氧化碳，释放 1.62 吨氧气。因此，通过森林恢复和可持续森林管理等工作来提高森林生产力和生态功能，有助于增加森林碳汇，将对缓解全球气候变暖产生积极贡献。

　　未来的 50 年，我国森林资源将为应对全球气候变暖做出重大贡献。在《应对气候变化国家方案》中，我国已经把发展和保护森林作为我国应对气候变化的重要措施之一。随着我国森林资源的增长，年吸收二氧化碳的数量在逐年增加。2004 年我国森林净吸收了约 5 亿吨二氧化碳当量。目前我国森林年均净增长活立木蓄积量 5 亿米^3，年均净吸收二氧化碳约 9 亿吨，到 2010 年，我国将努力使森林覆盖率达到 20%，2050 年提高到 26% 以上，届时森林面积将增加 8 000 多万公顷，我国森林年净吸收二氧化碳的能力将比 1990 年提高 90.4%。

　　从国际环境合作角度来看，发展森林资源对我国履行《联合国气候变化框架公约》具有重要意义，有助于从根本上平衡和协调国家经济增长与环境容量之间的重要关系。我国可以采取多种途径使森林能源的利用在国际温室气体减排交易中占有一定份额，用森林能源替代化石燃料减少的温室气体排放量指标销售给发达国家，或作为与发达国家合作开发森林能源的条件，广泛吸纳发达国家的技术和资金，既完成温室气体减排额度，又可加快发展清洁能源步伐，以便在履行《联合国气候变化框架公约》等国际公约中争取更加主动的地位。

　　（2）有助于缓解我国对常规化石能源需求逐年增长的压力

　　1980—2006 年，我国的能源利用效率显著提高，以能源消费的翻一番支持了国内国民经济生产总值翻两番。但经济规模的扩大必然会消耗更多的能源。1980 年我国能源消耗量为 6.03 亿吨标准煤，2006 年能源消耗量已达到 22 亿吨标准煤，居世界第二位。随着经济规模的迅速扩大，我国能源需求规模会越来越大，在常规化石能源资源不断耗减的情况下，能源供需矛盾将日益突出。

　　另一方面，我国森林清洁原料资源却比较丰富，若将目前基本处于剩余状态的森林能源资源量收集利用，至少有 3 亿吨资源量可转化为能源，替代 2 亿吨标准煤或 6 000 万吨原油。目前全国转化森林能源的利用量还不足百万吨；全国年产 300 多万吨的木本油料，也基本处于低效利用状态，若将目前基本处于低效利用的油料树种的果实产量中的 1/3 加以利用，每年就可以制取 30 万吨"生物柴油"。特别需要强调的是，上述森林能源的资源潜力还只是一个静态的概念。动态来看，相对常规化石能源的不可再生性，林木是可再生和发展的，因此，如果能够将我国丰富的森林能源充分利用，将大大提高我国能源供给能力，缓解我国对化石能源需求逐年增长的压力。

（3）有利于改善生态环境

使用森林能源具有常规化石能源所不具备的多种优势。首先，森林能源使用后无废料、无后遗症，可以实现二氧化碳在地球表面和大气的大循环，不增加温室气体的排放，其他有害气体的排放也比化石能源少，燃烧的固体废弃物可以作为肥料再利用。其次，发展森林能源本身就是改善生态的措施，通过培植森林能源、增加森林植被，在满足能源需求的同时，可以防风固沙、保持水土、护农促牧，真正实现生态建设产业化、产业发展生态化，这本身就是人类对地球最好的回报。最后，森林能源获得简便、生产安全，在广大的宜林地和废弃地上发展和开发森林能源，劳动强度低，操作简便，生产安全，没有生产煤炭等化石能源所存在的人身安全隐患和地质隐患。

（4）有利于发展农村经济，解决"三农"问题

大力培育和开发利用森林能源有利于改善农村和偏远地区的生产生活条件。目前，在我国 8 亿多农村居民中，有 60％以上的农户仍然依靠直接燃烧桔秆、薪材、畜粪等生物质提供生活用能，造成了严重的室内外污染，危害人体健康。就地取材，以林木枝丫、薪材和林木加工剩余物为主要原料发展生物质成型能源燃料，只通过粉碎、混合和高压定型处理后便可成型投入市场，便宜、清洁、环保，十分便于农村和偏远地区生产和使用，避免了传统生物质燃料直接燃烧的诸多弊病，对提高农民生活和健康水平具有重要意义。

另外，森林能源的广泛利用有助于促成培植资源、利用资源，再培植资源、产业化利用资源的良性循环，可以为农民，特别是那些缺乏致富资源的偏远贫困地区农民，开辟新的经济收入途径，可以安排大量闲散劳动力，增加林农收入，对解决"三农"问题发挥积极作用。据测算，三北地区农民在荒地上种植沙柳、柽柳、沙棘等高抗灌木林，3 年后每公顷每年可收获 5～7 吨枝丫。按照每吨 100 元收购转化为能源，每公顷每年可为农民增加收入 500～700 元。

（5）充分利用低效土地资源

油料能源树种和灌木资源具有野生性、耐旱、耐贫瘠的特点，在沙地、山地、高原和丘陵等地域都能正常生长，在这些低效土地上开发利用能源林不与粮食争地，开发生物柴油不与人争油，却可变荒山劣势为优势，提高这些低效土地资源的经济效益和生态效益。实践表明，在荒地种植油料能源树种，3～5 年后每公顷可采收种子 1.5～4.5 吨（100～300 千克/亩①），收益在 1 500～6 000 元/公顷。

（6）有利于改善林场经营状况

全国有 4 460 多个国营林场和林业局，现有职工 51 万人，离退休 15 万人，经营和管理着 6 000 万公顷林木资源。目前，林业职工生活和工作条件差，职工年均收入低于 5 000 元。积极发展能源林和通过正常森林抚育间伐、清理林下灌木和灌木林平茬复壮措施，年可收集利用 1 亿吨枝丫，若能将其中的一半资源作为能源原料加以利用，每年就可增加收入 50 亿元，就可以使在职职工的人均年收入翻一番，达到万元，并可带动周边 1 000 万户农民依靠收集林木废弃和剩余物获得一定经济收入。

目前，国家林业局已将规模化培育能源林列入"十一五"林业发展规划，编制了《全国能源林建设规划》、《林业生物柴油原料林基地"十一五"建设方案》。《能源林发展规划》，将结合林业六大工程，大力营造能源林，使能源林提供的原料产能量占国家提出的《能源中长期发展规划纲要（2004—

---

① 亩为非法定计量单位，1 亩＝1/15 公顷。

2020)》中生物质能发展目标的 30％，可再生能源的 4％以上。规划提出的不同阶段建设目标是："十一五"期间规划建设生物柴油能源林示范基地 84 万公顷，到 2020 年，培育能源林 1 300 万公顷。到 2010 年，能源林提供年生产 50 万吨生物柴油所需的油料原料；到 2015 年，能源林提供年产 225 万吨生物柴油所需的油料原料；到 2020 年，能源林提供年产 600 万吨生物柴油所需的油料原料。

1.4　森林能源利用方式的多样化

1.4.1　森林能源利用方式

森林能源的开发利用方法大致可分为三大类：一是直接燃烧利用，通过直接燃烧或者将生物质压制为成型燃料（即加工成便于运输和储存的块型、棒型燃料以便提高其燃烧效率）后燃烧；二是热化学转化法，可获得木炭、生物油和可燃气体等高品位能源产品；三是生物化学转化法，通过对不同原料（木材、农作物等）先酸解或水解，然后再通过微生物发酵，制取液体燃料或气体燃料（见图1-6）。

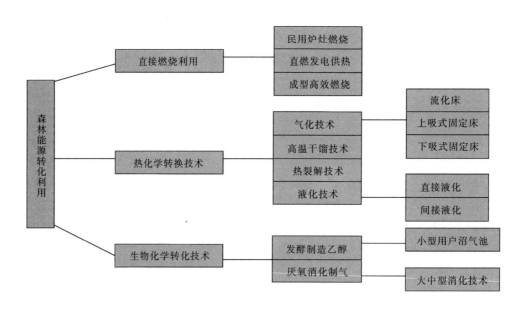

图 1-6　森林能源转化利用技术分类

目前，国内森林能源利用技术有了长足发展，不断出现新工艺和新设备，森林能源的利用效率大大提高，无论是开发固体、气体、液体燃料森林能源，还是直燃发电都展示出良好的发展潜力和商业契机。

1.4.2　森林能源主要类型

（1）液体燃料

从林木获得液体燃料的途径主要有物理、热化学和生物化学方法。所谓物理方法，就是通过压榨、分离及分馏生物质等方法获得植物油，再加工成生物柴油；所谓热化学方法，就是通过热化学工艺使木材汽化或液化获得乙醇、甲烷、碳氢化合物、氢气等混合燃料；所谓生物化学方法，就是通过生物化学工艺将含高糖、高淀粉、纤维素等的碳水化合物进行发酵来生产乙醇。

燃料油植物的开发利用价值早已被有识之士所认识，但到 1973 年石油危机以后，各国才普遍重视燃料油植物的利用。特别是 1981 年在肯尼亚首都内罗毕召开的国际新能源和可再生能源会议以后，国际上出现了开发利用植物燃料油的热潮。在燃料油研究方面，走在世界前列的国家主要有美国、巴西、日本、芬兰、瑞典、印度、菲律宾、澳大利亚等。目前，国外科学家们已经对 40 多种油脂植物进行了品种选择、质量优化和生物柴油开发。德国是世界上生物柴油生产和消费大国，2007 年的总消耗量是 286 万吨，占全国柴油总消费量的 10% 以上，生物柴油对德国的国民经济已经产生举足轻重的作用。

加拿大达茂公司研发的"厌氧快速裂解"技术，可以将各种林木剩余物迅速转化为"生物燃料油（BioOil）"，具有较强的市场竞争能力和良好的发展前景。

我国"十五"期间就提出要发展各种石油替代品，并把发展生物液体燃料确定为国家新能源产业发展的任务之一，先后开展了树种资源研究、开发技术研究、加工设备研究等工作。中国林业科学院和地方省级林业研究部门对黄连木、小桐子（麻疯树）、乌桕、光皮树和绿玉树等树种资源的种类、分布和开发前景进行了系统研究，并在良种繁育、能源油料林种植培育和油脂提取转化方面取得系列成果。进入 20 世纪以来，国内一些企业对开发生物柴油热情高涨，已在四川、江西、海南、福建、河北等省建立了生物柴油加工厂，年加工生产生物柴油超过 5 万吨。中石化石油化工科学院在石家庄建立了以黄连木为原料生物柴油示范厂。四川长江造林局和四川大学生命科学院以小桐子为原料，建立了年产 1 万吨生物柴油厂。贵州绿博生物能源公司和江南航天公司已在贵州发展小桐子资源，并在贵阳市建立了年产万吨的生物柴油加工厂。海南省光、热、水、土等资源充足，是中国发展小桐子资源、开发生物柴油的最优先区域，也是全国发展可再生能源产业的重点区域。目前，众多企业已在海南省建立良种繁育基地和原料林示范基地，为今后规模化发展高产、高效生物柴油原料林基地打下良好的基础。中国石油天然气集团公司也分别在四川、云南省投资建设小桐子能源林基地和柴油生产基地。2007 年，内蒙古乌盟、赤峰市、通辽市均开始了较大规模发展文冠果资源行动。

2006 年 9 月，中华人民共和国科技部与联合国开发计划署合作的"中国－UNDP 少数民族地区绿色能源减贫项目"正式启动。该项目在云贵川琼四省建立绿色能源资源——小桐子的培育和开发利用示范基地，将发展生物柴油与扶贫和促进地方经济发展结合起来，提高少数民族地区的经济水平和自我发展能力，帮助这些地区通过发展绿色能源来减少贫困和建设新农村，为未来可持续发展奠定基础。2007 年国家林业局与中国石油天然气集团公司合作的林油一体化项目在云南省临沧市完成生物柴油原料林示范基地建设。国家林业局与中粮集团合作的林油一体化生物柴油原料林示范基地建设项目在贵州省开始建设。

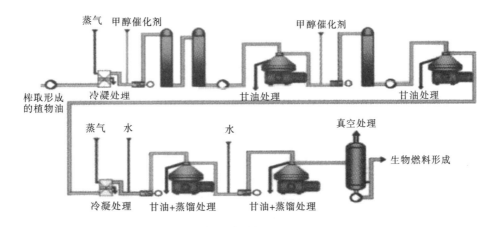

图 1-7　生物柴油加工工艺流程示意图

实践证明开发生物柴油效益十分可观，应用 3 吨油料树种种子，可以获得四项主要产品：生物柴油 1 吨（6 500 元/吨）、甘油（6 000 元/吨）、丙三醇约 1 吨（9 000 元/吨）、饲用料饼约 2 吨（1 200 元/吨），其效益十分可观。另外，每生产 1 吨生物柴油还可以在国际碳贸易中销售 2.2 吨二氧化碳的减排指标（2007 年、12 月数据）。

图 1-8   部分利用油料树种果实开发的生物柴油样品

（2）木质压缩成型燃料

木质燃料一般采取薪材、压缩成型燃料和木油复合燃料几种形式，薪材燃烧最为普及，其次是成型燃料，而木油复合燃料处于研究阶段。

作为最古老而又最简单的森林能源的利用办法，薪材直接燃烧有很多弊病。据估计，全世界目前约有 15 亿人靠烧柴取得热能，其中我国就占了大半，每年烧去的工农业废弃物约 15 亿吨，不仅热效率低，还污染环境，破坏生态平衡；工业化国家薪材主要用于采暖、作锅炉燃料为工业提供热水、蒸气和发电。木材作锅炉燃料已有几十年的历史，尤其近十几年来发展迅速。大型锅炉的热效率可达 80～90%，接近燃油的水平。

生产成型燃料可以有效地提高燃料品位和燃烧热效率、减少对化石能源的使用。20 世纪 70 年代初，美国研究开发了内压滚筒式颗粒成型机，并在国内形成大量生产，年生产颗粒成型燃料能力 80 万吨以上，1985 年生产成型燃料 200 万吨以上。与棒状成型燃料相比，颗粒成型燃料具有生产时原料含水率可扩大（至 24%），燃烧的适应面更广（可直接用于大型锅炉）等特点；瑞士、瑞典等发达国家也先后开发研究了压缩成型燃料。

我国木质压缩成型燃料开发研究工作起步较晚，1990 年中国林业科学院林产化学工业研究所与东海粮食机械厂合作，完成了国家"七五"攻关项目——木质棒状成型机的开发研究工作，并建立了 1 000 吨/年棒状成型燃料生产线。随后，全套机械出口多个国家。同年，东南大学和江苏省科技情报所也开发研究了棒状成型机。到目前为止，我国已有 20 多家企业，开发出各种类型的成型燃料加工设备，并建立了加工厂。

（3）直燃发电

欧美发达国家生物质直接燃烧供热发电技术，具有工艺技术成熟、秸秆消耗量大、整个生产工艺无污染、实现能源生产二氧化碳零排放等特点。目前该项技术在欧美国家已进入商业化应用阶段。

在我国，传统的木质燃料能源绝大部分作为农村主要生活用能来源，极少部分用于乡镇企业的工业生产，利用方式长期以直接燃烧为主，近年来才开始采用新技术利用生物质能源，但规模较少，普及程度较低，在农村能源结构中占有极小比例。尤其是木质燃料发电方面，我国还处于研究开发和示范阶段，直燃发电厂的建立才刚刚起步。

目前，利用农林剩余物资源的山东国能单县生物发电厂已正式运营。由国家发改委和国家林业局确定的"内蒙古奈曼旗 2×12 兆瓦（MW）[①] 林木生物质热电联产示范项目"已完成电厂基础建设，新发展灌木能源林 2 万公顷。另外，"内蒙古乌审召 2×12 兆瓦林木生物质热电厂"也已完成能源林基地建设 1 万公顷。以上两个电厂预计 2008 年 6 月前可正式发电。黑龙江国能庆安县生物发电厂，内蒙古阿尔山市 2×12 兆瓦林木质热电联产项目也正在建设中。

（4）气化和气化发电

气化一般指将林木燃烧，在中温或高温下气化生成燃料气、合成气和不活泼残留物。生物质气化是所有生物质热化学加工中开发最早、最接近规模生产的技术。气化发电尽管仍有很多不确定因素待查，现有工艺尚需要进一步完善，但从气化到产品气的后续加工和应用均已有较高的商业化程度。1992 年，美国大约有 1 000 个利用木材气化的发电厂，加里福尼亚州电力供应的 40% 来源于生物质发电。目前，生物质动力工业在美国已成为仅次于水电的第二大可再生能源工业。我国生物质气化转化和利用已逐步完成了实验和中试任务，正在逐步扩大应用范围和进行更大范围的推广工作。

气化的关键问题在于将生物质中可转化的物质最大限度地转化为热值尽可能高的气体。生物质气化的主要方式为空气气化、氧气气化、加氢气化和裂解气化。用空气气化可以高效率地生成单一产品且不需氧气，但氮含量达 60% 时生成低热值产品，典型热值是 4~6 兆焦/米³ 薪材，是应用最广泛的技术。用氧作活性气体进行气化，得到的产品气质量更好些，热值达 10~15 兆焦/米³ 薪材，但供应氧气需要增加费用，也伴有安全问题。若通过裂解和蒸汽转化工艺则可生产中等热值气体。

1.5 发展森林能源的战略选择

1.5.1 基本情况

新中国成立以来，我国一直把薪炭林作为国家林业建设的五大林种之一大力发展。特别是三北防护林体系工程在 1978—1985 年的一期工程建设期间，营造薪炭林被作为解决三北地区人民群众生活生产困难的首要任务来抓，发展了以沙柳、紫穗槐、沙棘、柠条为主的能源树种 200 多万公顷，为当地广大农牧民提供了丰富的薪材燃料，并有效地保护了其他林木资源。1985 年，全国薪炭林建设工作会议在北京密云县召开，三北地区营造薪炭林的成功做法和经验得到全面推广。当时，被原林业部确定为薪炭林试点县的密云、延庆县还把薪炭林列为该县国民经济发展计划和全县"四大能源"开发项目之一。1995 年 9 月，原林业部在总结全国薪炭林试点经验和建设成效的基础上，首次提出了"森林能源工程"建设新思路，并列入全国《林业"九五"计划和 2010 年远景目标》。

2005 年，国家林业局组织有关专家开展了"中国林木生物质能源发展潜力研究"，主要针对当时社会各界普遍存在的重视农业秸秆剩余物开发与利用，而忽视森林资源剩余物的倾向，重点开展了林木生物质能源资源现状和发展潜力、开发利用技术、经济分析和可行性研究，以及林木生物质能源生产与清洁发展机制相结合的机制和相关政策等方面的研究，为国家当时制定《可再生能源中长期发展规划》提供了依据。随后，专家们又相继开展了"林木生物质能源热电联产技术路线与上网电价研究"、"中国主要油料能源树种及利用研究"、"2×12 兆瓦热电联产项目的木质燃料供应计划研究"、"中国林木质资源与开发液体燃料潜力研究"，"适度规模的油料树种资源供给 2 万~5 万吨生物柴油

---

① 1 兆瓦（MW）=1×10³ 千瓦（kW），编者注。

图 1-9 建设中的内蒙古奈曼
林木生物质热电厂

项目效益分析研究"等一系列调查研究工作。通过调查研究和分析测算，基本摸清了我国林木生物质资源的现状和开发利用潜力，首次提出了"在我国，大力发展林木质资源和开发利用林木质能源时机成熟、优势显著、潜力巨大，具有一定紧迫性"的理论观点，系统阐述了我国林木剩余物可作为能源利用的资源种类和数量，提出了可替代 2 亿吨标准煤的开发利用潜力，阐述了当前充分开发利用林木剩余物资源和积极培育林木质能源资源的方法与途径，确定了利用和发展林木质资源的适度开发规模。根据原料的分布和发展特性与实际需要提出了开发建设林木质热电联产的适度开发规模为装机容量 24～48 兆瓦、生物柴油的适度开发规模为年产 2 万～5 万吨、气化发电的适度开发规模为装机容量 4～10 兆瓦、成型燃料的适度开发规模为年产 2 万～6 万吨的基本模式。例如，针对发展生物柴油必须避免与生产粮食争地，油料基地将比较分散，不可避免地多分散分布在交通不便的丘陵、山地和沙区的实际，提出了生物柴油生产规模必须以原料分布的特点和当前农林渔业机具对柴油的消耗需求为重点考虑，年生产能力 2 万～5 万吨的生物柴油厂比较适宜，该规模，可以有效避免"两个"长途运输，一是加工燃料的原料向加工厂的长途运输，另一个是成品油向农林渔业柴油需求地的长途运输。

1.5.2 国家扶持森林能源开发的有关政策

近些年，我国十分重视能源工作，党中央、国务院把发展可再生能源、确保能源安全、推进我国能源结构调整、应对气候变化以及减少化石能源消耗和环境污染提上了重要日程，制定了《中华人民共和国可再生能源法》，明确国家将采取一系列激励措施大力发展太阳能、风能、水能、生物质能、地热能、海洋能等可再生能源，鼓励清洁和高效地开发利用生物质燃料，鼓励发展能源作物，以确保国家社会经济的可持续发展。根据《可再生能源法》精神，国家发改委制定了《国家能源中长期发展规划》，并确定到 2020 年，可再生能源的发电量将由现在的 3% 提高到 10% 以上，其中，利用生物质能发电的装机容量将达到 3 000 万千瓦，以缓解国家能源短缺。确保社会经济的可持续发展。目前与《可再生能源法》相配套的 10 部文件已经颁布，包括：《可再生能源发展专项资金管理办法》、《可再生能源产业指导目录》等。由发改委和财政部设立的可再生能源发展专项资金，将用于支持相关技术进步、人才培养。税收优惠是对可再生能源支持的重点内容之一，按照《可再生能源产业指导目录》要求，对可再生能源的技术研发、设备制造、开发利用实行税收优惠政策，积极利用财政贴息、补贴支付等政策。国家目前对可再生能源生产企业采取了减半征收增值税的优惠措施，以及对可再生能源发电并网时给予补贴。

2006 年，财政部、国家发改委、农业部、国家税务总局、国家林业局联合印发了关于发展生物能源和生物化工财税扶持政策的实施意见，将重点推进应用非粮食作物加工生物燃料乙醇、生物柴油、生物化工新产品等石油替代品的发展。目前生物能源与生物化工产业处于起步阶段，制定并实施有关财税扶持政策将为生物能源与生物化工产业的健康发展提供有力的保障。

1.5.3 发展森林能源的指导思想和基本原则

(1) 发展森林能源的指导思想

在科学发展观指引下，以尊重森林生产规律为前提，以提高我国森林资源的数量和质量为基础，以提高我国能源供给水平为目标，以提高森林能源的经济效益为保证，以提高农户能源使用的质量为重点，以林养林、以林供能、以能促林，丰富我国森林资源，扩大我国能源供给渠道，实现农村能源结构升级和环境友好，实现我国森林资源可持续、高质量、高效能的利用。

(2) **发展森林能源的基本原则**

发展为先、保护为主、适当开发、高效利用，在资源得到有效保护的前提下，对我国森林资源进行适度开发，以林养林，以林促林。

因地制宜、多元发展，充分考虑到我国社会经济发展的地区不平衡性以及地区间自然条件及林木生物质资源的差异，宜保则保，宜开发则开发。

公益事业与经济产业紧密结合、合理分工，发展森林能源既要考虑经济激励因素，依靠市场来调节森林能源的发展，又要合理分工、界定领域，保证森林能源在实现经济效益的同时，能够保护环境、实现可持续发展。

有促有压、合理利用林木资源，对林木资源开发利用的领域划分出鼓励扶持、限制发展和淘汰禁止三个方面，有促有压，既保护我国珍贵的林木资源，又促进我国森林能源产业的升级和经济效益的提高。

渐进推进，采取分阶段、渐进推动的政策设计，分步走、大步走、快步走。

注重森林能源加工转换的效率，与传统使用方式相比，现代森林能源使用一般需要各种加工处理，在加工处理过程中，会直接或间接消耗其他形式的能源，也可能会产生新的环境影响，因此，现代森林能源的利用不仅考虑其提供的最终能源，更需要与加工所消耗的能源相比较，应选择提供最终能源量高、加工消耗所需能源较低的技术工艺。

1.5.4　发展森林能源的可行性

在中国，发展与利用森林能源的时机成熟、优势显著、潜力巨大，具有一定紧迫性，其发展与利用的宏观经济可行性、资源可行性、市场可行性、技术可行性和社会生态可行性已基本具备。主要体现在：

第一，中国目前基本具备了森林能源产业发展的政策条件、宏观条件、地区条件。预计中国森林能源产业化将经过试点、实验、零星生产活动阶段，项目建设阶段和成熟的产业发展阶段三个步骤实现，估计大约经过 5 年左右的时间，其产业发展所需的资源、市场、技术条件逐渐成熟。只要上述条件具备，就能快速走出一条以森林能源资源发展与利用产业化与新型能源工业化结合的新路子。

第二，具有规模化培植能源林的土地资源优势和劳动力条件。中国目前还有 5 700 万公顷宜林地和近 1 亿公顷边际土地资源，可以通过发展一定数量的能源林实现绿化和提供能源双赢目标。这些地区的剩余劳动力丰富和较为廉价，通过发展能源林可以就地消化。而且，中国森林能源资源培育的宏观条件优越，各地有比较成熟的能源林培育模式和方法，能源林树种类型多、生物量大，可利用量将成倍增长。

第三，中国具有发展森林能源的社会和消费需求。化石能源逐渐枯竭，价格上涨，环境日益恶化，使发展森林能源成为必然趋势。森林能源不仅可以用于百姓取暖、炊事、简单生产，还可用于小型发电、供热和中小型企业生产，大大减少小城镇和中小企业目前对煤炭的消耗，减少环境污染。

第四，为贫困地区和国营林场开创一条依靠发展森林能源资源而实现脱贫制富的新路子。发展与利用森林能源可以结合西部大开发和林业生态工程建设，充分开发利用现有森林资源，大力发展能源林，种植培育油料能源树种资源、培育适宜平茬的灌木资源，实施以采摘果实（种子）和定期平茬枝条为主的获取原料加工燃料的产业开发方式，全面提高林业产业的贡献率，全力推进生物能源的生产能力和替代化石燃料能力。

1.5.5　发展森林能源的阶段性及其重点领域

尽管我国森林能源的产业化发展尚处于起步阶段，还需要国家法律、政策、资金和技术等各方面的支持，但其发展与利用的宏观经济、资源、市场、技术和社会生态条件已基本或初步具备，我国森林能源产业化将经过试点、实验、零星生产活动阶段，项目建设阶段和成熟的产业发展阶段三个步骤逐步得以实现。

（1）发展初期（2008—2010）

该阶段的重点领域是大力扶持林木生物质热电联产、生物柴油开发利用和成型燃料加工的发展，建立示范项目鼓励利用林木剩余物为主，着力规划和进行能源林建设。

（2）产业形成期（2010—2015）

经过一定时期的发展，森林能源开发利用，规模经营开始出现，逐渐具备了与其它能源类型能源竞争的能力，产业体系开始形成。该阶段政策的重心是支持服务于森林能源产业多元化发展，构建森林能源发展体系。

（3）产业发展期（2015—）

森林能源逐步走向规范化、市场化，有持续稳健的发展前景。该阶段政策方向是完善产业体系、规范发展、调节关系，融入市场经济体系。这一阶段的政策主要发挥调节产业发展的作用，政策的综合作用相对减弱。

（张希良、吕文、郭庆方）

◆ 参考文献

[1] 马克思.《政治经济学批判》导言.见：马克思恩格斯选集（第2卷）.北京：人民出版社，1972

[2] 中国林木生物质能源发展潜力研究课题组.中国林木生物质能源发展潜力研究报告.中国林业产业.2006（1）

[3] 国家林业局.中幼林抚育工程实施方案.北京：中国林业出版社，1991

[4] 赵敏，周广胜.基于森林资源清查的生物量估算模式及发展趋势.应用生态学报.2004（9）

[5] 方精云，刘国华，等.我国森林植被的生物量和净生产量.生态学报.1996，16（15）

[6] 中国可持续发展林业战略研究项目组.中国可持续发展林业战略研究.北京：中国林业出版社，2003

2. 森林能源资源及发展潜力分析

2.1 中国森林资源分布及特点

2.1.1 森林资源增长主要特点

根据第六次全国森林资源清查资料，中国森林资源面积为 1.75 亿公顷，活立木总蓄积 136.2 亿米³，其中森林蓄积 124.6 亿米³。人工林保存面积 0.53 亿公顷，蓄积 15.05 亿米³，人工林面积居世界首位。重要特点：

一是森林面积比第五次清查持续增长。森林面积比第五次清查增加 1 596.83 万公顷，达到 1.75 亿公顷。森林覆盖率由 16.55% 增加到 18.21%，增长了 1.66 个百分点。

二是森林蓄积稳步增加。继续呈现长大于消的趋势。森林蓄积量净增 8.89 亿米³，年均净增 1.78 亿米³。

三是森林质量有所改善。林分每公顷株数增加了 72 株，蓄积量增加了 2.59 亿米³，林木平均生长速度加快。阔叶林和针阔混交林面积比例增加了 3 个百分点。龄组结构、树种结构发生可喜变化。

四是林种结构渐趋合理。防护林和特种用途林面积比例上升了 21 个百分点，以生态建设为主的林业发展战略已初见成效。

五是林业所有制形式和投资结构趋向多元化。森林面积中，非公有制比重达 20.32%；未成林造林地中，非公有制比重达到 41.14%。

六是林业发展后劲较大。据统计 2001 年以来每年增长造林面积 800 万公顷以上，未成林造林地呈现逐年增加的趋势，中幼林比例已达 67.85%。

全国历次森林资源清查结果见表 2-1。

表 2-1　全国历次森林资源清查主要数据

历次清查	清查时间（年）	活立木蓄积（亿 m³）	森林面积（万 hm²）	森林蓄积（亿 m³）	森林覆盖率（%）
第一次清查	1973—1976	95.32	12 186.00	86.56	12.70
第二次清查	1977—1981	102.61	11 527.74	90.28	12.00
第三次清查	1984—1988	105.72	12 465.28	91.41	12.98
第四次清查	1989—1993	117.85	13 370.35	101.37	13.92
第五次清查	1994—1998	124.88	15 894.09	112.67	16.55
第六次清查	1999—2003	136.18	17 490.92	124.56	18.21

2.1.2 全国森林资源存在的问题

全国森林资源清查表明，全国森林资源状况呈现出总量持续增加、质量不断提高、结构渐趋合理的良好态势，发展势头喜人。但是，从总体上讲，全国生态状况仅仅是进入治理与破坏相持的关键阶段，这是一个对峙更加激烈、拉锯更加显著、任务更加艰巨、工作更加艰苦的阶段。加大保护和培育森林资源的力度决不能减弱，加快林业发展的步伐决不能减慢，加强生态建设的决心决不能动摇，森林资源保护和发展的问题也不容忽视。

一是总量不足。我国森林距离世界平均水平差异较大，覆盖率仅相当于世界平均水平的61.52%，居世界第130位。人均森林面积0.132公顷，不到世界平均水平的1/4，居世界第134位。人均森林蓄积9.421米³，不到世界平均水平的1/6，居世界第122位。详见表2-2。

二是分布不均。东部地区森林覆盖率为34.27%，中部地区为27.12%，西部地区只有12.54%，而占国土面积32.19%的西北五省区森林覆盖率只有5.86%。详见表2-3。

三是质量不高。全国林分平均每公顷蓄积量只有84.73米³，相当于世界平均水平的84.86%，居世界第84位。林分平均胸径只有13.8厘米，林木龄组结构不尽合理。人工林经营水平不高，树种单一现象还比较严重。

四是林地流失依然严峻。清查间隔期内有1 010.68万公顷林地被改变用途或征占改变为非林业用地，全国有林地转变为非林地面积达369.69万公顷，年均达73.94万公顷。

五是林木过量采伐仍相当严重。一方面可采资源严重不足，另一方面超限额采伐问题依然十分严重，全国年均超限额采伐达7 554.21万米³。

鉴于以上问题，近期我国对森林资源转化能源的利用将以发展能源林资源和利用森林生物剩余物资源为主，重点区域仅限于人工林丰富、能源林丰富和森林中幼林抚育重点地区。

表2-2 世界部分国家森林资源主要指标[①]排序表

国家	森林面积 (千hm²)	序号	森林蓄积 (万m³)	序号	人均森林面积 (hm²/人)	序号	人均森林蓄积 (m³/人)	序号	人工林面积 (千hm²)	序号	森林覆盖率 覆盖率(%)	序号
世界	3 869 455		38 635 200		0.600		64.627		186 733		29.60	
中国	174 909	5	1 245 585	6	0.132	134	9.421	122	53 650	1	18.21	130
俄罗斯	851 392	1	8 913 600	1	5.800	13	605.56	9	17 340	3	50.40	38
巴西	543 905	2	7 125 200	2	3.200	22	424.149	13	4 982	7	64.30	16
加拿大	244 571	3	2 936 400	4	7.900	6	951.616	7			26.50	106
美国	225 993	4	3 083 800	3	0.800	62	111.644	39	16 238	4	24.70	111
澳大利亚	154 539	6	850 600	8	8.300	5	454.842	12	1043	19	20.10	125
刚果（民）	135 207	7	1 793 200	5	2.700	26	356.253	17	97	75	59.60	24
印度尼西亚	104 986	8	824 200	9	0.500	77	39.387	68	9 871	6	58.00	28
安哥拉	69 756	9	271 400	22	5.600	15	217.485	28	141	61	56.00	30
秘鲁	65 215	10	1 030 400	7	2.600	27	408.403	14	640	31	50.90	36
印度	64 113	11	273 000	21	0.100	147	2.735	143	32 578	2	21.60	117
瑞典	27 134	23	291 400	17	3.100	23	327.71	19	569	35	65.90	14

---

① 根据联合国粮农组织汇编的《2003世界森林状况》整理。

（续）

国家	森林面积		森林蓄积		人均森林面积		人均森林蓄积		人工林面积		森林覆盖率	
	（千 hm²）	序号	（万 m³）	序号	（hm²/人）	序号	（m³/人）	序号	（千 hm²）	序号	覆盖率（%）	序号
日本	24 081	24	348 500	13	0.200	109	27.548	80	10 682	5	64.00	18
芬兰	21 935	29	194 500	27	4.200	18	376.573	15			72.00	10
法国	15 341	36	292 700	15	0.300	103	49.706	64	961	22	27.90	99
德国	10 740	47	288 000	18	0.100	139	35.046	69			30.70	78
越南	9 819	52	37 200	76	0.100	140	4.727	132	1 711	16	30.20	82
朝鲜	8 210	59	33 300	83	0.300	97	14.049	106			68.00	11
韩国	6 248	70	36 200	79	0.100	135	7.788	125			63.30	19

表 2-3　第六次全国森林资源清查各省（自治区、直辖市）主要指标排序表

统计单位	森林覆盖率①		林业用地面积		森林资源面积		森林蓄积		活立木总蓄积		经济林面积		天然林面积		人工林面积		林分单位面积蓄积量	
	覆盖率（%）	序号	（万 hm²）	序号	（万 hm²）	序号	（万 m³）	序号	（万 m³）	序号	（万 hm²）	序号	（万 hm²）	序号	（万 hm²）	序号	（m³/hm²）	序号
全国	18.21	—	28 492.56	—	17 490.92	—	1 245 584.58	—	1 361 810.00	—	2 139.00	—	11 747.18	—	5 364.99	—	84.73	—
北京	21.26	18	97.29	29	37.88	29	840.70	28	1 176.36	28	14.36	23	10.72	26	27.08	26	35.87	28
天津	8.14	25	13.44	30	9.35	30	140.35	30	234.18	30	4.78	24	0.36	30	8.99	28	30.71	31
河北	17.69	20	624.55	19	328.83	19	6 509.92	23	8 657.98	22	105.26	11	132.31	20	179.48	14	31.52	30
山西	13.29	23	690.94	16	208.19	23	6 199.93	24	7 309.34	24	45.66	18	107.11	23	99.19	21	38.63	25
内蒙古	17.70	19	4 403.61	1	2 050.67	1	110 153.15	5	128 806.70	5	7.91	25	1 374.85	2	241.29	10	68.49	11
辽宁	32.97	11	634.39	18	480.53	16	17 476.57	16	18 546.33	16	141.53	3	196.50	16	267.60	7	54.18	15
吉林	38.13	10	805.57	12	720.12	11	81 645.51	6	85 359.17	6	7.92	24	571.26	7	148.22	18	114.74	4
黑龙江	39.54	9	2 026.50	4	1 797.50	2	137 502.31	4	150 153.09	4	5.32	27	1 624.87	1	172.63	15	76.72	10
上海	3.17	30	2.25	31	1.89	31	33.24	31	233.63	31	1.02	29	0.00	31	1.89	31	55.40	13
江苏	7.54	26	99.88	28	77.41	27	2 285.27	27	4 073.18	27	29.33	19	3.24	29	74.17	22	51.53	17
浙江	54.41	3	654.79	17	553.92	13	11 535.85	18	13 846.75	18	117.64	9	298.53	14	255.63	8	31.91	29
安徽	24.03	15	412.32	23	331.99	18	10 371.90	19	12 667.41	19	59.39	16	146.36	19	185.51	12	42.26	24
福建	62.96	1	908.07	11	764.94	10	44 357.36	7	49 671.38	7	112.57	10	407.96	11	356.98	4	78.67	9
江西	55.86	2	1 044.69	10	931.39	7	32 505.20	9	37 435.19	9	122.26	7	655.50	6	275.25	5	44.66	18
山东	13.44	22	284.64	25	204.64	24	3 201.65	26	5 819.42	25	121.60	8	10.24	27	194.40	11	38.56	26
河南	16.19	21	456.41	22	270.30	22	8 404.64	21	13 370.51	19	70.80	14	109.19	22	161.11	17	42.51	23
湖北	26.77	14	766.00	13	497.55	14	15 406.64	17	17 518.13	17	67.51	15	351.33	13	145.90	19	37.04	27
湖南	40.63	8	1 171.42	7	860.79	8	26 534.36	12	30 211.67	12	198.86	2	469.76	9	390.39	3	43.56	22
广东	46.49	5	1 048.14	9	827.00	9	28 365.63	11	29 703.35	13	128.55	5	385.69	12	440.83	2	42.94	21
广西	41.41	6	1 366.22	6	983.83	6	36 477.26	8	40 287.06	8	203.69	1	532.29	8	449.62	1	48.80	18

---

①　全国森林覆盖率和森林面积含清查间隔期内新增的国家特别规定的灌木林，各省（自治区、直辖市）森林覆盖率和森林面积含国家特别规定的灌木林。

（续）

统计单位	森林覆盖率		林业用地面积		森林资源面积		森林蓄积		活立木总蓄积		经济林面积		天然林面积		人工林面积		林分单位面积蓄积量	
	覆盖率(%)	序号	(万hm²)	序号	(万hm²)	序号	(万m³)	序号	(万m³)	序号	(万hm²)	序号	(万hm²)	序号	(万hm²)	序号	(m³/hm²)	序号
海南	48.87	4	194.47	26	166.66	26	7 195.16	22	7 863.61	23	75.66	13	57.56	24	109.10	20	80.66	8
重庆	22.25	17	366.84	24	183.18	25	8 441.08	20	10 580.49	21	18.28	22	120.31	21	62.87	24	55.10	14
四川	30.27	13	2 266.02	3	1 464.34	4	149 543.36	2	158 216.65	2	93.23	12	890.95	4	343.29	5	135.50	3
贵州	23.83	16	761.83	14	420.47	17	17 795.72	14	21 022.16	14	66.29	16	236.65	15	183.50	13	51.69	16
云南	40.77	7	2 424.76	2	1 560.03	3	139 929.16	3	154 759.40	3	136.28	4	1 250.05	3	251.45	9	103.15	6
西藏	11.31	24	1 657.89	5	1 389.61	5	226 606.41	1	229 448.04	1	0.64	30	842.38	5	2.76	30	268.33	1
陕西	32.55	12	1 071.78	8	670.39	13	30 775.77	10	33 422.35	10	124.09	6	467.59	10	169.21	16	60.52	12
甘肃	6.66	27	745.55	15	299.63	21	17 504.33	15	19 542.61	15	28.04	21	152.86	16	67.32	23	91.10	7
青海	4.40	29	556.28	21	317.20	20	3 592.62	25	4 101.39	26	0.52	31	30.35	25	4.36	29	105.08	5
宁夏	6.08	28	115.34	27	40.36	28	392.85	29	478.39	29	5.44	26	4.84	28	9.81	27	42.65	22
新疆	2.94	31	608.46	20	484.07	15	28 039.68	12	31 419.68	12	24.57	21	134.83	19	45.90	25	179.56	2
台湾①	58.79	—	210.24	—	210.24	—	35 820.90	—	35 874.40	—		—	170.98		39.26			—
香港②	17.10	—	1.92	—	1.92	—												
澳门③	21.70		0.06	—	0.06													

2.2　森林能源资源分布与类型

中国森林生物量约 180 亿吨。在这些资源中，每年可获得的资源量约为 9 亿吨，其中，可作为能源利用的资源有：林木采伐、造材和加工剩余物，薪炭林采伐物，灌木林平茬更新复壮剩余物，森林抚育与间伐剩余物，经济林抚育管理剩余物，竹林采伐和加工剩余物，四旁、散生疏林抚育修枝剩余物，城市绿化更新、修剪剩余物，造林育苗修枝、定杆和截杆剩余物，废旧木材及其他剩余物和油料能源树种果实（种子）十一大类，总量 2.97 亿吨。

2.2.1　木质资源剩余物及可作为能源利用量测算

鉴于各地森林资源分布和类型差异大，并有特殊的原料利用途径和竞争性，本文测标的资源剩余物及可作为能源利用种类和数量结果仅供参考。

（1）林木采伐、造材和加工剩余物（三剩物）

全国森林面积为 14 279 万公顷，达到采伐标准的用材成熟林和过熟林的面积为 1 468.57 万公顷，蓄积量 27.4 亿米³，总生物量约 33 亿吨。防护林和特种用途林需要采伐更新的过熟林面积 307.8 万公顷，蓄积量 7.13 亿米³，总生物量 8.6 亿吨。全国年采伐、造材和加工三剩物合计为 1.53 亿吨。其中，0.4 亿吨可作为能源资源利用。

---

① 台湾省数据来源于《第三次台湾森林资源及土地利用调查（1993 年）》。
② 香港特别行政区的森林面积来源于香港环境资源顾问有限公司 2003 年在香港特区政府持续发展组的委托下编写的《陆上栖息地保护价值评级及地图制》，其土地面积来源于《香港 2003 年统计年鉴》的数据。
③ 澳门数据来源于《澳门 2003 年统计年鉴》的数据，森林面积为总绿化面积，该森林覆盖率指绿化面积占土地面积的比例。

　　一是采伐剩余物、造材剩余物。根据国务院批准的"十一五"期间全国森林采伐限额，我国每年采伐指标为 2.5 亿米³，折合生物量约为 2.92 亿吨。根据各大林区采伐数据和样地数据测算，按采伐剩余物、造材剩余物约占树木生物量 40% 计算，剩余物资源有 1.17 亿吨。主要是由枝丫、树梢、树皮、造材截头、板皮、损伤材等。

　　二是木材加工剩余物。全国每年进口木材 1.3 亿米³，全国实际每年加工木材量在 3 亿米³。加工剩余物数量按照 20% 测算，全国每年的加工剩余物约为 0.6 亿米³，约为 0.36 亿吨。木材加工剩余物主要来源于商品材，农民自用材主要用于房屋建设和薪材，产出的剩余物很少，商品材多数用于木材加工企业，产出的剩余物比较多，进入制材厂的原木，从锯切到加工成木制品，将产生边条、板条、截头、锯末、刨花、木芯、木块、边角余、碎单板等。木材加工剩余物数量为原木的 15～34.4%，其中，板条、板皮、刨花等占全部剩余物的 71%，锯末占 29%。全国各地的木材加工企业年加工能力 7 245.9 万米³，其中，锯材为 1 597.5 万米³，人造板 5 648.4 万米³。

　　这些资源可以作为发展成型燃料、气化发电的主要原料。在木材造材和加工的集中地区，可以成为发展热电联产产业的原料。

　　(2) **薪炭林采伐物**

　　全国薪炭林面积约 303.44 万公顷（蓄积量 5 627 万米³），按照薪炭林年产 16 吨/公顷薪材建设标准计算，薪炭林年可生产 0.48 亿吨木质资源，几乎全部可作为能源资源利用。云南、陕西、辽宁、江西、内蒙古、贵州、湖北、河北是我国薪炭林生物质资源最多的省份，占全国总量的 76%。这些资源应成为发展热电联产产业的主要原料，也是未来开发液体燃料的主要资源。

　　(3) **灌木林平茬更新复壮剩余物**

　　目前，我国灌木林地总面积 4 529.7 万公顷，主要分布于内蒙古、四川、云南、西藏、青海、新疆和西南地区，占全国的 64.8%，大部分灌木林都需要通过平茬，可达到复壮更新目的。灌木林平茬生物量为 8～12 吨/公顷，总量为 3.6～5.4 亿吨。按照每 3 年一个平茬轮伐期计算，第二个平茬期后，平均每年有 1.5 亿吨平茬剩余物资源可获得，除去饲料、编织、造板消耗利用外，年约有 0.8 亿吨木质资源可作为能源资源利用，是发展热电联产产业的主要原料。

图 2-1　中国部分森林资源

图 2-2 中国部分人工林资源及抚育间伐资源

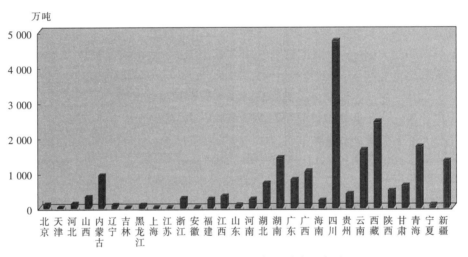

图 2-3 全国各地灌木林生物量分布示意图

(4) **森林抚育与间伐剩余物**

通过对森林实施抚育、间伐和清理林下木、死木，年可获得剩余物 2.39 亿吨，其中，大约有 0.5 亿吨剩余物可以作为能源利用。

一是通过对 5 326 万公顷人工林进行抚育修枝、清理林下灌木，按照每年每公顷可获得 3 吨测算，平均每年可获得 1.06 亿吨剩余物资源。

二是全国现有中幼林面积 0.91 亿公顷，国家林业局的相关技术规定，中幼林在其生长过程中抚育间伐 2～4 次（针叶树种和阔叶树种的修枝次数不同）。按照森林抚育间伐平均伐材量 6.0 米³/公顷（20%间伐强度）计算，可产生 5.4 亿米³ 小径材，生物量为 6.3 亿吨。10 年内，年平均可获得 0.63 亿吨。

三是通过对森林进行修建防火道、清理火烧木、病虫死树等，年可获得剩余物 0.7 亿吨。

这些资源可以作为发展成型燃料、气化发电的主要原料。在木材造材和加工的集中地区，可以成为发展热电联产产业的原料。

(5) **经济林抚育管理剩余物**

我国有 2 140 万公顷的经济林，经济林生物量达 31 亿吨。为提高经济林的产量，需每年对经济林树体

图 2-4　急需实施森林抚育与间伐的林分

进行整形修剪等经营活动。据统计和测算，全国每年对经济林林木修剪产生的枝丫和干果产品的果壳等废弃物达 1.5 亿吨，其中 0.3 亿吨可作为能源资源利用，这些资源可以作为发展成型燃料的主要原料。

（6）竹林采伐和加工剩余物

我国有 484 万公顷竹林，总生物量 6 亿多吨。每年对竹林的更新和采伐利用大约有 0.5 亿吨剩余物可获得，可作为能源利用剩余物资源约 0.1 亿吨。这些资源可以作为发展气化发电、成型燃料、热电联产产业的主要原料，也是未来开发液体燃料的主要资源。

（7）四旁、散生疏林抚育修枝剩余物

各地房前屋后、沟渠路等四旁树和散生疏林约有 230 亿株。通过对这些分布在四旁和散生疏林进行抚育修枝，每年可获得 0.3 亿吨剩余物（按照每株 1.3 千克测算），其中 0.1 亿吨可作为能源资源利用。

（8）城市绿化更新、修剪剩余物

我国城市绿化率逐年提高，根据国家绿化委员会提供的城市绿化资料，我国城市森林、园林树木株数可折合面积超过 400 万公顷，生物量达 6～7 亿吨，每年林木修剪和树木更新产生的废弃物达 0.4 亿吨，其中，0.2 亿吨可作为能源资源利用，是发展成型燃料的主要原料。

（9）**造林苗木修枝、定杆和截杆剩余物**

全国每年造林约 600 万公顷，用苗约 120 亿株，年产生的育苗修枝、定杆和截杆剩余物约有 0.15 亿吨可获得，其中，作为能源利用的剩余物约有 0.1 亿吨。这些资源可以作为发展成型燃料和气化发电的主要原料。

（10）**废旧木材及其他剩余物**

我国每年各类木质家具、门窗、矿柱木、枕木、建筑木等废弃木材制品抛弃物大约 0.8 亿吨，（危房改造和家具更新淘汰等废旧木材资源多达 2 000 万米³）。其中，可作为能源资源利用的约 0.4 亿吨，是发展成型燃料的主要原料。

通过以上分析可以看到，全国目前的森林能源总量、可获得量和可利用量相当可观，但是，其用途和流向受到社会、经济、技术等种种因素左右。因此，在充分考虑森林能源资源类型、分布和存在的特殊性，可作为能源利用的总量仅有 22%～30% 左右。鉴于全国利用该资源的方式将有很大的变化，即在 3～5 年内原料将以零散收购为主，逐步走向集中供给，随后，能源林生长成熟，原料供给将以定点集中供给为主，兼市场收购，而产业化发展的最终必将以工业原料基地供给为主。

表 2-4　全国森林能源主要木质资源类型及数量

森林能源类型	森林资源面积（万 hm²）	可获得剩余物总量（亿 t）	可作为能源利用生物量（亿 t/a）
1. 采伐、造材和加工剩余物		1.53	0.4
2. 薪炭林（能源林）	303.4	0.48	0.3
3. 灌木林	4 529.7	1.5	0.5
4. 森林抚育与间伐剩余物		2.39	0.5
5. 经济林抚育修剪剩余物	2 140	1.5	0.3
6. 竹林采伐及加工剩余物	484	0.5	0.1
7. 四旁、疏林抚育修枝剩余物		0.3	0.1
8. 城市绿化更新修剪剩余物		0.4	0.2
9. 苗木修枝、定杆及截杆剩余物		0.15	0.1
10. 废旧木材及其他剩余物		0.8	0.4
总　　计		**9.00**	**2.97**

表 2-5　全国部分森林能源量（港澳台除外）

	林地面积（hm²）	森林蓄积量（m³）	总生物量（地上、t）	采伐剩余物（t）	抚育间伐（t）	灌木林生物（t）	能源林生物（t）
北京	972 900	8 407 000	14 97 6444	133 815	1 407 595	1 145 032	22 171
天津	134 400	1 403 500	2 981 386	297 191	247 873	38 608	0
河北	6 245 500	6 509 9200	110 226 252	1 648 534	12 902 088	1 525 143	576 903
山西	6 909 400	61 999 300	93 056 481	1 494 214	8 712 799	3 883 152	147 279
内蒙古	44 036 100	1 101 531 500	1 639 860 544	141 231 170	69 807 350	11 788 140	8 679 714
辽宁	6 343 900	174 765 700	236 116 559	5 645 039	20 195 383	786 384	591 457
吉林	8 055 700	816 455 100	1 086 722 468	124 352 967	33 055 787	179 705	16 892
黑龙江	20 265 000	1 375 023 100	1 911 625 155	15 0302 308	97 226 801	875 665	1 993 068
上海	22 500	332 400	2 974 384	0	26 052	0	0
江苏	998 800	22 852 700	51 856 364	287 666	1 164 187	160 020	14 102

（续）

	林地面积 （hm²）	森林蓄积量 （m³）	总生物量 （地上、t）	采伐剩余物 （t）	抚育间伐 （t）	灌木林生物 （t）	能源林生物 （t）
浙江	6 547 900	115 358 500	176 285 387	6 178 425	22 293 749	3 215 640	700 729
安徽	4 123 200	103 719 000	161 271 004	2 673 689	16 008 326	7 166 610	282 493
福建	9 080 700	443 573 600	632 374 994	6 990 000	36 654 050	2 932 430	1 489 842
江西	10 446 900	325 052 000	476 593 927	14 038 557	45 934 056	4 145 280	4 009 514
山东	2 846 400	32 016 500	74 088 050	261 485	4 168 447	764 032	1 357
河南	4 564 100	84 046 400	170 222 292	1 679 782	10 187 387	2 935 224	107 386
湖北	7 660 000	154 066 400	223 026 365	4 319 549	26 366 173	8 695 944	3 572 802
湖南	11 714 200	265 344 600	384 630 035	16 675 508	35 637 247	17 813 020	2 006 717
广东	10 481 400	283 656 300	378 154 069	8 256 934	44 169 165	10 088 118	2 169 608
广西	13 662 200	364 772 600	512 901 581	27 755 291	33 435 414	12 903 327	1 588 783
海南	1 944 700	71 951 600	100 112 989	1 227 896	4 722 255	2 604 770	0
四川	22 660 200	1 495 433 600	2 014 283 743	369 902 218	43 729 990	60 142 374	248 483
贵州	7 618 300	177 957 200	267 636 782	2 586 089	20 668 055	5 022 850	6 736 719
云南	24 247 600	1 399 291 600	1 970 268 891	221 513 730	56 643 989	20 693 380	27 037 902
西藏	16 578 900	2 266 064 100	2 921 142 982	397 253 294	3 615 383	30 966 156	454 282
陕西	10 717 800	307 757 700	425 505 762	50 960 609	19 283 535	6 044 184	3 407 574
甘肃	7 455 500	175 043 300	248 800 373	21 443 096	9 243 532	7 976 108	108 141
青海	5 562 800	35 928 500	52 215 510	2 994 715	1 296 684	21 849 588	0
宁夏	1 153 400	3 928 500	6 090 466	4 354	669 929	776 097	0
新疆	6 084 600	280 396 800	400 009 421	36 059 709	4 501 178	16 842 105	32 502
合计	**2.79亿**	**120.1亿**	**167.5亿**	**16.2亿**	**6.8亿**	**2.6亿**	**0.66亿**

2.2.2　油料能源树种资源和果实（种子）

全国经济林面积有 2 140 万公顷，面积在 100 万公顷以上的有 11 个省（自治区），依次是广西、湖南、辽宁、云南、广东、陕西、江西、山东、浙江、福建和河北省，占全国经济林面积的70.70%。在这些资源中，木本油料林面积 800 多万公顷，年可生产含油脂果实（种子）约 220 万吨。其中，油茶、油橄榄、核桃、沙棘（Hippophae rhamnoides）等树种的果实（种子）已作为食用和药物利用，具有较高经济价值。而当前可作为开发生物柴油资源利用，并适宜今后规模化种植和发展的树种有：小桐子（Jatropha curate ）、文冠果（Xanthoceras sorbifolia）、漆树（Toxicodendron vernicifluum）、黄连木（Pistacia chinensis）、乌桕（Sapium sebiferum）、光皮树（Cornus Wilsoniana）、山桐子（Flacourtiaceae）、盐肤木（Rhus chinensis）、绿玉树（Euphurbia tirucalli）等，其总面积约 420.6 万公顷，年可获得果实（种子）产量 90 多万吨，目前利用量不足 17 万吨（见表 2-6）。虽然，目前这些资源长期处于散生状态，其长势弱、产量低，每公顷仅产果实（种子）200 多千克，但是通过采取必要的经营改造、抚育管理和集约后可成为开发生物柴油燃料的重要原料基地。

油料能源树种资源地理分布是以秦岭、太行山为大致区分南北界。北方自然分布油脂植物约有 1/4 种类，少数种实则常常占有广大的分布区域。南方自然分布 3/4 的种类，特别是热带和亚热带地区，植物种类异常丰富。其中：小桐子、文冠果、黄连木、漆树、乌桕、光皮树、山桐子、盐肤木、绿玉树、油桐已具有一定人工栽培发展潜力和规模，将成为开发生物柴油燃料的主要树种。

表 2 - 6 现有主要油料能源树种资源分布和果实（种子）产量

单位：hm²、万 t

树种	面积	可获得量	现加工量	含油率（%）	主产和主要分布区
油桐	118.8	56.0	11.2	籽 35～40	贵州、湖南、陕西等 15 个省区
小桐子	4.1	0.5	0.2	籽 35～45	云南、贵州、四川、广东、广西、海南等省
黄连木	30.7	3.0	1.0	籽 30～46	全国 20 多个省区，河北、河南、山西、陕西最多
文冠果	2.5	1.0	0.1	籽 30～45	北方各省区
乌桕	14.8	4.5	0.7	果 35	贵州、湖北、四川、浙江等 16 省
光皮树	0.4	—	—	果 40，籽 20	集中分布于长江流域至西南各地的石灰岩区的江苏、湖南、湖北、江西等省
漆树	22.0	4.2	2.2	果 35	陕西、贵州、安徽等 10 多个省
山桐子	3.0	1.0	—	果 45，籽 28	南方各省区
盐肤木	2.0	0.5	—	果 40，籽 12	北方及江苏、江西等省区
山仓子	6.5	0.6	—	籽	陕西、贵州、安徽等 10 多个省
绿玉树	0.1	—	—	汁液 60	海南、湖南、广东、广西
油翅果	4.0	0.5	—	籽 30	山西、陕西、河北
卫矛	24.4	2.5	0.2	籽 30～35	全国各地大多数省区
重阳木	5.0	0.5	—	籽 24～28	福建、广东、广西、陕西等省
木棉	4.0	0.5	—	籽 24～28	云南、贵州、广西、广东、福建
巴豆	9.0	2.0	—	籽 45	四川、浙江、江苏、福建等省
苦楝	11	1.5	—	籽 24	西南、华北
栎树	12.3	2.0	—	籽 30	北方、西南 17 多个省、区、市
沙枣	48	4.0	0.3	籽 18	北方各省区
沙棘	98	5.1	1.0	籽 20	北方、西南等 20 个省区
合计	**420.6**	**90.2**	**16.9**		

注：籽＝种子，果＝果实，根据 2005—2007 年调查和测算。

2.3 未来森林能源资源发展潜力分析

2.3.1 现有林木资源开发森林能源前景广阔

（1）有成熟的培育技术和丰富的经验

自 20 世纪 70 年代全国有计划地实施薪炭林造林工作以来，经过 30 年的发展，全国各地发展能源林在树种选择、造林模式和经营管理方面积累了丰富的经验，有良好的技术储备。科研院所也在积极地培育和引进新树种，试验新的造林和能源林的培育方法，为发展高效、高产能源林基地奠定了基础。

（2）现有油料能源树种资源可开发利用潜力大

全国现有的 420 多万公顷油料能源树种资源，这些资源大多分散分布在交通不便的山区，长期处于半野生状态，其长势弱、产量低，但是，每年仍可获得果实（种子）90 多万吨，若全部利用年可

图 2-5 部分油料能源树种的果实

加工生物柴油 30 多万吨。若选用优良品种更新，并实施规模化种植、集约化经营、标准化管理措施后，如按照果园建设标准对现有资源实施清理杂草灌丛、扩穴施肥、补植加密和适当修剪等抚育措施后，其果实（种子）产量可翻番，420 多万公顷资源的年可获得果实（种子）产量可超过 180 万吨，能生产 60 万吨生物柴油，开发利用潜力大。

2.3.2 规模化发展能源林的土地资源丰富

目前全国尚有宜林荒山荒地 5 700 多万公顷，此外，还有中轻度盐碱地、干旱半干旱沙地，以及矿山、油田复垦地等不适宜农耕的边际性土地近1亿公顷。据专家测算和调查表明，这些土地资源中至少有3 600万公顷可以种植10多种油料能源树种。若全部种植后，年可生产油料树种果实（种子）5 400万吨，年可加工生物柴油1 800万吨。当然，随着科学技术的发展、营造林技术水平的提高和遗传育种技术的突破，适宜种植区域将进一步扩大，适宜种植的树种也将不断增加。

表2-7　发展油料能源树种土地资源分布与规模

单位：万 hm^2、万 t

省　区	土地类型	主要油料树种	面　积		产　量
			总面积	其中：宜林地	
云、贵、川、粤、桂、琼	干热河谷、宜林荒山	小桐子、绿玉树等	200	100	1 200
南方和华北部分地区	宜林地、低产林地、荒山	黄连木、油桐、漆树、乌桕、山桐子、光皮树	400	300	1 200
北方各省区	宜林荒沙、荒山、荒滩地	文冠果、黄连木、栎树	3 000	1 000	3 000
合　计			3 600	2 400	5 400

当前，土地资源的利用竞争激烈，土地资源利用方向最易受到市场经济和热门产品发展等多种因素的竞争影响而改变。如：全国木材年需求将达到2.14亿～2.3亿米^3，年木材缺口在1亿～1.2亿米^3，需要依靠进口解决。为了缓解了全国对木材需求日益增高的现状，各地和企业大力发展桉树、杨树、松树纸浆林和木材工业原料林，许多宜林荒山、荒沙地已被占用。近期，受能源和环境危机影响，发展能源林逐步得到重视，一些土地资源正在转向发展能源林。经预测，未来30年内发展能源林和开发液体燃料将不会受到土地资源短缺的影响。一方面，油料能源树种和灌木树种种类多、适应性强、适宜发展种植的土地资源比较宽泛。另一方面，发展能源林和开发生物液体燃料与千家万户农民增收致富、推进新农村建设紧密相关，具有天时、地利、人和之优势。预计，未来10年内，在适宜发展小桐子的地区，桉树所占用的土地资源将逐步被发展小桐子替代。因为，发展小桐子能源林比发展桉树具有高产、高效和较强的生物多样性的特点。

中国地域辽阔，能源树种资源丰富，应结合西部大开发和林业生态工程建设，充分开发利用现有森林能源资源，大量种植培育油料能源树种资源、培育适宜平茬的灌木资源，实施以采摘果实（种子）和定期平茬枝条为主的获取原料加工生物柴油和生物乙醇等森林能源的产业开发方式，全面提高林业产业的贡献率，全力推进森林能源的生产能力和替代石化能源的能力。

按林业区划类型区的自然、经济、人口和社会发展因素分析，东北内蒙古林区、华北和中原地区、南方林区和华南热带地区是木质和油料能源林培育的优先区域，可以营造相思、铁刀木、桤木、大叶栎、枫香、柳树、杨树、丛桦、胡枝子、柽柳、沙棘等乔灌树种，发展乔灌混交的木质能源林，或营造油桐、小桐子、乌桕、油翅果、文冠果、黄连木等油料树种能源林。北方和西北干旱半干旱地区水分条件好的地区是培育灌木能源林的主要区域，可营造沙柳、柽柳、沙棘、柠条等能源林。

表2-8　全国各地未利用土地面积统计表（港澳台除外）

单位：百 hm^2

	荒草地	沙地	裸土地	田坎	盐碱地	沼泽地	裸岩石砾	其他	合计
全国	4 925	5 048.8	392.8	1 245.6	1 017	430.6	10 353.5	1 094	24 507.3
北京	12.8	0.2	0.6	1.3	0.1	0	6.4	0.3	21.7
天津	4.3	0	0	0.2	0.9	0	0.2	1.2	6.8
河北	251	3.4	1.6	27.7	13.1	1.4	93.2	13.2	404.6
山西	264.8	0.5	6	64.4	5.7	0.4	83.6	80.7	506.1

（续）

	荒草地	沙地	裸土地	田坎	盐碱地	沼泽地	裸岩石砾	其他	合计
内蒙古	71.5	738.1	18	7.9	27.9	132.8	491.7	17.9	1 505.8
辽宁	111.9	1.4	1.4	7.7	1.9	1.9	7	17.6	150.8
吉林	43.7	3.7	0.9	0.6	39.1	14.5	0.9	9.3	112.7
黑龙江	222.1	0.6	0.1	0.2	1.8	196.9	2.8	10.9	435.4
上海	0.1	0	0	0	0	0	0	0	0.1
江苏	5.1	0.1	0.4	3.1	1.7	0.2	2.1	2.1	14.8
浙江	34.1	0.1	0.5	23.6	0.7	0	7.4	3.3	69.7
安徽	21.5	0.6	0.3	41.7	0.1	0.2	7.2	3.9	75.5
福建	54.3	0.4	1.1	28.1	0.1	0	11	0.9	95.9
江西	67	2.4	3.4	24.5	0	0.4	10	5	112.7
山东	59.4	1.1	0.4	57.5	24	0.1	16.8	6.2	165.5
河南	87.9	3.5	6.5	24	0.5	0.7	44.5	19	186.6
湖北	130.9	0.4	4.9	51.4	0	0.5	23.5	0	211.6
湖南	60.3	0.4	4.9	91.4	0	0.5	39.5	4.9	201.9
广东	57.4	0.7	1.8	24.6	0.4	0.2	8.9	3.3	97.3
广西	230.2	0.3	1.5	49	0.3	0.2	230.5	4	516
海南	25.1	0.3	0.1	0.1	0	0.1	0.6	0	26.3
重庆	34.2	0	2	90.8	0	0	23.3	1.3	151.6
四川	73.4	23	5.2	198.3	0	7.7	249.6	19.9	577.1
贵州	55.2	0.1	0.6	110.2	0	0	103.6	0.1	269.8
云南	453.2	0.2	22.2	166.3	0	0.3	84.7	2.9	729.8
西藏	1 102	22.3	22.9	7.9	54.7	6.4	1 826.6	662	3 704.8
陕西	74.7	13.3	2.6	13.3	3	0.1	9.8	0.3	117.1
甘肃	177.7	182	38	106.2	41	3.7	1 054.9	7.2	1 611.4
青海	108.2	613.8	156.9	11.9	391.3	28.7	1 051.1	121.9	2 483.9
宁夏	7.5	15.3	0.1	8.1	7	0.4	10.4	33.2	82
新疆	1 023.5	3 420.6	87.9	2.9	401.7	32.3	4 850.9	42.2	9 862

注：资料来源《中国土地资源》。

2.3.3 发展和利用森林能源条件逐步成熟

（1）国家扶持政策为发展森林能源创造了条件

目前与《可再生能源法》相配套的 10 部文件已经颁布，种种优惠政策，为加快发展森林能源创造了条件和提供了保障。

（2）经济发展增强了开发森林能源经济的可行性

生物能源正在逐步成为替代煤炭和石油的重要资源之一的事实为大力开发森林能源创造机遇。如：中国的石油资源相对匮乏，石油生产年均增长率仅为 1.67%，而对石油需求量年增长率为 5.77%。严重的供需矛盾为大力开发森林液体燃料提供了市场条件和替代化石燃料的急迫性。若按照目前全国年消耗 9 000 万吨化石柴油为基数计算，掺和 2%的生物柴油，全国每年生物柴油的需求量将超过 180 万吨，若按 10%的比例掺加，年需求量超过 900 万吨，生物柴油市场需求量巨大。

（3）国内外成熟的开发利用技术拓展了森林能源发展空间

1）技术经验在欧洲和北美的一些发达国家，森林能源开发利用的实践已有近半个世纪的历史。他们有着先进的技术与丰富的经验，这对于中国进行森林能源的开发和研究有很大的借鉴意义。

2）科研在科研方面部署基础研究及高技术开发，在技术的集成、能源的综合利用及自动化控制技术等方面开展相关研究。特别是结合中国的特点，研究木材、秸秆、稻草、谷壳等多种生物质综合利用的原理和技术，开发适合中国国情的生物质能转换与利用技术；并加强能源作物的培育与开发的研究。

3）产业化坚持科技成果工程化、运行机制企业化、发展方向市场化为指导思想，支持目前较成熟的生物能转换和利用技术与设施，以及符合目前我国国情的垃圾处理技术与工程的实施与发展。创造条件，使国家行为与企业行为紧密结合，积极推进产业化发展。

2.3.4 符合产业发展方向

作为能源业，森林能源是一种再生能源、便捷能源和清洁能源及广域能源（可移动）；作为林业产业，森林能源是森林利用的重要方式，森林能源产业符合我国产业发展的方向，在今后成为林业发展的主要方向之一；作为土地利用方面的产业，森林能源的资源培育，可以在不同经济条件下，依此利用各种级差收益的土地，特别对于不适合农业耕作和不适合乔木林培育的各类闲散地、灌木林地和疏林地的利用具有特殊意义。

下面就能源、林业、土地之间的发展关系做一假设分析，见如图2-6，A表示能源，B表示林业，C表示土地利用；其中AB和ABC为森林能源产业，其中AB为以利用现有林木资源为原料发展的森林能源模式，ABC为一培育能源林为原料发展森林能源的模式，是一种更为完整的森林能源产业发展模式；AC虽不是森林能源产业范围，但在能源与土地利用的关系中，即在土地资源转换为能源的关系中，通过培育林木方式占有较大面积比重和最大的质量比重；BC虽不是森林能源产业范畴，但作为能源的森林一直占有较大的和一定的比重。因为传统的薪材利用方式（可以认为是森林能源的初级形态），一直长期占据主导，随着生物质能源成型产品加工方式的革命，必将推动森林能源利用在今后将再次成为重要方式。概述上述对三者关系的认识，这三者的叠合部分将快速扩张而成为我国产业发展的重要方向。即能源业中的森林能源比重不断扩大，林业中森林资源利用结构向能源利用倾斜，土地林用方式中将逐步增大林业用地，特别是能源林用地的比例。

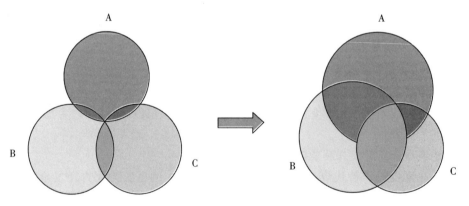

A:能源　B:林业　C:土地利用

图2-6　森林能源产生定位与演变

总之，我国现阶段已经具备了森林能源产业发展的宏观条件，只要政府积极引导并辅以必要的政策、法律和经济支持，森林能源开发、加工、利用和资源培育活动必将在全国迅速展开。

2.3.5　符合国际 CDM 项目①的碳贸易原则和方向

目前，我国正在开展的 CDM 项目主要有 7 类，包括：风力发电项目、水力发电项目、垃圾填埋项目、地热项目、生物质能项目、小规模造林再造林项目以及太阳能项目。这些项目的开展，使森林能源发展与利用贴近了国际 CDM 项目的实施程序，提高了林业行业开展碳贸易的能力。

（1）从第一承诺期可行的 CDM 项目类型来看，森林能源项目可从不同角度与 CDM 项目结合

森林能源属于可再生能源，根据《京都议定书》及其相关规定，森林能源项目是属于第一承诺期可行的 CDM 项目，但如何将森林能源项目和 CDM 机制结合起来，主要途径有以下几种：

结合途径一：将森林能源转化利用作为可再生能源纳入 CDM 项目。这种途径通常是将林木生物质作为原料，直接燃烧或者与别的燃料混合发电或者供热。目前，用林木生物质作为燃料发电或供热将这样的项目与 CDM 成功结合的例子很多，特别是在瑞典、丹麦、英国。

结合途径二：将森林能源培育与利用和 CDM 造林再造林碳汇项目结合。在第一个承诺期（2008—2012 年），造林和再造林是土地利用、土地利用变化和森林（LULUCF）项目中唯一合格的林业项目。可以选择符合 CDM 造林再造林碳汇项目的立地（过去 50 年的无林地或 1990 年 1 月 1 日是无林的立地）上营造能源林，可以通过同时营造几种不同树种、带状或片状混交的林分，并根据能源企业生产规模，合理确定能源林基地规模和采伐周期，通过每年采伐利用一部分能源林，保留和及时更新采伐迹地，在保证能源企业原料周期平衡供应的同时，又保持能源林基地始终维持一定规模的活立木，使得基地碳汇也保持在一个适当的水平。如果能够达到这样的要求，则这样的森林能源培育和利用，既可以达到减排又可以增加碳汇。从理论上分析，在第一承诺期内也是可行的。但这种结合方式，如果单纯从利益最大化的角度来讲是否最佳，还需要进行经济分析。目前，尚未见到这方面的成功案例。

（2）在未来承诺期中森林能源项目可有不同类型与 CDM 结合

1）提高森林能源本身的能效。即减少生产单位能源消耗的薪材和其他生物燃料的数量，或者单位薪材和生物燃料可以带来更多的能源。这是提高林木生物质生产效率的两种基本方式，这两种方式是建立在能源林树种的改进、材质的提高、能源转化利用技术的进步、劳动者能力的提高以及改进项目设计、完善项目管理等多方面综合作用的结果。随着森林能源项目建设的继续推进和 CDM 项目开展的逐步深入，这种方式的结合在今后是有可能的。

2）培育能源林，减少土地退化。我国国土面积中还存在一定退化沙化比例，这些地方大都是立地条件比较差，光、水、热等自然条件比较恶劣，营造一般的乔木作业难度较大。而且，位置较偏，交通不便。实施森林能源林建设，培育适地适树的能源树种，加大耐旱抗碱灌木种植，可以缓解土地沙化，减少土地退化。这既是防沙治沙友好项目，又由于基准线排放量较大，对强调基线和额外性的 CDM 项目活动具有一定的吸引力。目前，在我国内蒙古实施的碳汇试点项目就是和意大利政府合作的治沙项目的一部分，这为开展 CDM 森林能源项目提供了借鉴。

3）经营森林能源以增加土壤碳汇。作为陆地生态系统的主体，森林所储存的大量的碳，不仅存在于森林地上植被中，还存在于地下土壤中。而且森林土壤中储存的碳比地上生物量中储存的碳还要多得多。根据 IPCC 估计，全球土壤碳约占 80%，其中森林土壤的碳储存量约占全球土壤的 39%。加强森林能源的经营管理，合理采取科学的抚育更新手段，确保为林木生物质提供资源基础的能源林建设的稳定性，能够增加土壤碳库。在未来的承诺期内，这将是 CDM 与森林能源建设结合发展的可能渠道。

---

①　清洁能源发展机制项目。

2.4 发展与利用基本思路与原则

2.4.1 基本思路

森林能源发展与利用的指导思想是：以科学发展观为指导，走建设资源节约型、环境友好型社会的发展道路，在确保国土安全、森林安全、生态安全的前提下，大力发展森林能源资源和建立能源林基地，实行以能源林供给为主与收集利用现有森林能源资源相结合的原料利用技术路线，实行开发生物柴油为先，相继开展利用纤维素开发生物乙醇相结合的液体燃料开发技术路线，实行以发电为主与供热相结合的热电生产技术路线，实行引进国外技术设备与自主创新的技术开发路线，实行政府支持、优惠政策扶持与市场拉动相结合的产业开发路线，把应用森林能源发电供热作为建设社会主义新农村的一项重要措施来抓，全面提高森林能源在国民经济和社会发展中的作用和地位。

基本思路是：以森林能源资源分布、可利用量和发展潜力为依据，合理布局、科学发展。一是根据森林能源资源开发利用技术状况和市场发展潜力，结合国家经济发展对能源的需求，提出技术的推广应用目标，以及相应的政策方案。二是充分挖掘国内资源的潜力，合理引进国际先进技术，积极进行开发利用技术的研究和示范，逐步建立森林能源开发利用产业。三是要合理地制订规划和调整发展战略，确定科学的森林能源开发利用发展技术路线，全面提高森林能源在我国经济发展中的地位和作用。四是加速能源林的培育和现有资源的利用。五是加强原料的收集、运输和处理技术的研发，加强开发利用技术的研究。六是建立产业化配套服务体系，紧密联系市场需求，健全政策、法规、机制、技术和标准等一系列配套服务体系，全面推动森林能源开发利用的产业化进程。

2.4.2 基本原则

根据《中华人民共和国可再生能源法》的精神及《国家可再生能源中长期发展规划》和《林业中长期发展规划》的要求，坚持以人为本，以森林能源资源为基础，生物质能源利用的市场为导向，开发利用技术研究和装备为关键，以科技创新和相关的法律、政策措施为保障，积极遵循以下原则：

（1）**坚持科学的可持续发展观，建设资源节约型和环境友好型发展模式**

森林能源发展要与林业生态治理及环境保护相结合、与农村产业结构调整相结合、与建设社会主义新农村相结合。在保护生态环境的前提下，选择森林能源开发利用这种可持续和环境友好型发展模式，充分挖掘荒地及不适宜种植粮食的土地资源的生产潜力，缓解"三农"、能源和环境问题。

（2）**实施政府支持、市场主导、企业主体相结合促进发展的模式**

森林能源作为一种新能源产业，在产业化发展的初期阶段，需要政府在政策、资金、税收、产品价格等方面的扶持和保护，建立长效发展机制。并积极引导和调动相关的社会资源帮助开发利用企业走向规范化，逐步建立起应用森林能源开发利用的新型产业体系和市场体系。

（3）**抓试点、抓示范，贯彻以点带面、分步实施和切实推广的科学发展模式**

实施开发利用产业化进程中要严格遵循轻重缓急、突出重点，积极抓试点、抓示范，贯彻以点带面、分步实施和切实推广的科学发展模式。如试点地区的森林能源项目应以小规模为宜，可先行试点，项目成功后再向条件相似地区推广和扩大。

（4）**实施森林能源资源电厂自供与市场供给相结合的工业化生产与供给模式**

一是要摸清资源，要对当地的森林能源资源的总量、可获得量，尤其是可利用量，择优选择发展。二是推行企业自建能源林基地，实施自供稳定平衡原料价格与市场供给调节价格相结合的工业化生产与供给模式。三是努力提高原料的收获、收集、运输、处理、储藏的工业化运营程度，以先进的技术、设备和科学经营来化解这些在开发利用经营中的难题，最大程度的提高开发利用的生产效率和经济效益。

（5）实施关键技术和设备的引进与自主研发相结合的技术创新模式

生物质开发技术和设备是开发利用经营的关键环节。近期，技术和关键设备将以引进为主，随着技术的成熟和设备国产化，实施关键技术和设备的引进与自主研发相结合的技术创新模式，以及完全依靠据有自主知识产权的技术和设备必将成为提升森林能源产业开发利用、经营水平和效益的关键因素。

（吕文、王国胜、刘金亮、张彩红、张兰）

◆ 参考文献

[1] 中共中央国务院关于加快林业发展的决定. 中发［2003］9 号

[2] 国务院. 中国应对气候变化国家方案. 国发［2007］17 号

[3] 国家林业局. 林业发展"十一五"中长期发展规划. 2006 年 3 月

[4] 国家林业局. 中国拟划出 2 亿亩林地搞生物能源已做初步规划. 国家生态网. 2007 – 03 – 02

[5] 国家林业局世行中心. 中幼林抚育间伐管理办法. 2005

[6] 中幼林抚育间伐技术要点. 世行项目科技简报. 2007（1）

[7] 张志达，等. 中国绿色能源. 北京：中国经济出版社，1999

[8] 张志达，等. 中国薪炭林发展战略. 北京：中国林业出版社，1996

[9] 高尚武，等. 森林能源研究. 北京：中国科技出版社，1991

[10] 高尚武，等. 中国主要能源树种. 北京：中国林业出版社，1990

[11] 李育才. 积极发展我国林木生物质能源. 宏观经济管理. 2006（7）

[12] 吕文，等. 中国林木生物质能源发展潜力研究报告. 中国林业产业. 2006（1）

[13] 吕文，张彩虹，张大红，等. 林木生物质原料发电供热技术路线初步研究. 中国林业产业. 2006（4）

[14] 马岩. 林间剩余物热电联产综合开发模式研究. 木材加工机械. 2006（5）

[15] 贾争现，刘康. 物流配送中心与规划设计. 北京：机械工业出版社，2004

[16] 吕学都，刘德顺. CDM 的制度框架和方法学指南. 北京：清华大学出版社，2004

[17] 曹霞. 气候变暖与能源的开发与利用. 中国民商法律网. 2004

[18] 杨惠英，任冬梅. 关于利用 Excel 函数求解线性方程组方法. 长春师范学院学报. 2004（4）

[19] 运筹学教材组. 运筹学. 北京：清华大学出版社，2003

[20] 顾运筠. Excel 规划求解的两类应用. 计算机应用与软件. 2005（1）

[21] 张惠良. 利用线性规划解决一些不等式问题. 数学通讯. 2002（3）

[22] 张明铁. 单株立木材积测定方法的研究. 林业资源管理. 2004，2（1）

3

3. 森林能源战略评价与情景分析

3.1 国家有关发展规划和目标

2007年，国务院办公厅转发了国家发展和改革委员会《生物产业发展"十一五"规划》（国办发〔2007〕23号）。这是第一次将生物产业作为国民经济和社会发展的一个重要战略产业进行整体规划部署。规划要求到2010年生物产业增加值达到5 000亿元以上，生物产业出口额显著增加。在此基础上，2020年全国生物产业增加值突破2万亿元，成为高技术领域的支柱产业和国民经济的主导产业。

国家发展和改革委员会制定的《可再生能源中长期发展规划》亦在2007年9月得到国务院的批准。发展生物质能源的具体规划是：到2020年，生物质发电总装机容量达到3 000万千瓦，生物燃料乙醇年利用量达到1 000万吨，生物柴油年利用量达到200万吨，生物质成型燃料达到1 000万吨。

3.2 森林能源资源发展目标

森林能源总的发展目标是：到2010年，全国每年可利用森林能源总量将由现在的3亿吨增长到7亿吨，到2050年可利用量超过30亿吨。

一是大力发展木质能源林。根据目前的发展速度和社会对森林能源的需求，预计到2015年和2020年，木质能源林面积将超过1 000万公顷，森林剩余物和能源林年可利用量将超过10亿吨和20亿吨，预测到2050年可利用量将超过30亿吨。

二是大力发展木本油料能源林。计划到2020年，发展油料树种能源林900万公顷。

全国森林能源发展的宏观条件是资源为保障，市场需求是发展的动力，科学发展观和可持续发展是基本需求。森林能源发展的关键是成本和资源是否有竞争优势与用户需求。因此，要在充分利用现有资源的基础上，建立能源林培育和发展基地，实现能源林的造林、营林、收获、加工和销售的产业化发展链，重点突出解决以下几个方面问题：第一，把森林能源资源的发展与国家能源发展战略任务紧密结合起来。第二，把能源林产品作为能源原料商品经营。第三，在重视农民经营者的同时，加大对企业经营者介入的支持。第四，积极促进能源林木培育、经营、收获、利用等产业链升级。

3.2.1 现有森林资源剩余物收集与利用

全国有森林能源资源近3亿吨，主要是林木采伐、造材和加工剩余物，薪炭林采伐物，灌木林平茬更新复壮剩余物，森林抚育与间伐剩余物，经济林抚育管理剩余物，竹林采伐和加工剩余物，四旁、散生疏林抚育修枝剩余物，城市绿化更新、修剪剩余物，造林育苗修枝、定杆和截杆剩余，物废旧木材及其他剩余物和油料能源树种果实（种子）11大类。目前，得到开发利用的资源量不足2%。

从目前资源分布的现状分析来看，制约开发利用的关键因素首先是资源的收集方式、能力和成本。目前资源的特征是分散分布，收集收割难度大，获得成本高。

随着科学技术的不断发展和各方面对森林能源的重视，森林能源高效利用已成为现实。因此，如何经济、高效、持续的开发利用这些资源成为当前的重要任务之一。

3.2.2 发展能源林基地

（1）发展思路

发展能源林基地是降低原料收集风险、收集难度、稳定原料价格和实现森林能源产业化发展的必由之路。

各级林业部门将以科学发展观统领工作全局，以改革开放和科技进步为动力，围绕"绿化、能源、致富、可持续发展"主题，以环境保护、替代化石能源和促进社会经济发展为目标，把森林能源资源培育与开发利用并重考虑，坚持因地制宜、科学规划、合理布局、分步实施、突出重点、稳步推进的原则；坚持科学经营，综合利用，讲求实效的原则；坚持能源林建设与产业发展相结合，基地化带动和规模化促进相结合，改造环境与发展液体燃料结合的原则；坚持民众、社团积极参与，国家、集体个人共建的原则，坚持多种技术路线与经营模式并行的原则，旨在全面推动森林能源的可持续发展。

（2）发展基本原则

森林能源培育和发展以市场为基础。森林能源发展的关键是成本和其他类型能源是否有竞争优势和用户需求。发展森林能源要弃计划经济的思维模式和运作方法，建立政府引导，以用户需求为目标的发展模式。从树种选择，造林模式，运输距离、成本和加工等环节上选择符合当地条件的方式，集约经营，控制成本，增加竞争优势。

能源林培育、发展要与当前林业生态建设工程相结合。能源林发展与国家实施的退耕还林、天然林保护和京津风沙源治理工程等六大林业生态建设工程相结合，不但能得到资金和政策上的支持，还能得到用于能源林发展的土地、水资源等的必须的资源。

能源林培育和发展要多种经营。发展多用途能源林，将薪材与其他用途相结合，提高能源林的生态、经济、社会效益。能源林一林多用，在不同自然生态条件下营造不同类型的能源林，以少量土地获取更多的生物量，在提供生物质能源的同时增加更多经济效益，促进农村经济的发展。多用途能源林包括水保固沙能源林、禽畜饲料兼用能源林、木质燃料油能源林、乔薪结合能源林等。

能源林培育和发展要依靠科技的进步。能源林主要利用荒山荒地和沙化土地造林，这些地类立地条件较差，土壤贫瘠，水分条件差。能源林又需要规模化集约经营，提高林地生产力，增加薪材产量。这就要求充分依靠高新科技，引进和培育抗旱和生长快的新品种。

（3）发展方式

木质能源林具有一次造林，多次采伐，多年利用，且单位面积林木质资源量高的特点。充分利用宜林地和荒地发展能源林，实行能源林的集约化经营，将为燃料加工企业提供更加可靠的木质原料，可以有效减少木质原料供应的价格波动带来的风险。营造能源林应以当地乡土树种为主，提高荒滩、荒坡的植被覆盖率，减少水土流失，增加当地就业机会，使社会效益和生态效益得以发挥和提高。适宜种植的能源树种详见附录。

（4）油料能源林示范基地建设

我国人多地少，不允许完全以农产品为原料发展生物燃料生产。国家明确指出，发展生物能源产业要以适应性强、分布广、不占用农业用地的木本油料树种为主要原料，不争地、争粮、争油。

根据全国能源战略的需求，结合林业自身特点及发展规律，国家林业局已编制了《"十一五"林业生物柴油原料林基地建设方案》，以指导林业生物柴油原料林基地建设及开发利用。

　　根据生物柴油原料林树种的分布状况，以及对油料能源林培育的土地资源、水资源和热量条件等自然条件、社会和经济发展对能源的需求等方面分析，确定全国生物柴油发展范围为河北、山西、内蒙古、辽宁、浙江、安徽、福建、江西、河南、湖北、湖南、广东、广西、海南、重庆、四川、贵州、云南、陕西等19个省（自治区、直辖市）；将小桐子、黄连木、光皮树、油桐、文冠果和乌桕等6个树种作为生物柴油原料林基地培育的优先树种。

　　"十一五"期间，生物柴油原料林基地建设规模为83.9万公顷，其中新造林66.2万公顷，现有林改造17.7万公顷，分别占总规模的78.9％和21.1％。按树种分，小桐子、油桐、黄连木、文冠果、乌桕、光皮树建设规模分别为29.86、15.91、15.64、15.51、4.00、2.99万公顷，分别占总规模的35.6％、19.0％、18.6％、18.5％、4.8％、3.6％。其中，小桐子建设规模超过了总面积的1/3，主要在四川、云南、贵州、广东、广西、海南、福建7个省（自治区）。

　　根据国家林业局《能源林发展规划》，小桐子培育示范基地建设主要在四川省攀枝花市、凉山州，云南省红河州、临沧市和贵州省黔西南州。黄连木培育示范基地主要在河北省邯郸市、安徽省滁州市、陕西省安康市和河南省安阳市。光皮树培育示范基地主要在湖南省永州市和江西省萍乡市。文冠果培育示范基地主要在内蒙古赤峰市和山西省太原市。目前，地方发展能源林的积极性高涨，年发展规模已远远超过规划规模。

　　（5）木质能源林示范基地建设

　　木质能源林基地建设分别在黑龙江省绥化市建立以蒿柳、短序松江柳为主的能源林示范基地；在山东省菏泽市、东营市分别建立以紫穗槐、柽柳为主的能源林示范基地；在内蒙古自治区通辽市建立以柠条、沙棘、杨树为主的能源林示范基地；在湖北省黄冈市建立以栎类、刺槐为主的能源林示范基地；在广东省惠州市建立以黎蒴栲为主的能源林示范基地。

3.3　森林能源资源发展优先区域

3.3.1　油料能源林发展重点区域

　　小桐子优先发展区域主要是在海南省，营造原料林基地，其种籽产量可以达到6～12吨/公顷。其次是在广东、广西和云南、贵州、四川、福建等省区的部分地区。原料林基地种子产量可以达到6～10吨/公顷。文冠果的优先发展区域比较广泛，主要在北方地区，优先发展区域以华北地区为主，如河南、山东、河北、山西、辽宁、内蒙古等省区中部和西北南部部分地区，营造原料林基地产量可以达到3～9吨/公顷。

　　（1）西北、华北北部和东北西部地区

　　该地区包括内蒙古中部和西部、辽宁西部、吉林西部部分、河北北部、北京北部、山西北部、陕西西安以北、甘肃兰州以北、青海北部、新疆和宁夏等省、区、市，面积378.80万平方公里。这里是我国气候最为干旱和风沙危害最为严重的地区，八大沙漠和四大沙地分布在这一地区，还有大量的戈壁。气候条件是影响森林分布的最重要的因素，整个地区年平均降水量为90～150毫米，但局部地区（天山、祁连山等的中上部）年降水量超过600毫米。大于10度的积温2 500～3 200℃，只有南方地区的一半左右。该地区土地资源丰富是发展文冠果能源林的重要区域。

　　（2）华北和中原地区

　　包括北京市郊区、天津市、河北南部、山西东南部、河南大部分地区、山东、安徽北部和江苏省长江以北地区，总面积56.64万平方公里。该地区是我国经济发达、人口密度大，也是能源短缺地区。可重点发展山桐子、漆树、黄连木、文冠果等能源林。

　　（3）南方集体林区

南方林区包括江苏省长江以南、安徽南部、浙江、福建省大部、江西大部、湖南、湖北、广西省北部、贵州、云南省东部和中部、四川省东部、重庆、陕西省南部、湖北、河南省南部地区，总面积161.25万平方公里。该地区地形包括了高山、中山、丘陵和平原4个部分，海拔在20～3 000米之间，年降水量为800～2 000毫米，年均温度14～21℃，该地区热量丰富，雨量充沛，适宜多种油料能源树种生长，是发展黄连木、光皮树、山桐子、漆树、油桐、乌桕、绿玉树、山仓子、盐肤木等油料能源树种的优势区域。

(4) 华南热带地区

华南林区包括福建省南部、广东、广西南部、云南南部、海南、台湾、香港、澳门等省、区和地区，总面积47.71万平方公里。华南地区是我国自然条件最好的地区，地形地貌复杂，以山地、丘陵为主，温度最高，年均温度21℃，年降雨量1 800毫米，热量大，植物生长时间长，是发展小桐子、绿玉树、油棕等油料树种的主要区域。

3.3.2 木质能源林发展重点区域

若从当前人类生产生活与经济发展对能源需求和开发利用的经济可行性方面考虑，木质能源林的优先发展区域首先应该是：有丰富的土地资源适宜发展能源林，而且具有规模化发展生物质能源产业的区域。其次是：生物能源替代化石能源具有经济可行性，未来种植发展能源林的土地资源充足的区域。

在没有考虑当地开发生物质能源技术水平，没有考虑当地对能源数量和能源类型的需求的情况下，仅从培育能源林的土地资源、水资源和发展能源林的热量条件等方面分析，木质能源林培育和利用的优先发展地区分为以下：

一类地区：华南地区、南方地区。
二类地区：华北和中原地区、东北林区。
三类地区：西北、华北北部和东北西部地区。
四类地区：西南高山峡谷地区和青藏高原高寒地区。

3.3.3 各地区特点

(1) 东北内蒙古林区

本区包括内蒙古和辽宁东部、吉林省大部分地区、黑龙江省，面积共98.27万平方公里。东北林区是我国森林资源最丰富的林区之一，也是我国主要的木材产地之一，气候和土壤条件非常适合森林生长。林地面积5 245.47万公顷，其中有林地面积3 811.27万公顷，无林地面积1 103.46万公顷，还有需要改造的疏林地86.67公顷，发展能源林具有良好的自然条件。该地区是我国老工业基地，工业发达，交通方便，对能源需求大。木材采伐和加工业一直是主体产业。近年来，随着国家天然林保护工程的实施，大批国有森工企业面临经济转型，林业产业急需寻找新的发展方向。该地区发展能源林产业具备自然、经济和需求方面的条件。如果有10%的无林地能够用于能源林发展，将培育100多万公顷的能源林。同时，也可以充分利用林区采伐和造材剩余物，进行成型燃料加工。

(2) 西北、华北北部和东北西部地区

该地区由于缺水，只有在局部地区可以发展能源林。该地区可供能源林发展的土地面积大，现有林地面积3 930.26万公顷，灌木林地570.13万公顷，无林地面积1 712.16万公顷，占林地面积的43.56%，。由于生态防护林建设是该地区林业建设的主体，能源林发展要和防护林建设相结合，实施防护林—能源林模式。考虑到该地区经济发展程度低，交通条件差，煤炭资源丰富等社会经济因素。选择人口密度大，水分条件好，交通方便的地区发展能源林。如甘肃省河西走廊、内蒙古、宁夏自治区、黄河河套、中南部地区、河北省坝上、山西省北部。

（3）**华北和中原地区**

本地区发展能源林有巨大的社会需求。该地区地形复杂多样，包括了山地、丘陵和平原。气候四季分明，冷热同期，降水量平均750毫米。林地面积961.69万公顷，无林地面积295.12万公顷，森林覆盖率9.19%，有近30%林地还没有得到有效利用，而且还在实施退耕还林工程，有大量的退耕地可以发展能源林，发展能源林的土地资源和水分条件较好。该地区发展能源林的优先区域在山地和丘陵地区，太行山区、燕山低山、山东省低山丘陵地区和黄河故道盐碱地是发展能源林优先地区。

（4）**南方集体林区**

该地区现有林地面积9 451.73万公顷，无林地面积占林地面积16.71%，1 579.38万公顷。但该地区林业发展不平衡，湖南等省已消灭了荒山，浙江、福建省森林覆盖率也较高，无林地面积较小。由于本地区人口密度大，经济发达，对木材的需求量大，国家实施了速生丰产用材林基地工程。经济林树种资源丰富，经济林发展规模大，对能源林的发展有竞争性。发展能源林要和防护林工程、退耕还林工程相结合，在秦巴山区、四川省盆地、大别山、桐柏山区、贵州、云南省高原等地区交通条件好的地区优先发展。

（5）**华南热带地区**

华南地区树木种类丰富，而且生长快，生物量大如桉树、相思类树都是优良的能源林树种。该地区林地利用的潜力还比较大，在林业用地中，无林地386.83万公顷，在水热条件最优越的地区，还有16.7%的林业用地没有有效利用。由于华南地区是我国经济高速增长的地区，能源短缺最为严重，能源的市场需求大，交通方便，具备发展能源林各种条件。要充分利用现有无林地资源，实行规模化、集约化经营，和其他利用方式比较中取得竞争优势。

（6）**西南高山峡谷地区**

该地区包括云南省西部、四川省西部、西藏自治区东南部、甘肃省南部，面积66.53万平方公里，林地3 059.65万公顷。本地区为高山峡谷地貌，海拔在1 300～8 000米，森林主要生长在4 000米以下地区。年降水量为650毫米，但分布不均；温度较低，大于10摄氏度的积温较低，不利于林木生长。无林地面积495.02万公顷，占林地总面积的16.4%。该地区是我国木材生产的第二大林区，国家在该地区建立了大量的森工企业，进行大规模的木材采伐，造成森林资源锐减。国家实施的天然林保护工程，对该地区森林实行了严格保护。该地区经济落后，交通条件差，发展能源林主要是满足当地居民的生活需求，以减少森林资源的破坏程度。

（7）**青藏高原高寒地区**

该地区包括甘肃省玛曲、四川省西北部、青海省南部、西藏自治区除东南部以外的地区，总面积147.50万平方公里，林地面积740.27万公顷。本地区的特点是地势高，气温低，降水分布不均，不利于林木的生长。而且本地区人口密度小，经济落后，交通不便。从自然、经济等方面分析，发展能源林潜力不大。

3.4　国家森林能源战略评价与情景分析模型

森林能源的发展在国家整体能源战略的框架下，对其技术路线的评价也必须纳入到宏观目标考量和权衡的体系中。由此开发的国家森林能源战略评价与情景分析模型是在国家能源系统中量化分析未来森林能源发展的贡献和所面临的挑战，为科学确立战略目标和发展路线提供决策支持。

3.4.1　森林能源战略评价与情景分析模型体系

整个体系采用能源需求预测模型（MAED）用来产生未来能源需求情景，通过外生的人口变化路径，经济增长路径和技术变化路径计算未来的能源服务需求。MESSAGE 模型以外生的能源需求作为模型的约束条件，优化能源供应系统的技术组合。MESSAGE 和 MAED 模型工作机理如图 3-1 所示。

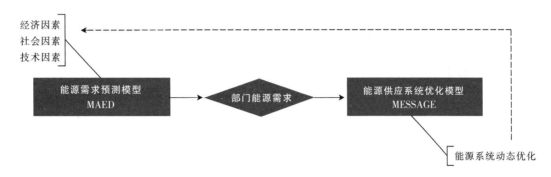

图 3-1　MESSAGE 和 MAED 模型的输入参数和输出结果

3.4.2　能源供应系统优化模型

MESSAGE[①]（Model of Energy Supply System Alternative and Their General Environment Impact），能源供应系统和环境影响评估模型，是在满足能源需求的前提下，按照最小化供应成本的原则，优化能源供应系统，并且评估能源系统的环境影响。

MESSAGE 模型适合用于中长期能源规划和能源政策及情景分析。MESSAGE 模型的应用可以追溯到 20 世纪的 70 年代，30 年来它被广泛应用于科学研究和项目工作。基于 MESSAGE 模型的近期研究成果包括 IIASA 与 WEC 合作项目—全球能源情景分析（Global Energy Perspectives），IPCC 关于排放情景的特殊报告（IPCC Special Report on Emissions Scenarios）和 IPCC 第三、四次评估报告（IPCC Third and Fourth Assessment Report）。

MESSAGE 模型的核心概念是参考能源系统（RES），描述能源系统各个层次之间的技术联系，从能源资源开采和进出口，能源转化、运输和分配至终端利用。图 3-2 为本研究构造的参考能源系统示意图。RES 系统中的能源技术覆盖各项在用的能源技术和在模型规划期内有可能引入的技术，包括各种能源载体和转化技术。模型中的能源转化技术内涵丰富，包括从能源资源的开采，能源转化、运输和分配及能载体和终端利用技术。能源从资源开采到终端利用的一系列技术称为能源链，经过模型优化选择的能源供应技术和能源链满足外生的能源需求。MESSAGE 模型中的数学方程保证了能源流动的一致性，即能源消费量不大于能源资源的可得量，每个环节的能源输入量至少等于能源流出量，能源需求要被满足。这三个条件定义了能源平衡的约束条件，由 MESSAGE 模型的矩阵生成器生成。

模型的数学本质是多期线性动态规划如式（3-1），优化过程是同时对整个能源网络和全部时间周期寻找最优解。决策变量可以分为两类，技术容量变量和技术活动水平变量，模型的输入参数也包括两类，与目标函数的成本计算相关的参数（矩阵 A）和约束条件相关的参数（矩阵 B 和 C）。

$$Min f(X) = AX = \alpha_i x_i \quad i = 1, 2, \cdots, n$$
$$s.t \quad CX \geqslant B \quad \sum_i c_{ji} x_i \geqslant b_j \quad j = 1, 2, \cdots, n \qquad (3-1)$$
$$x_i \geqslant 0$$

---

① MESSAGE 模型是由国际应用系统分析研究所 IIASA（International Institute for Applied Systems Analysis）开发的，中国为其成员国。

（1）成本目标函数

MESSAGE 的目标函数是最小化能源系统的净现值成本，此系统从能源开采经生产转换技术，然后通过运输和配送满足各种能源服务的需求。目标函数的成本计算包括技术投资成本，技术运行维护成本，燃料供应成本，燃料进出口成本。技术投资成本计算是扣除了优化期结束后的资本净残值的净值成本。

（2）资源开采约束

MESSAGE 模型中有关资源开采活动的约束条件包括静态约束和动态约束两类。引入资源开采的约束是为了对人类的对资源开采活动施加限制条件，以保证人与自然的和谐发展。

$$
\begin{aligned}
Min \sum_t \Big[&\beta_m \Delta t \Big\{ \sum_{svdl} zsvd\ldots lt \times \varepsilon_{svd} \times \Big[ccur(svd,t) + \sum_m ro^{mlt}_{svd} \times car(ml,t) \Big] + \\
&\sum_{svd} \varepsilon_{svd} \times \sum_{e=0}^{e_d} Usvd.e.t \times \varepsilon_{svd} \times \Big[\kappa_e \times \big(ccur(svd,t) + \sum_m ro^{mt}_{svd} \times car(m.t) \big) + cred(d,e) \Big] + \\
&\sum_{svd} \sum_{\tau=t-\tau_{svd}}^{t} \Delta\tau \times Yzsvd\ldots\tau \times cfix(svd,\tau) + \sum_r \Big[\sum_{glp} Rzrgp.lt \times cres(rgpl,t) + \\
&\sum_{dp} (Izrcp.lt \times cimp(rcpl,t) - Ezrcp.lt \times cexp(rcpl,t)) \Big] \Big\} + \beta_b^t \times \\
&\Big\{ \sum_{svd} \sum_{r=t}^{t+t_d} \Delta(t-1) \times Yzsvd\ldots\tau \times \Big[ccap(svd,\tau) \times frl^t_{svd\tau} + \sum_m rc^{mt}_{svd} \times car(m,t) \times fra^t_{svd\tau,m} \Big] \Big\} \Big]
\end{aligned}
$$

$$(3-2)$$

模型按照资源的质量等级和开采成本对同一种资源进行分类，对资源属性的描述更准确，提高了模型运行结果的可靠性。资源开采的约束条件可以作用于某一资源的整体（如生物质），也可对各个级别的资源单独加以规定。资源开采的活动量受到资源储量的限制，模型中分别设定年开采量的上限和优化时期内总开采量的上限以保证资源开采在资源储量允许的范围之内。有关资源的约束条件包括：

①资源分级的年开采量约束：优化时期内，各个等级的资源年开采量不能超过年开采量上限。

$$\sum_p RRrgp..t \leqslant Rrgt \qquad (3-3)$$

②资源年开采量约束：优化时期内，某一类资源（各等级的资源总和）的年开采总量不能超过上限。

$$\sum_g \sum_p RRrgp..t \leqslant Rrt \qquad (3-4)$$

③资源开采总量约束：在整个优化期内，资源开采累积总量不得超过该级别资源储量。

$$\sum_p \sum_t \Delta t \times RRrgp..t \leqslant Rrg - \Delta_0 R_{rg,0} \qquad (3-5)$$

（3）系统进出口约束

能源进口依存度（能源净进口量占能源消费总量的比例），进口区域的分布，能源进口费用比例（能源进口费用占进口费用总额的百分比）等指标是衡量能源安全的重要指标，扩大进口输入区域的范围，控制进口量和进口费用将指标值控制在合理范围内是能源安全工作的重要内容。通过引入进口约束条件，避免模型输出结果出现极端的可能，提高模型输出结果的可信度。综合考虑能源输出国的地缘政治及能源价格的稳定性等因素，模型分别对能源进口区域的相关变量和能源进口总量施加了约束条件。

①能源进口区域总量约束：优化时期内，来自于特定区域的能源进口总量不能超过上限水平；

$$\sum_{z,p,t} \Delta t \times Izrcp..t \leqslant Irc \qquad (3-6)$$

②能源进口区域年活动量约束：从某一区域的能源年进口量不能超过上限水平；

$$\sum_{z,p} Izrcp..t \leqslant Irct \qquad (3-7)$$

③能源年进口量的总量约束：优化时期内来自于各个区域的能源总进口量不能超过总量限制。

$$\sum_{z,c,p} Izrcp..t \leqslant Irt \qquad (3-8)$$

模型中对能源出口的约束与进口相似，在此不再一一列举。

（4）能流平衡约束

能流平衡约束体现了 RES 的物理约束，上级能源的供给要满足下级能源的需求。在 RES 的任意一个截面上，流入能量不小于流出能量。MESSAGE 模型分别在一次能源，二次能源，终端用能层级上及能源传输和配送环节定义了能流平衡约束。

①资源消耗平衡约束：资源年开采总量不小于各种技术的资源开采量之和。

$$\sum_{g,p} RRrgp..t - \sum_{v} Arvr...t \geqslant 0 \qquad (3-9)$$

②一次能源开采和进出口平衡：一次能源的供应能力即一次能源的生产能力与净进口之和应满足能源生产转换技术对燃料投入的需求。

$$\begin{aligned}\sum_{v} c_{rvr} \times Arvr...t - \sum_{lvs} Xrvs..lt + \sum_{c,p} IArcp..t - \sum_{c,p} EArcp..t + \\ \sum_{fvs} \Big[\frac{\Delta(t-\tau_{fvs})}{\Delta t} \times \rho(fvs,r) \times YXfvs..(t-\tau_{fvs}) - \\ \frac{\Delta(t+1)}{\Delta t} \times \iota(fvs,r) \times YXfvs..(t+1) \Big] \geqslant 0 \end{aligned} \qquad (3-10)$$

③二次能源转换平衡：在二次能源层级上的上级能源技术所生产的能载体的产量满足下级传输技术的能载体输入的需求。若定义了负荷区域，在各个负荷区域分别满足能源转换平衡的约束条件。

$$\sum_{rv}\varepsilon_{rvs}\times Xrvs..lt+\sum_{r\sigma}\beta_{r\sigma}^{s}\times Xrv\sigma..lt-\sum_{v}Tsvs..lt+$$
$$\sum_{c,p}IXscp.lt-\sum_{c,p}EXscp.lt\geqslant 0 \qquad (3-11)$$

④分配平衡：配送技术将各种能载体送达各终端用能技术，满足终端用能的需求。若定义了负荷区域，在各个负荷区域分别满足能源终端需求的约束条件。

$$\sum_{v}\varepsilon_{svs}Fsvs..lt-\sum_{vd}\eta_{s,v,d,l,t}\times\sum_{e=0}^{e_d}Usvd.e.t-\sum_{\sigma vd}\bar{\beta}_{\sigma vd}^{s}\times\eta_{\sigma,v,d,l,t}\times\sum_{e=0}^{e_d}U\sigma vd.e.t\geqslant 0 \quad (3-12)$$

⑤终端用能需求平衡：能源供应系统的目的是保证能源需求，因此终端技术环节，系统提供的能源必须满足给定的终端用能需求。

$$\sum_{sv}\varepsilon_{svd}\times\sum_{e=0}^{e_d}k_e\times Usvd.e.t+\sum_{s\sigma}\beta_{s\sigma}^{d}\times\eta_{\sigma,v,d,l,t}\times\sum_{e=0}^{e_\delta}k_e\times Usv\delta.e.t\geqslant Udt \quad (3-13)$$

⑥能源传输平衡约束：传输能源必须满足下级配送技术的能源需求，若定义了负荷区域，在各个负荷区域分别满足能源传输平衡的约束条件。

$$\sum_{v}\varepsilon_{svs}Tsvs..lt-\sum_{v}Fsvs..lt\geqslant 0 \qquad (3-14)$$

(5) 产能约束

能源技术的活动水平由装机容量和年可利用系数共同决定，本部分给出了不同类型的能源转换技术的容量，可利用系数与活动水平之间需要满足的约束条件。

①负荷稳定的技术。对于负荷稳定的能源需求，能源转换技术的活动量和容量之间的关系相对简单，技术的年活动量不大于装机容量的最大产量与年可利用系数的乘积。

$$\varepsilon_{svd}\times zsvd...t-\sum_{\tau=t-\tau_{svd}}^{\min(t,\kappa_{svd})}\Delta(\tau)\times\pi_{svd}\times f_i\times Yzsvd..\tau\leqslant hc_{svd}^{t}\times\pi_{svd} \quad (3-15)$$

②负荷波动、技术组合可选择的技术模式的容量活动量约束。对于定义了负荷曲线的能源技术，在模型定义的各个负荷时段内，技术的活动量和容量之间都应该满足约束条件。

$$\frac{\varepsilon_{svd}}{\lambda_l}\times zsvd..lt-\sum_{\tau=t-\tau_{svd}}^{\min(t,\kappa_{svd})}\Delta(\tau)\times\pi_{svd}\times f_i\times Yzsvd..\tau\leqslant hc_{svd}^{t}\times\pi_{svd} \quad (3-16)$$

③负荷波动技术组合模式固定的容量活动量约束。对于技术组合模式固定的容量活动量约束较之可以自由选择技术组合模式的约束要弱一些，只需要在负荷需求最大时段内，满足活动量和容量之间的约束即可，而不必检查各个时段的容量活动量。

$$\frac{\varepsilon_{svd}\times\pi(l_m,svd)}{\lambda_{lm}}\times zsvd..lt-\sum_{\tau=t-\tau_{svd}}^{\min(t,\kappa_{svd})}\Delta(\tau)\times\pi_{svd}\times f_i\times Yzsvd..\tau\leqslant hc_{svd}^{t}\times\pi_{svd} \quad (3-17)$$

④多投入多产出的能源技术容量约束。对于多投入多产出的多联产技术系统（见图 3-2），各种投入产出之间要满足的容量和活动水平应满足如下约束。

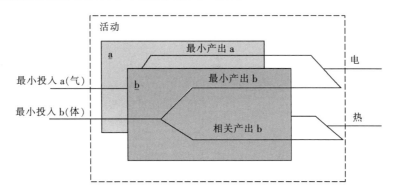

图 3-2　多投入多产出的多联产技术系统

$$\sum_{\sigma v' \delta} rel_{\sigma v' \delta}^{sxd} \times \varepsilon_{\sigma v' \delta} \times zv' \delta ...t - \sum_{\tau = t - \tau_{sxd}}^{\min(t, \kappa_{sxd})} \Delta(\tau) \times \pi_{sxd} \times f_i \times Yzsvd..\tau \leqslant hc_{sxd}^t \times \pi_{sxd} \quad (3-18)$$

（6）技术变化动态约束

能源技术系统的调整和变革是渐进发生的，而不是一蹴而就的。模型中对各种资源的开采量和能源技术的活动量及设备容量施加了动态增长和（衰退）的上限，既保证了新的能源技术引入市场的可能，又约束了他们的增长速度，同时避免了能源系统的突变。

①资源开采的动态上界（下界）约束：由于生产能力，运输能力和相关基础设施（如运输）能力的限制，相邻时期的资源开采增长和下降速度速度受到约束。

$$\sum_{g, p} RRrgp..t - \gamma_n^0 \sum_{g, p} RRrgp..(t-1) \leqslant g_n^0 \quad (3-19)$$

$$\sum_{g, p} RRrgp..t - \gamma_n \sum_{g, p} RRrgp..(t-1) \geqslant -g_n \quad (3-20)$$

上述约束是对于某一类资源的开采总量制定的，以此类推，可以根据研究问题的需要，对任意等级 g 的资源规定开采的动态约束条件。

②动态资源损耗约束：这一指标体现了资源开采的可持续性，约束了资源的年开采量与资源剩余储量之间的比例关系。

$$\Delta t \sum_p RRrgp..t \leqslant \delta_{rg}^{\alpha} \left[Rrg - \Delta t_0 R_{rg,0} - \sum_{\tau=1}^{t-1} \sum_p \Delta \tau \times RRrgp..\tau \right] \quad (3-21)$$

③进口的动态增长（减少）约束：相邻时期内能源进口量的增长速度或降低速度，要在一定的数值范围内。

$$\sum_{z, c, p} Izrcp..t - \gamma_n^0 \sum_{z, c, p} Izrcp..(t-1) \leqslant g_n^0 \quad (3-22)$$

$$\sum_{z, c, p} Izrcp..t - \gamma_n \sum_{z, c, p} Izrcp..(t-1) \leqslant g_n \quad (3-23)$$

模型同样可以对每一地区能源出口的增长（降低）规定相似的约束条件。对于能源出口的活动量的约束与能源进口相似，不在此赘述。

④技术活动量的动态上界约束：对于系统优化过程中被选中的技术，在相邻时期各年的活动量水平之间增长（衰减）的速度要在模型规定的数值范围内。

$$\sum_l \varepsilon_{svd} \times [zsvd..lt - \gamma\alpha^0_{svdt} \times zsvd..l(t-1)] \leqslant g\alpha^0_{svdt} \qquad (3-24)$$

$$\sum_l \varepsilon_{svd} \times [zsvd..lt - \gamma\alpha_{svdt} \times zsvd..l(t-1)] \geqslant - g\alpha_{svdt} \qquad (3-25)$$

⑤新增技术容量的动态上界（下界）约束：新增技术容量的投资约束和技术系统的惯性要求体现在新增技术容量的动态约束方程中。

$$Yzsvd..t - \gamma y^0_{svd,t} \times Yzsvd..(t-1) \leqslant gy^0_{svd,t} \qquad (3-26)$$

$$Yzsvd..t - \gamma y_{svd,t} \times Yzsvd..(t-1) \leqslant - gy_{svd,t} \qquad (3-27)$$

3.4.3 能源需求预测模型

MAED（Model for Analysis of Energy Demand）模型的输入变量即能源需求变化的驱动因素包括社会经济因素，人口因素和技术进步因素。社会经济因素的量化指标包括国内生产总值（GDP）增长速度，产业结构的演化即第一产业，第二产业和第三产业产值的构成比例，城市化进程的速度。人口因素包括人口增长速度，城乡人口结构变化，家庭结构变化，居民能源消费偏好的改变。技术因素的量化指标包括各个能源服务部门能源效率的改善和创新技术的扩散速度。

3.5 森林能源战略情景分析与评价

3.5.1 终端能源需求情景设定

经济增长和社会发展对能源需求存在着很强的依赖性，而能源需求的变动趋势与经济增长、社会发展之间又具有较强的相关性。处于不同发展水平的国家，其能源需求总量及结构特征并不太相同。如图3-3所示是某类基本宏观数据假定下的分部门能源需求的预测。MAED将国家/地区的能源总需求分解为各个用能部门的需求，模型产出是各个部门的有用能需求。终端用能部门分解为产业（包括农业，制造业，建筑业和采矿业四个子部门），居民和商业部门（包括农村居民和城市居民两个子部门），交通（包括货物运输和旅客运输两个子部门）。

3.5.2 能源系统优化情景设定

设置若干约束条件参数，包括基年能源技术的容量和活动量水平，服役能源技术的经济参数、效率参数、技术组合匹配限制、技术生命周期限制、满足负荷限制、技术应用规模限制、污染物排放系数、活动量上限、增长速度限制、资源储量（总量和剩余储量）、政策约束公共意愿的限制等。详细评估常规和新能源资源开发现状及潜力，技术研发，制造，安装等服务能力。

为了识别发展森林能源在建立可持续能源供应系统中的作用和面临的挑战，此处共设定了4类政策目标情景，分别是：①参考情景；②石油对外依存度控制情景；③CO_2排放控制情景；④同时控制CO_2排放和石油对外依存度情景，简称"双控"情景。

3.5.3 参考情景分析

参考情景是森林能源和其他替代能源发展的基准情景，是延续当前能源技术和政策发展态势情形

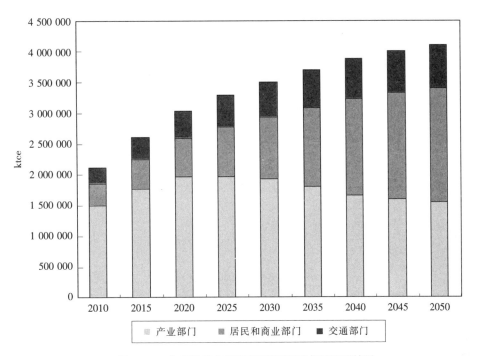

图 3 - 3　参考情景分部门终端能源需求量预测结果

注：ktce：千吨标准煤当量。

下的我国能源供应系统未来发展的情景。在该情景中，森林能源资源的开发主要依靠现有森林资源剩余物收集，并发展能源林（参见表 3 - 1）。

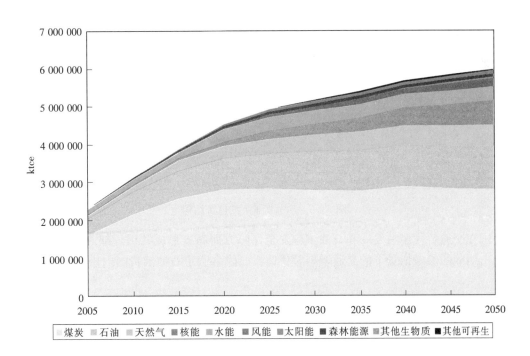

图 3 - 4　参考情景下的一次能源供应

图 3-4 显示了参考情景下我国一次能源供应未来的发展图景。在参考情景下，我国一次能源的消费量 2020 年为 45.3 亿吨标准煤（tce），2030 年为 51.7 亿吨标准煤，2050 年为 59.8 亿吨标准煤。森林能源在 2010 后基本维持一定的份额，2010 年为 1.3%，2020 年和 2030 年为 1.5%，2050 年为 1.4%，分别约为 4 100 万吨标准煤、6 900 万吨标准煤、7 800 万吨标准煤和 8 300 万吨标准煤（图 3-6）。其他生物能的比重基本呈相同趋势，在 2020 年、2030 年、2050 年分别达为 1.4%、1.5% 和 1.5%。风能、水能、核能等其他替代能源也持续发展。

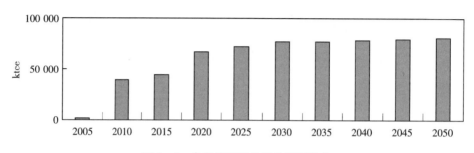

图 3-5　参考情景下的森林能源供应

从图 3-6 所示发电装机构成看，森林能源电力比重在 2010 后也基本维持一定的份额，2020 年为 0.8%，2030 年为 0.7%，2050 年为 0.6%，装机容量分别约为 11.7 吉瓦（GW①）、12.9 吉瓦和 13.9 吉瓦（图 3-7）。除森林能源以外的其他生物质电力的比重 2010 年为 0.5%，2020 年为 1.4%，2030 年为 2.1%，2050 年为 1.7%。

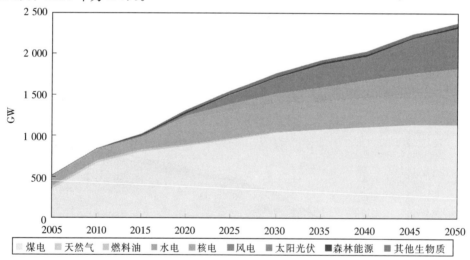

图 3-6　参考情景下的电源结构

目前我国在交通替代燃料发展和石油供应安全保障方面尚未形成共识，缺乏明确的目标和政策，所以很难给出明确的参考情景下的交通燃料替代情景。隐含假定石油消费国内供应，不足部分由国际市场提供。

从参考情景的分析结果中可以看到：

1) 在参考情景下，包括森林能源在内的生物质能会在未来的能源供应中发挥一定的作用，但总的作用是很有限的，只占到相对较小的份额，资源和技术上的相对劣势是局限其发展的主要原因；

---

① 1GW（吉瓦）$=1 \times 10^9 W$（瓦）$=1 \times 10^6 kW$（千瓦）$=1 \times 10^3 MW$（兆瓦），——编者注。

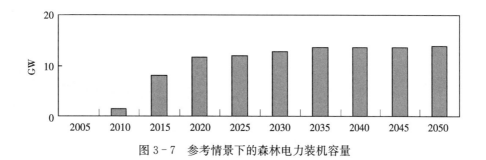

图 3-7　参考情景下的森林电力装机容量

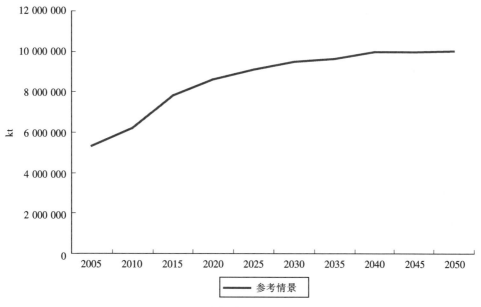

图 3-8　参考情景下的 CO_2 排放

2）如果替代能源发展停留在参考情景水平上，直到 2050 年我国能源利用 CO_2 排放会一直处于不断增加的趋势（图 3-8），与国际上允许的排放空间的不断收缩存在尖锐矛盾，2050 年以前我国石油消费量也将会持续增长，对外依存度 2030 年以后会超过 70%，能源安全供应面临挑战，所以如果不进一步发展替代能源，我国能源供应系统未来不可能实现向可持续能源体系的过渡。

3.5.4　石油对外依存度控制情景

石油对外依存度控制情景是通过发展交通燃料替代技术，2010 年以后将石油对外依存度控制在 60% 情形下。在该情景中，森林能源资源开发在依靠现有森林资源剩余物收集的基础上，加快发展木质和木本油料能源林，尤其是木本油料能源林的发展。

图 3-9 显示了石油对外依存度控制情景下我国　次能源供应未来的发展图景。在石油对外依存度控制情景下，核能、水能、风能、太阳能、生物质能等方向性替代能源的供应量 2020 年为 6.3 亿吨标准煤，2030 年为 11.2 亿吨标准煤，2050 年为 20.2 亿吨标准煤。与参考情景相比，森林能源的作用有了明显的增强，2020 年为 1.0 亿吨标准煤，2030 年为 2.1 亿吨标准煤，2050 年为 3.4 亿吨标准煤，分别占一次能源总量的 2.2%、3.7% 和 5.5%（图 3-10）。除森林能源以外的其他生物质的比重 2020 年为 1.8%，2030 年为 2.9%，2050 年为 5.0%。

图 3-11 显示了石油对外依存度控制情景下交通燃料供应情况。要实现控制石油对外依存度目标，森林生物液体燃料供应量可替代石油 2020 年为 352 万吨，2030 年为 655 万吨，2050 年为 2 379 万吨，分别占燃料供应的 1.2%、1.7%、5.6%；除森林能源以外的其他生物液体燃料供应量可替代

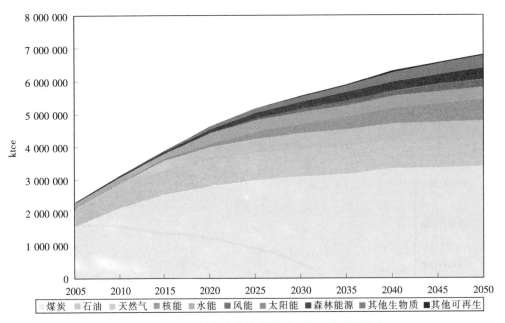

图 3 - 9 石油对外依存度控制情景下的一次能源供应

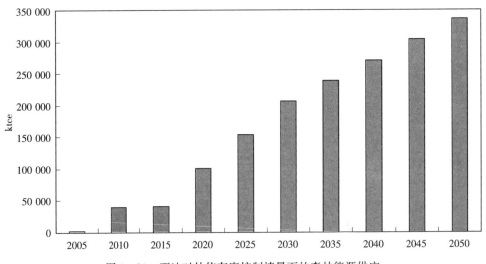

图 3 - 10 石油对外依存度控制情景下的森林能源供应

石油 2020 年为 149 万吨，2030 年为 594 万吨，2050 年为 2 071 万吨，分别占燃料供应的 0.5%、1.6%、4.9%（图 3 - 12）。除了发展方向性的生物质替代燃料外，还要规模发展权宜性的煤基替代燃料。由于需要发展煤基替代燃料，煤炭比重与参考情景相比反而显著提高，出现了能源供应结构加重煤炭化的趋势。

石油对外依存度控制情景只把控制石油对外依存度作为替代能源发展的战略目标，是单目标的，并不涉及进一步电力替代问题。所以，石油对外依存度控制情景下的电力替代特征与参考情景相同。

从石油对外依存度控制情景的分析结果中可以看到：

（1）与参考情景相比较，包括森林能源在内的生物质能会在未来的能源供应中发挥更大的作用，因森林能源的可开发资源潜力要大于其他生物质资源，因此其增长势头要好于其他生物质；

（2）单方面追求将石油对外依存度控制在 60% 之内（图 3 - 13），致使一次能源供应结构加重煤炭

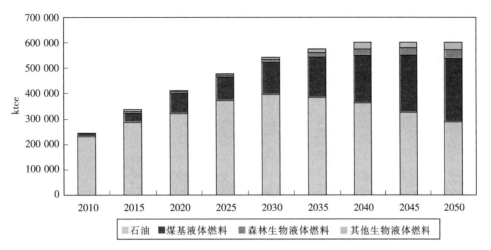

图 3-11　石油对外依存度控制情景下的交通燃料供应

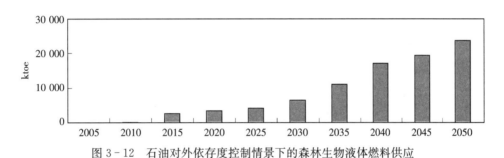

图 3-12　石油对外依存度控制情景下的森林生物液体燃料供应

注：Ktoe：千吨标准油当量。

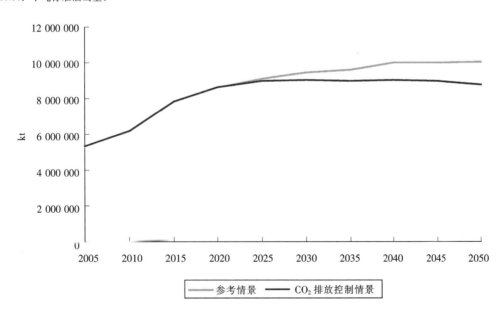

图 3-13　参考情景和石油对外依存度控制情景下的 CO_2 排放趋势比较

化，CO_2 排放量增加 5%～9%，会进一步激化我国未来 CO_2 排放与国际允许排放空间之间的尖锐矛盾；

（3）单方面追求将石油对外依存度控制在 60% 之内，也会降低能源系统效率和增加一次能源供应量 5%～10%（图 3-28）。

3.5.5 CO₂ 排放控制情景分析

CO_2 排放控制情景是在中长期控制能源开发和利用的 CO_2 的排放，2025 年以后实现 CO_2 排放零增长情形下我国能源供应系统发展的情景。在该情景中，森林能源资源在依靠现有森林资源剩余物收集的基础上，加快发展木质和木本油料能源林。

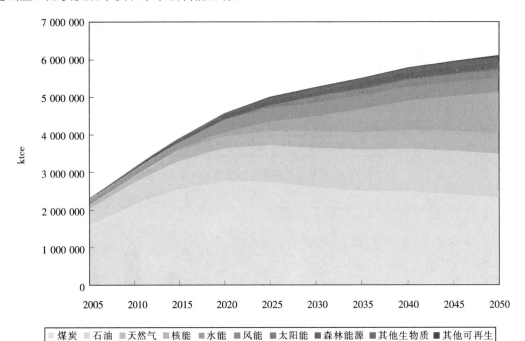

图 3-14 CO₂ 排放控制情景下的一次能源供应

图 3-14 显示了 CO_2 排放控制情景下我国一次能源供应未来的发展图景。在 CO_2 排放控制情景下，核能、水能、风能、太阳能、生物质能等方向性替代能源的供应量 2020 年为 6.2 亿吨标准煤，2030 年为 11.8 亿吨标准煤，2050 年为 20.7 亿吨标准煤，替代能源的作用有了明显的增强。与参考情景相比，森林能源的比重增加，2020 年为 1.2 亿吨标准煤，2030 年为 1.5 亿吨标准煤，2050 年为 1.8 亿吨，分别占一次能源总量的 2.6%、2.8%和 2.9%（图 3-15）。除森林能源以外的其他生物质的比重 2020 年为 1.1%，2030 年为 1.5%，2050 年为 2.4%。

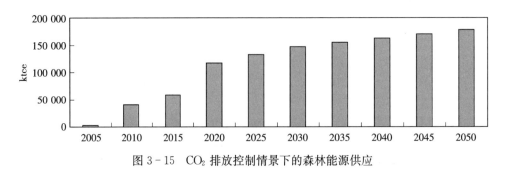

图 3-15 CO₂ 排放控制情景下的森林能源供应

从图 3-16 所示发电装机构成看，与参考情景相比，森林能源电力比重在 2020 年为 1.5%，2030 年为 1.8%，2050 年为 2.1%，装机容量分别约为 19.7 吉瓦、32.9 吉瓦和 49.3 吉瓦。除森林能源以外的其他生物质电力的比重 2020 年为 1.4%，2030 年为 2.1%，2050 年为 2.0%。发电装机结构变化主要由风电和核电加速发展所驱动。

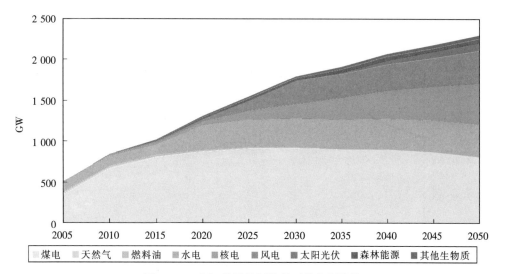

图 3-16　CO_2 排放控制情景下的电源结构

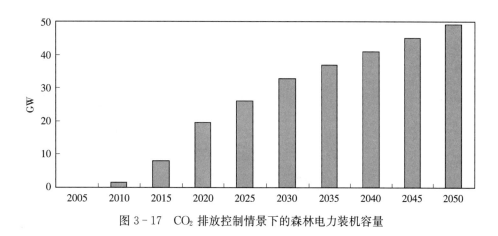

图 3-17　CO_2 排放控制情景下的森林电力装机容量

　　CO_2 排放控制情景只把减缓 CO_2 排放作为替代能源发展的战略目标，是单目标的，并没有考虑保障石油供应安全方面的交通燃料替代问题。与参考情景相类似，隐含假定石油消费国内供应不足部分由国际市场提供。

　　从 CO_2 排放控制情景的分析结果中可以看到：

　　（1）与参考情景相比较，发展森林能源实现减排主要在电力部门，森林资源作为能源开发和利用以实现 CO_2 排放控制的作用有限；

　　（2）实现 CO_2 排放 2025 年以后零增长的目标（图 3-18），与参考情景相比，2030 年减排 6.4%，2050 年减排 13.3%，但导致能源供应成本的上升。

3.5.6 "双控"情景

　　"双控"情景是通过发展替代能源，2010 年以后将石油对外依存度控制在 60%，同时 2025 年以后实现 CO_2 排放零增长的情形下我国能源供应系统发展的情景。在该情景中，森林能源资源在依靠现有森林资源剩余物收集的基础上，大力发展木质和木本油料能源林基地。

　　图 3-19 显示了"双控"情景下我国一次能源供应未来的发展图景。在"双控"情景下，核能、水能、风能、太阳能、生物质能等方向性替代能源的供应量 2020 年为 7.9 亿吨标准煤，2030 年为 15.9 亿吨标准煤，2050 年为 26.4 亿吨标准煤。与参考情景相比，森林能源的作用有了明显的增强，2020 年为 2.6 亿吨标准煤，2030 年为 3.3 亿吨标准煤，2050 年为 3.9 亿吨标准煤，分别占一次能源

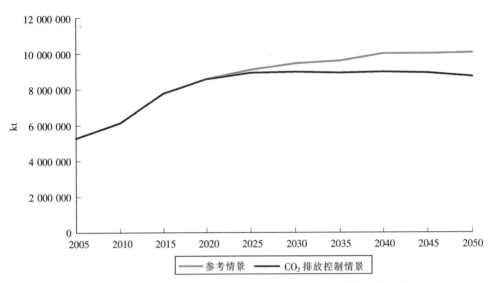

图3-18   参考情景和CO_2排放控制情景下的CO_2排放趋势比较

总量的 5.4%、5.5% 和 5.5%（图3-20）。除森林能源以外的其他生物质的比重 2020 年为 1.7%，2030 年为 4.7%，2050 年为 5.3%。

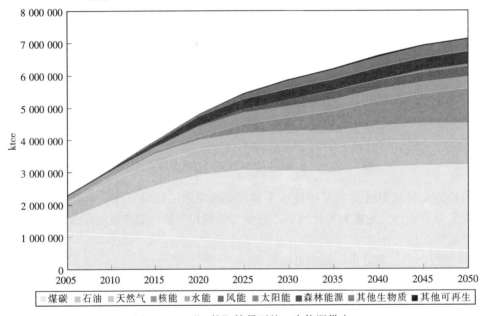

图3-19   "双控"情景下的一次能源供应

图3-21 显示了"双控"情景下的电装机构成发展图景。在"双控"情景下，电力替代呈现能源替代和技术替代双突出的典型特征，高效、清洁的先进发电技术更多得被采用，包括 CCS 技术的引入。发电装机结构变化主要由核电、风电、水电、生物质能发电加速发展所驱动。与参考情景相比，森林能源电力比重在 2020 年为 1.5%，2030 年为 2.2%，2050 年为 2.7%，装机容量分别约为19.7 吉瓦、41.0 吉瓦和 67.7 吉瓦（图3-22）。除森林能源以外的其他生物质电力的比重 2020 年为1.6%，2030 年为 2.2%，2050 年为 2.4%。

图3-23 显示了"双控"情景下交通燃料供应情况。在该情景中，森林生物液体燃料供应量可替代石油 2020 年为 772 万吨，2030 年为 2 838 万吨，2050 年为 4 086 万吨，分别占燃料供应的 2.7%、7.5%、9.7%（图3-24）；除森林能源以外的其他生物液体燃料供应量可替代石油 2020 年为 569 万

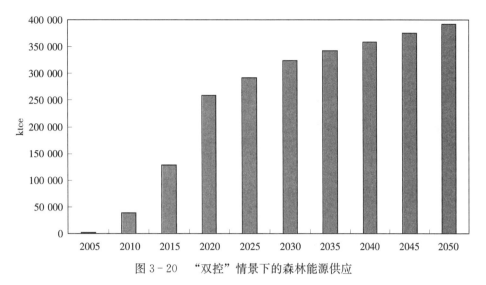

图 3-20 "双控"情景下的森林能源供应

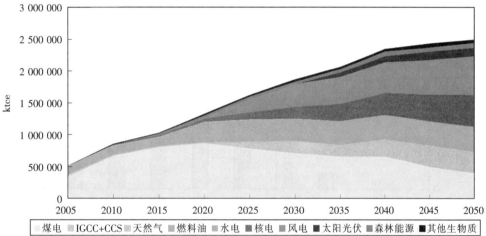

图 3-21 "双控"情景下的电源结构

吨，2030 年为 1 635 万吨，2050 年为 2 434 万吨，分别占燃料供应的 2.0%、4.3%、5.8%。要实现"双控"目标，除了引进第二代生物液体燃料技术发展生物柴油和燃料乙醇等生物替代燃料外，还要发展权宜性的煤基液体燃料和天然气等其他替代燃料。

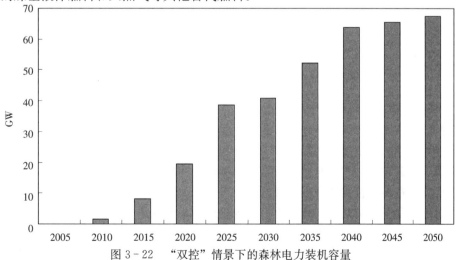

图 3-22 "双控"情景下的森林电力装机容量

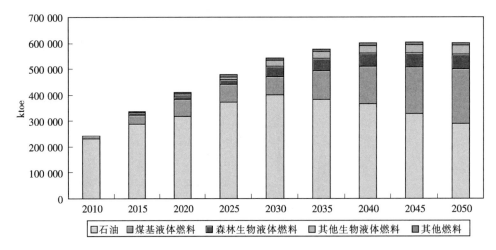

图 3-23 "双控"情景下的交通燃料供应

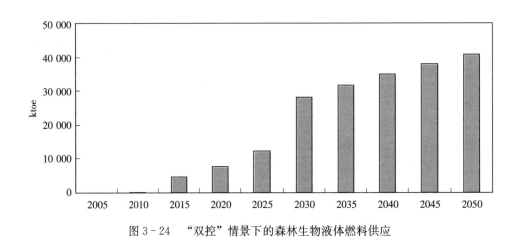

图 3-24 "双控"情景下的森林生物液体燃料供应

从"双控"情景的分析结果中可以看到：

(1) 实现同时控制 CO_2 排放和石油对外依存度的"双控"目标，包括森林能源在内的生物质能会在未来的能源供应中发挥更显著的作用，森林能源的开发和利用在发电装机和液体燃料替代方面都充分挖掘了资源潜力，能源林基地得到了较好发展，第二代生物液体燃料技术和先进生物质发电技术在 2030 年后得到大规模应用；

(2) 实现"双控"目标要付出高昂的经济代价（图 3-26）和能源效率代价（图 3-27），会导致能源供应成本 2030 年提高 71%，2050 年提高 48%，一次能源供应量 2030 年增加 9%，2050 年提高 15%；

3.5.7 森林能源利用目标设想

延续当前的能源技术与政策发展趋势，我国能源发展将在应对气候变化和保障能源供应安全方面面临严峻的挑战，必须大力发展替代能源才有可能实现向可持续能源供应体系的过渡和转变。森林能源作为清洁能源，其开发和利用将对解决我国能源和环境问题产生积极的作用。但同时也应看到，森林能源的发展面临着资源和技术两方面的挑战：

关于资源方面，虽然收集利用现有的森林资源剩余物，尤其是大规模发展能源林基地将为森林能源的开发提供可观的资源保障，从中长期看它的资源潜力将占到所有生物质能源的一半以上，但同时从整个能源供应结构看，森林能源和其他生物质能源可替代的资源总量有限。

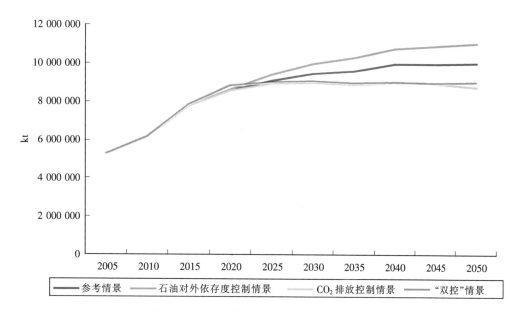

图 3-25　四类情景下的 CO_2 排放趋势比较

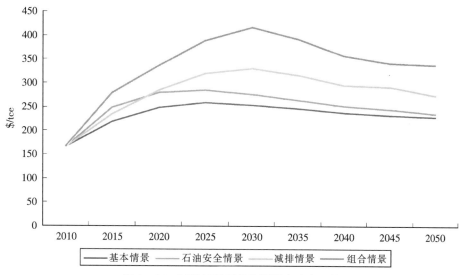

图 3-26　四类情景下的能源供应成本比较

注：$/tce：美元/吨，标准煤当量。

关于技术方面，目前森林能源开发和利用技术从全生命周期看还存在效率、排放和成本上的局限，因此加大对第二代生物液体燃料、生物质发电等重大关键技术的研发和示范的支持力度，通过技术创新和政策扶持，力争在 10～15 年内建立起健全的和有竞争力的产业体系对森林能源和其他生物质能的发展至关重要。

在此，为更好地识别资源和技术的挑战，我们进一步指出三类潜力的概念：市场潜力、经济潜力和技术潜力。市场潜力是指基于私人成本和私人贴现率的森林资源供应潜力，延续当前的政策措施和市场条件下的发展趋势；经济潜力是考虑了社会成本、效益和社会贴现率的森林资源供应潜力，综合纳入了能源安全、温室气体减排等政策，同时假设市场效率通过政策和措施而得到改善，各种障碍得

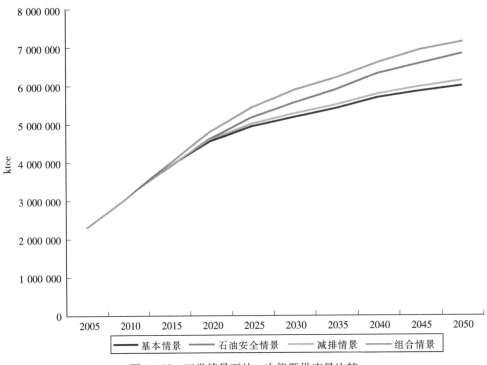

图 3 - 27　四类情景下的一次能源供应量比较

到清除；技术潜力指基于一定的技术进步的假设而不涉及具体成本的可利用森林资源供应潜力，其来源包括现有的森林资源剩余物和能源林基地。

图 3 - 28 显示该三类潜力的比较情况，从中可以看到森林能源的技术潜力非常巨大，为森林能源

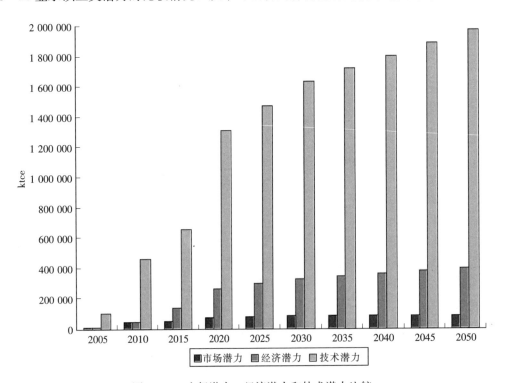

图 3 - 28　市场潜力、经济潜力和技术潜力比较

的长期可持续的开发提供了充分的保障；但另一方面，当前和未来较长一段时间内，大部分森林能源资源的开发无论从市场效益还是社会效益的角度出发都不是成本有效的。综合来看，在更严格的化石能源资源量和环境的双重约束下，关键技术的研发实现重大突破，可持续的森林能源发展状况将变得更为乐观。

因此，在上述三类潜力存在的情况下，只要结合林业六大工程，大力营造能源林，高效合理利用现有资源就能使能源林提供的原料产能量占国家提出的《能源中长期发展规划纲要（2004—2020）》中生物质能发展目标的30%，可再生能源的4%以上。我们可以进一步设想以下的目标：

（1）实现森林能源资源年可利用量翻番

通过能源林资源培育和实行森林集约经营，实现森林能源资源年可利用量翻番。随着《可再生能源法》正式生效和国家《可再生能源中长期发展规划》出台，加强森林资源培育与利用和发展能源林将成为重要任务。按照目前森林资源自然增长率和人工林发展速度测算，到2010年，全国每年可利用森林能源总量将由现在的3亿吨增长到7亿吨，到2050年可利用量将超过30亿吨。一是大力发展木质能源林。根据目前的发展速度和社会对能森林能源的需求，预计到2015年和2020年，木质能源林面积将超过1000万公顷，森林剩余物和能源林年可利用量将超过10亿吨和20亿吨，预测到2050年可利用量将超过30亿吨。二是大力发展木本油料能源林。到2020年，发展油料树种能源林900万公顷，2050年，发展3600万公顷。

（2）开发森林生物柴油1800万吨以上

到2050年，发展森林油脂资源3600万公顷，生产生物柴油1800万吨。首先在积极培育油料树种和开发利用油料树种果实的基础上，建立油料树种基地和生物柴油加工示范厂，在不断提高转化生物柴油的能力的同时，加快产业化生产能力。预测，到2010年前，油料能源树种的总面积可发展到600万公顷，油料果实（种子）产量达到600万吨（油料能源树种树龄小于5年的产量在1~3吨/公顷，大于5年的产量在3~10吨/公顷），年收集加工200万吨油料果实，加工生物柴油60万吨。到2020年，油料能源树种的总面积可发展到900万公顷，果实（种子）产量达到2400万吨，可利用1800万吨果实（种子），可生产生物柴油600万吨；到2030年，年可利用3000万吨，可加工生产1000万吨生物柴油；到2050年，年可利用5400万吨油料果实（种子），可加工生产1800万吨生物柴油。

（3）利用木质资源开发生物质液体燃料6000万吨以上

利用森林能源木质纤维素开发生物质液体燃料具有广阔的前景。随着技术的发展，预计到2015年，中国可利用250万吨木质原料，加工生产50万吨液体燃料；到2030年，年可利用1.5亿吨森林能源，就可加工生产3000万吨液体燃料；到2050年，年可利用3亿吨森林能源，就可加工生产6000万吨液体燃料。主要生产生物乙醇、生物柴油、生物质燃油（重油）等产品。

（4）利用木质资源发电完成装机容量1000万千瓦以上

森林能源资源发电装机容量将超过1000万千瓦，到2050年，有望达到3000万千瓦。利用森林能源木质资源发电是当前比较成熟的森林能源开发利用产业，适宜在我国森林资源比较集中的地区，尤其是人工林集中分布的地区积极发展与利用。同时，在那些宜林地和荒山、荒沙土地资源比较丰富，适宜发展灌木能源林的地区，其发展和利用潜力巨大，将成为中国森林能源木质资源发电重点区域。目前，可用于发电的森林能源资源量超过6000万吨，能够满足1000万千瓦发电装机容量对原料的需求。预计，到2050年，可用于发电的森林能源资源量超过1.8亿吨，可满足3000万千瓦发电装机容量对原料的需求。

（5）利用木质资源开发成型燃料1000万吨以上

利用森林生物量剩余物加工生产生物质成型燃料（生物质颗粒和块状成型燃料可简称"木质煤"）

替代煤炭用于各种燃烧用能生产和生活中的有效途径，是当前森林能源开发利用最简便和成熟的产业，其工艺简便、设备类型和功能多样，适宜分散和小规摸发展，特别适宜在边远山区、林区和自然保护区发展与利用，前景广阔。总的发展目标是：到 2010 年加工利用成型燃料 50 万吨，到 2050 年加工成型燃料 1 000 万吨。

（6）气化燃料开发利用

生物质气化燃料开发利用工艺简便，规模比较小（200～800 千瓦），应用初期主要适宜在资源丰富、化石能源比较短缺的各林场、小型企业和乡村应用。到 2010 年生产加工 10 亿米³ 气体燃料，年消耗 50 万吨木质燃料，到 2020 年生产加工 150 亿米³，年消耗 750 万吨木质燃料。

表 3-1　中国森林能源资源不同阶段发展、可利用量和开利用规划设想

分　类　＼　阶　段		2006	2010	2015	2020	2030	2050	备注
林木木质资源总量（亿 t/a）		180	220	250	280	300	340	
林木木质年可获得量（亿 t/a）		9	14	25	30	35	40	
林木木质年可利用量（亿 t/a）		3.2	7	10	20	25	30	
油料能源树种面积（万 hm²）		420	600	800	1 200	1 500	1 800	
油料能源树种果实（种子）量（万 t/a）		200	600	1 400	2 700	3 600	6 000	
开发液体燃料所需资源						单位：万 t/a		
A. 林木油脂资源开发生物柴油*	资源消耗量	—	600	1 200	1 800	3 000	5 400	
	生物柴油产出	—	200	400	600	1 000	1 800	
B. 林木木质资源开发液体燃料**	资源消耗量	—	—	250	1500	15 000	30 000	
	液体燃料产出	—	—	50	300	3 000	6 000	
其他用途所需资源						单位：万 t/a		
C. 林木质资源发电***	资源消耗量		600	3 000	7200	12 000	18 000	
	装机量（万 kW）	—	100	500	1 200	2 000	3 000	
D. 林木木质资源开发成型燃料	资源消耗量	0.2	60	150	200	500	1 000	
	成型燃料产出	0.2	50	150	200	500	1 000	
E. 林木木质资源开发气体燃料****	资源消耗量	5	50	250	750			
	气体燃料产量（亿 m³）	0.8	10	50	150			
林木资源总消耗量（亿 t/a）			810	4 060	10 700	20 500	34 400	

注：* 油料能源树种树龄小于 5 年的产量在 1～3 吨/公顷，大于 5 年的产量在 3～10 吨/公顷。

　　** 森林能源木质资源每 5 吨可加工生产 1 吨液体燃料。

　　*** 森林能源资源热值按 4 500 千卡/公斤计算，林木发电资源消耗量按装机含量每万千瓦耗 6 万吨原料计算。

　　**** 产气按照每千克木质原料产 2 米³ 燃气计算。

（柴麒敏、张希良、吕文、张兰）

◆ 参考文献

［1］IAEA. MESSAGE User Manual. Viena：IAEA，2002

［2］IAEA. MAED User Manual. Viena：IAEA，2005

［3］陈荣. 基于 MESSAGE 模型的省级可再生能源规划研究. 清华大学公共管理学院，2007

［4］何建坤，刘滨，王宇．全球应对气候变化对我国的挑战与对策．清华大学学报（哲学社会科学版）．2007（5）

［5］何建坤，张希良．我国"十一五"期间能源强度下降趋势分析．中国软科学．2006（4）

［6］史丹．我国能源经济的总体特征、问题及展望．中国能源．2007（1）

［6］中华人民共和国国务院．中华人民共和国国民经济和社会发展第十一个五年规划纲要．2006

［7］中国国家统计局．中国统计年鉴2006．北京：中国统计出版社，2006

［8］国家发展和改革委员会．节能中长期专项规划．2006

［9］中华人民共和国国务院．生物产业发展"十一五"规划．2007

［10］国家发展和改革委员会．可再生能源中长期发展规划．2007

［11］国家林业局．"十一五"林业生物柴油原料林基地建设方案．2006

［12］鞠美庭等．能源规划环境影响评价．北京：化学工业出版社，2006

4. 能源林基地建设及能源树种

4.1 基地经营类型与模式

4.1.1 基地培育经营类型

能源林是指为生产燃料而特别设计的短轮伐期人工林。能源林基地必须符合以下条件：一是不得占用耕地或已规划用作农田的未利用土地，确保不与粮争地；二是不作为地方执行耕地占补平衡政策所补充的耕地；三是有利于生态保护，不造成水土流失；四是集中连片或相对集中连片，可以满足加工生产的需要。

我国地域广阔，自然条件复杂多样，在能源原林发展和培育过程要获得最大的效益，各地要根据不同立地条件、适生树种，采取适合于本地区的能源林造林经营方式。自1995年，原林业部确定了"森林能源工程"新思路以来，中国能源林建设得到长足发展，并总结发展能源林主要造林和经营五种方式：能源原料林经营型、用材和能源经营型、能源原料林和经济林经营型、能源原料林和薪草经营型和乔木灌丛经营型。

（1）纯能源原料林经营型

营造纯能源林具有一次造林，多次采薪，多年利用，单位面积内生物量高等特点。大面积营造能源原料纯林，多以灌木树种为主，或种植萌生力强、耐平茬的乔木树种，实行矮林灌丛作业方式培育灌丛状原料林。短轮伐期一般是2～3年平茬利用，一般建设3～5年后枝条产量在30～60吨/公顷。适宜树种有：桉树、铁刀木、木麻黄、刺槐、相思树、紫穗槐、沙棘、柽柳、胡枝子、荆条、柠条和各种灌木柳等。发展竹林，培育竹林能源林也具有较高的产出和效益，值得在适宜竹生产的地区推广。

适宜条件：立地条件好的宜林地或以生产商品薪材为目的的更新林地。

（2）用材和能源经营型

可以满足用材和能源两种需求。一般建设3～5年后枝条产量在15～45吨/公顷。

造林方式：用材和能源树种采用行状立体配置，采用乔木灌木结合、针阔混交。

经营方式：用材树种采用用材林经营方式，8～10年轮伐期，采伐剩余物作为发电原料，薪材树种采用短轮伐期平茬采薪。

适宜树种：火炬松与麻栎，杉木与皇竹草，杨树与沙棘或灌木柳等，落叶松与胡枝子，油松与沙棘、或刺槐，胡杨与柽柳等。

适宜条件：立地条件好或中等，以发展木材为主要目的，薪材为辅。

（3）能源原料林和经济林经营型

可得到能源原料，又可兼收果实、种子、树皮、树叶作果品、药材等作为经济收入。一般建设3～5年后枝条产量在8～30吨/公顷，果实产量在3～9吨/公顷。

造林方式：植苗造林为主，播种造林、飞机播种造林均可。营造经济林纯林，或在乔木经济林下带状混种能源灌木。

> 经营方式：对经济林树种定期整形修剪获得枝条，以及树木生长到一定年龄后或衰老后砍伐更新，萌生更新等。
> 适宜树种：小桐子、油桐、文冠果、山桐子，以及各种经济林果树等。
> 适宜条件：立地条件较好或中等，适宜发展经济林的地区。

（4）能源原料林和牧草经营型

既可以产生木质能源原料，又增加牧草饲料，提高效益，促进畜牧业发展。在北方一般建设3～5年后枝条产量在5～15吨/公顷。

造林方式：植苗和播种造林结合，在沙区有天然更新条件的地方实行封沙与植苗结合的造林方式比较适宜。可以实行薪材树种和牧草带状配置。

经营方式：实行纯薪和牧草带状配置经营方式，木质能源原料和牧草双收相结合。

适宜树种：刺槐、相思树柠条、杨柴、花棒、胡枝子、沙棘等灌木和各种牧草。

适宜条件：干旱半干旱地区畜牧业发展地区。

（5）乔木灌丛经营型

可充分利用四荒地和零散地造林，选择生物量大、萌生力强、耐平茬的乔木树种，实行密植矮化灌丛作业方式的经营管理，可以提高能源原料林产量，但是由于地类不同，能源原料林产量差异较大。一般建设3～5年后枝条产量在8～30吨/公顷，果实产量在15～45吨/公顷。

> 造林方式：植苗造林、封山育林等。行状或块状造林。
> 经营方式：在造林3～4年，截干使其萌新枝，再修剪逐渐成为头状作业经营方式，产量较高。
> 适宜树种：铁刀木、桉树、刺槐、榆树、柳树。
> 适宜条件：沟、河、路、渠和四旁造林地。

尽管能源原料林经过长期的培育和发展，已总结出上述发展模式，但是，森林能源作为能源产业发展的重要组成部分，还应该突破传统林业发展的观念，选择条件适宜的区域，规模化创新发展高效工业化能源林基地。

4.1.2 能源树种选择特性

由于我国地域广阔，自然条件复杂多样，每个地区都有适合于本地区的能源树种包括乡土树种和引进树种。各地在选择能源原料林树种应根据当地的实际情况和开发利用目的，选择乡土树种为主，并积极引进适宜的高效速生品种。能源原料林树种选择要符合以下特点：

> —生物量大，生长迅速；
> —适应性强、抗逆性强；
> —萌生能力强，耐平茬、耐践踏；
> —热值高、含油率高；
> —可兼顾其他用途。

图 4-1 海南省海口市小桐子原料林基地

图 4-2 黑龙江省青冈县河柳能源林基地

4.1.3 能源原料林营造基本要求

(1) 整地方式

经营和发展能源原料林大多在水土流失和土地沙化严重的荒地、废弃地或宜林地。由于土壤瘠薄、肥力较差,适当施肥和灌溉可促进能源原料林速生、高产。造林整地是必要的,南方地区:有全垦、带垦和穴垦几种方式,以机耕全垦方式最好,穴垦整地方式造林效果较差。北方土石山区和黄土高原区:土壤水分是造林成活率高低的关键因素。沿等高线带状整地或块状整地,形成反坡梯田或隔坡梯田以防止水土流失,保持土壤墒情。土地沙化和荒漠化地区:穴状整地或开沟造林、直插造林。

（2）造林方式

1）造林密度。能源原料林以获取薪材为主要经营目的，普遍采用密植和超短轮伐方式来提高生物量。从产量、更新和经济效益综合考虑，大部分树种初植密度较大，荆条、沙柳、河柳、柠条、紫穗槐等可以 1×1 或 1×0.5 米株行距造林，实行双行造林效果更好。刺槐、铁刀木、相思木等树种2×2～3 米株行距造林，1.5 万～2.0 万株/公顷效果好。

图 4-3　机械造林

种植机械有两个耕犁，并由一辆拖拉机牵引以保证沟垄平行。拖拉机的双重轮胎是为了减轻压力以免对土地造成不必要的倾轧。

2）造林时间。南方地区，既可在秋天雨季 7—9 月造林，也可在春季 2—4 月造林。一些乡土树种春、夏、秋季都可造林，但以春夏 3—6 月造林效果最好，此时气候适宜，雨水较多，种植后根系迅速生长，林木生长快，生长期长，易于幼树越冬。华北和西北地区可选择春季和秋季两个季节造林，但以春季造林为主，生长期长，利于树苗。秋季造林主要是利用雨水多，土壤墒情好的条件。

3）轮伐期。大部分树种在种植 3 年后，少数树种在 4 年后进入生长旺盛期，首伐期为 3～4 年。沙棘、马桑、紫穗槐、荆条、沙柳、柠条、杨柴、花棒等萌条生长快的树种，2 年可平茬一次，其他树种，2～6 年可采薪一次。

4）造林方法。以人工造林为主，机械造林为辅，并逐步向机械造林为主方向发展。

4.2　主要油料能源树种分布与培育

4.2.1　油料能源树种分布

我国主要油料能源树种资源地理分布是以秦岭、太行山为大致区分南北界。北方自然分布油脂植物约有 1/4 种类，少数树种则常常占有广大的分布区域。我国南方自然分布 3/4 的种类，特别是热带和亚热带地区，植物种类异常丰富，常常在一个不大的区域集中上千种植物。

（1）北温带

我国北温带范围较小，仅限于大兴安岭北部根河湿润区，直达最北的漠河。在行政区域上包括黑河、鄂伦春、额尔古纳、呼玛等县市。此地区主要的油料树种是以蒙古栎、松、柏树资源为主，但由于这些树种其他方面经济价值高，尚未作为能源资源考虑发展。

（2）中温带

我国中温带范围很大，地理位置大致在北纬 35°～47°30′，东经 73°40′～135°05′。东西跨度达，61°25′，含黑龙江、辽宁、吉林、内蒙古和新疆 5 省区的大部分地区。主要油料树种有文冠果、卫矛、沙棘、五角枫、漆树等。

（3）暖温带

在地理位置上南界大体上是秦岭——淮河一线以北，西至宁夏、甘肃。包括辽东半岛、山东低山丘陵、黄淮海平原、华北山地、黄土高原以及南疆。位于北纬 31°50′～42°27′，东经 105°29′～122°43′。在行政区域上包括北京、天津、河北、山西、山东全部；辽宁省的辽东半岛；陕西秦岭以北的大部分地区；河南沿淮河——桐柏——南阳——西峡一线以北全省的绝大部分地区；安徽淮河以北部分地区；江苏省以洪泽湖——苏北灌溉总渠以北小部分地区；新疆天山以南的南疆广大地区。主要油料树种包括：油桐、山桐子、乌桕、文冠果、黄连木、漆树、苦楝、毛梾、鳄梨、油翅果、山苍子、卫矛等树。

（4）北亚热带

秦岭淮河一线以南，直抵长江以北，大体位于北纬30°～34°均属北亚热带范围。行政区域上，包括四川、甘肃、陕西、湖北、河南、安徽及江苏7省的部分或大部分市县。主要油料树种包括：油桐、漆树、文冠果、黄连木、乌桕、油橄榄、山桐子、盐肤木、山苍子、苦楝、卫矛等。

（5）中亚热带

西起长江南岸，湘北巴东，向东至宜昌，由宜昌以下的长江中下游，东止于长江出海口。以长约1 900公里的长江为其北界，紧邻长江以北的北亚热带，南界直达南岭山脉以北的广大山地丘陵和河谷平原地区。中亚热带西部东部包括江苏、安徽、湖北3省的南部，浙江、江西、湖南3省的全境，广西的北部，福建闽中、闽北。中亚热带西部包括贵州全境，云南中、北部和四川盆地。地理位置：北纬24°20′～31°20′，东经98°～122°30′，但其大部分地区位于东经104°～120°。主要油料树种包括：油桐、小桐子、乌桕、山苍子、漆树、油橄榄、山桐子、光皮树等。

（6）南亚热带

指南岭山脉以南，雷州半岛以北，东起台中、闽东南沿海丘陵，西至云南盈江的狭长地带，此带在行政区域上包括台湾、福建、广东、广西和云南5省区中的部分或全部的地域范围。主要木本油料树种包括：小桐子、油棕、油橄榄、棕榈、乌桕等。

（7）北热带

包括台湾南部、海南北部、雷州半岛和云南河口、西双版纳等地。主要木本油料作物为小桐子、油棕、绿玉树等。

（8）赤道热带

仅有南沙群岛。位于冬季风的南限，寒潮影响不能到达。终年温热，各种热带作物和油料树种均能生长。

（9）青藏高原区域

此区域没有经济林规模批量生产，但是沙棘在这里有一定的发展前景。

4.2.2　油料能源树种用途与培育技术

（1）小桐子

图4-4　海南省海口市小桐子能源原料林示范基地

图 4-5 小桐子种植基地果实和种子

1）生态和生物化学特性描述。小桐子，学名：*Jatropha curtae* L.，英文名：barbadosnut；别名：麻疯树、木花生、青桐、膏桐、黑皂树、老胖果等。落叶灌木或小乔木，高 2～5 米。小桐子一般 4～5 月抽梢展叶，12 月至翌年 1 月落叶，在气温较高的地区一年开花结实 2 次，产量以第一次为主。小桐子单果重 3.6～4.0 克，每果一般有种子 2～3 枚，种籽重量占果重的一半稍多。

2）开发利用价值和用途。小桐子抗旱耐瘠薄，适应性强，含有多种有用的化学成分，是一种多用途的经济树种，被国内外公认为是发展生物柴油的主要原料树种之一。种子宜在果黑开裂时采收，种子含油率 35%～45%，依产地不同而有差异。小桐子种子的化学组成为水分 6.2%，蛋白质 8%，脂类 38%，糖类 17%，纤维 15.5%，灰分 5.3%；种子含油量为 35%～45%，种仁的含油量高达 50%～60%。小桐子种子油的物化分析显示，其油中约含 72.7% 的不饱和脂肪酸，其中油酸和亚油酸为主要成分，可以划分为半干性油，应用到醇酸树脂和肥皂的制造当中。在印度、尼加拉瓜等热带地区，将小桐子种子油作为生产生物柴油原料，由于其含油率高，且流动性好，它与柴油、汽油、乙醇的掺和性很好，相互掺和后，长时间内不分离。利用它作为热带地区最适宜的、可再生的生物燃料资源，具有较好的发展前景。用于各种柴油发动机，并在硫含量、一氧化碳和铅等的排放量等方面优于国内零号化石柴油，是一种低成本高环保燃料。将这种生物燃料油与普通柴油按 1∶9 比例混合使用，可大大减少车辆废气中硫和铅的排放，既减少了污染又降低了车辆的运营成本。

小桐子油可以直接与汽油或柴油掺合使用。实验研究明，97.4%（柴油）/ 2.6%（小桐子油）比例混合能产生比使用传统燃料更高的十六烷值和更好的发动机性能，同时实验表明，小桐子油能作为石油燃料的点火加速添加剂。由于小桐子油黏度比较高，掺合适量小桐子油还能改善发动机的润滑性能，减轻机件磨损。

3）资源分布状况。小桐子分布较广，非洲的莫桑比克、赞比亚，美洲的巴西、洪都拉斯、牙买加、巴拿马、波多黎各、萨尔瓦多等以及美国佛罗里达州的奥兰多地区，澳大利亚的昆士兰和北澳地区；此外，亚洲的印度、巴基斯坦也都有分布。小桐子传入我国已有 300 多年，主要分布在四川、贵州、云南、福建、广东、广西、海南和台湾等省区。一般生长于海拔 1 600 米以下的河谷荒山荒坡上，喜光，喜暖热气候，可在年降雨量 480～2 380 毫米、年平均气温摄氏 17 度以上生存，能耐摄氏零下 5 度短暂低温，不择土壤，耐干旱瘠薄，是干热河谷地区造林绿化的优良树种，同时，常被作为绿篱栽种房前屋后和道路两侧。主要分布形式有三种：①零散分布：呈单株或小团状，一般团的面积在几十平方米内，为小桐子的主要分布形式；②团条状分布：主要在城镇和四旁可见，团或地带的大小、长短相差不一；③成片分布：指每几块面积达几百平方米以上的小桐子林，在河谷区、沟底、河滩和泥石流沟滩滑坡地段等处可见。

我国小桐子现有资源以海南分布最广，云贵川地区为最多。据初步统计，云贵川地区现有自然分布的小桐子约 1 万公顷。近两年，随着生物柴油开发的兴起，人工培育小桐子越来越得到重视。根据各地上报数据，目前全国人工种植小桐子面积约 4 万公顷，主要集中在四川、贵州、云南和海南。四川省攀枝花市、凉山州金沙江流域的攀西地区小桐子栽植面积约 2 万公顷。其中，长江造林局结合天然林保护工程发展小桐子 1 万公顷，但大多为水土保持能源原料林，如不加以改造，每公顷结实量在 1.5～3 吨。

4）育苗技术。小桐子育苗可采用播种育苗和扦插育苗两种方式。一般在 3 月播种（扦插），7—8 月可出圃造林，发芽出土率在 90％以上。

播种育苗应选择粒大、饱满，在种子大量成熟时采摘。播种前进行种子处理：在 25 摄氏度清水中浸泡 24～48 小时，换水 2～3 次，在 25 摄氏度温室进行催芽 1～2 天即可播种。播种育苗的时间以春季育苗一般在 2—4 月进行，夏季育苗一般在 7—8 月，秋季育苗一般在 10—11 月。一般在 2—4 月播种育苗效果最佳。播种沟的深度 10～15 厘米，把种子均匀地撒在沟内。一般每亩播种 20～40 千克种子（种子千粒重 600～700 克，（1 千克约 1 800 粒）。为提高小桐子种子的出芽率，可在播种前 1 小时对备好的种子用 1∶5 000 的高锰酸钾水溶液进行浸泡消毒处理，经浸泡消毒后的种子，可大大提高种子的发芽率，同时也能明显缩短种子的发芽时间，对后期的幼苗生长极为有利。播种好后覆土，种子播下后要保持苗床土壤湿润，最好是在苗床上覆盖稻草或塑料薄膜保湿。

扦插育苗选择健壮种条，一般从苗圃的插条圃或幼苗上采集。建有采穗圃的地方从采穗圃采集为最好。种条采下后，如不立即扦插，要选择地势平坦、排水良好的空地挖坑埋藏。或选用成年树 1～2 年生已半木质化的枝条（树干基部萌条尤佳），直径 1 厘米左右，生长健壮且无病虫害。将枝条截成 12～15 厘米（2～3 个发芽点）的枝段，上端剪成平口，下端剪成下斜口。枝段上切口用熔蜡涂封，及时用多菌灵 800 倍液浸泡消毒 10 分钟，捞起晾干后待用。截制插穗要做到种条分级，按穗条部位（上、中、下段）和粗细分类。插穗要求切口平滑、无劈裂、皮部无损伤。剪好的穗条如不能及时扦插，应用湿土埋存。插条的方法以直插为主，斜插亦可。先用比插条略大的带尖木棍在苗床上打孔，株行距为 20×20 厘米，小孔方向一致，将插条顺孔道放入至孔底，插入枝条的 1/2～2/3 左右，并用手摁实土壤使插条与土紧密接触。插后及时浇水淋透苗床土层并搭拱棚增温保湿。插条生根发芽最宜温度在 25～35 摄氏度，棚内湿度在 80％以上。在插条未生根发芽前，应注意防止其腐烂。

嫁接育苗是快速繁育小桐子良种和优良品系的重要措施。嫁接是利用植物体具有创伤愈合的特性而进行的一种营养繁殖方法。接穗应选小桐子优良（高产，高含油量）品种的枝条或芽，砧木为小桐子实生苗。嫁接成功的关键在于砧木与接穗组织是否愈合，主要表现为维管组织的联结。一般嫁接 7～10 天后观察接穗，芽仍为绿色则认为成功。

5）造林种植技术。小桐子造林可采用直播、植苗和扦插造林，成活率均在 85％以上。小桐子分蘖能力强，生长快。造林后 2～3 年开始结果，在海南省，造林当年就可开花。

小桐子对低温环境反应较敏感，正常生长发育需要充足的热量，当气温低于－2 摄氏度时，幼嫩植株或嫩梢会发生冻害。因此，造林地宜选择年平均温度不低于 17 摄氏度、无霜冻的地段。海南全省均可种植，四川选择海拔 1 800 米以下地区，云南选择在 1 600 米以下地区，贵州选择在 800 米以下地区进行造林。宜选择在土层厚度 30 厘米以上、土质疏松、排水性、透气性良好的土壤造林。在土层深厚的壤土、沙壤土上生长良好，产籽量高，在土壤粘性强、不透气、易积水的地方生长较差。各坡向均可种植，但在阴坡背光处结实欠佳，因此造林地选择以阳坡、半阳坡为佳。造林密度可根据造林地条件确定株行距为 1～2×1～3 米。一般在造林 1 个月以前结合施底肥回填好种植穴。将肥料与一定量的表土混合均匀，施入种植穴中下部距穴缘 15 厘米处，上部回填造林地土壤，回填土要高于地表 3～5 厘米。可用农家肥、油枯、垃圾肥、磷钾肥、复合肥等配合作底肥，有条件的地方可结合施用微量元素，如硼、镁等。插干造林：选择生长健壮，无病虫害和损伤的 2～3 年生枝条，长度 50～

80厘米，直径2厘米以上，插口剪成斜面，埋深20～30厘米。一般在雨季来临透雨后进行造林，造林时间越早越好。除采取营造片林和建果园式造林外，在四旁地和肥力较好的农耕地旁种植小桐子，营造绿篱式油料林既可以发挥小桐子绿化、防护作用，又可以充分利用闲置土地资源增加油料果实产量。

植苗造林时间一般在雨季来临透雨后进行；直播造林一般在雨季第一场透雨后进行；插干造林一般在2—3月小桐子未发新叶之前进行，亦可在雨季来临透雨后进行。造林初值密度见表4-4，实行矮化密植是实现高产稳产，提高效益的重要途径，值得推广应用，但是抚育管理措施要求比较严格。

表4-1　小桐子能源原料林造林初值密度

株距（m）	行距（m）	密度（株/hm²）
2.0	2.0	2 505
2.0	2.5	1 995
2.0	3.0	1 650
2.5	2.5	1 605
2.5	3.0	1 335
3.0	3.0	1 110

6）抚育管理技术。造林当年8—10月在坑穴周围实施一次松土除草；第二、三年雨季前和雨季结束后再各进行一次松土除草。抚育方式为块状或带状，块状抚育要去除植株周围1米以内的杂草，同时对种植穴进行松土培土；带状抚育去除带上杂草，同时对种植穴进行松土培土。在幼树生长稳定后，应进行1～2次间苗定株，使单位面积株数达到造林密度要求。幼树高生长当年在距地表20～30厘米处截杆，促进萌发3～5个侧枝，形成矮化开心型等合理冠形。随后对侧枝及时修枝整形，培育结果枝，人工辅助授粉可提高产量。及时剪除、清除枯枝和病虫危害枝条。野生、半野生状态下的小桐子病虫害较为少见，在大面积人工造林的情况下有可能导致病虫害发生，要尽早发现、及时防治。

在海南省造林当年就有一定产量，果实产量大约在1.53吨/公顷，3～5年后果实产量在6～9吨/公顷。在西南地区，3～5年后，小桐子林果实产量在1.5～3吨/公顷，实行集约经营的小桐子原料林基地的果实产量可以超过3吨/公顷。

（2）文冠果

1）生态和生物化学特性描述。文冠果，学名：*Xanthoceras sorbifolia*，英文名：Shinyleaf yellowhorn，别名：文冠树、文官果、木瓜等，无患子科，文冠果属，为落叶小乔木或大灌木，高约8米，树皮灰褐色，枝粗壮直立，嫩枝呈红褐色，花单性或两性同生一株上。5月是新梢生长高峰期，8月停止高生长，新梢加粗生长可持续到10月。蒴果7～8月成熟，呈黄白色。10月下旬开始落叶，生长期近200天。文冠果为喜光树种，适应性极强。根深，耐旱，根系发达，根幅长，主根明显，垂直向下深入土壤下层，能够吸收土壤深层水分，在极端干旱条件下能够生长。耐寒，耐半荫，在最低气温零下41.4度的哈尔滨可以安全越冬；在年降水量仅为148.2毫米的宁夏，也有散生分布，较耐盐碱，对土质要求不高，在华北、西北、东北等地的黄土丘陵、冲积平原、固定沙地和石质山区等瘠薄多石干燥之地均能生长。但以土层深厚，湿润肥沃，通气良好，pH值7.5～8.0的微碱性土壤生长最好，但不耐涝，低湿地不能生长。文冠果根系发达，萌蘖性强，生长较快。文冠果对土壤适应性很强，耐瘠薄、耐盐碱，在撂荒地、沙荒地、粘土地、深根性，主根发达，萌蘖性强，生长快，寿命可达数百年。平原、沟壑、丘陵、黄土地和岩石裸露地上都能生长。

文冠果一般栽植后3～5年开始结果，管理好的2～3年开始结果，以后随着树龄的增加，种子产量也逐年增加，5年生文冠果幼林每公顷产1.5～5吨以上。文冠果寿命长，有"1 000多年的大树仍花繁叶茂，生长健壮"报道。

图4-6　文冠果野生植株，以及花和果实

2）开发利用价值和用途。文冠果是我国特有的树种，树姿秀丽，花序大、花朵密、开花时间长，春天满树白花与秀丽光洁的绿叶相互映衬，颇为美丽，是很好的观赏树种；花粉是蜜蜂喜爱的食物；树枝树叶入药可治疗风湿性关节炎；其木材坚硬质密，色泽棕褐，纹理美观，抗腐性强，可制作家具；其果壳、叶子及木材的提取物有抗炎、改善记忆、防治心血管疾病、抗病毒、抗癌等功效，可作药用；其叶子经加工可作一种健康的茶叶。文冠果真可谓浑身是宝。但用途最大的部位应该是种子。文冠果种子含油率高，籽油以不饱和脂肪酸为主，可作高级食用油，在工业上还可以生产润滑剂、油漆、肥皂以及发蜡。种子嫩时白色，风味独特、香气浓、营养丰富、味如莲子，既可生食，又可罐藏加工，还可作为特色菜上餐桌。早在1 200年前，我国就有利用文冠果资源的记载。文冠果种子含油率为30%～45%，种仁含油率为55%～67%。其营养丰富，含蛋白质26.7%，含有人体需要的脂肪酸，其中不饱和脂肪酸中的油酸占52.8%～53.3%，亚油酸占37.8%～39.4%，易被人体消化吸收。文冠果油在常温下为淡黄色、透明，无杂质，气味芳香，芥酸含量（2.7%～7.9%），能长时间储藏，可制多种维生素，提取蛋白质和氨基酸；对高血压、血管硬化、疝石症、风湿症、神经性遗尿症和消炎止痛等均有一定疗效。文冠果油含碘值125.8，双烯值0.45，属半干性油，亦是制造油漆、机械油、润滑油和肥皂的上等原料。果皮可以提取糠醛，种皮可制活性炭，花味甘可食，叶子经加工可作饮料，油渣经加工可作精饲料等。同时文冠果又是改善生态环境、绿化、美化国土的一种优良树种。文冠果作为经济林营造，始于 20 世纪 50 年代中期，60 年代发展较快，内蒙古翁牛特旗首先建立了文冠果林场，河北、山西、陕西等省相继扩大造林，积累了一定的造林和管护经验。陕西省杨凌金山农业科技有限责任公司成功培育文冠果良种"文冠一号"，该品种系子含油量为 35%～40%，种仁含油量为 55%。

3）资源分布状况。文冠果原产于我国北方黄土高原地区。现有文冠果资源以半野生状态为多，人工栽培大都为零星栽植和小片地造林。天然分布于北纬 32°～46°，东经 100°～127°之间。南自安徽省萧县及河南南部，北到辽宁西部和吉林西南部，东至山东，西至甘肃、宁夏，集中分布在内蒙古、陕西、山西、河北、甘肃等地，辽宁、吉林、河南、山东等省均有少量分布，垂直分布多在海拔 400～1 400 米的山地和丘陵地带。在我国秦岭淮河以北、内蒙古呼伦贝尔以南均有分布，西北、东北、内蒙古等地有人工栽培，现有资源以陕西延安，山西临汾、运城和忻州，河北张家口和辽宁朝阳为多，大多生长在海拔 400～1 400 米的山地和丘陵地带。据统计，目前山西、内蒙古、辽宁和陕西有相对集中文冠果约 6 000 公顷。在 20 世纪 70 至 90 年代，在中国的分布面积达到 20 万公顷以上，现存的少量树种主要分布在山西、陕西、辽宁、内蒙古、河南等地。近几年，文冠果试验性栽培在陕西延安、山东莱芜、河南三门峡、内蒙古赤峰等地开展，出现了结果较好的品种。

4）育苗技术。文冠果育苗需要从树势健壮、连年丰年和抗性强的树上采集充分成熟、种仁饱满的种子。文冠果种皮厚且含油、吸水困难，在播种前需要进行沙埋层积（沙种比 3∶1）处理。将阴干的种子用清水浸泡 4～5 天（每天换 1 次水），然后混拌湿沙（手握成团、松开即散），沙藏期 3～4 个月，到翌春种子萌动时取出播种。圃地选择在地势平坦、土质肥沃、土层深厚、灌水方便、排水良好的沙壤土为最好。春播可在 4 月上旬至中旬进行，每亩播种量 15～20 千克，床面开沟点播，株行距 9×15 厘米，播种前灌足底水，以保证幼苗期所需水分，减少幼苗期浇水次数，以防根腐。播种时种脐要平放，以利扎根，覆土 2～3 厘米，稍加镇压。文冠果幼苗怕涝，幼苗出齐后。以防根颈腐烂死亡，少浇水，勤松土，土壤干旱时再浇水，床面稍干时要及时松土除草；幼苗高 10～15 厘米及时间苗，20 厘米留苗一颗；全年中耕除草 3～4 次，苗圃比较肥沃，要少施氮肥、多施磷钾肥，以免苗木徒长，造成倒伏。根据文冠果苗木根系的生长规律，追施宜早，最晚不得迟于 6 月上旬，每亩施磷钾肥 3 千克、草木灰 9 千克。8 月中旬施磷肥 51 克。9 月要及时松土和除草，以增加地温，加速秋季生长，2 年生文冠果苗高 1 米以上，地径 1 厘米以上。间苗和补栽在阴天或傍晚进行。2～3 年生的文冠果苗可移植造林，起苗时切忌伤根，因为其根系愈伤能力较差，根伤后极易造成烂根。

5）造林种植技术。一般造林分春栽和秋栽，造林的最佳时间在春季 3～4 月，秋季 10 月也可移植。春栽在土壤解冻后萌芽前，秋栽在苗木落叶后上冻前。栽植株行距为 2～3×3 米。在地内挖长、宽、深各 50 厘米的穴，施圈肥 15 千克。栽植深度适当浅栽 1～2 厘米，能提高成活率和新梢生长量。"根颈部分是一个敏感区，若埋于地表 2 厘米以下，极易造成根茎腐烂"。栽植时扶正苗木，根系要舒展，不要过深，最后踏实，修好水盘，及时浇水。为提高成活率，可待水渗后在树盘上覆盖薄膜，既可保持水分，又可提高地温。在北方，应当充分应用抗旱造林和节水造林技术，如：采取深开沟造林、冷藏苗木晚春造林、地膜覆盖造林等。有条件地方可采取安装滴灌设施造林等。

为提高造林成活率和果实产量，可采取"双行靠"的两行为一带栽植方法。两行的距离为 1～1.5 米，株距 1～2 米，带间距离在 4～6 米，每亩可栽植 74～150 株。带间可间种绿肥，还便于机械抚育操作，可以提高经营管理水平，发挥树木的边缘效应，提高果实产量。

6）抚育管理技术。文冠果根蘖萌发力很强，很容易影响其生长发育和树冠形状，因此要结合中耕除草，随时除蘖。文冠果一般 3～4 年生即可开花结果，为便于采收果实，要采取矮干主枝形的整枝，控制主干高为 50～60 厘米，保留主枝 3～4 个，使主枝开张角度大，分布均匀，树冠呈半圆形，其余摘心或剪除。夏季修剪主要包括抹芽、除萌、摘心、剪枝（疏去内腔过密枝、疏除树冠上部的直立枝）、扭枝（对生长强旺的直立枝进行扭枝）。冬季修剪主要是修剪骨干枝和各类结果枝，疏去过密枝、重叠枝、交叉枝、纤弱枝和病虫枝等，促使林木早结果，丰产稳产，提高文冠果的产量和质量。肥水管理：追肥一般一年进行3～4次，时期分别为萌芽前、花后和果实膨大期。开花结果期加强水肥管理，花前追施氮肥，果实膨大期施磷钾肥。在新梢生长、开花坐果及果实膨大期，还应适当灌水，以促进果树生长发育，从而获得稳产、高产。对过密枝条加以适当修剪，使树冠通风透光，提高结果量。根据文冠果苗木根系的生长规律，追肥宜在5月中旬进行，最晚不得迟于6月上旬，亩施磷钾肥5千克、草木灰9千克，8月中旬再追一次肥。9月要勤松土，勤锄草，以增加地温，加速秋季生长，霜降前灌封冻水，注意防寒。

每年秋季结合深翻改土施基肥，一般在10月中上旬进行，每亩施土杂肥2 000～3 000千克，配合施入复合肥和微量元素肥料，复合肥视树龄每株0.5～1.5千克。结合施肥灌水，并注意防涝、排涝。对有培养前途的野生资源，进行去杂和垦复，采用平茬、重截和高接换种等多种途径进行改造，并逐步引进和补植良种苗木，提高文冠果林的产量和质量。在华北地区，造林3～5年后果实产量在3～4吨/公顷。实行集约经营的文冠果原料林基地的果实产量可以超过5吨/公顷。目前，各地现有文冠果林仍处于半野生状态，生长慢，产量低，经济效益不高。今后要进一步摸清文冠果的种质资源，培育优良种苗，提高栽培技术，使用水肥措施、促花促果措施促进文冠果速生丰产。同时，加强对文冠果生物柴油生产相关技术的研发，推动文冠果资源培育—开发利用一体化发展。

（3）黄连木

1）生态和生物化学特性描述。黄连木，学名：*Pistacia chinensis Bunge*，英文名：Chinese pistache，别名：黄楝树、黄连茶等。黄连木为漆树科落叶木本油料及用材树种，落叶乔木，高达25米。雌雄异株，冬芽红色，各部分都有特殊气味。其树冠开阔，也繁茂而秀丽，入秋变鲜红色或橙红色，又是"四旁"绿化树种。花单性，雌雄异株，花期3—4月，果实9—10月成熟，铜绿色为实种，红色为空粒种。树木寿命长达300年以上。幼树生长较慢，以后生长加快，4年后即可开花结实，胸径15厘米时，株年产果50～75千克，胸径30厘米时，年产果100～150千克。

图4-7　黄连木

2) 开发利用价值和用途。黄连木树干挺直,叶片秀丽繁茂,秋季变红,是城市及风景区的优良绿化树种。种子含油率 30%,果肉含油率 46% 以上。黄连木种子油可用于制肥皂、润滑油,照明,治牛皮癣,也可食用,油饼可作饲料和肥料。其油脂不仅大量用于食品工业,而且还是重要的工业原料。由于油脂属于再生性资源,其产品具有优良的生物降解性及多样性,在能源紧张的今天,它较之石油产品更富有竞争性。树皮含单宁 4.2%,叶含单宁 10.8%,果实含单宁 5.4%,均可提取栲胶。果、叶亦可做黑色染料。树皮、叶可入药,根、枝、叶皮也可作农药。鲜叶可提芳香油,可制茶。木材可供建筑、家具、车辆、农具、雕刻等用。

3) 资源分布与发展。黄连木原产于我国,分布很广,北自河北、山东,南至广东、广西,东到台湾,西南至四川、云南,都有野生和栽培,以河北、河南、陕西等省最多。黄连木垂直分布一般在海拔 2 000 米以下,其中以 400～700 米最多。我国现有黄连木一般为零星分布,也有大面积的纯林或混交林。据调查统计,目前河北、河南、陕西 3 省有相对集中黄连木资源约 10 万公顷,基本上是生态林或观赏绿化林。陕西省共有黄连木树 78.76 万株,其中结实的有 31.65 万株,年产黄连木种子152.22 万千克,可榨油 32.01 万千克。主要产区为:丹凤县、商县、旬阳县、略阳县和华县等,这 5个县年产黄连木籽 100.07 万千克,占陕西省总产量的 65.7%。河南省林州市黄连木资源丰富,目前有野生黄连木 120 余万株。2006 年林州被国家林业局列为河南省国家生物质能源林(黄连木)建设示范基地。此项目对于促进当地和周边地区林业发展,保障能源安全,推进建设环境友好型、资源节约型社会进程具有十分重要的意义。中国林业科学院与陕西、河北合作,规划发展黄连木能源原料林基地。基地建成后到 2015 年可生产 100 万吨种子,生产 40 万吨生物柴油。

4) 育苗技术。选择生长健壮,产量高的母树采种。在 9—11 月间,当核果由红色变为铜绿色时及时采果,否则 10 天后自行脱落。铜绿色核果具成熟饱满的种子,红色、淡红色果多为空粒。将种子放入混草木灰的温水中浸泡数日,或用 5% 的石灰水浸泡 2～3 天,然后继续搓洗,除去种皮蜡质,捞出种子用清水洗净,晾干后播种或储藏。黄连木种子千粒重 92 克,每千克约 10 840 粒。纯度90%～95%,发芽率 50%～60%,每公顷用种量 10 千克左右,当年生苗高 60 厘米左右,每公顷产苗 30 多万株。秋季随采随播,种子不进行处理,于晚秋土壤封冻前播下。春播需提前处理种子。选择干燥处,挖深宽各 1 米的坑,将处理后的种子按 1:3 的种沙和适当湿度混合均匀,倒入坑内,距地面 15 厘米处,全部填进河沙,作成高出地面的土堆,坑内立几束秸秆,以利通气。春播 2—3 月间进行,采用开沟播种。行距 20～30 厘米,播幅为 5～6 厘米,播种深 3 厘米,将种子撒入沟内,播后覆土 2～3 厘米覆草,保持湿润。出苗时揭去覆草,1 个月后苗可出齐,发芽率 50%～60%。幼苗生长期间,每隔 10～20 天除草松土 1 次。1 年生幼苗经历出苗期、蹲苗期、速生期和缓慢生长期 4 个阶段。速生期时间短(30 天左右),因此在速生期要加强水肥管理,促进苗木生长,达到出圃标准。

5) 造林种植技术。造林方法有植苗造林和直播造林两种,通常采用植苗造林。植苗造林选用1～2 年生苗木,春季或秋季栽植。整地方式可根据立地条件的不同分别选用水平阶、鱼鳞坑或穴状整地。在寒冷多风地区,为防止风干与冻害,宜采用截干。造林密度 1 500 株/公顷。直播造林:选择土壤条件较好的地方进行直播造林较易成功。方法是秋季种子成熟后随采随直播造林,出苗率一般在70% 以上,但生长较慢,应加强抚育管理。

6) 抚育管理。造林后至郁闭期间,每年松土除草 2 或 3 次。到结实期间,仅保留 5% 的雄株作授粉树,其余雄株采用高接换冠的办法改雄株为雌株。如林分密度过大,应及时疏伐。对多数混生在杂木林中的野生黄连木要经常将周围的杂灌木砍去,保证林内通风透光良好,促进黄连木的生长和结实。幼树生长期一般为 180 天 左右,在生长过程中高生长出现 3 次高峰,尤以第 1 次生长高峰持续时间长(3 月中旬至 5 月上旬),生长量大。黄连木结实期新梢每年只有 1 次生长高峰,从 4 月上旬至 5 月上旬。之后进入缓慢生长期,直至 9 月上旬。结果枝生长高峰与新梢生长高峰出现的时间相差不大。为了提早结实，采用嫁接技术和矮化密植技术十分必要。黄连木属雌雄异株植物，雄株开花时间较雌株提前 10～15 天。

（4）漆树

图 4-8 漆 树

1）生态和生物化学特性描述。漆树，学名：*Toxicodendron vernicifluum* (Stokes) F. A. Barkl. 英文名：lacquertree；别名：漆。落叶乔木，高达 20 米，树皮灰白色，不规则纵裂。雌雄异株或杂性。圆锥花序腋生，花序长度因品种而异。核果扁球形，宽 6～8 毫米。漆树喜光，喜凉润气候，适于湿润深厚、排水良好的酸性至中性土壤，漆树可以播种，也可埋根育苗，生长较快，1 年生长可达 1 米。漆树生长到一定年龄，漆管发育完全时才能进行割漆，因品种和生长条件不同，开始割漆的年龄也不一样，野生树种需要 13～15 年，人工栽培的漆树品种 5～8 年，一般掌握胸高直径达 16 厘米以上就可以割漆了。随着树龄的增长，树干的加粗，树皮的增厚，漆的产量也随之增加。漆树天然林 8～9 年、人工林 5～6 年开始结实。漆树割漆后结实有大小年现象，间隔期 1～2 年。

2）开发利用价值和用途。漆树以割漆为主，生漆是国防、化工、机械、采矿、纺织、印染等工业部门设备的重要涂料，也是传统木工工艺中不可缺少的装饰涂料，经过漆过的家具表面始终光亮如新，永不褪色。漆树的木质重量较轻，易加工，耐水湿，少虫害，色泽鲜艳美观，宜做细工制品和桶盆之类容器等。漆树的种子可以榨油食用，或做油漆工业原料，种子外表有一层蜡质称之为漆蜡，漆蜡是制造肥皂和甘油的重要原料。漆树的叶、花、果均可入药，根和叶加水煮汁可以治棉蚜、水稻及蔬菜害虫。所以说，漆树是一种具有多种用途的高经济价值树种。

3）资源分布状况。我国漆树分布基本上横跨了中、北亚热带到温暖地区，约相当于北纬 25°～41°46′，东经 95°30′～125°20′之间。围绕四川盆地东侧，以秦岭、大巴山、武当山、巫山、武陵山、大娄山及乌蒙山山地，形成一个半月形地带，是我国漆树的中心分布区。

4）育苗技术。播种育苗一般选择 12～20 年生长旺盛的漆树作为采种母树，由于漆树种子外皮附有一层蜡质，不易透水透气，所以播种前需对种子进行人工脱蜡和催芽处理。方法有：a. 草木灰溶液浸泡法：将种子放入 40～50 摄氏度的草木灰溶液中浸泡 3～5 天，然后用力搓洗，直至种子变为黄白色或手捏感觉不再光滑时，用水淘洗干净，再用冷水浸泡 24 小时，保湿，在 5 摄氏度的低温条件下储藏 20 天后即可播种。b. 机械处理法：把漆籽与湿粗砂（1∶1）混合，用力搓揉，待种子手感不再光滑时用水除去种子表面蜡质，将湿沙及种子铺成 10～15 厘米厚摊晾 2～3 天，阴干后加入细沙（种子与粗细沙比例为 1∶3）保持湿润进行沙藏。种子发芽后，要及时除去稻草等覆盖物，在阳光照射强的高海拔地区应适当用遮阳网遮阴，保持土壤湿润，待秋季落叶后即可除去遮阳物。苗高 5～10 厘米时可间苗一次，以每 10 米² 留苗 100 株左右为宜，要注意中耕除草追肥。一年生的小苗，来年春季可进行移植养护，培育 3～4 年养成大苗后出圃使用。埋根育苗：漆树的根具有很强的萌芽和发根的能力，用其根段进行扦插是一种高效的育苗方法，具体方法如下：采集根段：在原栽漆树周围，挖取部分根茎，或在起苗移栽时，取部分直径在 0.5～1.5 厘米的须根备用。将所取根条截成 12～15 厘米长，并按粗细分级；催芽：在苗床上开 20 厘米深，25 厘米宽的斜沟，把根段分级成把置于沟中，把与把之间相距 5 厘米，大头朝上，覆土，土壤高出插根 3 厘米左右，保持土壤相对含水量在 50% 左右，经过 20～30 天的催芽，即可分批取出发芽的插根；扦插：在苗床上每隔 40 厘米开 20 厘米深的沟，沟的一边修成 50 度的斜坡，将插根的大头朝上放在斜坡上，每隔 15 厘米放一根，覆土，使萌芽露出床面，稍压实土壤，使土壤与插根接触紧密有利于生根。注意保持土壤潮湿和适当遮阴。

5) 造林种植技术。造林时间以晚秋或早春为宜，栽培方法与栽果树一样。栽好后要浇足定根水，施好定根肥，并用秸秆覆盖树盘，以利保墒，提高成活率。一般每公顷栽 4～7 株。一年四季均可移栽，但以春栽、秋栽效果最好。

6) 抚育管理技术。幼林阶段每年做好中耕除草，为提高生漆产量和质量，一般多采用林粮间作、林菜间作、林药间作等栽培方式，最忌草荒，要及时除草，开割后须松土施肥。抚育管理对促进漆树生长有显著的作用，所以造林后清除林地杂草灌木很重要，造林后每年至少进行一次，同时进行适当的松土，有条件的地方进行施肥。山火和牲畜对漆树破坏性很大，应加强这方面的管护工作，才能保证造林质量。

（5）山桐子

图 4-9　山桐子

1) 生态和生物化学特性描述。山桐子，学名：*Idesia polycarpa*，别名：水冬瓜、山梧桐、油葡萄、白乳木、椅树等。属大风子科（Flacourtiaceae），山桐子属。落叶乔木，树干高 8～15 米，树皮灰白色，平滑，幼枝红褐色，有皮孔和叶痕，枝条呈轮生状，树冠圆锥状塔形；叶大，卵形或卵状心形，长 8～16 厘米；宽 7～14 厘米，花单性，雌雄异株，或杂性。浆果圆球形、扁圆形，形似葡萄，红色，果肉黄色；种子多数，卵圆形，先端尖，黑色或黄褐色，成熟后宿存枝上。花期 5—6 月，果期 9—10 月。红色球形浆果，每果含小米状种子多粒。栽后 4～6 年开花结果，12～15 年进入平果期，一般单株产量可达 15～50 千克。20～40 年为盛果期，一般单株产量可达 150～200 千克，最高 250 千克以上。

2) 开发利用价值和用途。山桐子为优质高产的野生木本油料树种。其果实含油量 45%，种子含油量 28% 左右，干果出油率 30% 左右，接近油菜籽的出油率，被誉为"树上油库"。据传，早在百年前的清末，陕西宁强县、甘肃康县及四川北部山区的农民即采集野生山桐子果实，用土法熬油或榨油，用以点灯和食用。可见，曾给黑夜的山村带来多少光明，也为当地山民食用油的重要来源之一。因油中有苦涩等不良异味，食用口感欠佳，曾误认为山桐子属大风子科植物，油中含有毒物质大风子酸，从而影响了这一特产乡土树种的发展和利用。后经西北植物研究所等有关单位科技人员的研究发现：山桐子果实和种子中含有山桐子苦味素，游离脂肪酸含量高，并证实了油中不含大风子酸，该油经精炼处理后可作食用油。其种子油中含有软脂酸和硬脂酸两种饱和脂肪酸；果肉中只有软脂酸一种。这两种油中，有一种叫亚油酸的不饱和脂酸，含量在 70% 以上，它能中和人体血液中的胆固醇，常食用对心血管有明显的保健作用，对高血压、冠心病等疗效较好，是制造"益寿宁"、"脉通"等药物的主要原料。且具有食用油较好的脂、酸配比，是一种较理想的食用木本油料。还可以作工业用油，制肥皂，作润滑油和桐油代替品。油饼可用来杀灭土蚕等害虫和作燃料。鸟类喜食，因此，山桐子林也被誉为是鸟类的餐厅。

山桐子也是良好的绿化造林树种，树形美观，树干挺直，树冠似塔，叶大，果实有艳红、桔红、橙黄等色，长期宿留垂挂枝头，甚为美观，可作行道树，是城乡绿化和水土保持的优良树种之一。叶可作猪饲料，花也是很好的蜜源。山桐子树形美观，雌株果序大而下垂，秋天红果累累，鲜艳夺目，宜作行道路或供园林配植。

山桐子还是优质速生用材树。树干通直，木质白色，质地轻软，不易变形，抗腐蚀，纹理美观，是良好的家具和建筑用材。

山桐子是我国特有的一种野生经济树种，为陕南的特产经济林木之一，已载入《秦巴山区土特名产》和《秦巴山区经济动植物》等书。山桐子果实熟后，留存枝上不易脱落，于"霜降"果熟后，可利用农闲，随时采收。产区群众习惯用长竹竿捆缚镰刀，连同结果枝条一起割下。这种做法对已形成的花芽破坏严重，影响来年产量。应采用高枝剪采的方法，只将果穗剪下，保持果枝。果穗采回后，及时晾晒，除去果梗果枝，收集果实，储于干燥通风处，防虫蛀、霉变或及时榨油。最迟不得晚于次年 5—6 月，否则果实易遭虫蛀和变质，影响出油率和油的品质。产区群众用土法熬煮取油或用榨油机进行加工，榨取山桐子油。如需食用，须经炼制，除去苦味和异味，才能达到食用标准。当地群众常采取在油中加入酸菜进行煮熬，以除异苦味，称之为"熟油"。但仍然色深，酸价高，有异味，不完全符合食用标准，而采用化学炼油或水蒸汽高温蒸馏法，均可除尽异、苦味，使油达到国家食用油标准。其精炼率 85% 左右。山桐子含油率高，生长快，产量高，投资少，收益大，适应性强。果熟后留存枝头，可在农闲时采收，不与种植业争土地、争劳力、争肥料，是解决食用油的重要途径之一，有广阔的发展前景，应该加强科研，大力发展，综合利用。

3) 资源分布状况。山桐子野生性状强，适应性强，耐干旱，耐瘠薄，秦巴山区海拔 500～1 500 米的山坡、平坝都有分布。喜温暖气候和肥沃土壤，在微酸性、中性和微碱性沙质土壤里均能正常生长。在地势向阳、土质疏松、排水良好的地方，生长快，结果多，产量高。主要分布在我国亚热带地区，山西，陕西，甘肃，安徽，江苏，浙江，江西，湖南，湖北，四川，贵州，福建，台湾，广东，广西，云南，海南各省区，海拔：400～2 500，集中分布在秦岭南坡及大巴山区，淮河以南的地区。陕西汉中地区现有山桐子约 49 万株，所产干果 70 万千克左右，其中宁强县占 58%（株数占全区41.6%）。多为野生状态，少部分为人工栽植。日本、朝鲜亦有分布。不同种源山桐子冬芽都有冬季休眠的特性，只有在经历了冬季低温之后，冬芽才能生长，其生长量与所经历的低温量有关，15摄氏度的低温也有解除休眠的效果，但所需低温量和有效低温下限不同。陕西宁强县对山桐子的开发利用十分重视，建立了山桐子研究所，早在 20 世纪 70 年代即确定 15 个乡为山桐子生产基地。如该县大长沟乡五村，20 世纪 70 年代全村人均收获山桐子果实曾达到 25 千克的水平，完全解决了食用油的问题。

4）育苗技术。山桐子以播种育苗和分蘖繁殖为主。种子播种前，要用温水浸泡，并用沙子或草木灰把附在种皮上的蜡质搓去，以提高出苗率。播种期在 2 月下旬至 3 月，每亩播种量 0.5～1 千克，管理与一般树种育苗相同。一年后苗高 1 米，待秋冬落叶后，即可出圃移栽造林。播种育苗：选取15～30 年生的雌株为采种母树。果实变为深红色时即可采收。采种时剪下果穗，捋下浆果，在室内堆放 1～2 天，待充分软熟后置水中搓洗，淘去果皮肉等杂质。淘洗净种时，要用细孔容器，以免种子漏失。净种后再浸入新鲜草木灰水中 1～2 小时，擦去种子外层的腊质，晾干。混湿沙储藏或袋装干藏。种子千粒重约为 2.3 克。播前整地：3 月上旬开始整地，要求精耕细作，不得少于两犁两耙。做到土块破碎，圃地平整。开好沟系，保证排灌畅通。每亩施用腐肥的饼肥 150 千克作基肥，并施用硫酸亚铁 10 千克进行土壤消毒和灭杀土壤害虫。坐床时以南北向为好，床高 25 厘米，床面 1.2 米中间略高于两侧。播种：整地后 15 天即可进行。混湿沙储藏的种子取出后可直接播种，袋装干藏的种子应用 40 摄氏度左右的温水浸泡 24 小时后，滤干再播。因山桐子的种子小，故播种时，应将种子与细土拌均后再播。播种一般采用条播，条距 30 厘米左右，播种沟深 3 厘米，上覆细沙土 1.5～2 厘米，再盖稻草。苗期管理：播后 20 天左右即有种子发芽出土，此时要保持床面湿润，如连续天晴，床面干旱板结，不利于种子发芽出土，应及时喷水。播后 30 天左右出苗可达到盛期，此时选择阴天或傍晚，揭除稻草。为防止幼苗发病，揭除稻草后，可连续喷施 70%甲基托布津 1 000 倍液或 50%多菌灵粉剂 800 倍液 3～4 次，每次间隔 7～10 天。由于种子的发芽率及其他因素的影响，常会导致出苗不整齐而缺苗。因此，可于梅雨季节，选择阴天或晴天傍晚进行间苗补苗工作，即间除过密段苗木补于缺苗段。取苗时应尽量带土团或宿土，有利于苗木成活，补苗后于早晚连续浇水 3～4 次即可。每亩保留苗木 1.2 万～1.5 万株。大苗培育：选择上层深厚、土壤肥沃、排水良好的圃地，施足基肥，精细整地，南北向坐床，床宽 1.3 米，床高 25 厘米。自秋季苗木落叶开始至翌年春季萌芽前，选择干形直，长势旺，无病虫害的苗木，按株行距 80×80 厘米的规格定植。起苗时要尽量多带宿土，在起苗和定植过程中要保护好顶芽。2 年后苗木平均高可达 3.5 米，平均胸径超过 3 厘米，此时可出圃用于园林绿化。

5）造林种植技术。山桐子，属阳性树种，但喜于比较肥沃、润潮之沙壤土，宜于春季去造林。株行距 2×2 米或 2×2.5 米丘陵可营造混交林，栽植密度因混交树种而定。四旁植树的株距可 4～5 米。

6）抚育管理技术。造林后，要加强抚育管理工作，每年除草两次，土壤较瘠薄土地，尚需增施肥料。幼林抚育要做好施肥、砍草、扩穴、培土、整枝、埋青工作。施肥每年 2 次结合幼抚进行。5月进行造林后第 1 次幼抚，以铲草扩穴、培土扶苗为要点，并每株施入 100 克尿素。方法是先铲除周边杂草，然后在植株上方半圆形撒肥，再扩穴培土覆盖。8 月抚育以砍草、铲草、抹芽、整枝为重点，并每株施 150 克复合肥。以上管理连续进行 2 年苗木已基本郁闭，视情况砍草 1～2 次。经过 3年管理可长成高 3 米以上。

（6）乌桕

图 4-10　乌　桕

1）生态和生物化学特性描述。乌桕，学名：*Sapium sebiferum*（Linn.）Roxb，英文名：China Tallowtree；别名：乌桕叉、术蜡材、木梓、枧子。大戟科，乌桕属，落叶乔术，高可达 15 米，树冠近球形，具有毒的乳液。4 月中旬至 6 月中旬为春梢生长期，6 月下旬至 7 月上旬为开花期，7 月中下旬为果实肥大生长期，8—10 月为种子发育时期，11 月果熟。乌桕叶落后，外敷白色蜡质的种子外露，犹如满树稠雪，颇具观赏价值。乌桕为亚热带喜光的阳性树种，主要分布在海拔 2 000 米以下，年平均温度 15 摄氏度以上，年雨量 700 毫米以上，活动积温 5 771 摄氏度，相对湿度 70％以上的地区。

乌桕对土壤的适应性较强，适宜于土层深厚、肥沃、显润，土壤呈酸性或中性、微碱性的红壤、黄壤、紫色土及钙质土上生长，含盐量在 0.3 的盐碱土上亦能生长。乌桕对有毒气体氟化氢的危害有较强的抗性，是有氟化氢污染的工厂绿化造林的较好树种。乌桕的根系发达，极耐水湿，抗风力强，是河滩、沟边、路旁、渠旁及四旁绿化的良好树种。

2）开发利用价值和用途。乌桕籽可开发出 20 多种日用化工原料和食品工业专用原料，油脂能合成柴油。乌桕种子中含桕脂率 30％以上，含油率 20％左右，桕脂中含有 14％的甘油。从种仁中榨取的黄色油称桕油（子油），其提制物及系列产品与人类的生产、生活关系愈来愈密切，已由一种仅能制肥皂、蜡烛的工作原料，变成人类摄取高能量、高蛋白的再生能源。木材纹理致密，有光泽，坚韧耐用，不翘不裂，可作家具、农具、畦犁等用材

3）资源分布状况。我国分布广泛，现有桕林面积 50 万公顷，桕树 2 800 万株左右。南方 17 个省区均有栽培，分布于北纬 18°30′～36°，东经 99°～121°41′之间。产于我国秦岭、淮河流域以南，东至台湾，南至海南岛，西至四川中部海拔 1000 米以下，西南至贵州、云南等地海拔 2 000 米以下，主要栽培区在长江流域以南浙江、湖北、四川、贵州、安徽、云南、江西、福建等省。我国是乌桕原产地，据估计年产乌桕籽约 1 亿千克，由于没有充分利用，每年收购量仅占产量的 1/3。

4）育苗技术。播种育苗：选择向阳、肥沃、排水良好的地块做育苗圃场。秋末或初春播种，按 20～25 厘米行距条播，每米播种 20～25 粒，覆土 1～1.5 厘米，盖草保湿 为了促使发芽，播种前应把种籽浸在草木灰中 24 小时，进行脱蜡。每公顷播种量约 150 千克，发芽出土后加强水肥管理和除草，幼苗高 12～15 厘米时可进行间苗、每米保留幼苗 8～10 株。良种嫁接育苗：选用含蜡率、含油率高的优良种穗进行嫁接。一般造林后 2～3 年即开始结果，5 年即可进入盛果期。嫁接方法一般采用切接或芽接切接为最好。选用 13 年生的砧木，在 4 月中旬至 5 月上旬树液开始流动，芽尚未萌动时进行切接，芽接宜在 6 月下旬。

5）造林种植技术。乌桕喜温暖向阳环境、耐潮湿。山地造林应选择向阳、背风的南坡平地、丘陵，"四旁"造林选择土层深厚、疏松的地方。嫁接苗造林一般每公顷 450～900 株、农林间作 75～150 株为宜。整地时间可在冬春进行，整地方式可采用穴状整地，施足底肥。

6）抚育管理技术。松土除草在造林后 1～3 年内，一般每年进行 2～3 次，以后每年进行 1～2 次。松土除草应在 4—6 月和 7—8 月进行为宜。幼龄期施肥可促进提前开花结果，也可在幼林中间种豆类农作物 以垦代抚。一般不进行专门修剪，而是在采摘时视树体长势强弱．将果穗连同结果枝不足 0.6 厘米粗的部分一起采摘下来代替修剪。同时剪除重叠枝、下垂枝、枯衰枝、病虫枝。病虫害防治：危害乌桕特别严重的有乌枢毒蛾、樗蚕、蚜虫等，防治方法主要是进行树上和地面喷药及人工捕捉幼虫或摘茧。喷药时间大多在 6 月上旬、7 月中旬分别进行一次喷药。柏籽采收过早，含蜡（油）率低；采收过迟，易被鸟啄食，遇阴雨天发霉变质。河南省葡萄柏品种群一般是 11 月中旬成熟，鸡爪柏品种群 11 月下旬成熟，应抓住晴天及时采摘、晒干。

（7）光皮树

1）生态和生物化学特性描述。光皮树，学名：*Cornus Wilsoniana Wanaer*，英文名：Guangpishu。别名：花皮树、马光林、枸骨木等。为山茱萸科，椋木属。树高 8～10 米，树干光滑看似几乎无皮，小枝初被紧贴疏柔毛，淡绿褐色，叶椭圆形或卵状长圆形，长 3～9 厘米，宽 1.85～5 厘米，花期 5～6 月中旬，果熟期 10—11 月，核果球形，紫黑色。果实未熟圆形、绿色、径约 4～5 毫米。光皮树喜生长在排水良好的地块，耐旱，对土壤适应性较强，在微盐、碱性的沙壤土和富含石灰质的粘土中均能正常生长；抗病虫害能力强。

2）开发利用价值和用途。光皮树枝叶茂密、树姿优美、树冠舒展、是植树造林的优良品种，在园林上可用作庭荫树，行道树，孤植或丛植均能自然成景。光皮树喜光，耐寒，喜深厚、肥沃而湿润的土壤，在酸性土及石灰岩土生长良好。光皮树树干挺拔、清秀，树皮斑驳，枝叶繁茂，深根性，萌芽力强，抗病虫害能力强，寿命较长，超过 200 年以上。光皮树木材细致均匀、纹

图 4-11　光皮树

理直，坚硬，易干燥，车旋性能好，可供建筑、家具、雕刻、农具及胶合板等用。大树每株年产干果 50 千克以上，果肉和核仁均含油脂，干全果含油率 33%～36%，出油率 25%～30%，平均每株大树产油 l5 千克．光皮树全果含油酸和亚油酸高达 77.15%（其中油酸 38.3%、亚油酸 38.85%），所生产的生物柴油理化性质优（如冷凝点和冷滤点）。其油为一级优质食用油，长期食用光皮树油治疗高血脂有效率达 93.3%，其中降低胆固醇的有效率达 100%。研究表明，以光皮树油为原料生产的生物柴油与 0 号石化柴油燃烧性能相似，是一种安全、洁净的生物质燃料油。另外，光皮树油饼是优质肥料，花是养蜂蜜源。随着光皮树油制取生物柴油的相关研究的开展，光皮树作为重要的生物柴油原料得到广泛关注。

3）资源分布状况。光皮树广泛分布于黄河以南地区，集中分布于长江流域至西南各地的石灰岩区，主要分布在湖南、湖北、江西、贵州、四川、广东、广西等省区，以湖南、江西、湖北等省最多，垂直分布在海拔 1 000 米以下。我国现有光皮树野生资源较多，主要为散生分布。据上报数据统计，目前湖南、江西两省有相对集中光皮树资源 5 000 多公顷。湖南省永州市和湘西土家族苗族自治州，江西省赣南现有光皮树资源比较多。据不完全统计，湖南、江西、广东、广西等地石灰岩山地总面积有 2 200 万公顷，如按 10% 面积栽植光皮树，可年产光皮树油 3 000 万吨，可以说在我国发展光皮树生物柴油的潜力很大。在光皮树优良无性系完成区域栽培试验后，光皮树有望在黄河以南和珠江

以北地区大面积栽培。经过 17 年研究，湖南省林科院攻克了光皮树嫁接繁殖技术难关，嫁接成活率高达 90%，为光皮树优良无性系大面积推广奠定了技术基础。据悉，永州市已把 6 000 多公顷光皮树建设任务落实在双牌、宁远、东安、道县、祁阳等 5 县实施。目前，永州市光皮树育苗已达 250 万株。

4）育苗技术。播种育苗：选择结实丰盛的健壮株采种，11 月间当果实呈黑褐色时即可采收，将果实堆沤 7 天左右，搓烂果实，用清水淘取种子，晾干后播种或与湿沙层积储藏。宜选光照时间较短、土层深厚、质地疏松、肥沃湿润、排灌方便的晚稻田作圃地。晚稻收割后及时开沟排水，深耕细整，施足基肥，按照床宽 120 厘米、床高 25 厘米、沟宽 40 厘米的规格坐床，要做到土壤细碎、床面平整、沟道畅通。春播的种子应在清水中浸泡 1～2 昼夜，晾干后播种；采用条播或撒播，每公顷用种量 70～80 千克。苗期应及时除草松土，追肥灌溉。苗高 20 厘米时按 10×25 厘米的株行距进行间苗补苗。当年苗高可达 80 厘米以上，来年春可栽植。每公顷可产苗 20 万株。扦插育苗：宜在春季植株，即将萌动时进行，圃地条件和坐床要求同播种育苗。从健壮植株上剪取一年生枝条，剪成 20 厘米长的插穗；按 8×25 厘米的株行距扦插于苗床上，插穗入土深度占穗长的 2/3 为宜，插后压紧土壤，浇足定苗水。如圃地光照时间较长，还要搭盖荫棚，其透光度 50% 左右为宜，10 月后可拆棚。苗期管理可参照播种苗进行。过去光皮树繁殖方法以种子育苗为主。湖南省林科院攻克了光皮树嫁接繁殖技术难关，嫁接成活率高达 90.0%，为光皮树优良无性系大面积推广奠定了技术基础。

5）造林种植技术。每穴栽 1 株，要做到苗根舒展，树干端直，栽深适当，压紧土壤、浇定根水、松土培蔸。栽后 35 年可开花结实。实生苗造林一般 5～7 年结果，人工林林分群体分化严重，产量高低不一，嫁接苗造林一般结果早，产量高，树体矮化，便于经营管理。湖南省林科院"十五"期间选育出的早实、高产光皮树优良无性系湘林 1～8 号，其果实千粒重为 62～89 克，平均 70 克。采用嫁接苗栽植 2～3 年后可开花结果，盛果期 50 年以上，寿命可达 200 年以上，大树每年平均产干果 50 千克，多可达 150 千克，繁殖大多采用播种，播种前用水浸或沙藏催芽。2 年苗胸径可达 1.5～2 厘米。

6）抚育管理技术。中耕除草：栽植当年要松土除草、排除积水、浇水抗旱、盖草保墒；第二年起要结合中耕除草逐年扩穴，并垦复树盘。施肥：幼树要结合中耕除草，每年夏秋各施肥一次，每株施过磷酸钙和尿素各 50 克，或施人粪尿适量。结果树春季施磷钾肥，夏季施绿肥、石灰，冬季在树冠投影线外沿沟施厩肥和土杂肥。整形修剪：光皮树萌芽力强，必须及时修剪，以提高通风透光和结实性能。一般树高 1.5 米时截干定型，留 4～5 个主枝，每个主枝留 2～3 个侧枝；冬季要剪去徒长枝、纤弱枝、病虫枝、过密枝和枯枝。

（8）绿玉树

图 4-12　绿玉树

1）生态和生物化学特性描述。绿玉树，学名：*Euphurbia tirucalli Linn*，英文名：Milk bush，

别名：乳葱树、光棍树、乳葱树、白蚁树、绿珊瑚、光枝树、龙骨树、神仙棒。大戟科，热带灌木或小乔木，高2~8米，枝对生。枝绿色园柱状，稍肉质多乳汁，蔟生或散生。绿玉树茎干秃净、光滑。叶少和小，散生于小枝顶部，或退化为不明显的鳞片状。雌雄异株，环状聚伞花序，通常有短总花序。花期为春季，果期在7—10月。耐旱、耐盐、抗风，喜温度25~30摄氏度。

2）开发利用价值和用途。绿玉树枝条肉质多乳汁，乳汁富含与石油相近的成分，不含硫。枝条乳汁含油率高达60%~70%。据江西省有关部门研究报道，每公顷绿玉树（3~5年生）枝条每年可获取4 700升倍半烯萜，能裂解3180升生物柴油。1976年美国的M.Calvin在《Science》上发表文章认为绿玉树和同属植物续随子（Elathyrus）的乳汁中含有碳氢化合物，与石油的成分类似，在不适合生产粮食的干旱地区栽培，每年每公顷可以产4~6吨油。该文章引起了人们对绿玉树和续随子的兴趣，人们迫切需要寻找新的可再生能源，解决世界石油储量有限问题。因此，美国、欧洲南部以及其他部分国家，纷纷开展了绿玉树的引种和研究工作，使得绿玉树的分布范围开始扩大。20世纪末，我国开始引种绿玉树和开展有关开发利用方面的研究。其中，物理方法——绿玉树乳汁制取烷烃和烯醇类生物质液体燃料油，以及化学方法——含三酸甘油脂的木本油料植物油脂交换法制取生物柴油，已有阶段性成果。研制出年产600吨的小型连续工艺生产生物柴油装置，与企业合作建有年产10 000吨的连续工艺生产生物柴油厂。

绿玉树用途广，树材质轻，是制作玩具、贴面板的原料，也是造纸的优良原料。绿玉树活性成分丰富，全株可入药，具有抗癌作用。乳汁发酵后可治疗哮喘、咳、耳痛、风湿病等。

3）资源分布状况。原产非洲南部及热带干旱地区，在亚洲、欧洲、美洲和澳洲都有引种。适宜在年均温为21~28摄氏度的热带和亚热带地区生长，可以忍耐的最低温为9摄氏度，最高温为37摄氏度。土壤pH范围在5~8.5；生长在海拔1 500米以下的地区；年雨量250~1 000毫米。适宜生长在排水条件好的土壤。世界农业森林中心数据库记载：绿玉树在东非的农业森林系统中被广泛应用为绿篱，栽培历史悠久。该中心数据库的资料提到绿玉树可能起源于印度，但不肯定其确切的起源地。但更多资料则认为绿玉树起源于非洲各国，而且分布范围非常广泛。在美国、马来西亚、印度、英国、法国地区有较长的栽培历史，但是过冬问题一直成为制约资源发展的重要障碍。

在我国大陆，仅广州、湖南个别地区、海南南部和西南部沿海、云南的西双版纳、昆明和河口、元江地区成功引种栽培了绿玉树。除西双版纳和香港的少数地点外，绿玉树在昆明、广州等地都无法露地越冬，只能在温室中栽培。目前，有关研究部门已完成了绿玉树与不同种类能源植物配套的速成栽培新技术，并以绿玉树为试材，利用分子标记、抗寒基因导入和倍性育种等手段，进行了生物技术育种，获得了高产烷烃类化学物质的四倍体和转基因植物材料。现已在湖南江华、桂阳、龙山县和广西南宁市结合国家退耕还林工程营建了能源植物原料林基地200公顷，为我国规模化发展该资源奠定了基础。

4）育苗技术。以扦插繁殖育苗为主，嫩枝老枝均可。以选2~3年生枝条，在5—6月扦插。插条茎段为两节以上，插前可用清水将切口清洗干净，晾干后扦插。在夏季选择当年生成熟枝条实行嫩枝扦插效果更好。对苗木喷洒0.1%的氯化钙和0.1%~0.2%的多效唑。

5）造林种植技术。可采取植苗造林和插杆造林，可密植，或实行双株促进植株及早成蔟提高枝条生物量。绿玉树生长快，年高生长在50厘米以上，一年生枝条含水量比两年生枝条含水量高20%~40%。

6）抚育管理技术。造林后及时锄草和施肥，重点要防治介壳虫危害。造林一年后进行平茬，可以促进植株的生长，提高枝条生物量。为促进植株快速发枝，提高枝条生物量，要及时对树冠进行修剪定型。

（9）油桐

1）生态和生物化学特性描述。油桐，学名：*Vernicia fardii* Aleurites；英文名：Tung tree；

图 4-13 油 桐

别名：桐油树、光桐、三平桐。落叶乔木，高达 12 米。树冠扁球形。小枝粗壮，叶卵形、长 7～18 厘米，全缘，有时 3 浅裂，叶基具 2 紫红色扁平腺体。雌雄同株，花大，径约 3 厘米，花瓣白色，基部有淡红褐色条纹。核果大，球表，径 4～6 厘米，表面平滑，种子 3～5 粒。

2）开发利用价值和用途。油桐种仁含油率 60%～70%，种子含油率 35%～40%，是一种优良的干性植物油，干燥快，比重轻，有光泽，不怕冷，不怕热，耐酸、耐碱、防湿、防腐、防锈。由于油桐生长快，木材洁白，纹理通直，加工容易，是果材兼用的好树种。

3）资源分布状况。我国油桐分布于长江流域及以南地区，垂直分布在海拔 1 000 米以下低山丘陵地区，东起华东沿海、舟山群岛，西抵横断山脉以东；南自东南沿海，滇西南，北达秦岭以南的广阔地带。中心栽培区域是川、黔、湘、鄂四省毗连的地带。油桐树喜光，也耐阴，在侧阴处能枝繁叶茂，但开花结实很少。稍耐寒，栽培区之北缘以秦岭、淮河为界，喜肥沃排水良好的土壤，不耐干旱瘠薄水湿。不耐移植，对二氧化硫污染较为敏感，根系浅，生长快，寿命短，若管理好，树龄可达百年以上。四川、贵州、湖南和湖北为主要产区，广西、陕西、江西、安徽、福建、广东、河南、云南等省区也有栽培，油桐林面积 16 万公顷。

4）育苗技术。选择树冠整齐、生长茂盛、单株产量高、无病虫害的壮龄母树，于 10—11 月桐果完全成熟后采收。采收的桐果，集中堆沤 15～20 天，使果皮软化后，用人工或机械剥取籽粒，阴干，混沙储藏或干藏。果实出粒率 20%～30%，纯度 90% 以上，种子千粒重 3 000～4 000 克，每千克有种子 300～400 粒，发芽率 80% 以上，发芽力可保持 2 年。播种时期，可随采随播，也可储藏到第 2 年春季进行播种。春播，一般在 2 月左右最好，最迟不能超过 3 月下旬。播前，可用湿沙层积或用温水浸种催芽。播种方法，多采用条播，条距 20～30 厘米，株距 10 厘米左右。每公顷用种 700～900 千克，覆土 3～4 厘米，播后 30 天左右，即可发芽出土，此时应撤去覆盖物，并进行中耕、除草、施肥，1 年生苗高可达 80～100 厘米，即可出圃造林。

5）造林种植技术。造林地的选择。宜选择在向阳开阔，避风的缓坡山腰和山脚，土层深厚，排水良好的微酸性或中性土壤，而海拔过高的冲风地、低洼积水的平地、阴庇的山谷和过于黏重的酸性土壤均不宜栽培。千年桐造林地，宜选择在平地、丘陵和"四旁（宅旁、村旁、路旁和水旁）"，阳光充足、土层深厚、湿润肥沃的酸性土壤。

直播造林：播种前进行选种催芽，用水浸泡 24 小时，把浮在面上的去掉，选色泽光亮、核重饱满、无病虫害的种子播种。为防止鼠害，用油桐搅拌种直播，每穴 3 粒种子，按三角形分布排列，覆土 5～8 厘米，有条件可盖草保墒。桐农混作，桐茶混交：适宜桐农混作的有间种黄豆、花生、红薯等作物，收效甚好。3 年桐生长迅速，枝丫扩展，树冠和根幅庞大，要求较大的营养面积，因此造林不宜过密。造林密度要根据经营方式、立地条件、品种特性等因素，进行综合考虑。在一般条件下，实行纯林经营的，每公顷为 300 株左右。

6）抚育管理技术。幼树出土的当年要浅刨 3 次，第一次在树苗出土后不久杂草开始萌发的时候进行。近根部要轻锄浅刨，不能损伤幼树；第二次在小暑前后，浅刨 1 次；第三次在处暑前后进行。第二年在立夏前浅刨 1 次，在立秋后深挖 1 次。第三年就和抚育大树一样，每年最好能挖刨 2 次。挖刨的深浅，根据山地的土质、地形和季节定。例如沙壤土可以浅刨，黏壤土要深挖；山脚、陡坡、土层深的可以浅刨，山顶、缓坡、土层浅的要深挖；夏秋季节要浅刨，冬春季节可深挖。要在早春和夏末进行适当施肥。生长一两年的幼树，可施一些比较稀薄的人粪尿、饼肥、草木灰等含氮和钾的肥料；生长 3～4 年的油桐树，可以施堆肥、尿粪和厩肥。施肥的时候，可环树挖一圈，把肥料施到圈外，然后再用土盖好。如果是坡地，可在树的上方挖一个半圆圈，把肥施上。油桐目前的主要虫害是橙斑白条天牛，受害植株轻者枝枯叶黄，产量下降，重者植株死亡。防治可采取幼虫活动期，发现树干基部有虫孔，并有新鲜的锯末状物质，即有活动的幼虫在蛀食，用带钩的硬铁丝，钩出虫洞周围的粪便，探清虫道方向，将带棉球的竹签蘸上药原液，沿虫道方向将蘸药的一端插入虫道，插入的越探越好，杀虫效果达 98.7％。或发现虫孔后用带钩的铁丝掏出虫孔周围的虫粪，取磷化铝片的 1/3 塞入虫道内，外面用黄泥堵住洞口，防治效果可达 100％，防治效果好坏与防治时期关系很大。据试验 5 月下旬至 6 月上旬防治效果最好。

4.3　主要木本能源树种特性与培育

4.3.1　华北和南方主要能源原料林树种

表 4-2　主要能源树种的特性

树种与特性	萌生能力	采薪方式	产量（t/hm²）	热值（kJ[①]/kg）
1. 刺槐	30 多年连续砍伐不衰，伐桩上优势萌株多者达 7～8 株	从增长率来看，以 3 年生时平茬效果最好；从培养干形来看，以 4 年生时平茬效果最好	以每公顷存活 3 585 株 8 年生刺槐林，平均每年每公顷产薪材 5.408 吨，集约经营刺槐林 3 年生，平均树高 4.1 米，地径 5.2 厘米，每公顷获薪材 13.56 吨	19 012（4 544）
2. 麻栎	1 年生萌芽林，平均每个伐桩有 3.2 根萌条。为使伐桩正常萌芽，要求伐桩高度不应太高（一般 10～15 厘米高）	矮林作业：一般造林后 5～6 年幼林长到 3～4 米高时齐地平茬，4～5 年后再次皆伐取薪中林作业；在造林后 4～5 年生时首次砍伐取薪，以后每隔 3～4 年轮伐 1 次萌条柞蚕林取薪：植后 4～5 年平茬	4 年生林分平均每年每公顷产薪材 3.42 吨，以 10 年为轮伐期，连续更新 10 次，树龄达 100 年左右，平均每次可获薪材 15 吨/公顷	19 585（4 681）
3. 小叶栎	2～3 年生实生林，采收后能迅速萌发新条。1 年后调查，平均每个伐桩萌发 3.5 株，最多每桩萌发 9 株萌条。一般造林后 4～5 年开始采收，也可 6～8 年开始平茬	矮林作业：一般定植后 4～5 年或 6～7 年首次平茬，以后每隔 4～5 年轮伐 1 次中林作业；经营薪材，一般植后 4～5 年开始平茬，以后每隔 4～5 年轮伐 1 次；经营用材，一般在植后 5～6 年修枝整形 1 次，以后每隔 5～6 年修枝或间伐 1 次乔林作业	4 年生小叶栎纯林，年均薪材产量为 1.54 吨/公顷；6 年生，4.83 吨/公顷	19 841（4 742）

① 1 大卡＝4.18 千焦，括号内数字单位为：大卡/千克。

（续）

树种与特性	萌生能力	采薪方式	产量（t/hm²）	热值（kJ/kg）
4. 石栎	樵采后发桩萌芽力强，萌生率达100%，每个伐桩可发萌条10～26根，但一般自然成材2～3根，1年生萌条高1.1米，地径0.4厘米	伐桩高度10～15厘米，每3～4年轮伐1次	一般3～4年生的人工实生林，其年均薪材为11～12吨/公顷	17 744（4 241）
5. 木麻黄	伐桩萌条率约80%，每伐桩有15根萌条，多者可达60根以上，但萌条生长缓慢，一般年高生长约1米，2年生高仅3.2米，胸径1.0厘米	4年生前采取修枝和适当间伐形式樵采部分薪材；5～6年生采取小块状皆伐（桩高约10厘米）萌芽更新的矮林作业方式，每隔4～5年轮伐1次	华南各地因地区和立地条件不同，产量的差异大。湛江滨海地区，6年生产薪材60～80吨/公顷	20 711（4 950）（4年生林木的干、枝和叶的热值分别为20 128、19 644和21 715千卡/千克。
6. 铁刀木	其萌芽力强弱与伐根直径大小、年龄有密切关系。平茬后，1年生萌条高生长为5～6米，基部直径5～6厘米；2年生萌条高7～8米，基径8～9厘米；3年生萌条树高10米左右，其径12～15厘米	肥地3年首伐，瘦地需4～5年首伐。第1次平茬伐桩高度1～1.2米，留萌条2～3根，以后每采1次，伐桩增加高度15～20厘米。留萌条3～5个，伐桩高度维持在2～2.5米，留萌条10个形成4～5个大的分叉。每3～5年采薪1次	投产每公顷可收薪材150吨，萌生林每采伐1次每公顷收获薪材120吨，西双版纳，5年生可产薪材150～160吨/公顷	18 104（4 326）
7. 黑荆树	2～3年生幼树平茬伐桩，萌芽率95%以上，每个伐桩可萌发5～10根萌条	首伐年限2～3年，轮伐期一般3年，每隔2～3年1期，第2、3期的产量不低于首次	6～8年生人工林，可产薪材40～60吨/公顷，地上部总生物量可达80～100吨/公顷，净生物量40吨/公顷·年	2年生薪炭林，树干材平均热值为19 313～19 422千卡/千克，树皮提取栲胶后的废渣热值为19 414～19 430
8. 大叶相思	砍伐后伐桩萌芽率100%，每个伐桩能萌生萌条3～5根，最多达10根，2年生萌株高2～3米，胸径1.5～2厘米	以春夏初雨时为宜，伐桩高度50～100厘米，每3～4年轮伐1次	3年生薪炭林的生物量，其产量随栽植密度而异，当密度为0.5×1米时，生物量为51.63吨/公顷；密度为1米×1.5米时，生物量为25.21吨/公顷 3年生产蕉产量为22～35吨/公顷年	17 242（幼年树薪材）；22 748～20 501（成年树薪材）
9. 台湾相思	可采用平茬和刨桩露根萌芽更新，萌芽率均在90%以上	一般轮伐期为1～4年		2 52～21 757
10. 马占相思	60厘米高以上的伐桩，萌芽更新效果好，95%以上伐桩能萌芽；60厘米高以下的伐桩，萌芽率在60%以下，更新效果差	初次采伐宜在4～5年生时进行。采用低干头木林作业方式，保留伐桩高度在60厘米以上。以每隔3～4年轮伐1次较好	在广州，5年生单株材积（去皮）为0.053 87米³；在海南，株行距1.5×1.5米的4年生材积生长达200.5吨/公顷，生物量达95.2吨/公顷	枝丫的热值为：20 189、20 482。2年生萌条的干、枝、热值分别为23 174、19 230
11. 纹荚相思	桩高50厘米以上代桩，萌芽效果好，50厘米以下的萌芽少，萌条生长差。一般可采用60～100厘米伐桩高度	一般造林后4～5年开始平茬采收，3～4年生长成材，轮伐期可为3～4年	在海南，4年生薪材64.8吨/公顷，总鲜重104.2吨/公顷，绝干重50.4吨/公顷	23 071（5 514）

（续）

树种与特性	萌生能力	采薪方式	产量（t/hm²）	热值（kJ/kg）
12. 厚荚相思	伐桩高度在40厘米以下时，其萌生能力弱，而伐桩高度在50厘米以上的萌芽力强。作为薪炭林经营时，其采收龄不宜太大，一般造林后4~5年采收较好；年龄大，林木径级大，不利于萌芽更新	造林后3~4年即可生长成林，造林后4~5年生时开始平茬，以后每隔3~4年轮伐1次	3年生时平均生物量49.8吨/公顷	3年生树干、枝条热值分别为19 422、20 171
13. 绢毛相思	伐桩高度为30厘米时几乎100%萌芽，伐后3个月伐桩存活率仍在80%以上。萌条生长较快，年平均高生长1~2米，径生长1~1.5厘米，伐后2年左右又可恢复成林	首次轮伐年限应为4年，以后的轮伐期可为3~4年	在海南省琼海市，4年生生物量达39.72吨/公顷；华南地区4年生林分薪材产量13吨/公顷	19 539（4年生干、枝、热值分别为：19 861、20 062）
14. 窿缘桉	砍伐后，伐桩萌芽率达100%，每个伐桩萌条15~20根，一般自然成材3~4根，2年生萌条高可达3.18~3.57米，胸径1.46~1.69厘米	每隔3~4年轮伐一次，首次采伐时伐桩高约10厘米，随采收代数增加伐桩越来越高	3年生薪材林，当密度为0.5×1米、1×1米、1×1.5米时，年平均薪材产量分别为41.15吨/公顷、44.69吨/公顷、36.71吨/公顷	20 175（4 822）
15. 柠檬桉	3年生柠檬桉林采伐后萌芽率达100%，1年后伐桩保存率在90%以上。1年生萌条高达3米以上，萌条生长快，年增高2~3米，胸径增长量1.5~2.5厘米	伐桩高度以10~15厘米高为宜，首伐树龄5~6年，矮林作业轮伐期4~5年，轮伐7~8次后重新造林	在海南省琼海县，4年生地上部分生物量达95.88吨/公顷	2年生萌条的干、枝热值分别为：19 125、19 841
16. 雷林1号桉		首伐树龄以5~6年为宜，急需薪材可提前1~2年采收。轮伐期可定为4~5年，伐桩高约10厘米，每桩留萌条2~3株	经营得当每年薪材产量可达30~40吨/公顷，一般仅10~15吨。年平均材积30.2吨/公顷	5年生时树干、枝丫热值分别为：19 983、19 510
17. 巨桉		首采树龄4~5年，轮伐期3~5年均可	产量变动范围为15~50立方米/公顷·年。中等水平林分的产量，为91.28吨/公顷，绝干重42.38吨/公顷	4年生的干、枝热值分别为：19 899、19 213
18. 细叶桉	萌条生长旺盛，年均高生长2~3米，直径生长3厘米，矮林作业时每10年可采收3~4次	首采树龄5年，轮伐期4~5年	在刚果、阿根廷、印度和乌拉圭好的立地上，年平均材积生长量为18~25吨/公顷，在差的立地条件下平均材积生长量为3.1~12吨/公顷	2年生萌条干、枝的热值为19 510、20 041
19. 尾叶桉	采伐后98%以上的伐桩能萌发新条，通常每个伐桩可萌发5条以上萌芽条	首采以4~5年为好，急需薪材可提早1~2年采收。乔、薪结合经营者，可推迟1~2年采收。轮伐期与初植密度和保留萌条数有关。密度大，其轮伐期短，2~3年轮伐1次；密度稀，可5年左右轮伐1次	在广州华南植物园、及海南琼海县，材积和生物量变动范围为30~60吨/公顷年和20~50吨（干重）/公顷·年	19 497~19 665

（续）

树种与特性	萌生能力	采薪方式	产量（t/hm²）	热值（kJ/kg）
20. 刚果12号桉	每株萌条10～20根，每株有明显优势萌条2～3株，2年生萌条高达4.0米，胸径3.0厘米以上	5年生左右进行第1次平茬，每3～4年轮伐1次。伐桩高度5～10厘米，每株保留2～3根萌条	5年生生物量102.9吨/公顷，年均生长量20.6吨/公顷	19 564（4 676）
21. 黎蒴栲	一般每个伐桩可萌发2～10根萌条。一般萌芽林3年能郁闭，5年左右可成林，大约7～8代后长势开始衰退，需要重新造林更新	对于乔薪结合林，植后4～5年开始平茬，以后每隔4～5年轮伐1次	在华南地区年均薪材产量为15～20吨/公顷	18 702（4 470）
22. 刺栲	伐桩萌芽率达100%，每个伐桩可萌发萌条3～5根，多者达15根，能自然成材的一般2～3根，1年生萌条平均高2.3米，平均胸径1.2厘米	经营薪材林，多采用矮林作业方式，每隔3～4年轮伐1次。伐桩高度10～15厘米。对于混交林采取间伐或中林作业方式，每隔3～4年采收1次	一般年生物量为10.68吨/公顷	17 811（4 257）
23. 翅荚木	一经砍伐，在砍口一般萌生10～15根，多达30余根枝条，一般年生长2～3米，高者可达7米多，胸径2.1～2.8厘米，粗者可达7～8厘米。1年便恢复郁闭	矮林作业，林龄4年时，首次平茬取薪，以后每隔3～4年轮伐1次	2年生产薪材33.73吨/公顷，3年生49.95吨/公顷。成年头木林，不计树干部分，仅砍收柴枝，平均生物量为45～67.5吨/公顷·年	17 619（4 211）
24. 木荷	砍伐后萌芽率100%，每伐桩萌发萌条3～5个。成年老伐桩萌发萌条15个，5年生高5.7米，胸径3.5厘米，树高年生长量1.14米，胸径生长量0.7厘米	留伐桩高度5～10厘米，每4～5年轮伐1次	5年生生物量一般为13～15吨/公顷。集约经营的丰产林可达到20吨以上	18 075（4 320）
25. 栲木	一般2～5年生栲木，经平茬后萌条多为4～6根，个别可达10根以上。当年萌条的平均高1.4米，平均基径2.5厘米，最大萌条高4米以上，基径达5.8厘米	在造林后2～5年进行平茬，于早春从离地面5～10厘米处伐掉。头木作业，在造林后3～5年，于早春时在离地面1.5～2米高处伐掉	3年生产薪材产量为9.14吨/公顷，4年生为22吨/公顷，5年生可达25吨/公顷	2年生以上的干和枝热值为17 573～17 991
26. 枫香	一般每个伐桩可萌发10余株萌条，多者达20～30条。伐后3～4年又可郁闭成林	经营纯林时可采用矮林作业方式，植后5～6年初次平茬，以后每隔4～5年轮伐1次，约可收5代。混交林，造林后3～4年，先采收下木，每隔2～3年复采1次	在适生条件下年薪材产量为8～12吨/公顷；混交林产量为10～15吨/公顷	19 246（4 600）
27. 银合欢	砍后伐桩萌芽率100%，每伐桩萌发萌条5～10个，当年萌株高1.5～2米，胸径1.3～2厘米	4～5年采伐，每2～3年轮伐1次	5年生年生物量为25～30吨/公顷；产量低时，生物量为5吨/公顷	17 853～19 581

4.3.2 北方主要能源原料林树种

树种与特性	萌生能力	采薪方式	产量（t/hm²）	热值（kJ/kg）
28. 马桑	砍伐 5 年生马桑根颈处的萌条，第 1 年平均高 98.7 厘米，基径 1.1 厘米；一般在 4 年后生长增长不大	以 2 年为 1 轮伐期最佳，3 年生前樵采时需"多留少砍"，采用"留头伐"的方法	3 年生年产薪材 0.8～0.85 吨/公顷，薪材为 4.5 吨/公顷，5 年生平均 10 吨/公顷，8 年生达 25 吨/公顷	2 年生以上的枝热值为 16 736～17 573
29. 旱柳	萌生能力强，柳树从高部位截去顶梢，就会从切口下部大量萌发新梢，可樵采几十次，树龄可达 70～80 年	矮林方式：1～2 年间伐 1 次 头木作业：每隔 4～6 年，从头木上更新 1 次	在内蒙古伊盟渠、路两侧的林木，单株平均产干材 36～147 千克，可产薪材 7.5～15 吨/公顷	18 054～18 564
30. 山杏	平茬 6 年生山杏的树高生长量，比 8 年生的树高生长量高 78%，径生长量高 44%	首伐 2 年生，第 2 次伐 4 年生比首次伐 1 年生，第 2 次伐 4 年生约提高生物量 2.03%	坡上 4 年生年薪材产量为 2.674 吨/公顷，梁坡的为 4.719 吨/公顷，沟坡的为 2.968 吨/公顷	2 年生枝的热值为 19 698
31. 山桃	平茬后萌生枝条，当年生萌条生长迅速，高可达 150 厘米，地径 0.5～0.8 厘米	首次平茬期一般 5～7 年，平茬间隔期为 4～6 年	在宁夏固原县 7 年生产生物量 12 吨/公顷；陕西省吴旗县 4 年生产生物量（干重、包括叶）3.942～7.13 吨/公顷	2 年生山桃的热值：19 414
32. 火炬树	每株根桩可萌发 3～4 个萌条，能自然形成 1～2 个主干。3～4 年后，可萌发出 4～5 倍的新株，可迅速郁闭成林	速生期较短，时期为 1～4 年生，轮伐期 2～3 年为宜	在土质好的平地每年产生物量 15 吨/公顷；在瘠山地，年产 4 吨/公顷	16 276（3 890）
33. 荆条	根茎的萌条增多，每个伐桩上能萌生萌条 2～3 根	速生期为 1～2 年，轮伐期可依立地条件而定	3 年生年产薪材 6～20 吨/公顷	19 142（4 575）
34. 紫穗槐	平茬后，每丛萌条 20～30 根，丛幅宽达 1.5 米，当年高生长可达 1 米以上	在黄土丘陵地区，造林后第 2 年开始第 1 次平茬，以后每隔 1～2 年平茬 1 次	每年可产 3.5～7 吨/公顷	4 年生为 17 000
35. 胡枝子	2～3 年进行平茬更新，当年高生长可达 1.5 米左右，萌条达 16 根，冠幅达 2.2 米	宜采取平茬方式取薪，轮伐期 2 年，留茬高度 3～4 厘米	首次平茬年产量 0.8～1 吨/公顷，第 2 次平茬 3.75 吨/公顷	19 263（内蒙古），19 945（山西）
36. 柠条锦鸡儿	早春平茬当年株高和地径生长量可达 140 厘米和 0.9 厘米。每丛萌发萌条 86 根	造林后第 4 年进行首次平茬，以后每隔 3 年平茬 1 次	4 年生生物量平均可达 2 吨/公顷	19 694（4 707）
37. 小叶锦鸡儿	每丛枝条达 20～30 根，最多可达 60 根以上	造林 3～4 年后进行第 1 次平茬，一般幼龄林 5～6 年平茬 1 次，老龄林 3～4 年 1 次。在黄土丘陵地区可每隔 2～3 年 1 次，沙荒地区 4～5 年平茬 1 次	造林后第 4 年生 1.984 吨/公顷	4 年生枝干的热值为 19 753；5 年生热值为 20 171
38. 短序松江柳		适宜轮伐条龄为 2 年，从而变 6 年两轮为 6 年 3 次轮伐	在第 1 轮伐期平均年产薪材 4～5 吨/公顷；第 2 轮伐期平均年产薪材 7～8 吨/公顷；第 2 轮伐期以后，平均年产薪材 9～10 吨/公顷	3 年生枝条的热值为 18 573

（续）

树种与特性	萌生能力	采薪方式	产量（t/hm²）	热值（kJ/kg）
39. 蒿柳	平茬后，可萌生 10 多根萌条，经数十年樵采不衰		在第 1 轮伐期平均年产薪材 4～5 吨/公顷；第 2 轮伐期平均年产薪材 6～8 吨/公顷；第 2 轮伐期以后，平均年产薪材 9～10 吨/公顷	3 年生条的热值为 18 410～19 246
40. 细枝柳	经过平茬的沙柳，当年高生长 1～1.2 米，第 2 年平均高 2.11 米，萌条 8～13 根，萌条粗 1.5～2 厘米	造林后 4～5 年开始平茬，以后每隔 2～3 年平茬 1 次	3 年平茬 1 次，年产薪材 3.48 吨/公顷；5 年平茬 1 次，产 4.34 吨/公顷	18 104（4 327）
41. 沙枣	造林后第 3 年平茬，当年高生长 1.6～1.8 米，翌年可达 2～2.2 米	平茬在春秋两季都可以进行，春季平茬时可留茬 10 厘米左右，基部可萌生 20～25 个新条	3 年生年产薪材 13.3 吨/公顷，第 4 年平茬 21.33 吨/公顷	18 619（4 450）
42. 沙棘	平茬后当年平均高生长 0.36 米，最高为 0.97 米，第 2 年平均高 1.66 米，地径 1.53 厘米，最高 1.84 米，地径 2.38 厘米，平均丛幅 0.47 平方米，林地完全郁闭	首次伐期可定为 4 年，以后每隔 3～4 年轮伐 1 次	青海 3 年生年薪材产量 4.99 吨/公顷，4 年生 5.21 吨/公顷，5 年生 10.53 吨/公顷。辽宁 3 年生平均薪材产量 4.7 吨/公顷，4 年平均 7.61 吨/公顷，5 年生 10.74 吨/公顷	2 年生幼林为 19 372
43. 梭梭		经平茬，当年可高生长为 20～30 厘米，第 2 年可达到 40～50 厘米	一般天然林地生物量 2～4 吨/公顷	18 928（4 524）
44. 花棒	2 年后平茬，当年高生长 1～1.2 米，第 2 年平均高 1.56 米，萌生大小枝条 16～21 根，平均枝粗 1～3 厘米，到第 3 年新生灌丛高 2 米左右，冠幅 2.2～2.3 米	造林 4 年后可以进行平茬作业，可 3 年平茬 1 次	一般年产薪材 3～6 吨/公顷	20 062（4 795）
45. 多枝柽柳	3 年生的多枝柽柳，平茬后第 1 年，可萌发萌条 10～20 根，第 3 年最多可以萌发 100 根以上的萌条	3 年樵采 1 次，樵采时留桩高 5 厘米	3～5 年后，年可产薪材 10～15 吨/公顷，5～10 年生可产 15～20 吨/公顷	17 598（4 206）
46. 甘蒙柽柳	在造林 2～3 年进行第 1 次平茬，可萌枝条 15～20 根，第 2 次平茬可萌条 40～50 根，第 3 次平茬可萌条 70～80 根	造林 3 年后进行平茬，平茬后生长高度达 1～2 米	水地 12.91 吨/公顷，地埂 3.71 吨/公顷，水平台地 3.17 吨/公顷，荒地 2.72 吨/公顷，梁峁顶 2.26 吨/公顷	17 895（4 277）
47. 头状沙拐枣	萌生能力很强	首采期宜于 5 年生后，轮采期宜为 4 年	3～5 年生年产薪材可达 30 吨/公顷	17 715（4 234）
48. 东江沙拐枣	平茬后能大量抽出萌条	在造林后 5 年进行首采，樵采时期以早春为好，如劳力紧张，可在冬季樵采，3～4 年轮采 1 次	5 年可得薪材 22.5～30 吨/公顷 年均 4.5～6 吨/公顷	16 736（4 000）

图 4-14　内蒙古鄂尔多斯市积极发展沙棘能源经济林

图 4-15　杨树能源林

4.4　能源树种的良种培育

　　能源林培育必须遵循"良种、良法"的基本原则，良种是确保森林能源资源高效、高产的基础，良法是实现高效、高产的基本措施。在能源林培育过程中急需扭转急功近利、盲目发展的倾向。要注重选优良母树种子育苗，选优良品种的一级、二级壮苗造林，要杜绝有籽就播种育苗，有苗就造林忽视良种壮苗的盲目生产问题。

　　国家林业局就有关良种培育、育苗技术规程等各个生产环节规定得比较详细，需要严格执行。多

图4-16　内蒙古阿拉善盟红柳平茬更新后林木得到复壮

年来，我国对薪炭林进行了较长时间的研究，内容着重生物量的高产栽培技术和模式，但用途限于薪材的利用，今后应强化高水平转化利用树种的选择和产量及品质的改良。要因地制宜，因材而异，通过遗传育种工艺，不断改良能源树种，培育新的能源品种。同时，农业、牧业行业在普遍注重应用良种方面的成功经验值得借鉴。

4.4.1　良种培育策略

森林能源资源主要由剩余物和人工有目的培植的能源原料林组成。森林能源树种的良种培育是森林能源资源实现高效、高产产业化供给的重要因素，一代良种将影响几十年的产出。

随着森林能源产业发展，培育高效、高产的油脂和木质能源树种十分迫切，特别是生产油脂资源的油料能源树种。良种培育工作与其他经济林树种的良种培育程序基本一致，要突出注重油脂的品质、产量和植株的抗性。对木质能源林在生物质能源的遗传改良应考虑以下几个性状：树皮和木材的比率、纤维素含量、提取物含量、生长速度（对实行短期轮伐具有重要意义）、木材比重、木素含量、热值等。另外，森林能源资源的化学和物理学性质有更重要的意义，即生物量的加工效率极大地受对原材料的化学和物理学性质认识和开发水平的影响。

在物种选择上，要乔、灌并重，因地而异；在能源原料林经营模式上，要以面积广的粗放经营和小面积的集约经营并举。现阶段大面积粗放经营占较大比重，采用什么树种和经营模式要以经济的报酬率为指导原则。一次种植、多次多年收获的萌芽作业体系应是木质能源原料林的主体方式，萌发力应是树种和基因型选择的重要依据。要根据经营能源原料林的树种特性，特别是生物质的化学和物理特性为其选配最有效率的能源转换方式，我国的能源转换方式研究也应多样。能源树种的遗传改良在我国需要做的工作还很多，当务之急是先为各生态区选定一批能源树种，开展种内相关性状的遗传变异研究。了解改良的潜力，确定改良的策略，进行群体改良。确定正确的育种策略是针对某个特定树种的育种目标，依据树种的生物学和林学特性、遗传变异特点、资源状况、已取得的育种进展等因素，并考虑当前的社会和经济条件，可能投入的人力、物力和财力，对该树种遗传改良做出长期的总体安排。育种策略制定后，需要编制为达到育种策略中规定目标的具体计划。

4.4.2　良种培育目标

能源原料林树种的育种目标将根据能源原料林提供的能源原料的目的制定。如：用于燃烧发电的木质能源原料林树种，应该首先考虑树种的生物量、燃烧值、耐平茬性和抗性等。利用果实或种籽加工生物柴油的能源原料林树种，则要首先考虑优质、高产、抗逆性强的品种。过去，人们把寻找能源经营树种及提高其生物质产量作为研究重点。但目前存在的关键问题是，怎样在加工工艺产业化不断成熟的过程中，不断提升森林能源原材料的优质和高产出，以便从根本上提升该产业的经济效益。

4.4.3 育种程序与选择育种资源

长期以来，我国总的林木育种程序和工艺比较清晰，但针对具体的树种需要不同的育种程序，要根据育种目标从群体中选择符合要求的个体，在子代群体中进行再选择。重复上述过程，使需要的遗传基因频率不断提高，繁殖材料的遗传品质不断优化。同时，对于在育种的各个阶段经过选择和遗传测定的优良繁殖材料，通过种子园或采穗圃大量繁殖，用于造林生产。最初的选择群体可能来自野生资源，也可以来自人工林，对从不同群体中选择出来的材料，可以保存在收集圃中。

育种资源是树种改良和生产优良繁殖材料的物质基础。树种改良开展之前，首先应进行资源优良类型的调查和收集，并进行异地或原地种源试验，研究目标性状的遗传表现以及与良种繁殖有关的特性。还应研究性状的遗传方式，并通过选择、交配制种、子代测定和无性系测定不断提高所需基因的频率。

（张兰、吕文、吕杨、王国胜）

◆ 参考文献

[1] 张志达，刘红，等. 中国薪炭林发展战略. 北京：中国林业出版社，1996

[2] 国家林业局. 中国森林资源报告. 北京：中国林业出版社，2005

[3] 何方. 中国经济林栽培区划. 北京：中国林业出版社，2000

[4] 贾良智，等. 中国油脂植物. 北京：中国科学出版社，1987

[5] 陈放，吕文，张政敏，等. 小桐子生产技术. 四川：四川大学出版社，2007

[6] 朱积余，廖培来. 广西名优经济树种. 北京：中国林业出版社，2006

[7] 程树棋，程传智. 燃料油植物选择与应用. 湖南：中南大学出版社，2005

5. 森林能源资源供给工艺与技术

5.1 优先开发利用区域

森林能源资源的应用主要在森林能源资源开发利用的优先区域和次优先区域进行，优先开发利用区域需要进行综合评价分析确定。

优先开发利用区域的主要评价因素有：现有资源分布与数量、发展资源潜力、绿色能源替代需求、开发利用的经济可行性和地方对开发利用森林能源的重视与公众参与程度。主要评价因素详见表5-1。

表5-1 森林能源开发利用优先区域确定因素分析评价表

分 类	现有资源分布与数量	发展资源潜力	能源替代需求	经济可行性	重视与参与程度
优先区域	集中且非常丰富	潜力极大	非常急迫	具有强经济性	高度重视
次优先区域	丰富	潜力大	比较急迫	具有经济性	重视
未来发展区域	比较丰富	有一定潜力	有需求	一般	一般
不适宜发展区域	资源短缺	没有潜力	有需求	一般	一般

5.2 优先开发利用类型与规模

不同区域在不同时期优先开发利用森林能源资源的类型有所不同。如：森林能源资源开发利用初期，主要是以现有资源利用为主，以小规模、分散性开发利用为主；在边远林区，可率先建立年产5 000～10 000吨的小型成型燃料加工基地，或建立装机容量为400～800千瓦的小型气化发电站等；一些资源集中和丰富的地区可建立装机容量为1.2万～2.4万千瓦的直燃发电厂，在油料树种资源集中分布区建立年产1万～3万吨生物柴油厂。

在开发利用中期，随着能源林资源的增加及开发利用技术的不断发展与成熟，开发利用将朝着规模化方向发展。如建立装机容量为1.2万～4.8万千瓦的直燃发电厂，或建立年产1万～5万吨的生物柴油厂，或建立装机容量在1 000～10 000千瓦的气化发电厂，或建立1万～5万吨成型燃料加工厂。

在开发利用中后期，随着能源林资源增加及开发利用技术的不断成熟，开发利用将朝着中大型规模化方向发展，其中，应用木质纤维素开发液体燃料将成为主流。

5.3 木质燃料资源收集、供给工艺

木质燃料的产业化供给对于促进我国森林能源产业化具有重要意义。在我国，木质资源规模化

收集、处理和利用刚刚起步，机械化程度相对较低，森林能源的产业化利用受到很大限制。因此，研究木质燃料的规模化、机械化的收割、收集、处理、运输和储藏，尤其是研究适用于各种灌木林和能源林收割的机械设备、供给的技术路线，是克服林木质原料自然堆积密度低、比重轻、运输不方便，降低森林能源开发利用成本和确保可持续规模化发展的重要课题之一。

　　木质燃料资源收获与供给需要把握以下几个重要环节：木质燃料资源采集或收割、晾晒或风干、打包或打捆、粉碎或削片、运输、储存、输料。

5.3.1　原料收割

（1）原料收割基本要求

　　能源林一般 3～5 年需要平茬，可从根部切割枝条（平茬复壮），否则会减缓其生长速度。但目前大多数地区因灌木枝条得不到利用，收割成本较高，致使资源荒废。开展收割的一些地方，其收割方式也比较落后，多采用人工收割，即用铁锹等农具用力将其砍断，这样做，很容易伤及灌木根部，从而影响其生长。

　　机械化收割是今后的发展方向。目前，比较适宜的作业方式是中小型背负式灌木收割机或拖拉机悬挂式的中型收割机，但是成本比较高。

　　我国现有的可用于热电联产的林木资源主要是森林采伐和抚育剩余物及灌木林。必须依据不同的地区、不同的能源林种类、不同的树龄选择不同的机械进行收割。

（2）收割机械选择

　　能源林收割机械可根据不同的情况分别选用。对集中分布或种植在地势比较平缓的山坡地上的灌木林、能源林，收割可以选用轮式牵引的大型联合收割机械。对集中分布或种植在湿度较大土地上的灌木林、能源林，可选用轮式或履带式联合收割机械。对分散分布在丘陵、山地林区的灌木林，可选用方便携带、操纵灵活的中小型收割机械。

　　对于大面积能源林采收，多采用国外拖拉机悬挂式的机械，具有很高的生产率，而且可以进行直接粉碎、削片或打捆等联合作业。如瑞典的联合收割机械，可以对柳条林进行大规模的联合收割作业。该机械可以根据经营规模选择合适的机具，机具使用效益很高，整机可以行驶到工作地点进行作业，机器灵活，作业半径大，但是价格十分昂贵。国外的小型背负式收割机器比较轻，便于携带、操纵灵活、安全可靠，刀具坚固耐用，在我国适用范围广。

　　对分布在立地条件很差的西部沙地灌木林，在选择收割机时，主要以中小型灌木收割机为主，轻便携带，操作灵活；在西部立地条件相对好的地方，可以采用拖拉机悬挂式的中型收割机，收割完毕后集中收集。未来，我国将大规模发展能源林，应选择联合收割机械，直接进行收割粉碎、削片和打捆，这是实现热电联产产业化的保障条件之一。

（3）不同区域对机械的适应性

　　1）南方平原地区地势比较平缓，土质相对较好，适合大规模种植能源林，收割时可以选用轮式牵引的大型联合收割机械，例如：山东双力集团股份有限公司的 4LZ－2 轮式联合收割机、前苏联的双锯盘式除灌机、德国的克拉马尔除灌机等。

　　2）西北地区沙地较多，地势比较平缓，适合大规模能源林种植，但车辆通过性较差，因此，收割时应选用履带式联合收割机械，例如：广州市科利亚农业机械有限公司的 4LBZ－148 履带式半喂入联合收割机、中国农业机械化研究院现代农装科技股份有限公司的 4LB－1.5 履带式半喂入联合收割机等。

　　3）南北方丘陵、山地林区则由于其地势复杂，植株分部不均等原因只能进行小规模收割作业，应采用轻便、易于携带的中小型收割机械，如山西省广灵新特服务公司的柠条收割机、前苏联的 Cekop－3 型割灌机、РЭК－1 型电动割灌机等。

（4）几种灌木收割机特性

9 GG - 0.84 型灌木平茬收割机，动力在 20 马力以上，拖拉机割刀盘转速 4 000 转/分，工作速度 2.2～2.7 亩/小时，可在松软的沙石土地上对柠条、红柳进行平茬收割作业。在无附加动力的条件下，对地面进行自动随机仿形。该机能自动将平茬后的枝条拔向拖拉机的一侧。刀片采用超高硬度且有良好韧性的硬质合金镶嵌，遇沙石不碎裂，割茬高度可调（见图 5-1）。图 5-2 和 5-3 是另外两种小型灌木平茬收割机。

图 5-1　9GG - 0.84 型灌木平茬收割机

图 5-2　9CG - 0.82 型侧悬挂灌木平茬收割机

图 5-3　9PC - 90 型柠条红柳平茬机

国外此类设备大多是专业化、系列化联合收获成套设备（图 5-4、图 5-5），而且大部分是在林间移动作业，作业季节基本在秋季、冬季和春季。收割设备有自走式的，也有轮式拖拉机牵引式的。两种都是集收割、粉碎于一体的联合收获设备，枝条粉碎长度均在 30～50 毫米。牵引式设备配套动力大部分在 150 马力以上；自走式设备动力在 200 马力以上。图 5-6 和 5-7 展示的是林区剩余物收集粉碎机和运输设备。

图 5-4　能源林联合收获机

图 5-5　能源林联合收获机

图 5-6 剩余物收集粉碎机   图 5-7 机械装运设备

5.3.2 资源收集

（1）晾晒和风干

通常，资源剩余物需要在林地自然放置 2~3 个月，能源林收割后放置 3~4 个月，其含水率可以降到 30% 以下，比较适宜打包或打捆。但是在雪雨季需要的时间会长一些。

（2）打捆

木质燃料资源打捆整理可在林地进行，也可运至收购站集中进行。我国的打捆机多应用于农业秸秆打捆，处理效率约为 1 吨/小时；打捆密实度较低；成捆的密度在 90 千克/米³ 左右，而且多采用麻绳捆扎，打捆不实，麻绳断头率高，影响了打捆速度。丹麦的秸秆打包技术已经非常成熟，常见的秸秆打包类型包括：小型方捆，圆形包捆和大型方捆。

当前，可利用当地较为丰富的劳动力资源进行人工打捆作业，也可以采用原木捆绑的铰链在山上将原料打捆；再运输到加工企业附近专设的粉碎站进行原料粉碎。

（3）机械归堆与集背

对于林间堆积的大量剩余物和枝丫材以及火烧木资源，可以依靠人工采集，将树下残留的大量枝丫、树杈收集后运到集材道，再统一由自备的交通工具运到较近的木质燃料原料收购站。这是剩余物利用和转化能源的关键生产工序。

1）归堆。常用的枝丫归堆机械有黑龙江省带岭林业局研制的 J2-5 型集枝机，由主机和枝丫搂集装置组成。主机选用 J-50 集材拖拉机；枝丫搂集装置由耙齿组、耙齿吊架和联结底架等三大部分组成。该机最大搂集量为 1.5 吨，装置总质量为 880 千克；与人工作业相比效率提高 7~12 倍，成本降低 50%。还有一种原苏联研制的铲式集材机，性能也优良。

2）集材。动力集材是拖拉机加挂集材装置，主要有背集、拖集及挂集三种方式。如 ZJ-50 型枝丫集材机、JZ2-50 型枝丫集材机、JIT-168 型枝丫集材机等。拖拉机集材法，即把剩余物根据集材道的宽度进行造材，一般 2.5~3 米长，然后放到集材道两侧，利用拖拉机搭载板横背，每次可背 5~6 米³。该法适于集材距离近的伐区。单杆集剩余物的方法适用于集材距离远的伐区，一次可集 25 米³ 左右。这种方法，剩余物不需林内造材，而且是大捆集材、装车、卸车，集运方便，效率很高。但存在捆绑方法不完善、集中搬运距离远对拖拉机主绳磨损严重等缺点，有待于进一步研究和改进。

在采伐迹地里收拣剩余物是一项比较困难的工作。因为剩余物分散，单株材积小，集中搬运距离较远，工效低，工人的劳动强度很大。剩余物收拣应向装有液压抓具的运输联合机方向发展，可减少劳动力，提高效率。此项工作主要靠动力集材。

3）林区运输。剩余物主要采用汽车运输。提高剩余物的载量是提高汽车运输效率的关键，一般采取预装的方法，如预装架预装、拖车预装等等。运输方式主要为陆运，采用解放 ZB-7 型背负式半挂枝丫运输车，挂车装载量最大达到 4.8 米³/台。

5.3.3 资源利用前处理

对于不同的森林能源，其原料处理方法不同，需要根据加工工艺的需求采取相应的处理方式。对用于直接燃烧发电的原料可进行削片处理，而加工固体成型燃料的原料需要进行粉碎处理。

（1）削片、粉碎处理

削片、粉碎采用的设备主要是各种规格的削片机、粉碎机、揉碎机等。林区抚育剩余物的削片一般是以拖拉机为动力或自带发动机的可移动式削片机的使用为主，另外还使用集削片、粉碎于一体的削片粉碎机。

削片、粉碎的主要设备有滚式、鼓式和盘式切碎机。粉碎和削片主要在林场、收购站集中进行。目前，以拖拉机为动力的削片机在国内比较成熟，比较适用于林区各林场。森林能源加工企业直接收购的燃料可以在专设的原料粉碎站进行削片或粉碎加工处理。

1）小型切碎机。小型切碎机可以移动且价格便宜，林区农户有能力购买，容易普及，而且设备的结构简单，易于操作，易于维修，可以形成较大的加工收购区域。

图 5-8　9GQ-50 型灌木切成机

该种机器喂入量 2 000 千克/小时，适用于多种原料的切片处理。

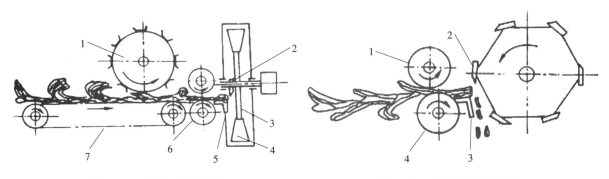

图 5-9　盘式切碎机原理

1. 上盘轮　2. 　3. 刀轴　4 切刀

5. 导扳　6. 传送轮　7. 传送带

图 5-10　辊式切碎机原理

1. 上导轮　2 切刀　3. 导扳　4. 下导轮

2）中、大型切碎机。中、大型切碎机技术含量较高，易于实现自动化，但价格较高，适合于有实力的燃料经纪人和电厂燃料收储站使用。一般配套动力在 90 千瓦以上，效率在 10 吨/小时以上。

（2）加工成型燃料

加工成型燃料的原料处理包括棒状、块状、颗粒燃料的处理（燃料成型分为加热成型和常温成型两种方式）等。对于林木发电原材料预处理主要有粉碎处理和压缩成型处理两种方式。原材料进炉前需要根据发电项目选择的技术路线（原料直接燃烧发电、成型燃烧发电和气化发电不同）进行相应的加工与处理。

（3）**木质原料运输**

木质原料运输可采取处理前和削片后运输两类。前者需打捆运输，后者需打包运输。改装和加绑的农用拖拉机可装运 8～10 吨枝条或经粉碎的木质原料，畜力车运输也比较方便。采用简易集装箱运输粉碎的木质原料，将成为森林能源加工企业原料产业化供给运输的主要方式。

在我国，林区交通状况较差，大型运输设备无法进入，可先使用人力交通工具或者农用三轮、四轮车将收集的林木资源从集材道运至收购站，运费标准根据距离、季节

图 5-11　燃料装车运输

等因素进行相应的调整。经过实地调查研究，在林地附近雇用农户，自备农用车，运输距离在 50 公里内，平均运输成本约为 0.7 元/吨·公里。对于靠近森林能源加工企业的木质燃料运输也可以通过农户自备农用车进行运输，直接将木质原料收集后运往森林能源加工企业。而对于远离森林能源加工企业的木质燃料运输，在将木质原料从收购站运往森林能源加工企业的中转环节中，由于运输量大，选择由森林能源加工企业统一组织大型汽车或简易集装箱进行批量运输的方式，不仅有利于控制运输成本，而且可以避免交通堵塞，符合当地的公路承运能力。

（4）**木质原料存储**

对于木质原料的存储有两点要求：一是要保证向森林能源加工企业供应的稳定性，二是在存储放置过程中，通过人工干燥或自然存放使得木质原料含水量达到标准。

1）室外储存。露天堆放能够降低成本，但是会受到天气情况的影响，在雨雪季特别需要注意防水，必要时需加盖防水油布。室外储存最重要的就是防止木质燃料发生自燃，尤其是碎末状的木质原料。室外储存常用堆垛设备，主要完成料场卸车、堆垛存储及装车作业。由于国内没有完全适用的产

图 5-12　林木生物质原料堆垛现场和抓料机堆垛现场

品，这里介绍一种基于 18 吨电动轮胎抓斗起重机的改型产品。其主要优点是价格适中，能耗小，作业效率高，可充分利用燃料收储站有限面积，向空间发展，堆高燃料垛，最大化利用原料收储站的存储功能。缺点是移动灵活性较差、作业幅度较小。该机起重臂长大于 18 米，最大起吊高度 18 米以内，作业幅度 3~12 米，抓斗容积大，以外接三相交流电为动力，全液压驱动进行起重机的各种操作，功率控

图 5 - 13　燃料室内和室外储藏

制在 45 千瓦以内。适合各种原始料、切碎后燃料的堆垛、装车，是原料收储站不可缺少的设备。

2）室内储存。室内储存可以解决原料储存的防水问题，而且对于储存要求较高的木质原料，工厂可以根据存放要求来控制室内的温度和湿度等条件。但是，室内储存堆放成本较高，对于防火、通风等要求也较高。

3）异地储藏。异地储藏是指木质原料在收购站或森林能源加工企业附近的粉碎削片站存储处理。存储地点主要设在收购站及森林能源加工企业。

无论是室外还是室内存储，均要求防火能力、防火措施得当。另外要求存储管理制度健全和管理人员工作能力较强，还要综合考虑建设、维护的成本如何降低等因素。

例如，经测标表明，森林能源热电联产项目比较经济适宜的存储原料模式之一是：在电厂周边 3 个方向设置削片和存储站。削片和存储站每天可削片处理原料在百吨以上。每个存储站存储削片能力为：电厂 5 天的用量（约 3 000吨），3 个削片和存储站理论上最大可存储 15 天的量。存储仓高 8 米，直径 10米，每个可存 50 吨削片燃料，每个存储

图 5 - 14　电厂周边削片和存储仓站
（出料螺旋 CSR）示意图

站建 20 个存储仓，仓理论上可存储1 000 吨燃料。下图为芬兰生物质电厂的存储仓示意图亦可借鉴。

（5）输料模式

加工企业可建设 2~3 个独立的木质原料仓库，原料运输车可在森林能源加工企业门外地磅场称重后直接进入仓库。过秤的同时测试原料含水量。含水量超过 25%，则为不合格。在欧洲的森林能源加工企业中，这项测试由安装在自动起重机上的红外传感器来实现。在国内，可以手动将探测器插入每一个原料捆中测试水分。该探测器能存储 99 组测量值，测量结果可以存入连接至地磅的计算机。可使用叉车卸货，并将运输货车的空车重量输入计算机。计算机可根据前后的重量以及含水量计算出木质原料的净重。

5.3.4　丹麦生物质发电燃料供给案例

（1）燃料输送系统

输料大部分操作问题是由输送系统（木片从储存库到进料系统）而引起的。从储存库到锅炉的整

个输送系统被看成一个链，在这个链中每一个环节操作的可靠性都是同样重要的。在输送链中，如果"缺少一个链接"（例如，起重机钢线的缺陷），那么，整个地区供热厂就将停止运行。

（2）轮式装载机

对于有室外储存场的工厂，一般都使用带有大铲的轮式装载机将木片有序定量输送到室内储存库。

（3）起重机输送

室内木片储存库和锅炉之间的进料系统经常使用起重机来输送木片。起重机是具有灵活性、大容量、且能最大限度容纳低质量木片的输送设备。不过，起重机的铲应是齿状的，否则铲就很难填满，且易

图 5-15　电厂燃料进炉前存储仓

（存储仓高 8 米，直径 10 米，每个可存 50 吨削片燃料）若进料由三个方向输送，每个方向可设 5 个存储仓，传送距离 80～100 米（距锅炉 80～100 米），可连续进料 250 吨以上。三个方向可连续进料 700～800 吨。

在木堆上部翻转。对相对较大的地区供热厂来说，用起重机进料相对比较便宜，而对于非常小的地区供热系统来说，用起重机进料就非常昂贵了。

（4）液压推动输送机

液压推动输送机用于卸载水平矩形储料仓的木片。液压推动输送机在技术上没有起重机进料可靠，但相对来说比较廉价，因此，适合于小的地区供热系统（额定输出为 0.1～1 兆瓦的锅炉）。

（5）塔式储料仓

带有旋转式螺旋输送机的塔式储料仓不适用于木片输送。由于塔式储料仓很高，因此装料很费时，而且仓底部的机械部件也不易保养和维修。当塔式仓装满木片时常常会出现技术问题。在开始维修工作之前，必须用人工或起重机抓斗将储料仓清空。动物喂料行业中使用的储存设备通常都可以用于木质颗粒的储存。

（6）螺旋输送机

螺旋输送机较廉价，但是易受杂质和碎片的影响。一般都推荐使用顶部带有螺栓连接的螺旋输送机来代替封于管内的输送机，这样便于手工清除管内输送机中由于杂质和碎片而引起的堵塞。同样，螺旋输送机被嵌入混凝土地基或其他固定位置也是不适合的，这样会导致维修工作或更换部件工作不能进行。与其他机械输送装置一样，螺旋输送机是一个易于磨损的部件，安装必须本着易于维修的原则。

螺旋输送机在小型地区供热工厂（额定输出为 0.1～1 兆瓦的锅炉）里是一个解决燃料输送问题的较适合办法。但是除非使用硬钢，否则正常磨损和撕裂将导致螺旋输送机寿命缩短。因此，螺旋输送机很少作为输送设备用于大型地区供热工厂中。

（7）带式输送机

带式输送机不易受杂质的影响。仅就这一点，它是优于螺旋输送机的，但是除非装有挡板，否则带式输送机很难达到与螺旋输送机一样的倾斜高度。带式输送机的主要缺点是价格高和有粉尘排放（必需使用遮盖物）。

（8）气力输送机

通常，木片输送不适合采用气力输送系统。但是，当木片的尺寸大小合适时，也可以使用气力输送机，但气力输送机的能量消耗是巨大的。

5.4　油料能源树种资源培育、收获与供给

油料能源树种资源培育和开发生物柴油技术路线包括以下环节：资源培育、原料采收、原料处理、原料储藏、植物油压榨或纤维素处理、生物柴油生产加工、研发、产品销售和风险控制。详见图5-16。

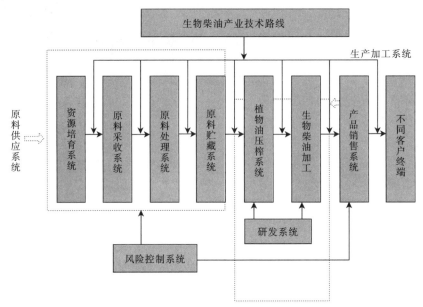

图5-16　生物柴油产业技术路线

5.4.1　油料能源树种资源培育基地（系统）建设

发展森林能源资源要与国家重点林业生态工程建设相结合，采取国家和地方政府部门建基地、国有企业建基地、行业主管部门和企业与地方政府联合建基地以及民众与社会积极参与建基地相结合的模式发展资源，为开发森林能源奠定雄厚的物质基础。

基地建设应在对可供油料能源树种种植的土地资源分布和数量进行统计分析的基础上，结合林业生产特点，应用国内外林木良种繁育的理论、技术和管理经验，建设具有高科技含量的种苗培育基地和能源林建设基地，推动油料能源树种资源基地化建设和集约化经营管理，达到提高产量和规模化供应的目的，以保证森林能源产业原料资源供给的充足性。

实现规模化培育资源和提高产量的主要程序是：良种培育—良种繁育—低产林改造—原料基地建设—丰产林建设—矮化密植的能源林培育。要重点实施良种选优和杂交育种，开展种质资源保护、优良类型选育、选优、引种、杂交育种，不断培育含油率高、丰产、抗逆性强，便于采摘、易于储藏和提炼生物柴油的良种。实施良种繁育要严格执行有关育苗和良种繁育技术规程，培育优质壮苗。实施低产林改造，对现有资源实施补植、去杂、扩穴施肥、整型修剪、嫁接更新品种等措施提高产量。选用良种，实行矮化密植、果园化经营管理的丰产栽培技术，规模化营造油料能源林。

现阶段油料能源树种资源培育基地建设的模式可以归纳如下：

（1）**股份制经营合作模式**

由经营公司出资承担全部营造和管护费用，农民以土地使用权入股，实行合作经营和按比例分成。如：公司股份拥有90%，农民拥有10%的股份，其中，经营公司负责种、管、经营，及支付雇佣农民的劳务费（20～25元/天），同时负责果实（种子）收购，价格以周边地区市场价为准，保护

价为 1.0～1.6 元/千克。农民可在树木生长的前期间种绿肥、药材或育苗等获得一些收入。

（2）市场收购合作模式

公司＋研究所＋协会＋示范园＋农户的经营发展模式。农民在自己的土地上种植经营，公司给予技术指导、有偿服务和按市场价收购果实（种子）。收购价以周边地区市场价为准，保护价不低于 1.0～1.5 元/千克。协会负责协调关系和维护农民利益。

（3）租赁土地经营合作模式

由经营公司与乡村合作，租赁农民承包的土地种植油料能源林。贵州省种植小桐子能源林租地租金 225～300 元/公顷·年。海南省种植小桐子租地租金在 750～1 500 元/公顷。

（4）政府扶持投资发展模式

由政府出资支持农民营造油料能源丰产林，凡成规模的、成活率达到 90% 以上的，给予林业生态工程投资补助 300 元/公顷。国家财政补 3 000 元/公顷。

5.4.2　原料收集模式

种子的采收应根据不同地域的气候条件和树种的自然特征，在最佳采收期（果实含油率最高的时期）随着果实成熟度进行采收。在产业发展的不同时期采取何种原料采收模式，主要根据资源集中程度、采收规模和采收成本等共同决定。在产业初期，生产企业通过向农户直接收购的方式进行原料收集。因为原料资源分布相对零散，充分利用农村丰富的劳动力优势，采取人工采集、农户个体分散运输的方式是比较经济合理的。随着森林能源产业规模的扩大和油料能源林基地化的发展，逐渐实现机械化的采收方式，即通过采果器、采收机进行采集、去杂、去皮的联合处理，原料收集也由散户收购型转为设置收购站和运营油料能源林集中供应的模式。进行科学合理的原料采收，是有效控制原料成本，稳定原料供给的关键环节。

（1）直接收购模式

在直接收购模式中，散户直接将果实或种子进行收集处理运送到加工厂，这可以是单一农户或林户的行为，也可以是多个农户或林户自发组成的小型合作组织的行为。收集过程包括能源林果实采摘、收集整理和分散运输等环节。采收和初级处理以人工作业为主，辅以各种小型的工具，运输工具以农户自有农用车为主。原料收购由林木质森林能源生产企业在厂址附近集中进行，价格以周边地区市场价为准，即由散户收集成本和同类产品市场竞争共同作用形成，不受合同或其他协议的约束。

在森林能源产业化初始阶段，多以示范项目进行零星生产，生产规模小。如生物柴油生产的原料供应主要源于对原有半野生油料能源树种资源和小面积人工种植油料树种资源的利用，由于资源分布比较分散，单株果实产量较少，因此，直接向零散农户进行收购是较为经济的一种原料收集模式。然而，由于林木质资源供应受自然和季节性影响较大，在直接收购模式下，农林散户与森林能源生产企业之间的连接完全取决于市场行为，一旦遇到恶劣天气或非采摘季节，原料供应量必然会锐减或供应不及时、不连续，从而导致原料价格的大幅上涨。可见，这种自由交易的直接收购模式会给森林能源生产企业的原料供应带来极大的不确定性。因此，在产业化初期，直接收购模式虽然是森林能源产业原料收集的一种主要模式，但需要与其他多种收集模式相结合，才能实现原料供应的稳定性和可持续性。

（2）收购点＋散户直接收购模式

产业化初期，森林能源加工企业进行 1 万吨以下小规模示范生产比较符合实际。初步研究表明，生产 1 万吨生物柴油需 3 万吨油料果实做原料。由于现阶段原料资源多处于半野生状态，大面积能源林处于初产期，每公顷仅产果实 0.3～1.5 吨，建立万吨生产规模生物柴油加工厂而原料资源的辐射面积达到 10 万公顷以上，故仅以散户直接供应模式无法保证企业的持续性生产经营。因此，可以采取设置收购点＋近距离直接收购的联合供应模式。在云南、贵州、四川省的小桐子种植区域，农户自有农用车 10 公里范围内平均运费 1 元/吨·公里，10 公里以上的平均运费达到 2 元/吨·公里，在此运费率的约束条件下，可以考虑在10公里范围内，采取直接收购模式；10公里以上设置收购点，从散户处收购原料，然后集中运输至森林能源生产企业。

若企业与各收购点签订供给协议后，收购点作为原料供给的中转站和仓储点，原料初级处理（去皮去杂、干燥处理）和储藏环节也可在此进行，这样不仅可以缩减生产企业的仓储空间，而且可以弥补原料供应和需求的时间差，保证原料的持续供应。另外，在原料成本中，运输费用占较大比例，而散户农用车在远距离运输中实属昂贵的运输方式。通过设置收购点，原料在收购点集中收集，通过大型汽车批量运输至森林能源加工企业，不仅有利于控制运输成本，而且可以避免交通堵塞，附合当地的公路承运能力。收购点模式还可以增加原料供应的稳定性，大规模的集中运输方式使得远距离收集半径范围内的运输成本降低。然而，收购点的运营与维护也使得单位原料总成本增加。因此，进行收购点的地址与设置数量的选择不仅要权衡不同区域点的资源分布密度和采收成本，还需要对运输成本的节约额与收购点运营费用增加额进行比较，进而达到原料供应最优化。

（3）企业自建油料能源林供应模式

收购点＋散户直接收购模式仅是森林能源产业化初期的原料供应模式，它主要适用于原料资源以半野生或小面积人工种植为主的分散分布形态。从森林能源产业化发展来看，这样的原料供应模式并不一直是经济合理的。企业自建能源林，实行油料能源林基地化经营，不但可以实现油料树种种植、果实采摘、初加工处理、收集及运输的集约化和规模化，还可以有效地降低森林能源原料供应成本，提高原料的质量，减少原料供应的季节变化与价格水平波动带来的风险，进而增强原料来源的可靠性。因此，积极发展油料能源林，实现木本油料资源的规模化、低成本化、可持续化供应是森林能源产业化发展的关键。

5.4.3 原料处理和储藏

原料处理是指对采收后的果实（或种子）根据其生物特性进行初步的加工处理，包括去皮、去杂和干燥处理。采集的果实一般不宜在日光下暴晒，应堆放于通风干燥的室内，待果实全部开裂后，分批抖出种子，筛去果壳和杂质，获得炼油的种子。进入原料储藏阶段，宜将榨油的种子于日光暴晒或专门干燥，将含水率控制在一定范围内，待进一步加工。为达到原料加工前的含油率和含水率要求，原料处理和储藏环节宜在原料加工企业、收购点或油料能源林基地集中进行。另外，为了应对油料能源树种果实（或种子）收获的季节性因素影响，对原材料进行科学储存与合理调配也是非常重要的，应在原料供应系统和生产加工系统之间建立及时的信息沟通机制，制定合理的原料进库、储存、流转和储库管理体系。

从以上原料供应系统主要环节的分析可以看出，原料供应系统同时受到自然条件、供应规模、经济成本、收集方式等多因素的影响。为实现森林能源产业的可持续发展，保证原料供应的充足性，在产业化初期应采取多路径的原料收集模式，如近距离直接收购、设置原料收购点、培育油料能源林等。因此，建立完善的原料采收和采购系统，使生产企业获得稳定的原料供给的同时，保证价格的稳定，是森林能源产业化发展的必然条件。

5.4.4 原料供给技术

探索收集模式，在资源分布区，推行以行政村为单元，建立原料收购站模式。研发高效处理、储藏方法，研究原料收集与处理经济可行的方式。实行人工、采果器、机械采收相结合的采摘方式，实行原料收购、采集、去杂、去皮、干燥处理、储藏的工业化和规范化管理。

（1）原料供给路线图

经测标，比较经济可行的供给模式可按照：企业加工厂自建原料基地不少于原料总需求量的20%、专业户合同供给占20%、与国有林场实行合同制保障供给占30%、市场收购占20%以下、替代原料补给占10%的供给模式。见图5-17。

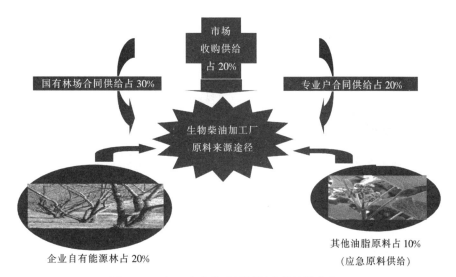

图 5-17　加工生物柴油原料保障供给模式之一

（2）粗加工（植物油榨取）路线图

探索和研究制定植物油提取（压榨）、验收、装罐储藏方式和经营模式。由于植物油粗加工技术简便，目前，农村大多数乡镇已具备植物油粗加工能力，因此，利用现有技术和设备基本上可以满足加工生物柴油所需原料。

（3）原料供给规模与加工模式

原料价格是制约森林能源产业发展的关键因素之一。若仅考虑能源油料果实（种子）原料成本和储藏与运输成本，建立年产 5 万吨以下的生物柴油的加工厂比较经济。因为，建立一个年产 5 万吨生物柴油的加工厂，年需消耗 15 万吨原料，需要 2～3 万公顷的油料能源林基地提供原料（按每公顷每年产的产量为 6 吨测算），其供给半径将超过 40 公里。目前，原料价格在 1 500 元/吨（主要是采摘和收集成本），而每吨生物柴油需要原料 3 吨。原料各种加工、运输、处理费约 1 000 元/吨，因此，生产一吨生物柴油的成本大约为 5 500～6 000 元。比照目前化石柴油价格（6 000 元/吨左右），加工生产生物柴油的利润空间十分有限，需要在各个生产环节降低成本。为提高生物柴油企业生产效率、降低成本，建议推行"星"原料供给模式。如：在油料能源树种分布和种植基地建立三级站加工模式：村级（收集面积 1 000 公顷以上）原料收购站、乡镇级植物油压榨站（年加工植物油 1 万吨左右）和县、市级生物柴油加工站（年产 5 万吨左右）。

5.4.5　森林能源原料供给保障措施

为了保障原料供给部门和农民的原料供给积极性，满足森林能源加工企业对原料的需求和稳定原料价格，需要原料供需双方在加工企业建设的不同阶段签订相应的协议和合同，并制定一定的保护价，以确保原料正常供应。

5.5　内蒙古阿尔山 2×12MW 林木质热电厂燃料供应计划案例

5.5.1　项目规模

拟建阿尔山 2×12 兆瓦林木质直燃热电联产项目，项目总投资 3 亿元，占地 45 公顷（含电厂自建 3 个原料粉碎站）。生产线拟布置两台 75 吨的炉排锅炉，两台 12 兆瓦气炉机，抽气凝气机组。两台炉每小时消耗木片 26.5 吨，日消耗量约 600 吨，年消耗量达到 18 万吨以上（发电时间按照 300 天计算，有 2 万吨的富余量）。

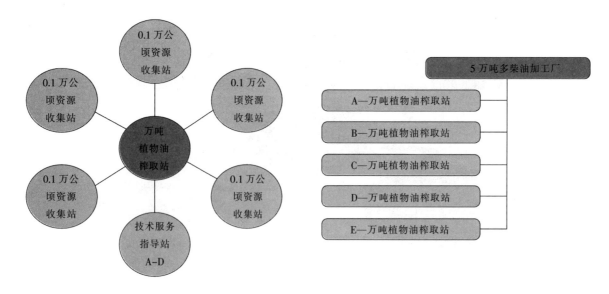

图 5-18　5 万吨级生物柴油加工厂资源收集和供给模式之一

5.5.2　阿尔山地区可利用林木质资源剩余物

阿尔山地区现有林木质资源剩余物主要由火烧木、采伐剩余物、木材加工剩余物、天然次生林下木、灌木林平茬、卫生伐及枝丫材六部分构成。目前，阿尔山地区没有以林木剩余物为原料的造纸和人造板加工厂，现有原料全部可以作为发电燃料加以利用。而且，作为生态旅游保护区的阿尔山地区，未来 5 年内，也没有建设造纸和人造板加工厂的规划。因此，电厂与各林业局签订原料供应协议后，可以保障 5 年内所供给的原料价格与签订的协议一致。

但是，实际上可获得的林木质剩余物原料并不能完全作为发电燃料被利用，其中有许多原料因为获取难和分布遥远，获得成本比较高，而不可能作为电厂燃料利用。所以，对现有资源剩余物量可利用量将分别按照 95%（目前原料理论可利用率），80%（比较容易获得的原料比率）和 65%（距电厂不超过 120 公里的原料所占的比率）3 个可利用系数进行测算。经测算表明，该地区每年能作为能源利用的木质原料量分别为 93.7，79.9 和 64.1 万吨。详见表 5-2。

表 5-2　阿尔山地区林木质剩余物资源统计表

单位：t

来　源	火烧木**	加工剩余物	采伐剩余物	卫生伐及枝丫材	灌木	天然次生林下木	可获得量	可利用量*		
								I	II	III
白狼林业局	73 944	1 499	1 500	33 002	14 050	22 336	146 331	139 014	117 064	95 115
五岔沟林业局	—	2 700	6 000	145 310	174 272	50 813	379 095	360 141	30 3276	246 412
阿尔山林业局	—	4 181	36 626	187 902	5 843	195 001	429 553	408 076	343 643	279 210
阿尔山市林业局	—	1 200	22 898	94	7 749	31 941	30 344	25 553	20 762	
合计	73 944	8 380	45 326	389 113	194 259	275 899	986 920	937 574	789 536	641 498

注：* 可利用量按照 3 个利用率计算：I：95%，II：80%，III：65%。
　　** 近 5 年内，年可获得火烧木 73944 吨，5 年后将由能源林提供原料替代火烧木原料。

另外，电厂周边部分未计入四大林业局统计的散生灌木和"四旁"树木，每年还可以提供 1.7 万吨的木质燃料，本计划未将这些资源计算在内。

发展能源林供给木质燃料，将是今后林木生物质发电实现产业化的必由之路。目前，阿尔山市林业局、白狼和五岔沟林业局已经开始规划能源林基地建设，同时，发电厂业主已与当地林业局签订了租用（1 万公顷）（15 万亩）土地建设能源林的协议，电厂正式建设后还将签订 1 万公顷土地使用协议。预计到 2010 年后，能源林供给燃料的比重将超过 60%。

(1) 不同半径范围内林木质资源剩余物分布

由于林木质资源具有分布相对零散、收集过程复杂、成本受收集半径影响大等特点，木质燃料获取成本将随收集半径和木质燃料类型等的不同而变化。经对电厂周边 35 千米、40 千米、50 千米和 80 千米半径范围内的四大林业局所属的各个林场林木剩余物资源量统计和按照 95%，80% 和 65% 三个可利用系数进行测算的结果表明：若利用率高，木质燃料供应半径则小，反之相反。而利用率的高低取决于收购价格和未来其他行业对原料的需求程度。

——35 千米收集半径内主要包括的林场有洮儿河、小莫儿根河、阿尔山、伊尔施、光顶山、立新六个林场，资源可获得量约 19 万吨，若可利用率在 95%，可利用量为 18 万吨，该半径内的剩余物便可以满足电厂对木质燃料的需求。

——40 千米半径内可供给木质燃料的林场除上述林场外，新增加了望远山林场，可获得资源量为 23.2 万吨，若可利用率在 80% 以上，该半径内的剩余物便可以满足电厂对木质燃料的需求。

——50 公里半径范围内的林场在 40 千米半径的林场范围内又加进了古尔班和金江沟林场，可获得资源量达到 30 万吨以上，若可利用率在 65% 以上，该半径内的剩余物便可以满足电厂对木质燃料的需求。

——80 公里收集半径内的林场范围则在 50 千米半径的基础上增加了牛汾台、天池、五岔沟、杜拉尔山、伊敏河 5 个林场，可获得资源量 52.7 万吨，木质燃料比较充足。具体统计结果详见表5-3。

表 5-3　35~80 公里收集半径内林木质资源量统计*

单位：万 t

收集半径	火烧木	加工剩余物	采伐剩余物	卫生伐及枝丫材	灌木林	天然次生林下木	可获得量	可利用量*			供给木质燃料林场名称
								95%	80%	60%	
35 千米	5.3	0.5	0.3	6.1	1.2	5.5	19.0	18.0	15.2	12.3	洮儿河、小莫儿根河、阿尔山、伊尔施、光顶山、立新
40 千米	7.4	0.6	0.4	7.1	1.6	6.2	23.2	22.0	18.6	15.1	洮儿河、小莫儿根河、阿尔山、伊尔施、光顶山、立新、望远山
50 千米	7.4	0.5	1.3	10.1	1.7	9.3	30.2	28.7	24.2	19.6	洮儿河、小莫儿根河、阿尔山、伊尔施、光顶山、立新、望远山、古尔班、金江沟
80 千米	7.4	0.6	2.3	19.9	7.8	14.7	52.7	50.1	42.2	34.2	洮儿河、小莫儿根河、阿尔山、伊尔施、光顶山、立新、望远山、古尔班、金江沟、牛汾台、天池、五岔沟、杜拉尔山、伊敏河

注：* 数据来自阿尔山地区四大林业局所属的各个林场林木剩余物资源统计和测算量。

经测算，电厂年所需原料主要集中在 40 公里的半径范围内，在该半径范围内，为电厂提供的采伐剩余物燃料仅有 4 000 吨，占电厂所需燃料的 2.2%。因此，该地区采伐量的变化对电厂燃料供给影响不大。相反，随着该地区森林资源的不断增长，采伐量也将增加，可为电厂提供更多廉价燃料。目前，4 个林业局活立木蓄积年净增 140 多万米^3，但是，年采伐量不足增长量的 10%。预计 5~10 年后，该地区年采伐量将有所增加。

(2) 木质燃料供给模式

根据林木质热电联产项目对木质燃料进炉前的要求，在木质燃料供给阶段有以下几个重要环节：

林木质资源剩余物采集或收割—晾晒或风干—打包或打捆—粉碎或削片—运输—存储—电厂输料。

1）林木质资源采集或收割。对于纯灌木林和天然次生林下木的采集以及对能源林的收割，目前主要采用铁锹、镰刀等农具将其扎砍断，这种方式比较落后，后期可发展为机械化收割。对于林间堆积的大量剩余物和枝丫材资源，以及火烧木资源，可以依靠人工采集，将树下残留的大量枝丫树权收集背运到集材道，然后再统一由自备的交通工具运输到较近的木质燃料收购站。

2）晾晒、风干和打捆。通常，林木质资源剩余物需要在林地自然放置 2～3 个月，灌木林和能源林收割后放置 3～4 个月，其含水率可以降到 30％以下，比较适宜打包或打捆。但是在雪雨季需要的时间会长一些。木质燃料打捆整理可在林地进行，也可运至收购站集中打捆。目前，国内外对打捆整理设备的应用有限，可以借鉴丹麦打捆设备和技术，也可利用当地较为丰富的劳动力资源进行人工打捆作业，也可以采用原木捆绑的铰链在山上将原料打捆，运输到电厂附近专设的粉碎站进行原料粉碎。

3）粉碎和削片。粉碎和削片环节主要在林场、收购站集中进行。除在木材加工行业使用大型削片机以外，用于林区的中小型削片设备一般是以拖拉机为动力或自带发动机的可移动式削片机，这类设备目前在国内比较成熟。目前阿尔山各林场应用以拖拉机为动力的削片机比较适用。电厂直接收购的燃料可以在电厂专设的原料粉碎站削片或粉碎加工处理。

4）木质燃料运输。当前，阿尔山林区交通状况较差，大型运输设备无法进入，使用人力交通工具或者农用三轮、四轮车将收集的林木质资源从集材道运至收购站，是比较适合的运输方式。相应的成本可考虑当地林户的平均工资水平和运费标准，并根据距离、季节等因素进行浮动调整。经过实地调查研究，在林地附近雇用农户，自备农用车，运输距离在 50 千米内的平均运输成本约 0.7 元/吨·千米。另外，对于靠近电厂的木质燃料运输也可以通过农户自备农用车进行运输，直接将木质燃料收集后运往电厂。在将木质燃料从收购站运往电厂的中转环节中，由于运输量大，选择由电厂统一组织大型汽车进行批量运输的方式，不仅有利于控制运输成本，而且可以避免交通堵塞，符合当地的公路输运能力。

5）木质燃料存储。木质燃料的存储一要保证向电厂供应林木木质燃料的稳定性，二是在存储库的放置过程中，通过人工干燥或自然存放使得进炉前的木质燃料达到含水量标准。存储方式分为室外储存、室内储存和异地储藏。仓储地点主要设在收购站及电厂。考虑到电厂占地面积，防火等因素，木质燃料存储量应达到 7～14 天的消耗量。各收购站应具有 1 万吨木质燃料的存储能力。做到各种硬件齐备，包括装卸设备，防潮设备，计量设备，削片加工设备等。无论是露天存放还是仓库存放，防火能力要强、防火措施要得当。

6）输料模式。

A. 发电厂内建设 2～3 个独立的木质燃料仓库，运输木质燃料车可在电厂门外地磅称重后直接进入仓库。过秤的同时要测试木质燃料含水量。含水量超过 25％，为不合格。在欧洲的发电厂中，这项测试由安装在自动起重机上的红外传感器来实现。在国内，可以手动将探测器插入每一个木质燃料捆中测试水分，该探测器能存储 99 组测量值，测量结果可以存入连接至地磅的计算机。

B. 使用叉车卸货，并将运输货车的空车重量输入计算机。计算机可根据前后的重量以及含水量计算出木质燃料的净重。

C. 叉车将木质燃料包放入预先确定的位置。在仓库的另一端，叉车将木质燃料包放在进料输送机上。木质燃料输送机有一个缓冲台，可保留木质燃料 5 分钟；木质燃料从进料台通过带密封闸门（防火）的进料输送机传送至进料系统；木质燃料包被推压到两个立式螺杆上，通过螺杆的旋转扯碎木质燃料。

D. 木质燃料传送给螺旋自动给料机，通过给料机将木质燃料压入密封的进料通道，然后输送到炉床。炉床为水冷式振动炉，是专门为木质燃料燃烧发电厂而开发的设备。

（3）木质燃料供应时间分析

在阿尔山地区，由于不同种类的林木质资源受到自然因素的影响，故具有不同的采集时间和可供应时间，必然会产生木质燃料供给与需求的时间差。为保证木质燃料的持续性供应，抵御一些不确定性的因素对供给的影响，需要建立专门的木质燃料存储场，在木质燃料供应旺季对木质燃料适当储存，以保证在淡季的持续性供应。表5-4列示了关于各类林木质资源的供应时间和主要树种供应比例。

表5-4　木质燃料供应时间表

项目＼类型	采伐剩余物	加工剩余物	火烧木	天然次生林下木	灌木林	卫生伐枝丫材
采集时间（按月份）	1—4月和 10—12月	1—12月	1—5月和 9—12月	1—4月和 10—12月	1—4月和 10—12月	1—4月和 10—12月
供应时间（按月份）	1—6月和 10—12月	1—12月	1—12月	1—6月和 10—12月	1—12月	1—6月和 10—12月
主要树种	50%桦， 50%松	50%桦， 50%松	50%桦， 50%松	30%丛桦， 70%杂灌木	70%柳， 30%丛桦	50%桦， 50%松

从上表可以看出阿尔山地区木质燃料采集和供应的季节分布，在夏季的6、7、8、9　4个月中，木质燃料基本无法采集，这一时期木质燃料主要依靠库存和成型燃料供给解决。目前，各林业局都有比较空闲的储存木料的场地可为电厂储藏夏季燃料。

为了尽量降低库存的成本和风险，需要在3，4月加大采集量，逐渐提高库存水平。在阿尔山地区，主要的作业集中在3，4月，相对而言，这一时期采集木质燃料比较容易，林区既没有大量的积雪，也不像夏季那样泥泞，道路状况较好；并且3，4月采集的木质燃料储存到6月以后正好自然烘干，防潮情况较好，木质燃料供应风险较低，便于燃烧。在7—9月份可供资源种类仅有加工剩余物、火烧木和灌木林，且后两者主要靠库存维持，因此，确定合理的资源存储水平对于实现木质燃料供应的可持续性极为重要。

图5-19列示了阿尔山地区林木原料可获得和供应的现状，电厂需要根据各月份燃料供应量和需求量的差异确定直接收购原料的数量、存储量和存储地。

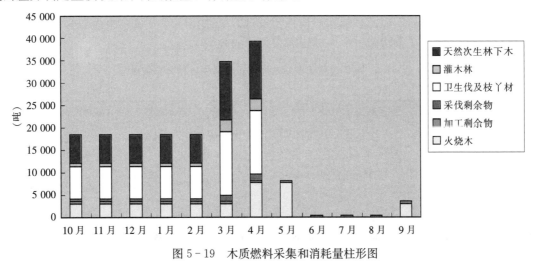

图5-19　木质燃料采集和消耗量柱形图

5.5.3　原料收集与收购

收购点可以通过存储调整电厂木质燃料供应和需求的时间差；可以组织批量运输或者设置运输中

转站向电厂运输,降低运输成本;也可以将分散的林木质燃料集中进行加工处理,方便运输,提高运输效率等。收购站的建立要考虑很多因素,包括地势要平缓、周边资源状况良好、交通状况要临近公路铁路、各种硬件设施要完善、防火条件好等等。经研究,并结合专家的建议,初步选定了3个收购点,其各类型林木质资源量的统计结果见表5-5。

表5-5　收购点林木质资源量统计

单位:t

资源类型	火烧木	加工剩余物	采伐剩余物	卫生伐及枝丫材	灌木林	天然次生林下木	资源总量
收购点1	13 566	682	0	14 570	1 811	9 861	40 489
收购点2	60 376	817	1 500	18 433	12 239	12 475	105 841
收购点3	0	0	9 361	43 552	1 715	45 198	99 826
合计	73 942	1 499	10 861	76 555	15 764	67 534	246 156

收购点1:白狼林业局33号林班,距电厂约42公里,位于洮儿河和光顶山交汇处,邻近的S203公路通过这两个林场,交通便利。该林班附近有许多家庭生态林场,能就近收集大量林木质燃料。距离收购站最近的洮儿河和光顶山两个林场每年可提供的资源最大量约4万吨。资源类型主要包括火烧木、卫生伐枝丫材和天然次生林下木。

收购点2:白狼林业局36号林班,位于小莫儿根河林场,邻近的国防公路通过下方的望远山林场,距电厂约16公里,交通便利。该林班附近有大量的纯丛桦灌木林,地势平坦,便于大面积收割。与收购点距离最近的两个林场是小莫儿根河林场和望远山林场,年可获资源量约10.5万吨。资源类型有火烧木、卫生伐枝丫材、灌木和天然次生林下木,也有少量的采伐剩余物和加工剩余物可以提供。

收购点3:阿尔山林业局金江沟林场2号林班,位于古尔班林场、立新林场和金江沟林场的交汇处,距离电厂58公里,有多条公路在此交汇,并伸向该林业局的其他林场部分。该林班附近有河流,具备一定的防火能力。收购点邻近的林场没有大量的火烧木可以供应,也没有加工剩余物,可供应的资源类型主要是卫生伐枝丫材和天然次生林下木,还包括较少量的灌木平茬物,年可获得的资源量近10万吨。

5.5.4　林木质燃料年可供应种类和数量

目前,发电厂业主已与当地林业局签订了租用土地建设能源林的协议,电厂正式建设后还将签订土地使用协议。预计5年后,能源林基地面积将超过(2万公顷)30万亩,年可获得燃料在10万吨以上,能源林提供的燃料比重将超过电厂燃料需求总量的60%以上。

表5-6　电厂运营5年后木质燃料年可供应种类和数量

单位:t

资源类型	加工剩余物	采伐剩余物	卫生伐及枝丫材	灌木林	天然次生林下木	能源林原料*	资源总量
收购点1	1 000	1 000	14 000	2 000	10 000	0	28 000
收购点2	1 000	2 000	15 000	10 000	5 000	50 000	83 000
收购点3	0	9 000	15 000	5 000	10 000	0	39 000
电厂能源林基地(杜拉尔山)	0	0	0	0	0	50 000	50 000
合计	2 000	12 000	44 000	17 000	25 000	100 000	200 000

注:* 能源林产出的原料可利用率高于其他类型的原料,预测在95%以上。

(吕文、张兰、庄会永)

◆ 参考文献

[1] 中共中央国务院关于加快林业发展的决定．中发〔2003〕9 号

[2] 国务院．中国应对气候变化国家方案．国发〔2007〕17 号

[3] 国家林业局．林业发展"十一五"中长期发展规划．2006 年 3 月

[4] 国家林业局．中国拟划出 2 亿亩林地搞生物能源已做初步规划．国家生态网，2007 - 03 - 02

[5] 国家林业局世行中心．中幼林抚育间伐管理办法．2005

[6] 中国林业科学研究院世界银行贷款项目科技推广办公室．中幼林抚育间伐技术要点世行项目科技简报．2007（1）

[7] 张志达，等．中国绿色能源．北京：中国经济出版社，1999

[8] 张志达，等．中国薪炭林发展战略．北京：中国林业出版社，1996

[9] 高尚武，等．森林能源研究．北京：中国科技出版社，1991

[10] 高尚武，等．中国主要能源树种．北京：中国林业出版社，1990

[11] 李育才．积极发展我国林木生物质能源．宏观经济管理．2006（7）

[12] 吕文，等．中国林木生物质能源发展潜力研究报告．中国林业产业．2006（1）

[13] 吕文，张彩虹，张大红，等．林木生物质原料发电供热技术路线初步研究．中国林业产业．2006（4）

[14] 马岩．林间剩余物热电联产综合开发模式研究．木材加工机械．2006（5）

[15] 贾争现，刘康．物流配送中心与规划设计．北京：机械工业出版社，2004

[16] 刘俐．现代仓储运作与管理．北京：北京大学出版社，2004

[17] 胡广斌，肖小兵．浅谈稻秸板生产中稻秸原料的收集和储存．人造板通讯．2003（8）

[18] 徐剑琦．林木生物质能资源量及资源收集半径的计量研究．北京：北京林业大学统计系，2006

[19] 徐剑琦，张彩虹，张大红．木质生物质能源树种生物量数量分析．北京林业大学学报．2006（11）

[20] 赵静等．林木生物质收获机械发展现状．林业机械与木工设备．2006（5）

[21] 谢胜智，陈戈止．运筹学．成都：西南财经大学出版社，1999

[22] 寿纪麟．数学建模-方法与范例．西安：西安交通大学出版社，1984

[23] 杨惠英，任冬梅．关于利用 Excel 函数求解线性方程组方法．长春师范学院学报．2004（4）

[24] 运筹学教材组．运筹学．北京：清华大学出版社，2003

[25] 顾运筠．Excel 规划求解的两类应用．计算机应用与软件．2005（1）

[26] 张惠良．利用线性规划解决一些不等式问题．数学通讯．2002（3）

[27] 张明铁．单株立木材积测定方法的研究．林业资源管理．2004（2）

[28] 林田苗，等．内蒙古草原华北落叶松人工林生态特性研究．中国生态农业学报．2005（7）

[29] 覃先林，等．一种预测森林可燃物含水率的方法．火灾科学．2001（7）

[30] 2006 年阿尔山林业局资源统计．中国内蒙森工集团森林资源档案管理统计系统

[31] 陈放，吕文，张政敏，等．小桐子生产技术．四川：四川大学出版社，2007

6. 液体燃料

生物液体燃料是重要的石油替代产品，不仅具有较好的可再生性，而且在环境保护方面普遍具有优良特性。传统的化石能源中提炼出的液体燃料多数都可以用生物液体燃料加以替代，包括用燃料乙醇（Fuel Ethanol 生物乙醇）替代汽油、用生物柴油替代石化柴油等。燃料乙醇和生物柴油是我国《可再生能源中长期发展规划》中的重点发展领域。

我国人口数量庞大，土地资源有限，在确保粮油战略安全的前提下，合理利用非粮油生物质原料制取液体燃料，是我国生物液体燃料发展的基本原则。而我国森林资源丰富，开发潜力巨大，利用丰富的森林能源资源开发液体燃料具有重要的现实意义和战略意义。

6.1　生物液体燃料概述

生物液体燃料是由生物质资源生产而来的液体燃料，其适用性强，可作为汽油和柴油等传统燃料的替代品，广泛应用于移动或非移动内燃机及其燃油系统，也可应用于锅炉和其他加热设备。在过去的几年中，世界生物液体燃料以惊人的速度发展，2004 年燃料乙醇产量为 305 亿升，2005 年达到 330 亿升，2006 年增长到 390 亿升；生物柴油 2004 年产量为 21 亿升，2005 年为 39 亿升，2006 年增长到了 60 亿升。

巴西和美国是燃料乙醇生产大国，2006 年两国的燃料乙醇产量分别都超过了 170 亿升（表 6 - 1）。欧盟是世界上生物柴油发展较快的地区，主要以菜子油为原料，2004—2006 年，增长 75％。我国已开始在交通燃料中使用燃料乙醇，以玉米和小麦为原料的燃料乙醇年生产能力为 102 万吨；以非粮原料生产燃料乙醇的技术已初步具备商业化发展条件，以餐饮业废油、食用油加工厂的下脚油等为原料的生物柴油生产能力达到年产 20 万吨。

表 6 - 1　2006 年世界生物燃料产量前 15 位的国家及欧盟产量

单位：亿 L

国　　家	燃料乙醇	生物柴油
美　国	183	8.5
巴　西	175	0.7
德　国	5	28.0
中　国	10	0.7
法　国	2.5	6.3
意大利	1.3	5.7

（续）

国　家	燃料乙醇	生物柴油
西班牙	4.0	1.4
印　度	3.0	0.3
加拿大	2.0	0.5
波　兰	1.2	1.3
捷　克	0.2	1.5
哥伦比亚	2.0	0.6
瑞　典	1.4	—
马来西亚	—	14
英　国		11
欧盟总计	16	45
世界总计	390	6

数据来源：REN21. Renewables 2007 Global Status Report，2008。

　　生物液体燃料主要用于交通动力用能，国际上很多机构，如国际能源机构（International Energy Association）和欧洲生物质协会（European Biomass Association）在其发表的部分报告中都有将生物液体燃料称为"交通用生物质燃料"（Transportation biofuels）的内容。

6.2　生物柴油

6.2.1　生物柴油开发利用现状

（1）生物柴油及其一般特性

　　生物柴油是以生物质为原料生产的，由脂肪酸单烷基酯的混合物构成的液体燃料，又可称为燃料甲酯、生物甲酯或脂化油脂。我国 2007 年颁布的《柴油机燃料调和用生物柴油标准（BD100）》（GB/T 20828—2007）中所指的生物柴油，是指由动植物油脂与醇（例如甲醇或乙醇）经酯交换反应制得的脂肪酸单烷基酯（最典型的为脂肪酸甲酯，以 BD100 表示）。

　　制取生物柴油的原料来源广泛，目前较为常见的是地沟油、酸化油等垃圾油和大豆油、菜籽油以及木本油料等油脂。以小桐子和黄连木等油料种子和果实为原料制取生物柴油具有较好的发展前景，包括我国在内的许多国家都在进行相关的技术研发和推广。

　　纯态的生物柴油（B100）和与石化柴油相混配的生物柴油都可以直接在车辆和其他燃油设备上使用。不同的车型适合的混配比例是不同的，生物柴油的混配比例从 2% 到 100% 不等，通常混配的比例有 B2（含 2% 的生物柴油）、B5（含 5% 的生物柴油）以及 B20（含 20% 的生物柴油）等。B2 和 B5 在多数柴油机当中皆可安全使用，使用超过 5% 的混合燃料目前还并不普遍。与石化柴油相比，生物柴油具有很多优点（见表 6-2）。

表 6-2　生物柴油与石化柴油主要性能比较

指　标	优　势	劣　势
可获得性	原料来源广泛，各种废弃动植物油脂和可大规模种植的油料作物和油料林木种子都可以作为原料，且具有可再生性	油料作物与林木单位面积产量有限
燃烧性能	十六烷值较高，点火性能佳，抗爆性能优，含氧量高，燃烧更充分，在燃烧过程中所需的氧气量较少	

（续）

指 标	优 势	劣 势
环保特性	较少的空气污染和温室气体排放； 硫含量低，二氧化硫和硫化物的排放低； 氧含量高，燃烧时排烟少，一氧化碳的排放少； 不含对环境会造成污染的芳香族烷烃，产生的废气对人体损害低； 生物降解性高；	氮氧化合物排放量较多
能耗特性		热值较低，燃料的动力性较差
通用性	可以在大多数的柴油发动机上使用，尤其是新型的，无须改动柴油机，可直接添加使用，同时无需另添设加油设备。闪点高，有利于安全运输、储存和使用。	超过 5% 混配的仍然没有得到汽车生产商的认可

（2）世界生物柴油研发与应用

生物柴油相关技术的大规模研究始于 20 世纪 50 年代末 60 年代初，发展于 20 世纪 70 年代，20 世纪 80 年代以后迅速发展。目前，世界生物柴油年产量已超过 350 万吨，预计 2010 年可达 3 000 万吨以上。欧洲是目前世界上最大的生物柴油生产地区，2005 年欧盟生物柴油产量超过 318 万吨。

表 6-3　2006 年生物柴油产量居前 5 位的国家

国 别	原 料	生物柴油使用比例	2006 年产量（亿 L）
德 国	主要是油菜籽	4.4%	28.0
美 国	主要是大豆	2%，5%	8.5
法 国	主要是油菜籽	—	6.3
意大利	主要是油菜籽	1%	5.7
捷 克	主要是油菜籽	—	1.5

资料来源：REN21. Renewables 2007 Global Status Report，2008。

6.2.2　生物柴油生产技术

生物柴油的制取要经过原料油制取和最终产品制取两个阶段。

原料油制取通常采用的方法为压榨法和浸出法。浸出法制油是应用萃取的原理，选用能够溶解油脂的有机溶剂，经过对油料的接触——浸泡或喷淋，使油料中油脂被萃取出来的一种制油方法，在我国已被普遍采用。用压榨、浸出法制取得到的未经精制的油脂称为毛油。毛油的主要成分为甘油三酸酯，其余成分统称为杂质，可以通过精炼过程加以清除。

生物柴油的制备方法主要有物理法和化学法，物理法包括直接混合法和微乳液法，化学法主要为酯交换法。

酯交换法包括化学催化法、生物酶催化法和超临界法等技术，是目前生产生物柴油的主要方法。该方法利用动物和植物油脂和甲醇或乙醇等低碳醇在催化剂存在下进行转酯化反应，生成相应的脂肪酸甲酯或乙酯，再经洗涤干燥即得生物柴油。

（1）化学催化法

化学催化法（简称化学法）是用动物和植物油脂与甲醇或乙醇等低碳醇在酸或碱性催化剂和高温下进行转酯化反应，生成相应的脂肪酸甲酯或乙酯。化学法酯交换制备生物柴油包括均相化学催化法和非均相化学催化法。均相催化法有碱催化法和酸催化法，采用的催化剂一般为氢氧化钠（NaOH），氢氧化钾（KOH）等。非均相催化法使用氧化锌（ZnO）等催化剂。

根据酸碱催化剂的相态，化学催化法又可以分为液体酸碱催化剂法和固体酸碱催化剂法。德国鲁奇（Lurgi）公司、德国斯科特（Sket）公司、德国汉高（Henkel）公司和加拿大多伦多大学都开发出了液体酸碱为催化剂的连续化醇解工艺，法国石油研究院（IFP）重点开发了以固体酸碱为催化剂的醇解工艺。

化学法是生物柴油生产中较为常用的方法，但其后处理工序较为复杂，能耗高，生产过程有废碱液排放等问题，为此，许多国家都在开展生物酶法合成生物柴油技术的研究。

（2）生物酶催化法

生物酶法是利用动植物油脂和低碳醇通过脂肪酶进行转酯化反应的生物柴油制备技术。用于催化合成生物柴油的脂肪酶主要有酵母脂肪酶、根霉脂肪酶、毛霉脂肪酶、猪胰脂肪酶等。与传统的化学法相比较，酶法合成生物柴油具有条件温和、转化效率高、污染物排放低等优点，酶法合成生物柴油的关键步骤是酶的固定化。它可以通过酶的回收和重复使用，降低生产成本。混在反应物中的游离脂肪酸和水对酶的催化效应无影响。反应液静置后，脂肪酸甲酯即可与甘油分离，从而可获取较为纯净的柴油。

生物酶法制备生物柴油目前有固定化酶法，全细胞法和液体酶法。

（3）超临界法制备生物柴油

超临界甲醇反应制备生物柴油的原理是基于酯交换反应。超临界状态下，甲醇和油脂成为均相，均相反应的速率常数较大，所以反应时间短。日本住友化学公司已成功开发了超临界制造生物柴油技术，该技术转化费用较传统方法低约6％。

表6-4　生物柴油几种生产技术的比较

变量	酸催化	碱催化	酶催化	超临界
反应温度℃	55～80	60～70	30～40	239～385
原料中的游离脂肪酸	酯	皂化产物	甲酯	酯
原料中的水分	干扰反应	干扰反应	没影响	
甲酯产量	正常	正常	相对较高	高
甘油回收	困难	困难	容易	
甲酯净化	反复洗涤	反复洗涤	无	
催化剂成本	便宜	便宜	相对较贵	中等

资料来源：Marchetti. et al. Possible methods for biodiesel production，2007。

除了以上3种技术外，目前国内外正在攻克以纤维素为原料，气化后经费－托合成生物柴油的技术和通过热裂解或催化裂解得到生物柴油的技术。

1923年，德国Fischer和Tropsch发现在铁催化剂上一氧化碳和氢的合成气可制取液体烃燃料，后来被称为费－托合成法。目前，这种技术已经成为生物合成燃料技术的一大研究热点，发展前景良好。德国CHOREN公司在1999年就成功开发了合成柴油的生产技术，技术较为成熟，其产品Sunfuel性能优良，可直接以任意比例用于现有柴油机。

高温热裂解法生产生物柴油是在高温下进行，需要常规的化学催化剂，反应物难以控制，设备较为昂贵。1993年，Pioch等对植物油经催化裂解生产生物柴油进行了研究，裂解得到的产物分为气液固三相，其中液相的成分为生物汽油和生物柴油。分析表明，该生物柴油与普通柴油的性质非常接近。

6.2.3　生物柴油应用评价

生物燃料技术作为保障能源安全，尤其是降低石油进口依存度方面所能发挥的作用已经越来越受到国际社会的关注和认可。同时，生物燃料在燃烧过程中与化石燃料相比较低的温室气体排放使之成为各国减排的重要举措之一。

对生物柴油进行评价时，不能仅仅局限于生物柴油作为动力燃料在交通工具的使用上，而是要考虑由生物质原料的种植、收集、预处理到生物柴油制取、运输及使用一系列过程所构成的生态循环整体的能量效率和环境负荷。因此，对生物柴油等生物燃料类技术的评估是一件较为复杂的工作，世界上许多国家的研究人员都对此进行了大量的试验研究。

为了全面评价不同燃料的技术情况，很多研究机构普遍采用了全生命周期评价方法（Life Cycle Analysis）。LCA 评价方法的一般步骤为：定义系统边界、全生命周期库存分析、全生命周期影响评估和全生命周期成本评估四部分。该方法需要从生物质原材料的种植到最终作为燃料燃烧有一个全面的认识和综合评价，包括化学品生产和运输，原材料种植和收获、果实收获，原料运输，原料油生产、运输，生物燃料生产，燃料输配及燃烧/车辆使用等阶段。针对车用燃料研究的特殊性，美国能源部阿冈国家实验室（Argonne National Laboratory）提出了"从矿井到车轮"（Well‐to‐Wheel）的燃料系统评价体系。这个体系分成燃料生产（Well‐to‐Tank）和机动车使用（Tank‐to‐Wheel）两个阶段，研究机动车燃料整个生产和使用过程中的能源消费、相关的污染物排放和温室气体排放。

（1）资源影响评价

许多研究人员对生物柴油资源和能源消耗特性进行了实验分析，但是由于他们所选择的原料作物不同，产地不同，所选择的系统边界不尽相同，研究结果也不太相同。不过从总体趋势上来看，生物柴油在能源消耗方面具有比化石柴油优良的特点。

表6-5　生物柴油生产效率、能源效率与温室气体减排效果综述

文　献	原料	生产效率 （L/t 原料）	燃烧过程 能源效率	全生命周期温室气体 减排比例（每 km 行程）
GM, et al., 2002	油菜	n/a	0.33	49%
Levington, 2000	油菜	1.51	0.4	58%
Levelton, 1999	油菜	n/a	n/a	51%
Altener, 1996	油菜-a	1.13	0.55	56%
Alterner, 1996	油菜-b	1.32	0.41	66%
ETSU, 1996	油菜	1.18	0.82	56%
Levy, 1993	油菜-a	1.18	0.57	44%
Levy, 1993	油菜-b	1.37	0.52	48%
Levelton, 1999	大豆	n/a	n/a	63%

数据来源：International Energy Agency，Biotuels for transport：an international perspective，2004

除了能源资源和作物资源外，土地资源的使用以及土地使用的变化对生物燃料技术的评价是十分重要的。生物质燃料是清洁能源，具有明显的减排功效，但是大面积种植新的物种对当地生态的影响不能忽视。如果用来种植能源作物的土地本可以成为森林，就有可能会显著增加温室气体的排放。Dellucci（2004）考虑了土地变化后的温室气体排放。他的初步研究成果表明，用于种植能源作物所带来的温室气体减排量取决于之前土地的利用状况。考虑能源安全的保障，生物柴油作为一种可以替代石油的交通用燃料，被认为可以在很大程度上替代车用柴油燃料。但是，也有很多研究学者的观点

认为因为种植面积所限，单位面积油料作物和林木的产量有限，生物柴油不可能在数量上大规模替代传统柴油。

（2）环境影响评价

全球应对气候变化的核心是减少温室气体（Green House Gas，GHG）排放，其中主要减少二氧化碳（CO_2）和甲烷（CH_4）等气体的排放。采用菜籽油为原料制取的生物柴油，全生命周期温室气体排放较常规柴油减少幅度在 44%～66% 以内。采用大豆油为原料制取的生物柴油，全生命周期温室气体减排比例约 63%（表 6-5）。

城市交通机动车排放污染物主要有一氧化碳（CO）、氮氧化物（NO_X），碳氢化合物（HC），颗粒物（PM）和少量的二氧化硫（SO_2）、醛类（RCHO）等。我国同济大学汽车学院（胡志远等，2006）对采用大豆、油菜籽、光皮树和小桐子四种不同原料制备生物柴油的常规污染物排放情况进行了全生命周期评价，结论表明这四种原料制生物柴油，生命周期 HC、CO、PM_{10} 和 CO_2 排放降低，NO_X 排放升高。国外学者的研究也表明，生物柴油燃烧排放气体中常规排放物 CO、HC 和 PM 都有明显减少（表 6-6），但是 NO_X 比柴油高，而且随着生物柴油混配比例的升高，NO_X 排放显著增加。在非常规排放物方面，由于生物柴油中不含硫及易致病的芳香烃，产生的废气对人体健康的损害较低。

表 6-6　不同比例生物柴油的减排量

排放类型	B100	B20	B2
未燃碳氢化合物	−67%	−20%	−2.2%
一氧化碳	−48%	−12%	−1.3%
颗粒物	−47%	−12%	−1.3%
氮氧化物	10%	2%	0.2%

数据来源：Richard Nelson. http：//www. engext. ksu. edu/biodiesel. ppt。

生物柴油对环境的影响是否利大于弊的问题仍在争论之中，尽管绝大多数研究表明生物柴油在使用中具有良好的环保性能，但是在其全生命周期中，特别是原料种植阶段是否同样具有环保性仍然是一个备受争议的问题。比如有研究表明，大面积种植油菜籽，将会增加空气中的氮氧化物含量。

（3）经济性评价

生物柴油是一种油脂清洁柴油，影响生物柴油大规模发展的主要制约是油脂原料短缺和价格较高。其中，尤以原料成本更为显著。据统计，生物柴油制备成本的 70%～90% 是原料成本。目前生物柴油的生产的直接成本达 6 000 元/吨，因此采用廉价原料及提高转化从而降低成本是生物柴油能否实用化的关键。美国已开始通过基因工程方法研究高油含量的植物，日本采用工业废油和废煎炸油，欧洲是在不适合种植粮食的土地上种植富油脂的农作物。受原料价格的影响，我国目前可以采用的原料也非常有限。价格高于 4 500 元/吨的菜子油、棉子油、大豆油等原料油基本不在考虑范围之内。酸化油、地沟油等废弃油目前的价格能维持在 3 000 元/吨左右，是我国制备生物柴油的主要来源。而油料能源树种的大规模种植以及果实的收集，成本较高，需要一段时间培育和发展，但前景广阔。

6.2.4　我国生物柴油产业的发展

柴油的供需平衡是我国成品油市场面临的严峻问题。我国柴油消耗量大大高于汽油，近几年来，尽管炼化企业通过持续的技术改造，生产柴汽比不断提高，但仍不能满足消费柴汽比的要求。我国柴油市场缺口很大，不但需要大量进口原油，而且需要大量进口成品柴油，用以平衡市场的供需矛盾。生物柴油作为可再生并已经商品化的柴油机液体燃料，是化石柴油的最佳替代品，具有广阔的市场和良好的产业发展前景。目前，国有大型企业，国外资本也逐渐加入生物柴油的生产。在国家宏观调控政策的指导下，我国生物液体燃料的产业结构在发展中不断调整，在调整中不断优化，在生产原料，投资主体，产品种类等各方面都不断丰富。生物柴油产业发展具有以下特点：

（1）产业起步较晚但充满活力

我国生物柴油产业是由国内民营企业发起的，技术水平相对落后，生产能力有限，生产原料也长期以废弃动植物油脂为主。与欧美国家相比，我国在发展生物柴油产业方面还有相当大的差距。由于经济和技术的原因，真正实现了生物柴油工业化生产的企业为数较少。在《可再生能源法》颁布以后，作为可再生能源开发利用形式之一的生物柴油得到了较快的发展，目前全国共有 20 多家生物柴油加工厂，生产能力超过 20 万吨，一批龙头企业也崭露头角，涌现了四川古杉油脂化学有限公司，海南正和生物能源公司，福建龙岩卓越新能源开发有限公司，湖南海纳百川生物工程有限公司，湖南天源生物清洁能源有限公司等一批拥有自主知识产权技术，生物柴油产能超万吨的民营生产企业。

（2）市场保障机制有待完善但市场体系已日臻健全

据不完全统计，我国年产生物柴油 5~10 万吨，主要应用于油炉、工具车及柴油机等，车辆用生物柴油还是个空白。生物柴油原料市场体系、生物柴油市场准入制度、价格引导机制、生物柴油适用工程化技术体系和高效应用技术体系等产业化发展规范体系仍然急需建立。但是随着《可再生能源法》的颁布，《关于发展生物能源和生物化工财税扶持政策的实施意见》的发布和《可再生能源中长期发展规划》的制定，将在合理引导生物柴油产业发展的基础上，为生物柴油产业的健康发展提供有力的保障。为进一步促进生物柴油产业健康有序发展，为生物柴油的生产和应用提供依据，2007 年由中国石油化工科学研究院负责起草的《柴油机燃料调合用生物柴油（BD100）国家标准》正式发布。

（3）目前技术工艺较为落后但已逐步成为研发热点

我国生物柴油的研究与开发起步较晚，十五期间，科技部将生物柴油技术发展列入国家 863 计划和科技攻关计划；中国石油化工科学研究院、中国农业科学院、中国农业工程研究设计院、清华大学、北京化工大学、四川大学、石油大学和北京理工大学等机构开展了生物柴油的研究。海南正和生物能源公司，四川古杉油脂化工公司和福建卓越新能源发展公司等都已开发出拥有自主知识产权的技术。

按照生产原料的研发现状来讲，我国生物柴油原料供应现状为：①以地沟油、酸化油等低价垃圾油为主体原料参差不齐，供应混乱；②具有一定种植规模的油脂，如菜籽油、棉籽油、大豆油，由于价格过高的原因，无法成为生物柴油当前主要原料；③具有发展前途的木本油料如小桐子油、文冠果油、黄连木油还处于试点培育期，未能成为生物柴油主要原料；在原料培育和种植方面，国际社会已开始寻求更为先进的技术。20 世纪 90 年代中期以来，以转基因技术为核心的农业生物技术产业取得了突飞猛进的发展，这也为油料作物的改良提供了契机。目前，在油菜改良方面已成功应用了转基因技术。

按照技术工艺的发展脉络来讲，我国现行生物柴油制备技术以间歇式釜式催化反应为主，设备投资少，但重复性大，见效快。酸价低于 10 的油品，采用固体碱一步法酯交换反应，得率高，具有一定的环境污染，酸价高于 10 的油品，采用酸催化酯化、碱催化酯交换法。生物柴油技术发展的主要特点为间歇式向连续式转化，釜式反应向塔式及管道式反应转化，酯化与酯交换二步法向一步法转化，催化剂向绿色化转化，生产向高效低能耗转化，反应过程向清洁无污染转化，应用技术向高效、精细化转化。

海南正和生物能源公司经过多年探索和努力，于 2001 年 9 月在河北武安市建成了我国第一个生物柴油生产装置，以餐饮废油、榨油废渣和木本油料为原料。福建龙岩卓越新能源发展有限公司是一家从事生物柴油等环保新能源产品研发、生产及经营的高科技企业。该公司利用自主开发的新型催化剂，实现废油中脂肪酸三甘酯的醇解和脂肪酸的酯化反应同时连续进行，使95％以上废动植物油经一步反应转化为脂肪酸甲酯，经过进一步加工后得到生物柴油产品。公司2002年底建成年产1万吨生物柴油生产线，在国内率先实现生物柴油工业化生产，现有生物柴油生产规模为年产2万吨。

6.2.5 小桐子生物柴油示范工程

我国现有植物中富油大科有6个，含油量在20％以上的植物已发现197种。其中木本植物占60％以上。在我国云南、四川、贵州、广东、广西、福建、海南等省区自然分布的小桐子资源是一种耐干旱贫瘠，含油量较高，且具有多种用途的重要的生物质能源资源。据测定，小桐子种仁含油量可高达70％以上，种子含油量一般为30％～40％。小桐子原油以不饱和脂肪酸为主，亚油酸和亚麻酸含量可达70％左右，流动性好，是加工生物柴油的优质原料。据石油产品质量检验部门测试，利用小桐子油加工生产的生物柴油在各项性能指标（如：闪点、凝固点、十六烷值、硫含量、热值、黏度等）均符合、甚至优于国家的生物柴油标准（GB/T20828—2007），多数指标达到欧盟标准III（表6-7）。

表6-7 小桐子开发生物柴油技术指标

技术指标名称		标准规定技术指标值（GB/T20828—2007）	小桐子生物柴油实际技术指标值	判定
90％回收温度（℃）	不高于	360	345	合格
硫含量，%（m/m）	不大于	0.05	0.02	合格
10％蒸余物残碳，%（m/m）	不大于	0.3	0.018	合格
硫酸盐灰分，%（m/m）	不大于	0.020	0.004 1	合格
水分，%（V/V）	不大于	—	无	
运动粘度（40℃），mm²/s		1.9～6.0	4.429	合格
铜片腐蚀（50℃，3h），级	不大于	1	1	合格
机械杂质		无	无	合格
冷滤点（℃）	不高于	报告	0	
闭口闪点（℃）	不低于	130	162	合格
十六烷指数	不小于	—	47	
密度（20℃），kg/m³		820～900	876.2	合格
酸值/（mgKOH/g）	不大于	0.80	0.12	合格

近些年来，小桐子产业得到国际社会和产业界的广泛关注，1998年联合国《生物多样性公约》中专门提出"小桐子油可作极好的柴油替代品"，应当大力推广。我国《可再生能源中长期发展规划》中明确提出，在2010年前，重点在四川、贵州、云南等地建设若干个以小桐子等油料植物为原料的生物柴油试点项目。中国石油公司，中海油公司，英国阳光集团等都投巨额资金在云、贵、川等地大力开展小桐子的种植。

我国在小桐子育种与栽培技术，小桐子生物柴油的制备和小桐子综合利用方面都有了一定的研究和产业积累。

在育种与栽培方面，四川大学完成了小桐子等油脂植物的分布、选择、培育、遗传改良及加工工艺研究，取得较好进展。贵州大学对小桐子的良种繁育技术进行了初步研究。国家发改委、科技部分别将贵州小油桐生物柴油项目列为中德高技术合作示范项目和中德机动车清洁能源合作项目。根据国家林业局的调研结果，条件适当的情况下，小桐子当年即可开花结果，5 年进入丰产期，生产周期长达 40 年以上，栽培成本较低。

在生物柴油生产技术方面，四川省长江造林局的小桐子生物柴油的生产采用两步酯交换法和微乳化法技术，用小桐子种仁生产出毛油，通过两步酯交换完成提炼过程，应用高科技手段再添加一定量的添加剂混合，微乳化而成小桐子生物柴油。

云南省围绕干热河谷地区独特的自然条件，充分利用现有技术，构建循环经济建设模式。旨在建成大规模小桐子种苗繁育基地。培育大规模原料高效生产基地，保证加工厂的原料供应（公司自建基地＋辐射带动农户），创建小桐子资源与技术创新平台；与科研单位合作，建设加工厂，构建完整产业链。云南省楚雄州正在建设 30 万亩小桐子生物能源原料高效生产基地建设及产业化示范工程。建设规模及内容包括在双柏、永仁两县建设 30 万亩原料生产基地，进入盛产期，可年产干果 15 万吨；建成 400 亩（双柏 300 亩、永仁 100 亩）云南小桐子种苗繁育基地；建初级粗加工厂 1 座，可年产小桐子原料油 6.0 万吨，有机复合肥 6.0 万吨，活性炭原料（种壳）7.0 万吨。预计年销售收入（平均）达到 24 230.29 万元，年均利润额（税前）达到 2 003.50 万元。对小桐子油料标项目经济性评价分析表明该类项目具有一定盈利能力，规模化发展具有经济可行性。但是项目前期投入较大，投资回收期较长，项目运营有一定风险。

6.3　燃料乙醇

6.3.1　燃料乙醇开发利用现状

(1) 燃料乙醇及其一般特性

乙醇是分子式为 C_2H_5OH 或 CH_3CH_2OH 的无色、透明液体。乙醇用途广泛，可用于化学工业、农业和医药工业等，作为动力燃料使用时称为燃料乙醇。根据国家《变性燃料乙醇》（GB18350—2001）标准的定义，燃料乙醇是未加变性剂的、可作为燃料用的无水乙醇。乙醇含量达到 92.1％即可作为燃料使用。从生产工艺的角度看，凡是含有可发酵糖或可变为发酵糖的物质，都可以作为乙醇生产的原料。常用的原料主要有：谷物原料（玉米，小麦，高粱，水稻），薯类原料（甘薯，木薯和马铃薯等）和糖质原料（甘蔗，甜菜，糖蜜），而具有潜在能力的纤维质原料（农作物秸秆、甘蔗渣等）现在正广为国际社会关注。

表 6-8　燃料乙醇与汽油比较

指标	优　势	劣　势
可获得性	原料来源广泛，主要是含糖量高的农作物，以纤维素为原料的技术正在研发中	
燃烧性能	含氧量高，促进燃料充分燃烧	
环保特性	较少的空气污染和温室气体排放： 二氧化碳排放低 HC 排放有明显降低	E10 汽油的乙醛排放会加倍；挥发性强，夏季高温下，挥发性有机化合物排放增加
能耗特性		燃料的经济性和动力性较差
通用性	可以在大多数的汽油发动机上使用，尤其是新型的	

(2) 世界燃料乙醇研发与应用

乙醇的生产方法分为以生物质为原料的发酵法和以化石产品为原料的化学合成法。20 世纪 50 年代以前,主要依靠生物发酵法生产。这种生产方式在世界范围内历史悠久,但是随着石油的大规模、低成本开发,应用空间逐渐压缩。可以作为动力燃料的生物质乙醇研究始于 20 世纪初叶,在经历过一段曲折发展历史后,作为重要的可再生能源已被很多国家所认可和接受。目前其生产方法以发酵法为主,与作为食品用的酒精生产工艺非常相近。在石油供需矛盾日益严重的情况下,世界燃料乙醇产量近几年呈现大幅增加的态势(图 6-1)。

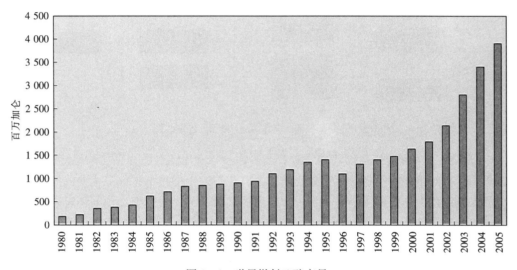

图 6-1 世界燃料乙醇产量

数据来源:Wright L. etal. Biomass energy data book,2006。1 加仑=3.785 升

从产业投资情况来看,2006 年用于乙醇生产设备的新投资达 20 亿美元,美国和加拿大有 45 家工厂正在筹建中,巴西将启动一项能在 2009 年将燃料乙醇产量提升 50% 的重点项目。巴西、加拿大、法国、美国 4 国,截止到 2008 年正在筹建及已经宣告建设的乙醇生产设备投资总额超过 60 亿美元。

表 6-9 2006 年世界燃料乙醇产量排名前五位国家

国家	燃料乙醇使用比例	2006 年产量(亿 L)
美国	2%,10%,20%	183
巴西	22%~25%	175
中国	10%	10
德国	2%	5
西班牙	—	4
其他		13
总计		**390**

数据来源:REN21. Renewables 2007 Global Status Report,2008。

6.3.2 燃料乙醇生产技术

燃料乙醇的生产方法主要是发酵法。按生产燃料乙醇所用原料的不同,可以分为淀粉质原料生产乙醇、糖质原料生产乙醇和纤维素原料生产乙醇以及工厂废液等技术路线。不同原材料生产的燃料乙醇产品功能相同，对应完全不同的工艺过程，技术难度有本质区别。

使用小麦和玉米等粮食作物生产乙醇的技术早在 20 世纪 80 年代已经基本成熟；使用红高粱、木薯、红薯等非主粮生产乙醇的技术还处于从试验到商业阶段过渡的时期；纤维素乙醇虽然自 1910 年 Heinerch 等利用木材酸水解制成以来，已经历了近 100 年的发展，但是受各种因素，尤其是石油供应充分的影响，许多技术难题并未解决，成本居高不下。最近，由于各国日益关注能源安全和减缓温室气体排放的问题，纤维素乙醇又回到了人们的视野。

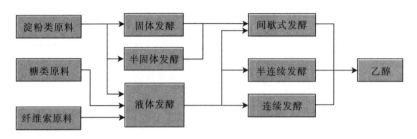

图 6-2 不同原料类型生产工艺路线图

淀粉质原料乙醇发酵是以含淀粉的农副产品为原料，利用淀粉酶和糖化酶将淀粉转化为葡萄糖，再利用酵母菌产生的酒化酶等将糖转变为乙醇和二氧化碳的生物化学过程。主要的淀粉质原料包括谷物、薯类和农副产品类。美国主要以玉米为原料生产燃料乙醇。根据玉米预处理过程的不同，乙醇转化过程大体可分为干法工艺（Dry miling）和湿法（Wet miling）工艺。干法工艺以生产乙醇为主，不回收玉米的其他组成部分，其工艺流程如图 6-3 所示：

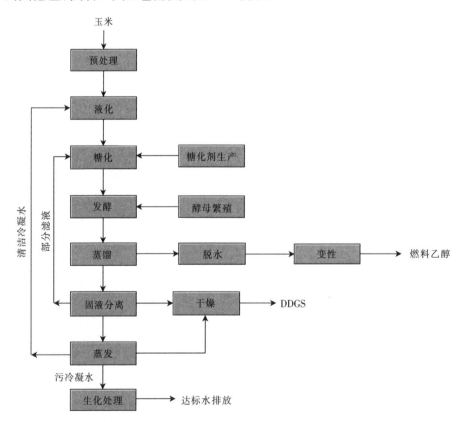

图 6-3 玉米乙醇生产的干法工艺

采用湿法工艺获得的产物相对较为丰富，燃料乙醇只是其中的产品之一，其工艺流程如图6-4所示：

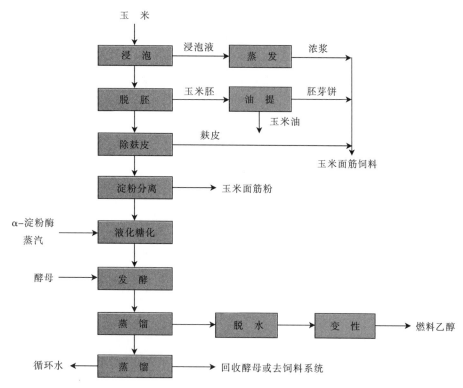

图6-4　玉米燃料乙醇生产的湿法工艺

用糖质原料生产乙醇要比用淀粉质原料简单而直接，常用的糖质原料包括甘蔗、甜菜，还有糖蜜等。巴西是世界上燃料乙醇生产第一大国，其原料就是以甘蔗为主。

纤维素燃料乙醇的生产较为复杂，常用的纤维素原料包括农作物秸秆、森林采伐和木材加工剩余物等，纤维素乙醇的生产方法主要为水解法（Cellulolytic method），水解的工艺路线包括酸水解和酶水解两种。国际上不同研发机构开发出了不同的工艺过程将玉米秸秆、麦秆和稻草等纤维质原料用于制取乙醇，工艺过程较为多样化，而主要的工艺过程又都需要一项关键技术——生物酶。因此，逐渐形成了以工艺提供者和酶制剂提供者为主要节点的创新网络结构。按照Wikipedia对纤维素乙醇的分类，年产量在4百万升以下的为试点规模（Pilot Scale），4百万～44万升以上但小于4千万升的为商业示范（Commercial demonstration），而产量大于4千万升的是真正的商业规模（Commercial scale）。按照这一分类标准，国际上主要的燃料乙醇生产厂近几年产量规模都在快速推进。秸秆乙醇生产的关键技术包括秸秆原料预处理技术，纤维素酶的生产技术和五、六碳糖同时发酵的菌株与工艺。原料预处理技术包括酸法处理工艺、碱法处理工艺和膨化处理工艺。酸法处理工艺是秸秆经粉碎、稀酸处理后，使半纤维素水解，压榨过滤得到水解木糖液和木质纤维渣；木糖液脱毒纯化后发酵生产乙醇，木质纤维渣进入酶解工艺。

此外，美国科学家还发明了用生物质热解合成气乙醇发酵的工艺，先采用生物质合成工艺生成合成气，再由微生物发酵生产乙醇。

6.3.3　燃料乙醇技术评价

多数研究表明，燃料乙醇属于可再生能源，不仅可以替代传统能源作为交通燃料使用，而且具有优良的环保特性，如果燃烧充分，能够大大降低汽车尾气中一氧化碳及碳氢化合物的排放率，有利于改善大气环境。根据科尔尼（2007）预测，若 2010 年乙醇产量达到 500 万吨，将减少 230 万吨的汽油消耗，2020 年乙醇产量 1 500 万吨将减少 800 万吨汽油消耗。根据现有的石油工业从原油到汽油的转换率，这意味着 2010 年燃料乙醇将降低原油进口比例 3.3%，而 2020 年更将降低原油进口比例达 8%。

(1) 采用不同原料的技术综合评价不同；

关于使用粮食类作物生产燃料乙醇的净能源平衡问题，在学术界备受争议。一些研究者认为生产一升燃料乙醇所投入的能量（包括种植、收获、储运、生产等）要比其产出的能量还要多。美国能源部对燃料乙醇方面的文献进行综述，研究发现在近 10 年关于燃料乙醇净能源的研究中，燃料乙醇的净能源（1 升燃料乙醇所含能量减去生产 1 升燃料乙醇所耗费化石能源）比例有正有负，而近期的一些研究都显示为正。

从各种原料路线看，甘蔗乙醇的全生命周期能量转换系数是最高的，为 1∶8，即采用先进工艺的甘蔗乙醇用 1 份能量输入能得到 8 份输出（主要是甘蔗渣可以用于燃料）；其次是甜菜，为 1∶1.9；再次是玉米，美国工艺为 1∶1.5，中国工艺为 1∶1.2，甚至更少（表 6-10）。

表 6-10　不同原料燃料乙醇的生产效率、能源效率与温室气体减排效果

原料	生产效率 （L/t 原料）	能源效率 （能源投入/输出）	温室气体减排 （每 km 行程与汽油相比减少百分比）
玉米	366.4～470	0.5～1.65	30%～38%
小麦	346.5～385.4	0.81～1.03	19%～49%
甜菜	54.1～101.3	0.56～0.84	35%～56%
纤维素	288～390	1.00～1.90	51%～107%

数据来源：International Energy Agency，Biofuels for transport：an international perspective，2004。

(2) 不同混配比例效果不同

使用不同的混配比例的燃料乙醇与汽油混合燃料，在能耗环保和经济性方面都会有所差异。

表 6-11　乙醇燃料全生命周期温室气体减排（单位距离行程）

原料	文　献	E10	E85	E100
玉米	Wang et al. 1999	1%	14%～19%	
玉米	Wang et al. 1999	2%	24%～26%	
玉米	(S&P) Consultants Inc. 2003	4.8%		
玉米	Sagar，1995			37%～52%
玉米	Levelton Engineering	3.9%		
玉米	Ltd，2000	4.6%		
小麦	Cheminfo，2000	3.6%～4%		45%～62.5%
小麦	(S&P) Consultants Inc. 2003	4.3%		
小麦	(S&P) Consultants Inc. 2003	5%		
纤维素	Sagar，1995			85%
纤维素	Wang et al. 1999	6%～9%	68%～102%	

数据来源：International Energy Agency，Biftuels for transport：an international perspective，2004。

(3) 不同国家自然资源和技术基础条件，燃料乙醇技术发展潜力不同

不同国家和地区生产燃料乙醇的资源消耗不同。Blottnitz et al（2007）对燃料乙醇的相关文献进行综述，他们得出以下比较数据：在所有可能的燃料乙醇原料当中，糖类作物在替代化石能源方面是

最具土地效率的（单位土地的生物燃料产出）。热带甘蔗在这方面的性能要远远优于温带的甜菜。淀粉类作物，如玉米，马铃薯，小麦和黑麦的效率就差很多。

美国是玉米出口大国，以玉米做原料生产燃料乙醇，一升生产成本约为 0.24～0.34 美元，在整个生产成本构成中，原料占据了一大半，其次为生产过程的能耗成本。巴西盛产甘蔗，燃料乙醇生产成本是各个国家中最低的，约为每升 2.8～3 美元。随着技术的进步，美国玉米和巴西甘蔗的种植成本和燃料乙醇的生产成本都将有所降低。

我国在燃料乙醇的生产方面不具有资源优势，所以目前我国生物燃料生产成本相对较高。以粮食为原料的燃料乙醇平均生产成本为每吨 4 702.5 元，甜高粱茎秆生产燃料乙醇每吨成本目前可达到 4 400 元左右。此外，生物作物种植需要消耗大量的水资源。在国际上，1 吨干玉米约消耗水资源 350 吨，1 吨干小麦耗水 500 吨。而在我国灌溉条件下，1 吨干玉米要消耗 500 吨，1 吨干小麦要消耗 1 000吨水。可见，以粮食为原料的燃料乙醇路线在我国是行不通的，只有发展以纤维素为原料的燃料乙醇才是可持续发展之路。尽管从安徽丰原年产量为 5 万吨的秸秆燃料乙醇示范工程数据来看，目前我国纤维素乙醇生产成本仍然较高，约为 5 900 元，但是通过不断的技术合作和技术创新，可以改善。新型纤维素酶已于 2004 年在美国开发应用成功，据美国能源部预测以纤维素为原料制取乙醇的成本在不远的将来也将有大幅度降低（图 6-5）。

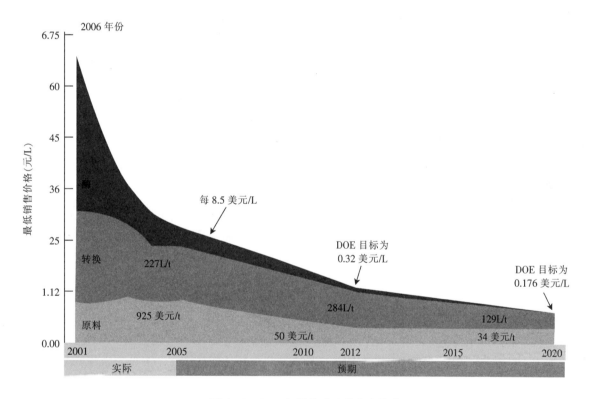

图 6-5　2000 年纤维素乙醇成本构成

6.3.4　我国燃料乙醇产业的发展

我国燃料乙醇起步较晚，但是发展迅速，已成为继巴西、美国之后世界第三大燃料乙醇生产国。变性燃料乙醇是我国"十五"期间的一项重要战略举措。2001 年 4 月 2 日和 4 月 15 日，国家分别颁布了《变性燃料乙醇》和《车用乙醇汽油》两项强制性标准，为我国乙醇汽油的推广提供了技术保证。

"十五"期间，国家先后批准建立了河南天冠（年产量 30 万吨）、中粮生化（肇东，年产量 10 万吨（黑龙江华润））、吉林燃料乙醇（一期年产量 30 万吨）和安徽丰原（年产量 30 万吨）4 家企业加工燃料乙醇，其中除河南天冠使用部分小麦，中粮生化使用部分陈化水稻为原料生产燃料乙醇外，其余全部使用玉米。目前，我国燃料乙醇已经过了 5 年的系统试点，产业迅速成长，试点范围逐渐扩大，产出量和产业投资规模都有大幅增长。以陈化粮为原料的燃料乙醇的产量从 2003 年的 7 万吨一路飙升，2004 年达到 20 万吨，在扩大试点后的 2005 年达到 75 万吨，至 2006 年达到 132 万吨，成为仅次于巴西和美国的全球第三大燃料乙醇生产国。

我国燃料乙醇产业兴盛的原因，归纳起来大致有以下几点：

（1）供应链基本顺畅

产品本身不需要太多改动就可以替代汽油，较容易被市场接受，且与现有的车用燃料销售渠道整合性好，在定点销售推广的政策支持下，从生产到销售到最终用户的供应链条较为顺畅。2002 年到 2003 年试点期间，为了保障试点工作的顺利进行，我国对变性燃料乙醇和车用乙醇汽油的生产、供应实行指定经营。河南省试点指定由天冠集团公司供应变性燃料乙醇，由中国石化集团公司（以下简称中石化）所属炼油厂供应车用乙醇汽油调和组分油，由中石化车用乙醇汽油调配中心统一调配供应车用乙醇汽油。黑龙江省试点指定由黑龙江省金玉集团公司供应变性燃料乙醇，由中国石油天然气集团公司（以下简称中石油）所属炼油厂供应车用乙醇汽油调和组分油，由中石油车用乙醇汽油调配中心统一调配供应车用乙醇汽油。同时，中石化负责郑州、洛阳和南阳 3 个城市的混配和供应工作，中石油负责哈尔滨和肇东两市的混配和供应工作。在进一步扩大试点后，变性燃料乙醇由国家批准的企业负责生产供应，车用乙醇汽油也是指定中石油和中石化两大公司负责。

（2）技术壁垒较低

用粮食发酵制取燃料乙醇的技术已经基本成熟，容易形成产业化规模也容易吸引技术投资者，而且酒精行业竞争日益激烈，除了政策因素外，实际的市场进入壁垒较小。2006 年以来，各地积极要求发展生物燃料乙醇产业，建设燃料乙醇项目的热情空前高涨。据发改委资料，截至 2006 年，以生物燃料乙醇或非粮生物液体燃料等名目提出的建设生产能力已超过千万吨。

（3）国家政策优惠

2002 年到 2003 年试点期间，国家对燃料乙醇生产企业给予了优厚的政策支持。主要的财税政策包括：免征生产调配车用乙醇汽油用变性燃料乙醇 5% 的消费税；增值税实行先征后返；所使用的陈化粮享受陈化粮补贴政策；车用乙醇汽油的销售价格执行与同标号普通汽油一致的价格；在调配、销售过程中发生的亏损，由国家按保本微利的原则给予补贴。扩大试点后，变性燃料乙醇生产和变性燃料乙醇在调配、销售过程中发生的亏损，由目前对生产企业按保本微利据实结算改为实行定额补贴。

（4）副产品可以营利

虽然玉米生产燃料乙醇相对其他原料价格较高，但是从总的成本收益合计，选择玉米对于企业来说相对比较划算。玉米乙醇的副产品蛋白质饲料有比较高的价值，1 吨可以卖到 1 000 多元。3.2 吨玉米可加工 1 吨燃料乙醇，副产 1 吨左右的蛋白质饲料，而且比较好加工。另外，玉米胚芽还可以加工成玉米油，得到的副产品总的价值都比较高。

河南天冠采用小麦制粉，分离麸皮、谷朊粉工艺与 1/3 杂粮（玉米、薯类）相结合的工艺路线生产变性燃料乙醇。燃料乙醇的生产过程中，几乎每一道工艺都会生产出价值可观的下游产品，如小麦分离出的麸皮、谷朊粉；酒精糟液经离心分离固形物，制成全价干燥蛋白饲料等，同时还可利用废弃物生产沼气供应 10 万多户居民使用。该公司提供的统计资料显示，生产 30 万吨燃料乙醇，同时可生产副产品小麦谷朊粉 4.5 万吨、高纯度低压液体二氧化碳 2 万吨、小麦麸皮 20.3 万吨、小麦胚芽 2 032 吨、DDS 蛋白饲料 12 万吨。其中，谷朊粉出口价格达 8 000 元/吨，一直处于供不应求状态，可以说丰富的下游产品已经成为企业效益的重要支撑。

　　2006年12月14日，国家发改委、财政部联合下发了《关于加强生物燃料乙醇项目建设管理，促进产业健康发展的通知》。通知中称，一些地区存在着产业过热倾向和盲目发展势头，要求严格市场准入标准与政策，严格燃料乙醇项目建设管理与核准。2007年伊始，生物燃料乙醇产业进入了一个关键的转折发展时期。第二代燃料乙醇技术，主要是纤维素乙醇技术的研发与应用成为该时期产业成长的重要支柱。

　　从"八五"时期起，我国就陆续开展了纤维素制取乙醇及相关技术的研发课题，不断加大资金支持，通过多年的研究开发，取得了一批技术成果。

　　中粮集团生化能源有限公司，于2006年4月在黑龙江肇东启动建造年产500吨的纤维素乙醇试验装置，设计原料为玉米秸秆，于2006年11月一次投料试车成功。该项目在秸秆预处理环节采用连续汽爆技术，首次将该项技术用于中试规模的纤维素乙醇生产。同时，采用酶水解技术生产乙醇，酶制剂由中粮集团与丹麦诺维信公司合作。

　　河南天冠集团与河南农业大学、山东大学、浙江大学、清华大学等高等院校进行交流与合作，近年来攻克了多项用秸秆生产乙醇的关键技术。2006年初，河南天冠集团就已建成投产了年产量300吨的纤维乙醇生产装置，该生产装置以玉米秸秆为原料，采用化学预处理和酶水解工艺，平均6吨秸秆可以生产1吨乙醇，乙醇的生产成本在6 000元/吨左右。天冠集团还成功开发了带有分离系统的乙醇发酵设备，可明显缩短发酵周期。该集团于2006年就开始在河南省南阳镇平县开发区建设国内最大的一条年产量3 000吨的纤维乙醇生产线，项目关键技术研究及产业化示范被列入河南省科技重大专项，获得支持。据报道，第一批纤维酒精已于2007年11月底顺利产出。2007年12月18日已按计划开始进行一个月的预试产，整体工程预计2008年全部投入运营（胡炜等，2008）。

　　上海华东理工大学从"八五"期间就开始研究农林废弃物生产燃料乙醇技术，先后承担了国家"八五"、"九五"、"十五"科技攻关与863计划"纤维素废弃物制取乙醇技术"，目前已经在上海郊区集贤建成了年产燃料乙醇600吨的中试装置，并通过了科技部的鉴定。该项目利用锯末和稻谷为原料，将稀酸水解工艺扩大到示范工程，完成了对水解、发酵、精馏和有关配套设备的设计、制造、安装和调试，并进行了连续化生产。通过生化和热化学转化方法的有机结合，以生物质水解和水解残渣综合利用的方法提高原料的利用率，以生产液体燃料和副产化工产品的方法提高过程的经济性。主要研究成果包括：纤维素水解、水解糖液高效发酵、乙醇浓缩回收、水解残渣综合利用等四个关键过程。但是目前还存在原料转化率和产物乙醇浓度偏低、乙醇生产成本较高等问题。课题组正在围绕降低成本和规模化生产展开研究，力求使其在经济上更具有竞争力。

　　中国科学院过程工程研究所已在山东泽生生物科技有限公司建立了年产3 000吨示范工程，包括汽爆系统、维素酶固态发酵系统和秸秆固相酶解、同步发酵吸附分离三重耦合反应装置，以及配套设备等。已完成了单机试车和工业装置试验。全流程运转结果表明，酒精得率达到0.15以上，秸秆纤维素转化率70％以上。

　　安徽丰原集团有限公司依托发酵技术国家工程研究中心，在引进浙江大学菌种技术的基础上，通过消化、吸收再创新，研究开发了"农作物秸秆生产燃料乙醇"新技术，于2006年2月通过安徽省发改委组织的新产品新技术鉴定。在小试研究成果基础上，丰原集团进行了成套中试装备的设计制造，于2006年4月底建成300吨/年秸秆乙醇中试装置，经过系统调试后，于5月投料试车。目前中试工艺全线贯通，正在进行装备改造与工艺优化（薛培俭，2006）。

　　山东大学微生物技术国家重点实验室开展酶解植物纤维工业废渣生产乙醇工艺技术项目，成功开发"玉米芯生物炼制生产乙醇和木糖相关产品"，在有中国特色的生物炼制新途径的探索方面发挥了积极作用。浙江大学主持的"利用农业纤维废弃物代替粮食生产酒精"的项目已在河北完成中试生产，以玉米芯为原料。河南农业大学利用黄胞原毛平革菌和杂色云芝的复合预处理，对选择性降解木质素的能力和规律进行了试验研究。生物降解后原料水解率可达 36.67%。吉林轻工业设计研究院也与丹麦瑞速国家实验室合作，开展了"玉米秸秆湿氧化预处理生产乙醇"方面的研究。

2007 年底，中国科学院决定启动"纤维素乙醇的高温发酵和生物炼制"重大项目。项目分为 4 个子课题：木质纤维素预处理技术研究，新型木质纤维素降解酶系的发现、改造与应用，高温乙醇菌的系统生物技术改造，纤维素乙醇发酵过程优化与控制。该项目旨在针对由木质纤维素生产燃料乙醇的关键技术瓶颈，开发具有自主知识产权与市场竞争能力的重大创新技术，项目预计实施年限为 2008—2011 年。相信随着相关课题的立项和研究的不断深入，我国纤维素乙醇的研发将不断取得新的进展。

6.3.5 产业案例

(1) 甜高粱制取燃料乙醇

为了扩大燃料乙醇原料来源，我国已自主开发了以甜高粱茎秆为原料生产燃料乙醇的技术，并已在黑龙江省桦川，新疆乌鲁木齐，山东省安丘，内蒙古呼和浩特，辽宁省朝阳等地开展了甜高粱种植及燃料乙醇生产试点。根据我国《可再生能源中长期发展规划》，在 2010 年前，我国将重点在东北、山东等地，建设若干个以甜高粱为原料的燃料乙醇试点项目。

自 1996 年至今，我国进行了甜高粱多个品种选育，种植以及甜高粱茎秆酿制原酒和酒精蒸馏的试验研究，取得了大量技术成果。《能源作物甜高粱优良品种培育及其茎秆制取乙醇技术》获联合国工业发展组织颁发 2005 年"全球可再生能源领域最具投资价值的十大领先技术蓝天奖"证书。

甜高粱茎秆制取乙醇技术包括：甜高粱育种与栽培技术和燃料乙醇生产技术。"十五"期间，科技部将"能源作物甜高粱培育及能量转换技术"列入国家高科技研究发展计划，即国家"863"计划，国内有很多企业进行了种植和生产方面的探索。比如北京绿恒益能源技术开发中心就培育完成了"醇甜系列"2 号杂交甜高粱良种。

用甜高粱制取燃料乙醇目前可以采用两种工艺，一种是甜高粱茎秆制取乙醇固体发酵工艺，一种是甜高粱茎秆汁液制取乙醇液体发酵工艺（图 6-6）。甜高粱茎秆生产燃料乙醇的工艺流程为：原料

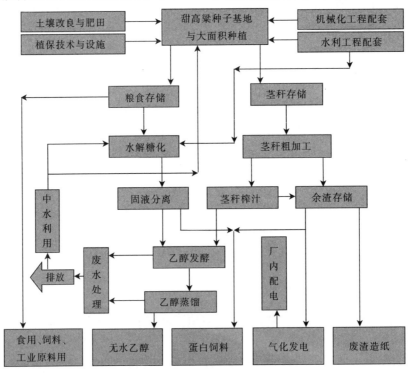

图 6-6　液体发酵工艺流程

粉碎——固态发酵——填料蒸馏——原酒精馏。黑龙江桦川四益乙醇有限公司的示范项目就是采用该工艺。甜高粱茎秆汁液制取乙醇液体发酵工艺的关键技术是固定化酵母流化床工艺技术，国外较先进的生产企业采用该项技术，国内还仅处于实验室和小试阶段。目前，国家"863"计划项目的甜高粱茎秆汁液发酵工艺装备的生产性中试已经完成，条件成熟即可投入产业建设。

我国拥有数千万公顷的盐碱地，以甜高粱为原料，生产燃料乙醇是一个现实的选择方向，具备一定的技术经济性。

表6-12 甜高粱种植生产燃料乙醇的技术经济分析

项　目	数　量
可种植甜高粱土地资源量	37万 hm²（大庆地区，山东鲁北地区和苏北地区可种植甜高粱盐碱地）
甜高粱茎秆产量	60～100t/hm²
每吨燃料乙醇需甜高粱茎秆	16 吨（锤度 18%）
每产2吨燃料乙醇的甜高粱茎秆废渣可制取	合成液体燃料 1t 或干饲料 8t；或发电 8 000 度或制浆造纸 6～8t。
甜高粱茎秆生产燃料乙醇成本	4 400 元/t
建年产2万吨燃料乙醇厂投资	7 000 万元
年产2万吨燃料乙醇 CO_2 减排	6 万 t

数据来源：王孟杰，2006。

（2）南京林业大学燃料乙醇中试生产线

木质纤维素因其原料丰富和廉价，已成为很多燃料乙醇研发机构和生产企业的重要选择。纤维素生产乙醇产业化的主要瓶颈是纤维素原料的预处理以及降解纤维素为葡萄糖的纤维素酶的生产成本过高。目前来讲，从林木生物质原料生产液体燃料的成本仍然很高。我国自20世纪50年代起，就开始了纤维素制取燃料乙醇的研究，并建成了南岔水解示范厂，利用木材加工剩余物作为原料。"十五"期间，我国开发出了利用纤维素废弃物制取乙醇的技术工艺，已进入年产600吨规模的中试阶段。

南京林业大学从20世纪80年代中期开始对植物纤维质生物转化制取乙醇的基础理论和应用开发进行系统的研究。1998年，在黑龙江建立了完整的中试生产线，工艺流程图6-8如下：

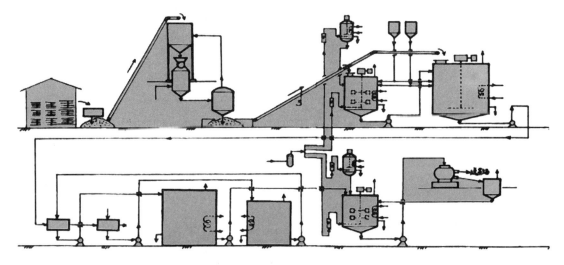

图6-7 南京林业大学中试生产工艺流程图

该工艺流程以农林废弃物植物纤维为原料，采用高压蒸汽喷放预处理、纤维素酶制备、纤维素和半纤维素同步酶降解、已糖戊糖同步乙醇发酵，然后应用常规技术蒸馏和脱水的技术路线。中试结果表明，农林植物纤维经预处理后，纤维素、半纤维素和木质素实现了较好的分离，6～7吨原料可生产1吨乙醇，乙醇生产成本约为4 000元（余世袁，2006）。

6.4　其他液体燃料

6.4.1　生物油

生物油（Bio-oil），也称为"生物质油"或"热裂解油"，是生物质热裂解液化反应的产物。

生物质热裂解也称生物质热解，是指生物质在无氧或缺氧条件下，通过热化学转换，最终生成生物油、木炭和可燃气体的过程，被认为是生物质能源转化技术中一项颇具发展前景的前沿技术。生物热裂解工艺基本上可分为慢速热裂解和快速热裂解两种类型。生物质快速热裂解产生的生物油化学组分复杂，易于燃烧，可作为涡轮机代用燃料发电，也可用于制取化学用品。近十几年，世界上许多国家加强了生物质快速裂解技术的研发，美国建立了不同裂解方法的试验装置，每小时生产容量从几十升至几百升，最高产油率达70%；意大利建立了每小时500千克的装置；加拿大开发了多种工艺，能力为100吨/天的工业应用试验装置已投入运行。芬兰国家测试中心与加拿大Ensyn集团合作对生物油做柴油机代用燃料进行了试验研究。此外，国际上一些机构和企业还在探索将生物质裂解油技术作为原料处理技术用于生物质合成油产业。我国中国科技大学、山东工业大学在这方面取得一定研究成果。中国科技大学已研制出每小时可处理120千克燃料的自热式热解液化工业中试装置。

加拿大达茂公司研发的"厌氧快速裂解"技术，可以将各种林木剩余物迅速转化为"生物燃料油"的工艺设备，具有较强的市场竞争能力和好的发展前景。

其整个工艺流程：

——将原料预先处理，使之含水率小于10%，粉碎到1～2毫米范围内。

——将处理过的原料输送到反应炉的高温（450～500度，呈沸腾状态）的沙床中迅速气化。整个过程是在缺氧条件下迅速加热气化。

——由下一级旋风分离器将气化后的气体中夹带的固体焦炭分离出来。其余气体则被导入冷凝塔内激冷而成为液态状态的生物油，并流入燃油罐内储存。

——不可凝聚的剩余气体被巧妙地回送到反应炉内作为燃料及流化床沸腾动力得到利用，可以满足反应炉75%之所需燃料的供应。

该项技术将原料气化转化成生物油和焦炭的过程只需短短两秒钟时间。生产过程的最终产品主要有以下几部分组成：

——生物燃油65%～72%（比重为1.2千克/升，热值为柴油的40%）；

——焦炭15%～20%（热值在23-32焦/千克）；

——不可凝聚气体12%～18%。

详见流程图6-9。

6.4.2　其他生物质合成液体燃料

先将生物质气化制成合成气，再利用费—托合成等相关工艺可生产合成油、甲醇、二甲醚等燃料或氢气。

甲醇（Methanol）是一种优质的液体燃料，其突出优点是燃烧时效率高，而碳氢化合物和一氧

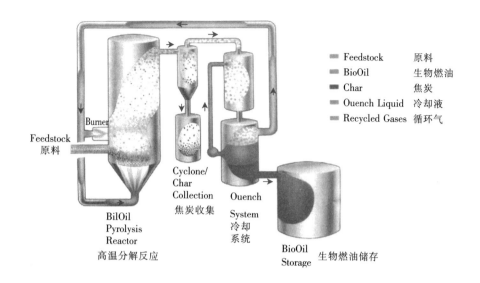

Feedstock	原料
BioOil	生物燃油
Char	焦炭
Ouench Liquid	冷却液
Recycled Gases	循环气

Feedstock 原料

Burner

Cyclone/Char Collection 焦炭收集

BilOil Pyrolysis Reactor 高温分解反应

Ouench System 冷却系统

BioOil Storage 生物燃油储存

图 6-8　生物油制取工艺

化碳排放量却很小。美国环保局的研究表明，如汽车改烧 85％甲醇和 15％无铅汽油组成的混合燃料，仅美国城市的碳氢化合物的排放量就可减少 20％～50％；如使用纯甲醇作燃料，碳氢化合物的排放量可减少 85％～95％，一氧化碳的排放量可减少 30％～90％。为了利用生物质能，用树木及城市废物大量生产甲醇仍是世界各国研究的重点。美国、欧盟和日本等国家众多公司和研究机构进行了生物质合成甲醇等液体燃料技术的研究开发，并建立了示范装置。目前，瑞典有 BAL-Fuels 项目、BioMeet 项目和 BLGMF 项目。荷兰 Utrecht 大学采用 ASPEN-PLUS flowsheet 模型进行的技术经济评价表明，生物质间接液化合成甲醇的能源利用效率可达 55％以上，采用合成气单程转化结合尾气发电比合成气循环单纯合成液体燃料效率更高。目前我国中国科学院广州能源所等机构在从事该领域的研究工作。广州能源所"863"计划"生物质制氢及液体燃料新工艺研究"已经取得重大进展。华北水利水电学院探索采用热化学方法将玉米秸秆裂解为秸秆燃气，然后催化合成甲醇的技术工艺。

二甲醚（dimethyl ether）又称甲醚、木醚、氧二甲，简称 DME。在常温、常压下是一种无色、无臭气体，加压后为具有挥发性轻微醚香味的无色液体。性能与液化石油气（LPG）相似，加入少量助剂后可与水以任意比例互溶，且易于溶于汽油、醇、乙醚、乙酸、丙酮和氯仿等多种有机溶剂。DME 燃烧效率高，且污染排放少，是传统柴油的理想替代燃料。目前，我国 DME 方面的研究主要以煤基和天然气基为主。采用生物质进行二甲醚合成，可以经甲醇脱水后制得，也可从合成气体直接合成，目前研究还不多。

6.5　我国生物液体燃料的发展前景

我国石油储备有限，2006 年底探明储量为 22 亿吨，相比我国石油产量和消费量差距较大。我国自 1993 年成为石油净进口国，1996 年又成为原油净进口国，石油进口量逐年上升，对外依存度不断增大。可以更新至 2006 年数据 2005 年我国石油净进口 1.36 亿吨，对外依存度达到 43%，成为世界第二大石油进口国。如果按照现有发展速度预测，2010 年我国石油需求量将达到 4.3 亿吨，2020 年为 6.2 亿吨，2050 年为 8.1 亿吨。在未来需求继续增大的情况下，开发液体替代燃料，改善液体燃料消费结构对我国来说具有战略意义。根据我国的国情，从目前看，我国规模化替代石油的主要途径有两种——煤基液体燃料和生物质基液体燃料。据专家估计，2050 年煤基液体燃料有可能形成上亿吨的产量，生物质基液体燃料可以形成数千万吨的产量。这将极大地缓解液体燃料短缺和能源安全的问题。

表 6 - 13　我国石油概况

年份		储量（亿桶）	产量（百万 t）	消费量（百万 t）
2005	世界	12 095	3 896.8	3 861.3
	其中：中国	162	180.8	327.8
	中国占世界的比例（%）	1.34	4.64	8.49
2006	世界	12 082	3 914.1	3 889.8
	其中：中国	163	183.7	349.8
	中国占世界的比例（%）	1.3	4.7	9.0

数据来源：BP 世界能源统计 2007。

在生物液体燃料的制备过程中，用传统工艺制备燃料乙醇已相当成熟，但是根据我国《可再生能源发展中长期规划》，不再增加以粮食为原料的燃料乙醇生产能力，合理利用非粮食生物质原料生产燃料乙醇，下一步的技术发展方向必然是采用以纤维素为原料制备乙醇的相关技术。我国规划近期重点发展以木薯、甘薯、甜高粱等为原料的燃料乙醇技术，以及在 2010 年前，重点在东北、山东等地，建设若干个以甜高粱为原料的燃料乙醇试点项目，在广西、重庆、四川等地，建设若干个以薯类作物为原料的燃料乙醇试点项目。到 2010 年，增加非粮原料燃料乙醇年利用量 200 万吨，到 2020 年，生物燃料乙醇年利用量达到 1 000 万吨。

生物柴油的合成理论与工艺技术较为成熟，未来可大规模生产的小桐子、黄连木、油桐、棉籽等油料作物的种植和收集是限制其发展的关键环节。因此，加快具有发展前途的木本油料植物的培育和开发，建立木本油料作物原料基地是当务之急。我国计划在四川、贵州、云南、河北等地建设若干个以小桐子、黄连木、油桐等油料植物为原料的生物柴油试点项目，到 2010 年，生物柴油年利用量达到 20 万吨，到 2020 年，生物柴油年利用量达到 200 万吨。

值得注意的是，可以生产生物燃料的能源作物的种植，对于农村经济来讲也许会是一把双刃剑。在利益不能进行合理分配的情况下，可能会导致许多意想不到的后果。在哥伦比亚就发生了农民与政府之间的冲突，起因是政府要求农民放弃种植香蕉而改为种植可以制取生物燃料的棕榈油。此外，使用秸秆进行燃料乙醇生产而不是焚烧施肥对于土地长期保护的损害也是一个备受争议的问题。根据我国国情，可再生能源的发展要根据资源条件和经济社会发展需要，在保护环境和生态系统的前提下，科学规划，因地制宜，合理布局，有序开发。

关于生物燃料的发展前景，尽管仍然有很多值得探讨和研究的地方，但是越来越多的研究表明，生物燃料的效率是不容置疑的。在生物燃料制取阶段，许多学者提出了"生物精炼"的新概念，提倡以生物质为基础的化学工业要吸收现代石油化工的成功经验，把复杂底物中的每一种组分都分别变成不同的产品，最大限度地开拓产品总价值，从而实现保证原料充分利用和土地利用效率的最大化。这一理念的提出和不断完善，为生物液体燃料的发展注入了一针强心剂，美国能源部 2007—2012 年的多年项目规划（Multi Year Program Plan）和欧盟生物燃料远景规划（Biofuels in the European U-nion - A Vision For 2030 and Beyond）都将发展"生物精炼厂"作为重要理念，生物液体燃料在未来人类社会的发展中必将占有一席之地。

（常世彦、张希良、吕文）

◆ 参考文献

[1] 陈伟红，闫德冉，杜风光，宋安东 . 纤维质原料生产燃料乙醇的研究进展 . 农业与技术 . 2006，26（4）：29 - 32

[2] 崔心存 . 车用替代燃料与生物质能 . 北京：中国石化出版社，2007

[3] 丁夫先 . 建设林木生物质能源林，推进生物柴油产业开发 . 全国生物质能开发利用工作会议，2006

[4] 付玉杰，祖元刚 . 生物柴油 . 北京：科学出版社，2006

[5] 苟平 . 麻疯树种植和综合开发利用 . 全国生物质能开发利用工作会议 . 2006

[6] 胡炜 . 宋先锋 . 翟媛媛 . 天冠集团"非粮"乙醇的先行者 . 创新科技 . 2008（2）：30 - 33

[7] 胡志远 . 谭丕强 . 楼狄明 . 董尧清 . 不同原料制备生物柴油生命周期能耗和排放评价 . 农业工程学报，2006，22：141 - 146

[8] 科尔尼（上海）企业咨询有限公司 . 中国燃料乙醇产业现状与展望——产业研究白皮书 . 2007

[9] 李昌珠，蒋丽娟，程树棋 . 生物柴油——绿色能源 . 北京：化学工业出版社，2004

[10] 聂小安，蒋剑春 . 我国生物柴油产业化制备技术及其发展趋势 . 全国生物质能开发利用工作会议，2006

[11] 曲音波 . 纤维素乙醇产业化 . 化学进展 . 2007，19（7/8）：1098 - 1108

[12] 21 世纪可再生能源政策网络 . 全球可再生能源发展报告 . 2006 年修订版 . 2006

[13] 任东明 . 张庆分 . 我国生物液体燃料产业发展政策 . 小桐子产业发展（海南）国际研讨会会刊 . 2007

[14] 宋宝安 . 小桐子生产生物柴油现状与展望 . 小桐子产业发展（海南）国际研讨会会刊 . 2007

[15] 王革华 . 新能源概论 . 北京：化学工业出版社，2006

[16] 王孟杰 . 能源作物甜高粱良种培育及其茎秆制取乙醇技术 . 全国生物质能源开发利用会议，2006

[17] 于启现，李志强 . 世界燃料乙醇产业发展的若干技术问题探讨 . 世界农业 . 2007（10）：54 - 57

[18] 王炜，项乔君，常玉林，李铁柱，李修刚 . 城市交通系统能源消耗与环境影响分析方法 . 北京：科学出版社，2002

[19] 薛培俭 . 农作物秸秆生产燃料乙醇及其综合利用 . 全国生物质能源开发利用会议，2006

[20] 余世袁 . 植物纤维原料制备燃料乙醇的技术现状与趋势 . 全国生物质能源开发利用会议，2006

[21] 袁振宏 . 我国生物质能技术发展与应用 . 可再生能源法宣传推广、可再生能源技术培训暨企业家论坛，2007

[22] 袁振宏，吴创之，马隆龙，等 . 生物质能利用原理与技术 . 北京：化学工业出版社，2004

[23] 岳国君，武国庆，郝小明 . 我国燃料乙醇生产技术的现状与展望 . 化学进展 . 2007，19（7/8）：1084 - 1090

[24] 张百良 . 任天保，王许涛 . 纤维素乙醇的研究现状及其发展趋势 . 新能源产业 . 2007（4）：12 - 16

[25] 张彩虹，张兰．吕文．中国林木质液体燃料产业原料供应经济性分析．小桐子产业发展（海南）国际研讨会会刊．2007

[26] 张素平，颜涌捷，等．纤维素制取乙醇技术．化学进展．2007，19（7/8）：1130-1133

[27] 张晓阳．论国内发展燃料乙醇的优势及前景．中外能源．2006，11（1）：106-110

[28] 张治山．玉米燃料乙醇生命周期系统的热力学分析．天津大学．2005

[29] Blottnitz. H. V.，Curran M. A. A review of assessments conducted on bio-ethanol as a transportation fuel from a net energy. greenhouse gas and environmental life cycle perspective. Journal of Cleaner Production 15，2007：607-619

[30] BP. BP 世界能源统计 2007. 2007

[31] Wright L.，et al. Biomass energy data book. http：//cta. ornl. gov. 2006

[32] International Energy Agency. Biofuels for Transport：An International Perspective. 2006

[33] Marchetti J. M.，Miguel V. U.，Errazu A. F. Possible methods for biodiesel production. Renewable and Sustainable Energy Reviews. 2007（11）：1300-1311

[34] REN21. Renewables 2007. Global Status Report. http：//www. ren21. net. 2008

[35] Richard Nelson. Biodiesel：A renewable fuel to meet today's and tomorrow's energy needs in a clean and sustainable manner. http：//www. engext. ksu. edu/biodiesel. ppt

[36] Shapouri H，Duffield J，Wang M. The energy balance of corn ethanol：an update，Agricultural Economic Report No. United States Depanfment of Agriculture，2002

7. 固体成型燃料

7.1 开发与利用概述

生物质压缩固体成型是指在一定温度与压力作用下，将各类原来分散的、没有一定形状的密度低的生物质废弃物压制成具有一定形状的、密度较高的各种固体成型燃料的过程。

固体成型燃料按照形状可分为颗粒状、棒状、块状和球状等。有掺入胶粘剂（或添加剂）和不掺胶粘剂两种。

生物质固体成型燃料属于高密度生物质燃料，可有效克服原始状态生物质能量密度小、存放体积大、运输不便等缺点，有利于生物质燃料的运输和储存保管。更重要的是在燃烧时较好控制挥发缓慢释放，可以极大改善燃烧状态，燃烧更为高效。

固体成型燃料工艺流程：生物质收集、粉碎、干燥、高压固体成型包装。压缩比重达到 1.0～1.39 克/立方厘米，故与普通薪材燃料相比，它具有密度高、强度大、便于运输和装卸、形状和性质均一、燃烧性能好、热值高、适应性强、燃料操作控制方便等特点。可用于锅炉，也可做工业、家庭取暖和农业园林暖房的燃料。世界各国普遍认为，它是一种极有竞争力的燃料。

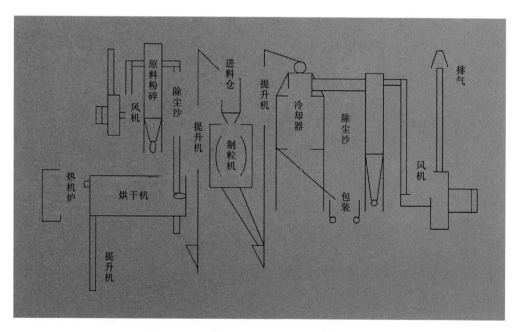

图 7-1 固体成型燃料加工工艺流程示意图

7.1.1　国外固体成型燃料加工技术

　　早在 20 世纪 30 年代，美国就开始研究压缩固体成型燃料技术，并研制了螺旋式固体成型机。日本于 20 世纪 50 年代从国外引进技术后进行了改进，并发展成了日本压缩固体成型燃料的工业体系。20 世纪 70 年代后期，由于出现世界能源危机，石油价格上涨，欧洲许多国家如瑞典、芬兰、比利时、法国、德国、意大利等都十分重视固体成型燃料技术的研究和开发，目前已形成产业化生产，成效显著。瑞典目前年生产固体成型燃料总量超过 200 万吨，芬兰和德国在开发利用方面均走在世界先进行列。这些国家使用生物质固体成型颗粒燃料主要用于热电联产生产，也有用于小型区域供暖和家庭采暖，还有用于工业生产，其热效率可达到 80%～90%。如：德国开发生产的颗粒燃料加工设备适用范围广，颗粒密度：0.8～1.3 克/厘米^3，产量：0.4～3 吨/小时，成套设备价格：80 万～120 万人民币左右。

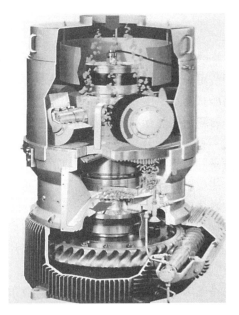

图 7-2　德国 KAHL 公司开发的颗粒燃料生产设备示意图

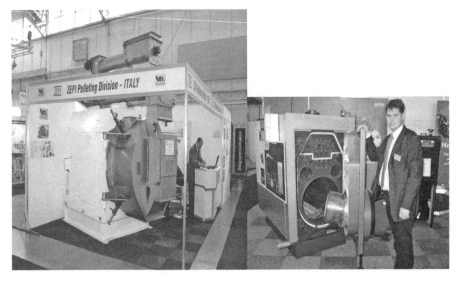

图 7-3　在 2006 年世界生物质能大会上意大利展出的大型颗粒生产设备

到目前为止，世界上各个国家研究的重点还是集中在固体成型生物质燃料的制造技术（主要解决固体成型后生物燃料不松散、能长期存放的问题）和相应炉具（主要是为了提高燃料效率）的开发上。

7.1.2 我国成型固体燃料加工技术

我国在这方面的研发和生产起步较晚。我国从 20 世纪 80 年代起开始致力于生物质压缩固体成型技术的研究，目前已初具规模。中国林科院林业化工研究所在"七五"期间设立了对生物质压缩固体成型机及生物质固体成型理论的研究课题。湖南省衡阳市粮食机械厂为处理大量粮食加工谷壳，于 1985 年根据国外样机试制了第一台 ZT - 63 型生物质压缩固体成型机。江苏省连云港东海粮食机械厂于 1986 年引进了一台 OBM - 88 棒状燃料固体成型机。1998 年初，东南大学、江苏省科技学情报所和国营 9 305 厂经过两年的共同努力，研制了"MD - 55"型固体成型燃料固体成型机。1990 年前后，陕西武功轻工机械厂，河南巩义包装设备厂，湖南农村能源办公室以及河北正定县常宏木炭公司等单位先后研制和生产了几种不同规格的生物质固体成型机和碳化机组。1994 年湖南农业大学，中国农机能源动力所分别研究出 PB - 1 型、CYJ - 35 型机械冲压式固体成型机；1997 年河南农业大学又研制出 HPB - 1 型液压驱动柱塞式固体成型机，现在 HPB - Ⅲ设备已应用于生产。

7.2 固体成型燃料成型技术

7.2.1 成型技术原理

生物质原料中含有纤维素、半纤维素、木素、树脂和蜡等物质。一般在阔叶木、针叶木中，木素含量为 27%～32%（绝干原料）、禾草类中含量为 14%～25%。木质素是具有芳香族特性的结构，单体为苯基丙烷型的立体结构高分子化合物，不同种类的植物质都含有木质素，而其组成、结构不完全一样。生物质原料的结构通常都比较疏松，密度较小。这些质地松散的生物质原料在受到一定的外部压力后，原料颗粒先后经历重新排列位置关系、颗粒机械变形和塑性流变等阶段。块状成型燃料一般成型过程为：进料、预压和成型过程。

进料：物料自料斗加入后，随着螺旋的旋转，被输送到预压缸内。螺旋的作用近似于一个输送装置，物料在这一过程中主要受到物料对料槽的摩擦阻力；物料对螺旋板的摩擦阻力；物料搅拌和破碎的阻力等。由于输送距离短，这些阻力值相对较小。

预压：被螺旋输送过来的物料，松散的落在预压缸内，此时柱塞向下运动，排出部分空气，缩小体积，使物料密度比自然状态下的密度有所增加。柱塞运动到下止点的位置时，物料正好位于主推进器前端，等待被其推到"成型模"中压缩成型。

经过预压以后，物料的密度有所增加，在主推进器的推力作用下，向前移动，当接触到成型模的外部端面（因采用闭式压缩方式）时，推力逐渐增大，物料迅速靠紧，溢出空气，这一阶段物料主要发生弹性变形，同时产生少量塑性变形。随着柱塞的前移，主推进器压力急剧增大，进一步排出物料间的气体，物料发生塑性变形，相互贴紧、堆砌和镶嵌黏结，形成压块，密度也达到最大。到达设定的压力值后，柱塞撤回。此过程对物料施压的主要目的：一是破坏物料原来的物相结构，使其组成新的物相结构；二是加固分子间的凝聚力，使物料更致密均实，以增强成型块的强度和刚度；三是为物料在模具内成型及推进提供了动力。

成型后的物料随着"成型模"移动到另一侧，在下一个工作循环时，被副推进器经由保形区推出，而主推进器同时在成型模内挤压物料（如图 7 - 4 所示）。

另外，碳化处理也是成型技术之一，但是与上述挤压成型技术相比，碳化成型有本质的区别，碳化虽不是生物质固化成型技术不可或缺的，但在很多情况下却是主要的辅助手段。碳化的方式有连续内热式干馏法、外热间歇式干馏法和烧炭法。连续内热式适于大规模连续化生产，烧炭法适于小规模经营，外热间歇式则适于各种情况。木屑、刨花等原料生产的成型燃料更适合碳化，秸秆、稻壳等原料由于灰分大，除特殊情况外均不碳化。成型温度对成型过程、产品质量、产量都有一定的影响。过低的温度（<200摄氏度）传入出料筒内的热量很少，不足以使原料中木素塑化，还会加大原料与出料筒之间的摩擦，造成出料筒堵塞，无法成型；过高的温度（>280摄氏度）致使原料分解严重，输送过快，不能形成有效的压力，也无法成型。总之，不同物料所需成型温度相差不大，一般控制在240～260摄氏度之间。成型的设备包括粉碎机、干燥设备、成型机、碳化釜等。由于成型螺杆的工作环境极端恶劣，使得螺杆使用寿命很短。

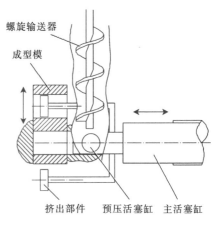

图7-4 成型机成型部分原理图

7.2.2 成型技术工艺

目前生物质压缩固体成型技术主要有螺旋挤压、活塞冲压和压辊式固体成型技术三种，相应的成套设备为螺旋挤压、活塞冲压和压辊固体成型机系列。

（1）螺旋挤压式固体成型机

螺旋挤压式固体成型机是最早研制生产的生物质热压固体成型设备。这类固体成型机以其运行平稳、生产连续、所产固体成型棒易燃（由于其空心结构以及表面的炭化层）等特性在固体成型机市场中一直占据着主导地位，尤其是在印度、泰国、马来西亚等东南亚国家和我国。

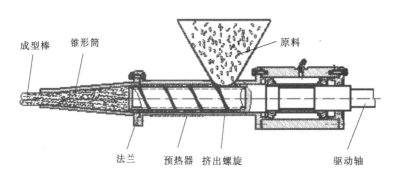

图7-5 螺旋挤出固体成型部件结构示意图

螺旋挤压式固体成型根据螺杆的多少可分为单螺杆式和双螺杆式。单螺杆式是最常用的。双螺杆式固体成型机采用的是两个相互啮接的变螺距螺杆，固体成型套为"8"字形结构。根据螺杆螺距的变化可分为等螺距螺杆式和变螺距螺杆式。应用变螺距螺杆，可以缩短压缩套筒的长度。但是这种螺杆制造工艺复杂，制造成本高。

挤压机的型号虽然很多，但是所有挤压机的结构都相似（图7-6），都由6个部分组成：进料装置、螺杆及其传动装置、内槽壳套（通称螺套或者螺筒）、料流阻限器（通称模头），以及料流截断装置（也可称为截料装置）。挤压机的供料部件，有两种形式，水平型和垂直型，它们都配有一个料斗，用来接收和暂存待挤压的原料，并将其运送至螺杆。料斗内配装搅拌机，这样是为了让原料能有流畅运动和避免产生堆积，也或者采用宽大的出料口，有助于该机构保持不间断地均匀供料。对于生产压缩燃料而言，供料机构保持均匀供料极为重要。因为，要保证挤压机具有恰当的功能作用，不间断的均匀供料是挤压机正常工作必不可少的前提条件。

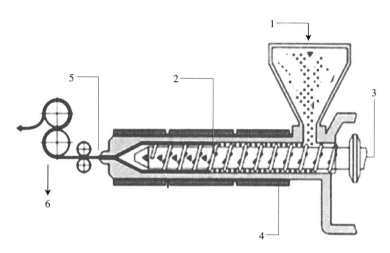

1. 进料装置 2. 螺杆 3. 动力装置 4. 螺筒 5. 模头 6. 截料装置

图7-6 典型螺旋挤压机构造示意图

1）双螺杆挤压固体成型。采用2个相互啮接的变螺距螺杆，固体成型套为8字形结构。在压缩过程中，由于摩擦生热使得生物质在机器内干燥，生成的蒸汽从蒸汽溢出口散出。因此该固体成型机对原料的预处理要求不严格，原料粒度可在30～80毫米之间变动，水分含量可高达30%。可省去干燥装置。根据原料的种类不同，生产率可达800～3 600千克/小时，但由于物料干燥需要由机械压缩来完成，所以需要大型的电机，能耗较高。此外，双螺杆挤压机有两套推力轴承和密封装置以及一个复杂的齿轮传动装置需要维护，增加了成本。

2）锥形螺杆挤压固体成型。生物质原料被旋转的锥形螺杆压入压缩室，然后被螺杆挤压头挤入模具，模具可以是单孔的（直径98毫米）或者多孔的（直径28毫米）。切刀将成品切成一定长度的固体成型棒。固体成型压力为60～100兆帕，固体成型棒的密度为1 200～1 400千克/米^3，生产能力600～1 000千克/小时，能耗为0.055～0.075千瓦/千克，而同样生产能力的活塞式压缩机为0.075千瓦/千克。该型的缺点是螺旋头和模具磨损严重，不得不采用硬质合金，即便如此，如果原料为花生壳时锥形螺杆的寿命为100小时，稻壳为300小时，维修费用昂贵。

3）外部加热的螺旋式固体成型。特点是将生物质压入横截面为方形、六边形或者八边形的模具内，模具通常采用外部电加热的方式；成品为具有中心孔的燃料棒。

该型的基本结构为驱动机、传动部件、进料机构、压缩螺杆、固体成型套管和电气控制等部分。固体成型管外绕有电热丝，可让筒温保持在250～300摄氏度。该型号机工作过程为：将粉碎的原料经过干燥后，从料斗连续加入，经过进料口进入螺杆套筒压缩。生物质物料通过机体内壁和转动螺杆（600转/分）表面的摩擦作用不断向前输送。由于强烈的剪切混合搅拌和摩擦作用产生大量热量，使生物质温度逐渐升高。在到达压缩区前，生物质被部分压缩，密度增加，被消耗的能量用于克服微粒的摩擦。在压缩区生物质在较高温度（200～250摄氏度）变得柔软，水分在这时候蒸发并有助于生物质的湿润，由于失去弹性，在压力的作用下，颗粒间的接触面积增加，形成架桥和联锁，物料开始黏结。在锥形的模具区，生物质被进一步压缩（280摄氏度）固体成型。中空的固体成型棒出固体成型筒后经导向槽，由切断机切成50厘米左右的短棒。

在成型过程中生物质原料水分的快速气化会造成固体成型块的开裂和放炮现象，为了防止这种现象，就要求原料的含水量在 8%～12% 之间。成品的含水率在 7% 以下；固体成型压力的大小随原料和所要求固体成型块密度的不同而不同，一般在 49～127 兆帕之间，成型燃料的形状通常直径为 50～60 毫米空心燃料棒，其密度通常介于 1～1.4 千克/米³ 之间。

目前，制约螺旋式固体成型机商业化利用的主要技术问题一个是固体成型部件，尤其是螺杆磨损严重，使用寿命短；另一个问题是单位产品能耗高。为了解决螺杆首端承磨面磨损严重这一问题，现在大多采用表面硬化方法对螺杆固体成型部位进行处理。如采用喷焊钨钴合金；采用堆焊 618 或碳化钨焊条堆焊；或是采用局部渗硼处理和振动堆焊等方法。通过这些方法进行处理后可使螺杆的使用寿命提高到 100 小时左右。另一种

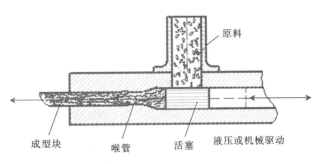

图 7-7 柱塞挤压固体成型部件结构示意图

方法就是彻底改变这种固体成型工艺。活塞式固体成型机的研制成功在较大程度上解决了该固体成型方式所存在的固体成型件磨损严重、能耗高的问题。

（2）活塞冲压固体成型技术

活塞冲压式成型机改变了固体成型部件与原料的作用方式，在大幅度提高固体成型部件使用寿命的同时，也显著降低了单位产品能耗，其产品是压缩块。是靠活塞的往复运动实现的。其进料、压缩和出料过程都是间歇式的，即活塞每工作一次可以形成一个压缩块。在压缩管内，前一块与后一块挤在一起，但有边界。当压块燃料从固体成型机的出口处被挤出时，在自重的作用下能自行分离。

此类固体成型机按驱动方式不同有机械式和液压式两种。机械驱动活塞式固体成型机以电动机为动力，通过曲柄连杆机构带动冲杆做高速往返运动，产生冲压力将生物质压缩固体成型；液压驱动活塞式固体成型机通过液压油缸推动活塞将生物质挤压固体成型。如瑞典 Bogma 公司生产的生产率为 500～1 000 千克/小时的 M75 型固体成型机，美国 Hauamann 公司生产的 FH75/200 型固体成型机；Krupp 公司生产的 12.7 厘米双向活塞型固体成型机，其生产率可达 2 000 千克/小时。

（3）压辊固体成型技术

与前两者区别在于固体成型模具直径较小（通常小于 30 毫米）且在每个压模盘片上有很多固体成型孔，主要用于生产颗粒状固体成型燃料。其基本工作部件是压辊和压模（图 7-8）。压辊可以绕自己的轴转动，压辊的外周一般加工成齿状或者槽状，让原料压紧而不至于打滑，根据压模的形状，压辊式固体成型机可分为平模固体成型机和环模固体成型机。

就三种技术相比较而言，螺旋挤压机运行平稳，工作连续，燃料棒可燃性强，但是该机型单位产品耗能高，可达到 100～125 千瓦·小时/吨。同时机型部件使用寿命太短，螺旋杆的端部摩擦使温度升高，磨损速度加快，压缩区螺纹部分磨损严重，其平均寿命仅有 60～80 小时。与螺旋固体成型机相比，活塞冲压式固体成型由于改变了固体成型部件与原料的作用方式，在提高了固体成型部件使用寿命同时也降低了单位产品

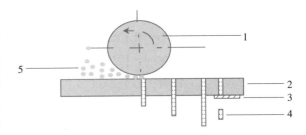

1. 压辊 2. 平模 3. 切刀 4. 固体成型颗粒 5. 原料

图 7-8 压辊式颗粒成形机工作原理

耗能。其部件模子可连续使用 100～200 小时后才需要维修。而压辊式机主要用于生产颗粒固体成型燃料，其耗能较小，一般在 15～40 千瓦·小时/吨。并且它对原料的含水率要求较宽为 10%～40%，而螺旋挤压机要求原料的含水率为 8%～9%，活塞冲压式要求为10%～15%。

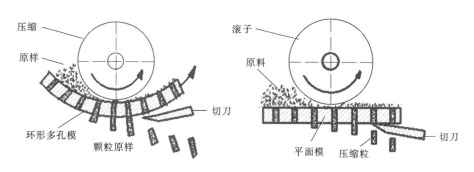

环模挤压固体成型部件结构示意图　　　　平模挤压固体成型部件结构示意图

图 7-9　压辊式固体成型部件结构示意图

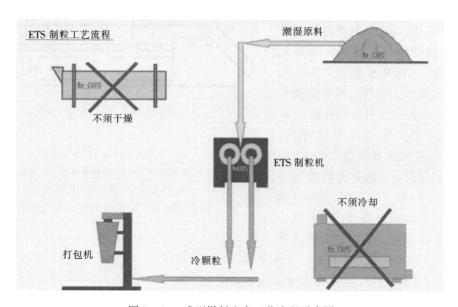

图 7-10　成型燃料生产工艺流程示意图

7.2.3　成型原料粉碎技术与设备

对生物质原料的粉碎质量的好坏直接影响成型机性能的发挥和产品质量。粉碎机分为齿式粉碎机、锤式粉碎机、刀式粉碎机、涡轮式粉碎机、压磨式粉碎机和铣削式粉碎机等多种。

（1）齿式粉碎机。由固定齿圈与转动齿盘的高速相对运行，对物料进行粉碎（含冲击、剪切、碰撞、摩擦等）。

（2）锤式粉碎机。由高速旋转的活动锤击件与固定圈的相对运动，对物料进行粉碎（含锤击、碰撞、摩擦等）。锤式粉碎机又分活动锤击件为片状件的锤片式粉碎机和活动锤击件为块状件的锤块式粉碎机。生物质粉碎作业用的最多得是锤片式粉碎机。

（3）刀式粉碎机。由高速旋转的刀板（块、片）与固定齿圈的相对运动对物料进行粉碎（含剪切、碰撞、摩擦等）。

（4）涡轮式粉碎机。由高速旋转的涡轮叶片与固定齿圈的相对运动，对物料进行粉碎（含剪切、碰撞、摩擦等）。

（5）压磨式粉碎机。由各种磨轮与固定磨面的相对运动，对物料进行碾磨性粉碎。

（6）铣削式粉碎机。通过铣齿旋转运动，对物料进行粉碎。

7.3 国内几种比较成熟的固体成型燃料加工设备

目前，已有多种固体成型设备可以用林木枝丫和秸秆为原料，并已形成批量生产，适宜在中国农村地区和林区推广应用。

7.3.1 块状固体成型燃料加工设备

（1）HPB－Ⅲ液压驱动式块状固体成型机

该设备是河南农业大学 2005 年开发生产的设备，比较适用在林场推广应用。该生产线为液压式固体成型机，利用油缸的往复运动带动活塞冲杆在固体成型套筒内将粉碎后较松散的生物质原料热压成具有一定密度的生物质棒块，通常密度可达 $0.95 \sim 1.1$ 克/米^3。固体成型块可用于取代煤作为生物质锅炉、壁炉、采暖炉及居民炊事燃料等。固体成型过程的耗能为 70 度电/小时，生产率 $200 \sim 500$ 千克/小时。生产的固体成型燃料块直径在 $10 \sim 12$ 厘米，燃料燃烧后的灰分不超过原料的 10%（燃烧效率达到 70% 以上）；往复活塞双向挤压固体成型机构具有创新性。生产试验和分析结果表明，该成型机可显著提高易损件的使用寿命，降低单位产品能耗，工作平稳，固体成型可靠，成本低，投入回收期短，经济效益和环保效益明显，推广前景广阔。

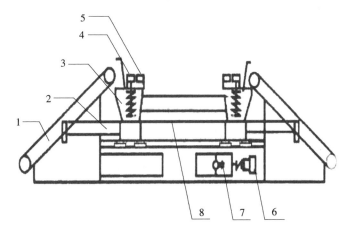

1. 自动上料机　2. 成型套筒
3. 进料斗　4. 进料螺旋搅龙　5. 电机
6. 主电机　7. 液压泵　8. 液压系统
图 7-11　HPB-Ⅲ生物质成型机系统简图

（2）液压驱动 RB110 型压块机

该机械是北京林业大学应用从德国引进的技术，经改造的块状固体成型燃料加工设备。在德国，该类型机械主要对一些铜屑、铁屑、秸秆、林业加工剩余物等进行压缩。固体成型模部分为"闭式"压缩，所谓"闭式"压缩，指的是用柱塞对装入一端封闭的压模内的物料进行压缩，压缩固体成型后再取出样品，它是一个完全封闭的压缩系统（可参见固体成型块固体成型过程分析章节）。设备如图 7-12。

RB110 型号压块机主要组成部分包括传动、进料、预

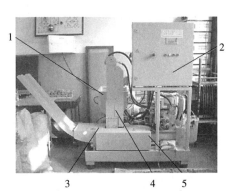

1. 料斗　2. 控制面板　3. 固体成型模
4. 预压缸　5. 主压缸
图 7-12　压块机实物图

压缸、主压缸、固体成型模、控制面板等。其一个循环的工作过程是：生物质原料从料斗加入，被搅拌器正转或反转调匀，再由螺旋轴转适当圈数，将一定量的原料挤入预压缸内，经由纵向预压和横向主压两个过程，原料被推入固体成型模内，达到预先设定的压力后由挤出推进器经保形区顶出。下一循环依此类推，但原料的颗粒和含水率等参数有一定的要求。

表 7－1　压块机参数表

压块机主要技术参数	
压块能力（以木头为例），kg/h	110
物料湿度	<15%
马达功率，Kw	5.5
最小压力，N/cm^2	14 200
压块尺寸，mm	长度150 宽60，高度40～110 可调
设备尺寸，mm	1 680×1 500×1 600
设备重量，Kg	1 900
给料粒度最大长度，mm	20

由于是在常温下成型相对加热挤压固体成型而言具有如下优点：

1）能耗低。致密固体成型时无需加热，省了加热部分的能耗，相对加热固体成型而言，常温成型的能耗（40 度电/吨）是加热成型能耗的 33%～56%；对原料预处理的要求低。加工过程中不会发生由于原料含水率过高而发生"放炮"现象。从所进行的生物质块状燃料常温致成型的试验研究表明，原料粉碎的颗粒度在 2～20 毫米、含水率不大于 15%便可固体成型。

2）固体成型模具磨损小。从生物质块状燃料常温成型的研究试验得到，挤压压力大于 150 千克/米^2 便可压缩固体成型，其密度可达到 1.0 克/厘米^3 以上。

3）燃料的热值无损失。生物质常温成型不破坏原料的分子结构，无化学反应和任何加热裂解分化的作用，因此燃料可以保持原物料的热值，几乎没有热量的损耗。

（3）BPF420 块状成型设备

北京盛昌绿能科技有限公司开发的生物质块状燃料固体成型设备——BPF420 适用范围广，产量 2～3 吨/小时，块截面为 2×3×6～10 厘米。在用于民用炊事、供暖炉具工业方面有较大优势，加工成本在 300 元/吨以下。但是该设备加工耗能较大，约 120～160 千瓦，详见图 7－13。

图 7－13　北京盛昌绿能科技有限公司成型燃料生产线和燃料产品

图 7 - 14，7 - 15 展示了其他相关设备和产品，在此不做详细描述。

图 7 - 14　小型固化成型——制棒机

图 7 - 15　部分成型燃料产品

7.3.2　颗粒燃料加工设备

（1）SZLH 系列——颗粒机

该系列设备是江苏溧阳机械设备厂引进美国技术生产的颗粒成型机械，生产能力可以达到 1～2 吨/小时。设备主传动采用高精度齿轮传动，环模采用快卸式抱箍型，产量比皮带传动型提高 20％左右。同时，整机传动部分（包括电机）选用瑞士、日本高品质轴承，确保传动高效、稳定、噪音低。全不锈钢加大型强化喂料调质器，采用变频调速控制，确保颗料高品质。另外，还采用国际先进的管路系统和进口调压阀。目前生产的小型颗粒制造机 SZLH30 的生产能力为 1～1.5 吨/小时，耗能 22～30 千瓦，KYW32 制粒机 2 吨/小时，耗能 37 千瓦。

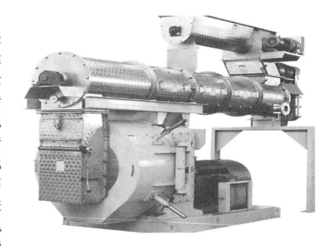

图 7 - 16　江苏溧阳机械设备厂开发的
颗粒燃料加工设备

（2）SKR - 25 型颗粒燃料成型机

该设备是由河南能源研究所开发的。SKR - 25 型颗粒燃料成型机设备采用的环模压辊原理，生产线的产量可达 1～1.5 吨/小时，设备功率 90 千瓦，颗粒直径 6～12 毫米，密度偏小，为 0.8～1.1 克/厘米^3，设备易损件的损耗成本 20 元/吨。

（3）环模压辊颗粒制造设备

该设备由中南林学院开发研制。设备采用环模压辊原理，生产线的产量可达 2～3 吨/小时，设备功率 95 千瓦，颗粒直径 6～10 毫米，密度 1.1～1.3 克/厘米^3，易损件的损耗成本 5 元/吨。设备的自动化控制程度较高，生产线的布局合理，生产的颗粒和国外接近，虽然在国内的环模式颗粒燃料生产设备中处于领先水平。

图 7-17　河南能源研究所开发的 SKR-25 型颗粒燃料成型机设备及加工厂

图 7-18　中南林学院开发颗粒燃料生产设备

（4）平模式颗粒机

吉林大学华光研究所生产的设备采用平模式原理，产量较小，最大为 0.5～0.8 吨/小时，功率 30 千瓦，颗粒直径 6～12 毫米，密度 1～1.3 克/厘米³，易损件的损耗成本 15 元/吨，颗粒形状较好，制粒设备已进行生产测试，建成了完整生产线。

（5）SDPM420 型颗粒机

该机量引进德国番庆公司专有技术，传动系统采用双电机强力报带使动，运转平稳、安全可靠。电机功率 20 千瓦，属环膜压辊型。生产效率高，耗电小，但设备造价较高（图 7-19）。

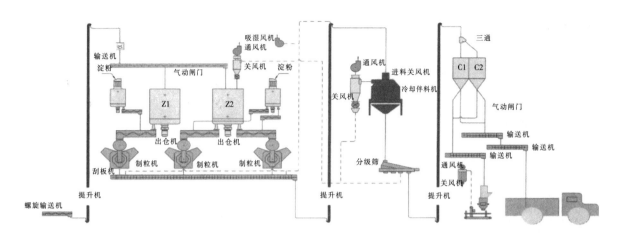

图 7-19　上海申德 420 型（SDPM420）颗粒成型机及技工生产示意图（1～2 吨/小时）

图 7-20　部分成型颗粒燃料

7.3.3　成型燃料加工案例分析

北京市盛昌绿能科技有限公司依托企业技术、设备上的优势，在北京市大兴区礼贤镇进行了新农村新能源的示范推广工程，利用当地农村的农林废弃物，加工成型燃料，取得了良好的效果，受到了农民的欢迎。下面是相关的经济效益对比（表 7-2）和环境效益对比（表 7-3）。

表 7-2　民用炊事及采暖不同燃料经济效益对比

科目 分类		取　暖		炊　事	
		民用烟煤	成型燃料	蜂窝煤	成型燃料
年需求量（t）		3.5	4	1 800（块）	1.5
元/t	市场价	500	420	0.37（块）	420
	补贴价		320		320
年燃料费用（元）	市场价	1 750	128	666	480
	补贴价		1 680		360
年节省（元）	市场价	—	470	—	186
	补贴价		70		36

表 7-3 10 万吨生物质成型燃料与同热值煤炭燃烧环境效益对比

单位：t

项目	10 万 t 生物质成型燃料	7 万 t 煤炭	减排量
CO_2 排放	零排放	14 万	14 万
SO_2 排放	100	700	600
烟尘	400	1 000	1 000
灰渣	5 000（草木灰）	2.8 万	28 万

（1）原料收集与利用

1）原料收集半径。原料主要包括玉米秸秆、小麦秸秆和棉花秸秆及部分果园剪枝等。原料的物流体系在整个生产过程中至关重要。收集半径的影响因素有原料价值（P_1）、运输费用（T）、当地劳动力机会成本（C）以及原料到厂价格（P_2）。

原料价值：它是一个变量，当秸秆作为废物被遗弃在田间地头时，其价值为零；当作为燃料出售时，其价值不再为零，而是一个根据供求关系上下浮动的数值。原料价值与收集半径成反比。

运输费用：它是指运输原料的机动车辆在路途中发生的费用，包括燃油费、养路费、折旧费和维修费。运输费用与收集半径成反比。

当地劳动力机会成本：它与当地的经济状况有关，经济条件好的地方，劳动力机会成本高；经济条件差的地方，劳动力机会成本就低。当地劳动力机会成本与收集半径成反比。

原料到厂价格：它是指原料收购公司所定的原料收购价格。原料到厂价格与收集半径成正比，收购公司由于自身的利益问题，不可能无限制提高原料到厂价格，所以收集半径也不可能无限制的增大。

以上参数必须满足这样的公式，承运商才可以如愿运送原料：

即 $$P_2 \times G \geqslant P_1 \times G + C + T \times R \times 2 \qquad (7-1)$$

式中 G 为原料质量；T 为运输费用，R 为半径。

2）原料收集案例。现以一般平原、经济条件中等的地区为例，假设 1 天运送 1 次，计算其收集半径。如果原料到厂价格定为 150 元/吨（水分 20%左右），一般三轮车 1 次可拉玉米秸秆 0.7 吨左右。现在油价 5.0 元/升，三轮车每 100 千米耗油 5 升，则单位燃油费为 0.25 元/千米；农用三轮车养路费为 0.15 元/千米；折旧费 0.10 元/千米；维修费 0.15 元/千米，所以运输费为 0.65 元/千米。

原料的装卸需要 2 人来完成，再加上开三轮车属于技术工作，劳动力机会成本定为 60 元/天。由于秸秆的价值很难估量，假设单位原料价值为 20 元/吨。

根据以上分析，应用公式（7-1）可得理论收集半径 R

$$150 \times 0.7 \leqslant 20 \times 1.5 + 60 + 0.65 \times R \times 2$$
$$R \leqslant 11.5 \text{ 千米}$$

据测算，在理论收集半径范围内的原料可用量约在 20 万～30 万吨，如果采用合理的收集模式和方式，基本可以满足中小型企业对原料加工的需求。

北京某成型燃料厂在加工成型燃料进行的原料收集所采用的"公司＋基地＋专业户"的利益联结模式，值得借鉴。

"基地"是指原料供应基地，应选择与农场或种植面积较大的种植农户签订秸秆收购协议，及时足量收购，及时付款，以保证原料稳定持续供给。

"专业户"是指以基地为纽带建立起来的原料收购专业农户，他们主要在不适合机械化大规模收割的小型田地或洼地，依靠个人组织人力手工收割或组织收集散落在田间地头的原料，经过简单打捆和晾晒，分批分段送至原料收集基地，厂方按照原料质量制定收购价格。专业户应选择具有一定专业素质的个体农户，并由公司进行正规培训。

有了好的收集模式，还要有一套完整的收集保障措施。要避免原料收集供应断档、不连续，减少原料因质量不合格影响使用。北京某成型燃料厂原料收集的过程采用了"理、情、利、令"的保障措施，收到了较好的效果。

理，即由乡、镇政府组织，各村委会召集当地农民协商合作意向，并签订原料收购的合作协议。

情，即厂方对合作农村的农民给予感情投入，对其进行帮贫扶困，提供免费或低价医疗服务等，再通过对其农作物免费收割、清理田地、把原料运回工厂等，与当地农民建立感情，互惠互利。

利，即农民可以将自家生产的原料或收集的其他零散原料销售给厂方，获取利益，以增加经济收入。

令，即乡、镇政府将对项目给予政策支持，保障基地原料的供应；同时对浪费、焚烧原料并由此造成污染的现象加大处罚力度，堵住原料损失的源头。通过"理、情、利、令"这4个有效措施，保证原料稳定持续的供应，建立起牢固的原料供应体系。

7.4 固体成型燃料应用

目前我国生物质的利用方式中，直接燃烧占有非常大的比重，但是这种燃烧方式的热效率却很低，一般只有10%～20%。然而当生物质在制成颗粒，经过炉、灶等燃烧器的燃烧后，其热效率能达到87%～89%，比传统的直接燃烧的热效率提高了77%～79%，可节约大量能源。生物质高密度固体成型燃料不仅是户用清洁燃料，也是工业锅炉生物质燃料的最佳燃料。

7.4.1 炉具燃烧取暖与炊事

高效燃烧器具（锅炉或灶具）的利用可以明显提高燃烧效率，从而从根本上节约能源，是有效利用生物质燃料的关键。

有关高效燃烧锅炉或炉灶的研究，瑞典、挪威、新西兰、澳大利亚、德国等国做的较早。截止到1998年，在瑞典家庭式燃烧生物颗粒燃料的供热锅炉热效率可达80%，而生物质燃料的供应可以与加注燃油一样由颗粒生物燃料车通过管道加注到燃料仓内。另一种住宅小区、学校大面积供热可进行二次燃烧的节能高效锅炉的燃烧热效率可高达90%。

图 7-21　国外成型颗粒燃料送货专用车与输料示意图

我国在改进燃烧器具，提高热能方面做了一定的研究，一种新型的节能炉灶燃烧薪材的热效率达 20％～30％，与旧式传统炉灶相比可节省燃料 40％～50％，同时具有使用方便、卫生、安全等优点。截止到 2005 年全国已有 1.82 亿用户使用这种节能灶，占总农户的 76％。下面简单介绍两种改进的炉型。

（1）专用颗粒成型燃料民用炉灶

中国林业科学研究院林产化学工业研究所开发的专用颗粒成型燃料民用炉灶，为小型木煤气发生炉和燃烧灶具两部分的组合。在这种专用炉灶中燃烧木片及颗粒成型燃料，其燃烧的热效率显著提高（专用炉灶使用颗粒成型燃料的热效率为 30.3％）。实验证明，颗粒成型燃料在民用炉灶上应用是完全可行的，燃烧稳定，热效率高，具有在广大农村、林区居民中应用推广的开发前景。

（2）老万牌生物质自动燃烧器及相应炉具

北京万发炉业中心成功地研制出能够连续自动和高效洁净燃烧普通农作物原料颗粒燃料的SWN－1 型生物质自动燃烧器，以其为核心，还制成了暖风壁炉、水暖炉、炊事炉等系列炉具，均取得了满意效果（图 7－22）。

图 7-22　以成型颗粒燃料为原料的暖风壁炉和生物质能炊事灶

图 7-23　老万牌农用成型燃料灶及取暖炉　　　　图 7-24　中南林学院研制的以成型颗粒燃料为原料的炊事灶

（3）0.8吨立式锅炉——成型棒（块）燃炉

成型棒（块）燃烧效果最好，燃烧室温度达106℃，燃烧速度比煤快15％以上，正常燃烧状态下，烟囱中无灰尘和灰烟排出，1次加入成型棒（块）5千克，关闭风门后，可保持4小时以上不熄灭。烟尘的排放浓度为138，SO_2排放浓度仅为75。

7.4.2　成型燃料发电供热

在我国，生物质发电供热锅炉多为水冷炉排炉，应该说，这种锅炉的燃料输送存在一定问题，因为，农林生物质原料存在着收集难、存储难、运输难、防火难四大难题，令管理者们头疼不已。同时经破碎的燃料又遇到入炉难的问题，使锅炉难以达到额定力。然而，应用生物质固体成型燃料可使上述难题迎刃而解。一是收集不再难。生物质固体成型设备以小型（产量为0.5～1吨/小时）、价款在4万元左右为宜，一家一户即可买得起，干得了。在村庄里由农户就地将原料加工成型，避免了原料远距离运输，使原料收集不再难。二是存储不再难。大量的分散的农户加工使固体成型燃料分储于农户之中，就像千百家生物质"小煤矿"遍地开花。三是运输不再难。生物质固体成型燃料的密度通常为1吨/米³左右，使运输不再难。四是防火不再难。秸秆可能用一根火柴就能使其燃烧起熊熊大火，而压缩成型后其燃点是比较高的，通常难以引燃，使其防火不再难。五是入炉不再难。原料压缩成型后，体积大幅度缩小，密度大幅度增加，不再像原料那样输送入炉时容易蓬住、卡住，使燃料入炉不再难。

显然，生物质原料成型过程中要耗费人力、动力、物力，必将使燃料成本增大，这对于年需量在十多万吨、二十几万吨的生物质电厂的经营管理者来说，将是难以承受的。但是，把应用成型燃料作为发电燃料的供给部分作为补充或应急补充（20％的补充应用），企业则完全可以承受。

Osby PB2
350~3 000KW

图7-25　国外生物质锅炉燃烧发电供热系统图

7.5　未来成型燃料开发与利用潜力

7.5.1　市场需求和经济效益

开发成型燃料具有较强的市场需求和较好的经济效益。其成本主要取决于原料收集和运输价格，若原料到厂成本在 200 元/吨以内，固体成型燃料的生产成本可以控制在 350 元/吨以内，产品价格已低于现行煤价，具备大面积推广的条件，可以进行产业化生产，具有一定经济效益。若在林场加工生产，原料价格比较低，成本可大大降低，可控制在 300 元/吨。经测算，建立一个由 2～4 台成型设备组成的年生产能力在 1 万～2 万吨成型燃料加工厂，产品售价在 400 元/吨，年收益在 100 万元以上。若用于高档住宅小区供热和炊事，替代煤炭消耗，可以节约集中供暖、供气的各项费用，效益更加可观。

7.5.2　在农村林区发展的优势

开发固体成型燃料是一项利国、利民、利集体，提高农村生产和生活质量的重要措施之一，其替代煤炭的市场需求量大，原料充足，清洁有利健康，将成为国家政策和资金扶持的重点项目，发展潜力巨大可以成为新农村、新林区建设中推广应用的新型适用产业。国家《可再生能源中长期发展规划》已明确指出，到 2020 年，实现年生产生物质固体成型燃料 5 000 万吨的发展目标，这将为林业承担更大的任务提出了新的目标。我国有 4 000 多个国有林场，其中一半以上处于边远林区，交通不便，处于贫困状态。这里森林剩余物资源丰富，利用自有剩余物资源，开发成型燃料，可以为林场解决购买煤炭的不便，每年每个林场可以节省 50～60 吨煤炭。

固体成型燃料加工生产技术简便，易于林场职工操作，便于在农村推广。除了收割、收集和枝丫条晾干处理的外，加工头道程序是粉碎枝丫条，然后输送到固体成型设备中加压固体成型。固体成型后的颗粒、块经过防潮包装后，便可运送到企业和家庭中，用于各种家用炉灶和工业锅炉（排炉锅炉）使用，替代煤炭效果十分明显。

7.6　成型燃料规模化发展亟待解决的问题

7.6.1　资源问题

成型燃料主要以木材加工剩余物和农作物秸秆为主要原料，难以形成规模。为大规模生产生物质成型燃料，大力发展能源林基地是解决上述问题有效途径之一。

7.6.2　设备问题

研制开发适用于中国国情的生物质常温成型设备是亟待解决的问题之二。

7.6.3　灌木机械平茬收割问题

灌木种类较多，在生长到一定年限以后需要进行平茬复壮利用，否则会枯死。大多数灌木其枝干上生长有刺，人工收割效率低、困难大。现有收割灌木的机械设备效率有待提高，研制专用于灌木联合收割机械是亟待解决问题之三。

（傅友红、俞国胜、袁湘月、吕扬）

◆ **参考文献**

[1] 吴创之，马隆龙．生物质能现代利用技术．北京：化学工业出版社，2003

［2］邓可蕴．21世纪我国生物质能发展战略．中国电力．2000（9）

［3］杨军太，朱柏林，刘汉武．柱塞式压块机压块成形理论分析与试验研究，农业机械学报．1995（3）

［4］刘圣勇，赵迎芳，张百良．生物质成型燃料燃烧理论．能源研究与利用．2002（6）

［5］杨巧绒．单螺杆挤压机生产率计算模型的验证与修正．江苏理工大学学报（自然科学版）．2000（5）

［6］吴杰，盛奎川．切碎棉秆压缩成型及物理特性的试验研究．石河子大学学报（自然科学版）．2003（3）

［7］肖波，等．生物质能循环经济技术．北京：化学工业出版社，2006

［8］孙军，邹玲．木质燃料发热量的研究．研究与试验．2003（6）

［9］林维纪，张大雷．生物质固化成型技术的几个问题，农村能源．1998（6）

［10］康德孚，孟庆兰．生物质物料热压成型工艺参数的探讨，农业工程学报．1994（3）

［11］张百良，李保谦，等．HPB－I型生物质成型机应用研究，太阳能学报．1999（3）

［12］于晓波，张纯铸，付胜利，张凤菊．9KL－380型秸秆饲料压块机的试验研究，农机化研究．2001（3）

［13］严永林．生物质固化成型设备的研究．林业机械与木工设备．2003（12）

［14］汤辉，高宇明，张进．螺旋挤压机设计的改进．冶金能源．1998（3）

［15］雷群．生物质燃料成型机套筒寿命问题的探讨．农村能源．1997（5）

［16］夏毅敏，廖平，张立华，等．铜铝屑压块机设计．机床与液压．2001（4）

［17］王方．生物质工业型煤的性能及成型机．煤炭加工与综合利用．1996（4）

［18］栾明奕，王文，李清泉．生物质燃料挤压成型机的试验研究．应用能源技术．2003（3）

［19］张无敌，董锦艳，等．生物质能利用．太阳能．2000（1）

［20］张无敌．生物质能转换技术与前景．新能源．2000，22（1）

［21］刘守新，李海潮，张世润．木质生物能源利用技术研究．中国林副特产．2001（8）

［22］孙毅．生物能源的开发前景．企业技术开发．1996（12）

［23］刘圣勇，陈开碇，张百良．国内外生物质成型燃料及燃烧设备研究与开发现状．可再生能源．2002（4）

［24］王秀，等．燃生物质燃料锅炉的设计．节能技术．2001（9）

［25］岑可法，方梦祥，等．新型高效低污染利用生物质燃料技术的研究．能源工程．1994（2）

［26］白鲁刚．废弃生物质的开发利用．新能源．2000，22（4）

［27］何元斌．生物质压缩成型燃料及成型技术（一）．农村能源．1995（5）

［28］何元斌．生物质压缩成型燃料及成型技术（二）．农村能源．1995（6）

［29］何元斌．生物质压缩成型燃料及成型技术（三）．农村能源．1996（1）

［30］何元斌．生物质压缩成型燃料及成型技术（四）．农村能源．1996（2）

［31］盛奎川，蒋成球，等．生物质压缩成型燃料技术研究综述．能源工程．1996

［32］盛奎川，钱湘群，吴杰．切碎棉秆高密度压缩成型的试验研究．浙江大学学报（农业与生命科学版）．2002（2）

［33］马孝琴，杨世关，等．生物质压缩成型技术的节能分析．资源节约和综合利用．1997（3）

［34］骆仲泱，张冀强，等．中国生物质能利用技术评价．能源研究与利用．2001（2）

［35］黄明权，张大雷，等．影响生物质固化成型因素的研究．农村能源．1999（1）

［36］刘石彩，蒋剑春，等．生物质固化制造成型炭技术研究．林产化工通讯．2000，36（2）

［37］张大雷，黄明权，等．林产加工废弃物的综合利用技术．林产工业．1993，25（6）

［38］胡东南．农林废弃物生物质压块燃料．广西科学院学报．1994，10（2）

［39］郭康权，杨中平，等．玉米秸秆颗粒燃料成型的试验研究．西北农业大学学报．1995，23（2）

［40］邱凌，郭康权，等．生物质能转换技术．西北大学出版社．1993

［41］侯介江．秸秆燃料固化成型机械的初步评价．新型燃料技术开发研讨会文集．1992

［42］王民，朱俊生．秸秆制作成型燃料技术，新型燃料技术开发研讨会文集．1992

［43］刘圣勇，陈开碇，等．国内外生物质成型燃料及燃烧设备研究与开发现状，可再生能源．2002（4）

［44］丁丽芹，何力，等．国外生物燃料的发展及现状．现代化工．2002，22（11）

［45］薛伟，王秀波，等．采伐剩余物固化成型技术．森林工程．1998，14（4）

［46］赵东，黄文彬．玉米秆粒体塑性压缩成型过程的有限元分析．力学与实践．2001（23）

［47］马孝琴. 生物质压缩成型技术的研究现状及评价. 资源节约与综合利用.1998（3）

［48］于渤. 中国煤炭替代的经济分析. 中国能源.2000，22（3）

［49］郑戈，杨世关，等. 生物质压缩成型技术的发展与分析. 河南农业大学学报.1998（12）

［50］汪孙国. 木质燃料——一种再生生物能源. 世界林业研究.1993（5）

［51］蒋剑春，刘石彩，等. 林业剩余物制造颗粒成型燃料技术研究. 林产化学与工业.1999，19（3）

［52］刘石彩，蒋剑春，等. 专用颗粒成型燃料民用炉灶技术研究. 林产化工通讯.2000，34（1）

［53］宋晓锐. 生物质能通过热化学加工的开发利用. 现代化工.2000（2）

［54］朱清时. 可持续发展对化学的挑战.21世纪100个科学难题.1998

［55］沈兆邦. 我国森林资源化学利用的发展前景. 林产化学与工业.1994（4）

［56］周善元.21世纪的新能源——生物质能. 农村能源与新能源.2001（4）

［57］蒋剑春. 生物质能源应用研究现状与发展前景，林产化学与工业.2002，22（2）

［58］杨艳，卢滇楠，等. 面向21世纪的生物能源. 化工进展.2002，21（5）

［59］荣桂安. 生物质能源的转化与应用. 氮肥设计.1996（2）

［60］金涌. 生物质快速裂解过程——农村可持续发展能源的开发. 大自然探索.1998（4）

［61］崔书红. 我国农村生物能源的发展现状及特点. 生态与自然保护.1998（8）

［62］李瑞阳.21世纪的重要能源——生物质能. 今日启明星.1999年

［63］董宏林. 生物质能源转换新技术及其应用. 宁夏农林科技.1999（6）

［64］P. F. RANDERSON，董宏林，等. 世界若干国家生物质能源利用及有关问题研究. 宁夏农林科技.1999（5）

［65］何建，杨治敏. 秸秆生物型煤走煤能源利用可持续发展之路. 四川环境.1999，18（4）

［66］Swedish National Energy Administration. Building, sustainable Energy, svensk byggtjanst. 2001

［67］Swedish National Energy Administration. This is bioenergy. SVEBIO Fact Sheet. 1998（4）

［68］Energimyndigheten. Heating with Wood Fuel. Information from Tradbransleforeningen and Energimyndigheten. Five fact sheet on wood fuels. 2001

［69］Swedish National Energy Administration. This is bioenergy. SVEBIO Fact Sheet. 1998（12）

［70］Swedish National Energy Administration. Biofuel and ashes. A Survey. 2000（1）

［71］Swedish National Energy Administration. This is bioenergy. SVEBIO Fact Sheet. 1998（1）

［72］Brandt H J. Biomass Densification. University of Twente. Eugene J. Kubinsky，Densifying Wood Waste. a Machinery Comparison. FOREST INDUSTRIES. 1986（8）

8. 气化燃料

8.1 生物质气化燃料概述

生物质气化燃料开发与利用是替代煤炭、石油和天然气等一次性能源的重要途径，既可在相当程度上满足人类社会日益增长的能源需求，又可有效减轻化石能源使用给生态环境所带来的污染，得到了国家、地方政府和农民群众的重视和喜爱。

生物质气化燃料开发与利用，是指在缺氧状态下；通过热化学反应使固态的林木质原料、秸秆、稻壳等有机物转化为高品位、易输送、利用效率高且清洁的可燃气体过程，产生的气体可直接作为燃料，也可用于生产动力。如：林区和农村地区现存的大量林木剩余物作为主要气化原料，通过气化技术的转化向广大林户或农户供应炊事燃气。

8.2 生物质气化技术发展评述

生物质气化技术已有 100 多年的历史，早期的生物质热解气技术主要是将木炭气化后用做内燃机燃料。20 世纪 70 年代，受到石油危机的冲击，西方各主要工业国家纷纷投入大量资源研究可再生能源。西方国家农业生产多以农场为主，生物质资源集中，生物质气化规模一般比较大。成为重要的可再生能源使用途径之一。

美国、瑞典、日本、德国及欧盟各国政府都在加大生物质气化技术开发的投资力度。到 20 世纪 80 年代，美国已有 19 家公司和研究机构从事生物质热裂解气化技术的研究与开发，美国可再生能源实验室和夏威夷大学还在进行生物质燃气联合循环的蔗渣发电系统研究。近年来，美国在生物质热裂解气化技术方面有所突破，研制出了生物质综合气化装置——燃气轮机发电系统成套设备等。在加拿大，有 12 个大学的实验室在开展生物质热裂解气化技术的研究。在德国，鲁奇公司建立了 100MW IGCC 的示范工程。瑞典能源中心利用生物质气化等先进技术在巴西建立生物质蔗渣发电厂。荷兰特温特大学进行流化床气化器和焦油催化裂解装置的研究，推出了无焦油气化系统。

在亚洲，生物质气化技术也得到初步开展。1986 年末，马来西亚理工大学机械工程系开始从事生物质气化技术的开发研究工作。

8.2.1 气化技术开发利用现状

(1) 气化技术研究现状

在气化、热解反应的工艺和设备研究方面，流化床技术是科学家们关注的热点之一。印度 Anna 大学新能源和可再生能源中心最近开发研究用流化床气化稻壳、木屑、甘蔗渣等农林剩余物，建立了一个中试规模的流化床系统，产生的气体用于燃气发动机驱动发电机发电。1995 年美国 Hawaii 大学和 Vermont 大学在国家能源部的资助下开展了流化床气化发电技术开发工作。欧洲一些发达国家的研究人员在催化气化方面也做了大量的研究开发工作，在生物质转化过程中，通过应用催化剂降低反应活化能、改变生物质热分解进程以及分解气化副产物焦油成为小分子可燃气体，以提高气体热值、降低气化反应温度，最终可以提高反应速率和调整气体组成，也可进一步加工制取甲醇和合成氨。

Biokoksanlage Freiberg 5 Bar,550℃

图 8-1　德国科林公司气化工业发展

国内方面：从 20 世纪 80 年代初我国生物质气化技术受到政府和科技人员的重视，"七五"和"八五"期间取得了较大进展。目前已开发出多种固定床和流化床小型气化炉，以秸秆、木屑、稻壳、树枝等为原料生产燃气，主要用于村镇级集中供气。

生物质气化发电主要针对具有大量生物质废弃物的木材加工厂、碾米厂等工业企业。中国科学院广州能源研究所在循环流化床气化发电方面取得了一系列进展，已经建设了多套气化发电系统，并建立了几十处示范工程；中国林业科学院林产化学工业研究所在生物质流态化气化技术、内循环锥形流化床富氧气化技术方面取得了成果；西安交通大学近年来一直致力于生物质超临界催化气化制氢方面的基础研究；中国科技大学进行了生物质等离子体气化、生物质气化合成等技术的研究；山东大学在下吸式固定床气化集中供气、供热、发电系统上进行了研究。

GSP-Plus-气化炉：

（2）生物质燃气应用现状

1）国外应用现状。目前国外生物质气化装置的发展有大

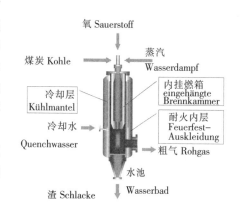

图 8-2　国外气化炉结构示意图

规模和小规模两种模式。总的来说，欧美发达国家研制的生物质气化装置一般规模较大，自动化程度高，工艺较复杂，以发电和供热为主，造价较高，气化效率可达 60%～90%，可燃气热值为 (1.7～2.5)×104 千焦/米³。就大规模装置来说，加拿大摩尔公司（Moore Canada Ltd.）设计和发展的固定床湿式上行式气化装置、加拿大通用燃料气化公司（Omnifuel Gasification System Limited）设计制造的流化床气化装置、美国标准固体燃料公司（Standard Solid Fuels Inc）设计制造的炭化气化木煤气发生系统、德国茵贝尔特能源公司（Imbert Energietechnik GMBH）设计制造的下行式气化炉—内燃机发电机组系统等都是代表。

一些国家也进行了小型气化设备研究。日本的 Jun Sakai 等人于 20 世纪 70 年代设计了一台小型木炭煤气装置用于开动 4.4 千瓦的汽油机取得成功。类似的装置在菲律宾的 Central Luzon 大学（1977）、美国密歇根州立大学（1978）和泰国农业部农业工程局（1980）相继研制成功并逐步走向实用化。目前，由 ThomasReed 和 Ron Larson 设计的木材增压家用炊事气化炉，适用于小木块为原料，CO 排放量低，安全方便，宜于家用炊事。印度科学研究所研制的 IISc 小型气化炉，用木块和团状垃圾作为燃料，输出

热功率 3~4 千瓦，一次加料在炉内可以连续反应 2 小时，并进一步降低了烟尘排放量。

2）国内应用现状。近年来，我国在气化设备研究开发方面也取得了较大的进展。浙江大学、华中科技大学、山东省能源所等单位也对生物质气化技术进行了各自的研究工作。目前，我国自行研制的集中供气系统已进入实用化试验及示范阶段。已有多家生物质气化集中供气设备的生产厂家。生物质气化集中供气技术在推广中不断改进，已逐渐成熟。就大型装置来说，山东能源研究所研制的 XFF 系列生物质燃气化炉在农村集中供气应用中获得了一定的社会、经济效益；1994 年在山东桓台县潘村建成第一个集中供气试点以来，陆续在山东、河北、辽宁、吉林、黑龙江、北京、天津等省市不断推广应用；已在全国建立示范工程 200 余处。

大连市环境科学设计研究院用研制的 LZ 系列生物质干馏热解气化装置建成了可供 1 000 户农民生活用燃气的生物质热解加工厂。

我国小型气化炉的研究开发也在逐步发展，形成了多个系列的炉型，可满足多种物料的气化要求，在生产、生活用能，发电，干燥，供暖等领域得到利用。如中国农业机械科学研究院研制的 ND 系列生物质气化炉，用气化产出烘干农林产品，设备简单，投资少，热效率高，对于小型企业及个体户有使用价值，其中 ND-600 型气化炉已进行较长时间的生产运行，取得了一定效益；中国科学院广州能源所对上吸式生物质气化炉的气化原理、物料反应性能做了大量试验，研制出 GSQ 型气化炉；云南省研制的 QL-50、60 型户用生物质气化炉已通过技术鉴定并在农村进行试验示范。2003 年底，我国生物质气化集中供气系统供气站保有量 525 处，年产生物质燃气 1.5 亿米^3；到 2007 年，已发展到 1 000 多处，年产生物质燃气能力超过 5 亿米^3。

表 8-1　我国生物质气化炉研究

类型	型号	热输出（KJ/h）	用途	研究单位
上吸式	GSQ-1100	$(1.09 \sim 2.63) \times 10^5$	生产供热	广州能源所
		1.6×10^5	锅炉供热	广州能源所
下吸式	ND600	6.27×10^5	木材烘干	中国农机院
	QFF-1 000	1.25×10^5	气化供气	山东能源所
	QFF-2 000	2.5×10^5	气化供气	山东能源所
	HQ/HD-280B	1.2×10^4	炉用炊事	中国农机院
层式下吸式		5.76×10^5	发电	原商业部
		2.16×10^5	发电	江苏省粮食局
循环流化床		1.316×10^6	生产供热	广州能源所
		9.2×10^6	技术试验	中科院化冶所
中热值气化炉		0.67×10^3	气化供气	广州能源所

我国与欧美国家的生物质气化存在很大差别。我国的气化原料通常为农村有机废弃物，如秸秆、稻壳、玉米芯、果壳和锯末等，而欧美国家则采用硬木块、木炭、有机垃圾等；欧美国家的气化炉多用于发电、供热和驱动车辆，而我国的气化炉则主要用于解决农村能源问题；欧美国家开展生物质热裂解气化技术比较注重环境效益，而我国则是以能源效益为主。总体来看，欧美在技术和自动化方面比我国高，投入也明显高于我国。但我国的气

图 8-3　生物质气化产业正在兴起

化炉对原料有广泛的适应性，欧美国家的气化炉则对原料有较高的选择性。但无论是国内还是国外，目前生物质热解气化所产生的生物气均为低热值气体，一般发热量 5 000 千焦/米³。

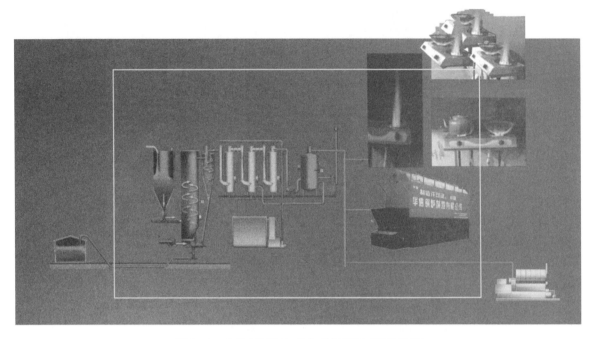

图 8-4　生物质燃气加工生产与利用工艺流程图

8.2.2　生物质气化技术原理与流程

生物质气化是在不完全燃烧条件下，利用空气中的氧气或含氧物质作气化剂，将生物质转化为含 CO、H_2、CH_4 等可燃气体的过程。气化反应过程同时包括固体燃料的干燥、热分解反应、氧化反应和还原反应。转化过程的气化剂有空气、氧气、水蒸气等，但以空气为主。由于生物质原料由纤维素、半纤维素、生物质原料木质素等组成，含氧量和挥发都很高、活性较强，有利于气化。根据气化介质和气化炉的不同，燃气热值也会发生变化；如果采用空气作为气化剂进行气化，燃气热值将在 4 000～18 000 千焦/米³ 的范围内变化。

（1）气化技术原理

气化装置运行稳定时，一定粒度生物质原料进入气化炉后，首先被干燥。随着料层的下落，伴随温度的升高，其挥发物质析出并在高温下裂解（热解），生成固体集炭和气体挥发成分（包括 CO、CO_2、H_2、CH_4、焦油、木醋酸和热解水等）；裂解后的气体和炭在氧化区与供入的气化介质（空气、氧、空气/水蒸气等）发生燃烧反应，所生成的高温气体与高温炭层发生非均相的还原反应；燃烧生成的热量用于维持干燥、热解和下部还原区的吸热反应；燃烧

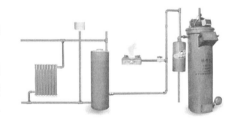

图 8-5　户用气化发生系统
与设备示意图

后的气体，经过还原区与炭层反应，最终生成了含有一定量的 CO、H_2、CH_4 及部分不饱和烃 Cm-Hn 的混合可燃气体，由下部抽出，去除焦油等杂质净化后即可燃用。氧化后的气体含有一些不可燃气体，如：CO_2、H_2O 等，经还原反应减少其含量，灰分则由气化器下部排出。

（2）气化流程

在气化过程中，生物质基本上要经过氧化、还原、裂解（热解）和干燥 4 个阶段，其主要的反应

式为：

氧化阶段：$C+O_2=CO_2+408.84$ 千焦

$2C+O_2=2CO+246.44$ 千焦

还原阶段：$C+CO_2=2CO-162.41$ 千焦

$H_2O+C=CO+H_2-118.82$ 千焦

生物质气化根据所处的气化环境可分为空气气化、富氧气化、水蒸汽气化和热解气化。

空气气化技术直接以空气为气化剂，气化效率较高，是目前应用最广也是所有气化技术中最简单、最经济的一种，可直接用于供气、工业锅炉等。在空气气化技术中，氮气占到总体积的 $50\%\sim55\%$，大量氮气的存在，稀释了燃气中可燃气体的含量，使得产生的燃气热值较低，通常为 $5\,000\sim6\,000$ 千焦/米^3。富氧气化使用富氧气体做气化剂，在与空气气化相同的当量比下，反应温度提高，反应速率加快，可得到焦油含量低的中热值燃气，发热值一般在 $10\,000\sim18\,000$ 千焦/米^3，与城市煤气相当，但需要增加制氧设备，电耗和成本都很高。富氧气化可用于大型整体气化联合循环（IGCC）系统、固体垃圾发电等。水蒸汽气化是指在高温下水蒸汽同生物质发生反应，涉及水蒸汽和碳的还原反应，CO 与水蒸汽的变换反应等甲烷化反应以及生物质在气化炉内的热分解反应，燃气质量好，H_2 含量高（$30\%\sim60\%$），热值在 $10\,000\sim16\,000$ 千焦/米^3，由于系统需要蒸汽发生器和过热设备，一般需要外供热源，系统独立性差，技术较复杂。热解气化不使用气化介质，又称为干馏气化，产生固定炭、液体（焦油）与可燃气，热值在 $10\,000\sim13\,000$ 千焦/米^3。

在气化炉反应过程中，燃气中会带有一部分灰分和液态焦油，必须从中分离出来，避免堵塞管道。灰分的处理从技术角度分析较容易，而焦油的处理则较复杂，在一定规模下可使用催化裂解，一般较可行的方式是物理化学法结合。目前适用生物质气化焦油的去除方法主要包括普通方法和催化裂解法，普通法除焦油又可分为湿法和干法两种。湿法去除焦油是生物质气化燃气净化技术中最为普通的方法，包括水洗法和水滤法，它利用水洗燃气，使之快速降温从而达到焦油冷凝并从燃气中分离的目的。干法去除焦油是将吸附性强的物质（如炭粒，玉米芯等）装在容器中，当燃气穿过吸附材料和过滤器时，把其中的焦油过滤出来。催化裂解法是在一定温度下，使用白云石（$MgCO_3 \cdot CaCO_3$）和镍基等催化剂把焦油分解成永久性小分子气体，裂解后的产物与燃气成分相似。

（3）气化机组与气化程序

生物质气化是容器内生物质在缺氧状态下的燃烧反应。其反应器的设计通常有上吸式和下吸式两种，上吸式产生的燃气一般高于下吸式，上吸式的最大缺点是不能连续供料，发生炉产生的燃气也不稳定。

气化机组主体有两部分组成：第一部分为气化炉（包括上料机），第二部分为燃气净化装置。气化炉（包括上料机）—燃气发生炉机组又主要由三部分组成：

a. 上料部分。经过粉碎达到一定要求的秸秆，经过上料机送入气化炉。上料机通常采用密封绞笼，对上料机的开启和关闭，可以根据发生炉的用料要求，实现自动落料；

b. 气化炉，即气化的反应室。被粉碎的秸秆在这里进行受控燃烧和发生还原反应。发生炉产生的燃气，含有大量的焦油和灰分，应对其净化处理。

c. 燃气的净化。主要清除气体中的焦油和灰份，使之达到国家标准，即小于 10 毫克/米^3。

燃气净化装置也主要由三部分组成：

a. 燃气冷却及净化器。

b. 机组动力——水环真空泵，是机组内气水混合运行的动力。

c. 焦油分离器，也同时是气水分离器。

储气柜是另一重要设施，是储存气体的设备，主要用于燃气气源产量与供应量之间的调节。储气柜的结构有外导架直升式、无外导架直升式、螺旋导轨式。储气柜容积是根据用户每天的总用气量来考虑，一般地，储气柜的容量应占日供气总量的 40%～50%。储气柜的容积有 3 种表示方法，即几何容积、有效容积和公称容积。

8.2.3 气化装置

(1) 生物质气化装置分类

生物质气化系统包括气化炉、冷却器、净化器、风机、储槽及空气调节器等，其分类主要依据气化炉的工作原理和工艺流程不同进行划分。通常有以下几种分类方法：

a. 从气化的工作原理上可分为固定床气化炉、流化床气化炉和携带床气化炉。其中，固定床气化炉又分为下吸式、上吸式、横吸式（或平吸式）和开心式 4 种；流化床气化炉又分单床、循环和双床 3 种；携带床气化炉是流化床气化炉的一种特例。

b. 从气化方式可分为湿式气化和干式气化两种，湿式供给水蒸汽，而干式则不供给水蒸汽。

c. 从气流方式上可分为上吸式、下吸式和横吸式。

d. 以通风方式可分为吸入式和压入式。

e. 按出气口的位置可分为顶部、侧部和底部。

f. 从炉内结构方面可分为固定床和流化床。

生物质气化的工作原理，按照气化器中可燃气相对物料流动速度和方向的不同对气化炉进行分类，分为固定床气化炉和流化床气化炉两种。

1) 固定床气化炉。固定床气化炉具有一个容纳原料的炉膛和承托反应料层的炉栅，应用较广泛的是上吸式气化炉和下吸式气化炉。固定床上吸式气化炉的基本结构和反应过程为：物料由炉顶加料口加入炉内，气化剂由炉体底部的进风口进入炉内参与气化反应。炉体内气体流动方向为自下而上，最终可燃气由上部的可燃气出口排出。其优点是：可燃气经过热分解层和干燥层时将热量传递给物料，自身温度降低，炉子热效率高；可燃气热值较高；热分解层和干燥层对可燃气有过滤作用，使出炉的可燃气灰分少。其缺点是：添料不方便；密封困难；可燃气中焦油、蒸汽含量较多。

固定床下吸式气化炉的基本结构和反应过程为：物料由炉顶加料口加入炉内，气化剂由炉体上部进入炉内，部分气化剂也可随物料一起进入炉膛，炉内料层自上而下为干燥层、热分解层、还原层和氧化层，最终可燃气由炉体侧壁排出。其优点是：高温区的温度

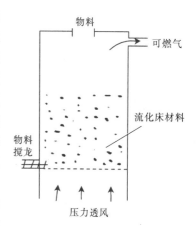

图 8-6　固定床上吸式气化炉

稳定效应使工作稳定，产出气成分相对稳定；可随时开盖添料；焦油通过高温区被裂解，因此出炉的可燃气中焦油较少。其缺点是：可燃气的流向与热流方向相反，引风机的功耗要求大；出炉的可燃气含灰分较多；出炉可燃气温度高需冷却，炉内热效率较低。

2) 流化床气化炉。颗粒状的物料被搅拌后送入炉内，常掺有精选的惰性材料沙子做为流化床材料，在炉体底部以较大压力通入气化剂，使炉内呈沸腾、鼓泡等不同状态。通过物料和气化剂充分接触，发生气化反应。流化床气化炉优点是：物料反应温度均匀，气化反应快，产气率高；炉内温度高而稳定，一般流化床气化炉反应温度控制在 700～900 摄氏度，故可燃气中焦油含量较少，可燃气热值较高，生产能力大。其缺点是：可燃气中灰分含量较多，结构比较复杂，原料主要是木屑、稻壳等颗粒度较小、流化性能较好的物料。

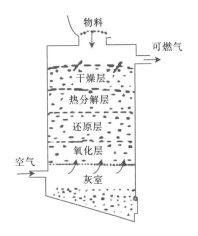

图 8-7 固定床下吸式气化炉

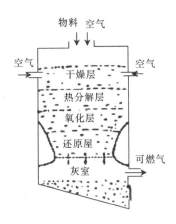

图 8-8 流化床气化炉

按气化器结构和气化过程,可将流化床分为鼓泡流化床和循环流化床。鼓泡流化床气化炉是最简单的流化床,气流速度较慢,比较适合颗粒较大的生物质原料,一般需增加热载体。而循环流化床气化炉在气体出口设有旋风分离器或袋式分离器,流化速度较高,适用于较小的生物质颗粒,通常情况下不需加流化床热载体,运行简单,有良好的混合特性和较高的气固反应速率。

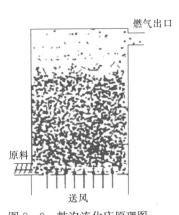

图 8-9 鼓泡流化床原理图

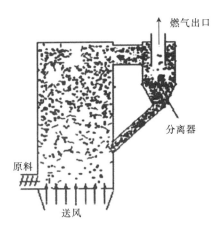

图 8-10 循环流化床原理

3)固定床气化炉与流化床气化炉适用范围。流化床气化与固定床气化相比较,气化温度更均匀,气化强度更高,原料粒度要求小,对于连续运转以木材加工厂下脚料和碾米厂的稻壳为原料的中小型气化发电系统比较适合。由于流化床床层温度相对较低,焦油裂解受到抑制,产出气中焦油含量较高,用于发电需要复杂的净化系统,流化床内气流速度大,石英沙等惰性热载体与床壁易于磨损,燃料颗粒细小,产出气体中带出物较多,加重系统负担。固定床气化对原料适应性强,原料粒度要求不严格,反应区温度较高有利于焦油的裂解,出炉灰分相对较少,系统投资较循环流化床低,但固定床气化强度不高,一般是间歇式工作,在连续工作方面不如流化床。固定床气化炉与流化床气化炉都有各自的特点和一定的适用范围,固定床结构简单、操作便利,运行模式灵活,适用于中小规模生产目前在农村集中供气供热系统和中小型气化发电中广泛应用;流化床设备较复杂、投资大,适合于工业化、大型化。

（2）国内外主要生物质气化装置

1）国外生物质气化装置系统。国外气化装置所用的原料主要为木材、木块和木屑等木质类原料，部分为城市有机垃圾。其装置有固定床和流化床两种。几种国外生物质热解气化装置的性能指标如表8-2所示：

表8-2 国外几种生物质热解气化发生系统

气化系统	设计公司	气化原料	热效率	规模（KJ/h）
固定床湿式上行式气化装置	加拿大摩尔公司 Moore Canada L td	碎废木材	50%	$2\,100\times10^4$
流化床气化装置	加拿大通用燃料气化公司 Omni-fuel Gasification System L td	木材加工后的剩余物	70%	$100\times10^4\sim15\,000\times10^4$
炭化气体木煤气发生系统	美国标准固体燃料公司 Standard Solid Fuels Inc	木炭		160×10^4 和 $3\,000\times10^4$

2）我国生物质气化装置系统。我国已研制出的各种气化炉对原料有广泛的适应性，用途亦是多种多样的，并且已逐步形成一定的商品开发能力。这些气化炉主要以小型多用途的方式来满足市场需求。其技术主要采用下吸式（少数为上吸式、平吸式或流化床）空气发生炉高温热解反应以满足多种燃料的功能。气化燃气一般为低热值生物气。导致生物质气化燃气热值低的原因有两个：其一是生物质原料水分和挥发分含量高、容重小、休止角大以及粒度不均匀等因素，给气化过程带来困难；其二是生物质气化较适宜空气燃气法制气，导致气体组分中氮气含量高达50%左右。表8-3列出了我国各种气化炉的性能。

表8-3 我国各种气化炉的性能

气化炉	气化原料	气化方式	热值（KJ/m³）	发热量（MJ/h）
ND-400	农林残余物	下吸式空气煤气	4 180~5 850	210~290
ND-600	秸秆、农林废弃物	下吸式空气煤气	6 222	500~650
HQ-280	秸秆、锯末、稻壳、果壳、树皮	下吸式空气煤气	4 500~5 000	42~50
XFL-600	棉柴、玉米秸、木质废料等	下吸式空气煤气	3 800~5 200	600
XFL-1 000	秸秆类	下吸式空气煤气	5 000 左右	1 000
XFL-2 500	秸秆类	下吸式空气煤气	5 000 左右	2 500
GSQ-1 100	生物质	上吸式空气煤气		1 080~2 630

目前我国已应用或商品化的生物质气化炉主要有 ND 系列生物质气化炉、HQ-280 型生物质气化炉、XFL 系列生物质气化炉和 GSQ-1 100 大型上吸式气化炉。

a. ND 系列生物质气化炉。ND 系列气化炉是中国农业机械科学研究院能源动力研究所研制开发的，已应用的气化炉有 ND-400、ND-600 和 ND-900 3 种。ND-400 型气化炉是以多种农林残余物为燃料而设计的，气化室直径为 400 毫米，供热量为（21×104）～（29×104）千焦/小时，气体热值为 4 180～5 850 千焦/米³，热效率为 76%；该气化装置的主要燃料为油茶壳，生物气用于代替传统木柴灶，为茶叶杀青和烘干作业提供燃料。ND-600 型气化炉以锯屑、果壳、玉米芯、树枝等为原料，经气化用于烘干茶叶、木材及烧锅炉等，气化室直径为 600 毫米，该炉现已批量生产和销售。ND-900型生物质气化炉以玉米芯、茶壳、机刨花及木块为原料，气化室直径为900毫米，产生的生物气作为煤的代用燃料，用于驱动小型蒸汽锅炉，为我国农村乡镇企业提供动力和电力；该装置输出热功率为230～380千瓦，可燃气低热值4 000～5 500千焦/米^3，气化热效率65%～75%。

b. HQ-280型生物质气化炉。HQ-280型生物质气化炉是中国农业机械科学研究院能源动力研究所研制开发的户用气化炉，每小时产气8～10米^3，热量输出41 800～50 000千焦/小时，气体热值4 500～5 000千焦/米^3，炉子气化效率70%。北京郊区一些农户用树枝、废木料、锯末与秸秆做原料，使用效果良好。

c. XFL系列生物质气化炉。XFL系列生物气质化炉是山东省科学院能源研究所研制开发的农村集中供气系统。该气化系统由给料器、气化反应、净化器、风机、过滤器、水封器、气柜和燃气供应网等几部分组成，原料为棉柴、玉米秸、麦秸、木质废料等。1994年建成桓台县东潘村生物质气化集中供气试点。其后开发研制了XFL-600、XFL-1 000、XFL-2 500型等系列（见表8-4），其特点以自然村为单元集中供气，系统网内居民100～500户，安装1～3台气化机组，供气半径小于1 000米，输送阻力不超过5 000帕。

表8-4 XFL型生物质气化机组参数

参数	单位	XFL-600	XFL-1 000	XFL-2 500
输出功率	MJ/h	600	1 000	2 500
产气量	Nm^3	120	200	500
燃气低热值	KJ/Nm^3	5 000	5 000	5 000
气化效率	%	72～75	72～75	72～75

d. GSQ-1 100大型上吸式气化炉。GSQ-1 100大型生物质气化炉是中科院广州能源研究所在"七五"期间研制开发的，气化炉直径111米，输出功率300～730千瓦/小时，气化效率73.8%，总热效率为52%。这一系统在广东省封开县牙签厂使用，原料取材于该厂生产过程中的废木料，如树皮、木芯、圆木块、废筷子等，气化产生的生物质燃气用于卫生筷的蒸煮，取得了良好的效益。

8.3 生物质气化集中供气技术

生物质气化集中供气技术是20世纪90年代以来在我国发展起来的一项新的生物质能源利用技术，它将农村丰富的固体生物质燃料转化为清洁的气体燃料，然后通过管道集中向用户供气，作为农民生活如做饭、取暖燃料之用，也可用于发电等。近年来，生物质热解气化研究工作取得较大突破，部分生物质气化机组及集中供气系统的配套技术已进入商品化阶段。目前，我国气化反应器已成功实现了玉米秸、麦秸等低质生物质原料的气化，并进一步扩展到棉柴、玉米芯和木质原料等。

由于生物质燃气在常温下不能液化，必须通过输气管网送至用户，因此集中供气系统的基本模式为：以自然村为单元设置气化站，在站内设置气化机组，将固体生物质能源转化成气体燃料—生物质燃气，然后通过敷设的管网向用户供气作为生活燃料。

8.3.1 气化集中供气技术系统

系统中包括原料处理机、上料装置、气化机组、风机、气柜、安全装置、管网和灶具等设备。技术涉及"制气、储气、供气、用气"四个方面的系统工程，主要有三部分组成。

(1) **制气系统——气化机组**

由上料器、气化炉、冷却器、真空泵、净化器及附属设备组成。生物质燃料在气化炉中经过一系列热化学反应转变成为含一氧化碳、氢气、甲烷等可燃气体组成的粗燃气，之后再经过冷却、净化处理达到使用要求并送入储气装置。

(2) **输配系统**

由储气装置和输配管道组成，保证连续不断将生物质燃气按一定要求输送到用户。

(3) **用户用气系统**

包括用户室内燃气管道、阀门、计量和安全装置，以及燃气用具（灶具、采暖炉、热水器等）。

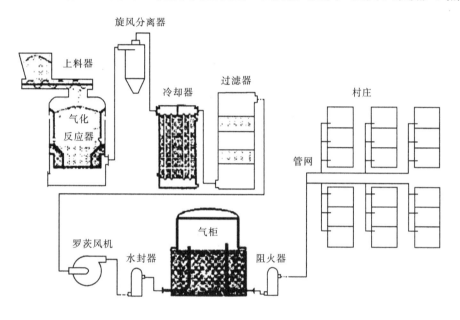

图 8-11 气化机组和集中供气系统配置图

生物质集中供气系统的模式符合资源分布、农村居住和农业经营特点，便于供气系统的运行管理，被称为中国农村人工"煤气"。它是继城市人工煤气、天然气、液化石油气、沼气之后又一新气源，并具有更大的优势。

8.3.2 气化集中供气技术系统的优势

(1) **投资少，见效快**

一般在以 200～500 户的农村群落中建立一个供气站，投资在 70 万～100 万元（人民币）就可以完成了。每年的营运费用只有几万元。运营 5～6 年内就可以全部回收投资，以后每年利润应在 10 万～25 万元。家用气化炉 1 000～2 000 元/台，一次加料 3～4 千克可连续产气近 4 个小时，火焰温度达 960 摄氏度，灶头没有烟及焦油，与液化气相当，农村 5 口之家可用 1～2 天，每月花费仅为用于鼓风机的 2 元钱电费。

农林剩余物经过制气炉制成可燃性气体的燃烧速度比煤快 25%，烟气中的 CO、CO_2、SO_2 及 NO_x 的排放均可达到国家环保标准，完全可以取代煤，从而解决农林剩余物荒烧问题，减少空气污染，有显著的生态环保效益；每户农民每天只需"生物质碎料"3～5 千克，就可解决全天生活用能（炊事、取暖、淋浴），并且像液化气一样燃烧，完全可以改变我国农村民众的生活用能方式，完全可以取缔传统柴灶，替代液化气。它在制气，输送（管道中）中为低压过程，是无污染（比煤）无爆炸

（比液化气）的非常安全的生活用能方式。

（2）绿色、环保

"农林剩余物制气"过程中需大量地使用田间作物的剩余物，这样就可将田间收获后无法处理的废物利用起来：其一，不在田间燃烧，不破坏大气环境；其二，使政策（有些地区还出台了法规，坚决不准将农林剩余物在田间燃烧）的执行有了可操作性；其三，使得农民在处理废农林剩余物上有了出路，政策有了执行能力，思想上解决了抵触情绪。因此，这一能源属于可循环再生的能源，符合国家政策。

（3）开辟农村和农民增收渠道

除解决环保问题等外，农林剩余物气化还为农民增加了一些收入，为改造乡村（乡村城市化）提供了一个更好地利用低价值、易管理能源的解决方案，在边远贫困地区该方式更具意义。通过对"系统"的投入和采用，为地区的扶贫、生态环境保护、吸引投资、创办乡镇企业、提高人民生活水平、提高生产力等做出贡献。具体来说可以为贫困地区创办企业化生产的、有无限再生资源的、有市场前景的能源企业（农林剩余物燃料型企业）；为城镇围边区域农村提供一种好运输、便仓储、低价位的可循环再生的新型能源形式；为投入农林剩余物气化系统的小区、企业和单位提供源源不断的生产原料，使旧有的、国家无法一一照顾到的小区域，能够更快更好地提高他们的生活品质，使这一区域的人们生活水平得到提高。

（4）符合循环经济战略

发展可循环、可再生的绿色生物能源，减少了一般"能源企业"对环境的破坏，将提升环境品质。

8.3.3　气化集中供气 200 户案例

2005 年 10 月，中国迪新（集团）投资公司在北京市延庆县东杏园村建立了 200 户规模的集中供气站。取得了好的社会经济效益。

首先，在广大的乡村建设农林剩余物气化站点，做到就地取材，降低原材料的储运成本，同时又紧邻迫切需要改善日常生活用能方式的广大农民用户。这样就便于在项目发展的初期阶段，立竿见影地顺利开展起农林剩余物燃气的生产经营，能够尽快地步入良性循环，为项目的后续发展奠定基础。

表 8-5　农林剩余物气化系统的产能技术指标（单套）

产气物料	农林剩余物
物料产气率	约 2m³/kg
产气量	约 180m³/h
耗电量	10Kw/h
日最大供气量	3 600m³
日最长运行时间	20h
单班人员	1 人（根据运行时间定员）
储气装置	按户均 1m³ 配置

其次，农林剩余物制气炉每天上下午各工作约一个半小时，就能够满足村民的生活燃料需求，实现了"一人烧火，全村做饭"的高效利用方式。该村的农林剩余物燃气站由两人负责收料、燃气生产及日常管理工作，就地回收村民的农林剩余物用作制气原料。由于用户规模有限，目前的农林剩余物

消耗尚且不足以消化本村耕地所产生的农林剩余物。该村仍有大部分的农林剩余物未能纳入有效利用，表明农林剩余物气化系统技术对于大幅度提高农林剩余物柴薪的能源使用效率有着良好的实际使用效果。

（1）项目总投资额

该气化站总投资为 80 万元。其中，制气锅炉投资 30 万元；站址的基建投资 10 万元；储气装置、输气管线、家用炉灶、燃气计量表等投资 40 万元。

（2）农林剩余物原材料费用

气化站农林剩余物原材料费用为 24 820 元/年。其中，农林剩余物收购及储运费用约 0.2 元/千克；日均供气量 680 米³，折合年均供气量 248 200 米³，折合年消耗农林剩余物量 124 100 千克。

$$124\ 100\ 千克 \times 0.2\ 元/千克 = 24\ 820\ 元。$$

（3）其他各项成本

1）耗电费用 8 760 元/年。电价 0.6 元/度；每小时生产耗电 10 度；日均供气量 680 米³，折合日均生产时间约 4 小时，折合年均生产时间 1 460 小时。

$$1\ 460\ 小时 \times 10\ 度 \times 0.6\ 元/度 = 8\ 760\ 元。$$

2）人员工资。19 200 元/年。

定员 2 人：人均月工资 800 元，折合 9 600 元/年·人。

$$9\ 600\ 元/年·人 \times 2\ 人 = 19\ 200\ 元/年。$$

3）燃气入户费。20 万元。（拟收取 1 000 元/户）

（4）燃气成本估算

按预计用 5 年时间收回全部 80 万元的投资，假定入户费一次性收取到位，则每年还应获得 12 万元毛利。

$$(120\ 000\ 元 + 24\ 820\ 元 + 8\ 760\ 元 + 19\ 200\ 元) \div 248\ 200\ 米³$$
$$\approx 0.70\ 元/米³$$

若假定将入户费在 5 年的时间内按单位燃气均摊收取，则每年应收取 4 万元，因而则形成入户费附加费：

$$40\ 000\ 元 \div 248\ 200\ 米³ \approx 0.16\ 元/米³$$

按照燃气入户费在 5 年的时间内以单位燃气均摊收取的方式测算，则执行 0.86 元/米³ 的农林剩余物燃气销售价格，即可在 5 年的时间内收回全部 80 万元的投资。

（5）燃气定价分析

按照目前北京地区使用的钢瓶液化燃气的不含政府补贴的价格，每瓶价格为 85 元、100 元、120 元；按每瓶平均使用 1.2 个月计算，对应的每户月均燃气费支出为 71 元、84 元、100 元。若按此费用对应每户月均使用农林剩余物燃气量 100 米³，则折合农林剩余物燃气同等对应价格有 0.71 元/米³、0.84 元/米³、1.00 元/米³。由此可见，若执行 0.86 元/米³ 的农林剩余物燃气销售价格，是处于使用不含政府价格补贴的钢瓶燃气费用的中间价位水平。然而目前含有政府价格补贴的钢瓶燃气是限量使用的，覆盖人群非常有限，而且范围是在逐年缩小的。因此，完全可以结合新农村改造建设，推广使用农林剩余物燃气，输气管线直接入户供气。而执行 0.86 元/米³ 的农林剩余物燃气销售价格是有市场依据和可行性的。

生物质燃气的火焰呈蓝色，火色纯净，无红色火焰，不熏黑锅底，灶台及墙壁不挂油腻污渍。在使用过程中，村民感觉农林剩余物燃气火力与钢瓶煤气没有明显差别。在村民家中现场烧水实验比较，用农林剩余物燃气烧开一壶水的时间与使用钢瓶煤气相差无几。村民们普遍反映，使用农林剩余物燃气后，日常烧火做饭比已往快捷干净了许多，居家生活环境大为改善，日常生活感觉方便了许多。他们对于农林剩余物燃气的使用效果非常满意，对于这一新事物的接受程度很高，喜悦的心情溢于言表。该村村民平均每户每月用气量约 100 米^3。按此数字估算，折合每户日均用气量约 3.4 米^3。根据上述农林剩余物气化系统产能技术指标，在适当储气装置的条件下，单套农林剩余物气化系统的产能最多可以满足约 1 000 户居民的日常生活用气量。

（6）投资回报测算

200 户村民用户使用农林剩余物燃气，需要年均供气量约为 248 200 米^3，按照 0.86 元/米^3 的销售价格来计算，则每年可实现燃气销售收入 213 452 元，每年可获得 160 762 元的利润，这当中还未包括燃气入户费的收入。5 年时间收回全部 80 万元投资。

213 452 元－（24 820 元＋8 760 元＋19 200 元）＝160 762 元

关于燃气入户费的收取方式，有一次性收取和分期收取两种选择，可以根据具体情况作出适当的选择。燃气入户费要在农林剩余物燃气销售价格之外单列收取，加上这一部分的收入，投资收回周期还将缩短，这将取决于燃气入户费的收取方式。

（7）气化集中供气技术推广应用应注意的问题

延庆县由于几个村气化集中供气站的良好示范作用，已经有更多的村镇正在建设或者准备建设气化集中供气站。但是，在推广生物质气化集中供气技术必须注意以下问题：

1）应该在农民居住集中、农林作物剩余物丰富、有一定经济基础的村镇发展。

2）政府的扶持和建立示范点是开始阶段所必须的。

3）在推广过程中要有政府、村镇和农民三方面的积极性，根据各村镇的具体情况和农民认同程度逐个发展。可以先组织三方面的代表参观考察示范点的运行情况，算一算经济账。

4）在推广中促进技术进步和设备的标准化。

5）在推广中应积极探索生物质能源利用的产业化道路。

6）在推广中逐步拓展生物质燃气的使用范围。如：农民冬季取暖和为乡镇企业供应能源等。

7）由于生物质气化集中供气技术在农村是一个新事物，在生产和使用中必须注意安全。

8.4 生物质燃气和原料特性

8.4.1 生物质燃气热值

与化石燃气相比，生物质燃气热值是天然气的 1/8。热值偏低是生物质燃气的基本特征。在生物质燃气中主要可燃成分为一氧化碳和氢气，以及少量的甲烷。而普通煤气中的甲烷及其他烃类的碳氢化合物占绝大部分，因而热值较高。

表 8－6　生物质燃气的主要成分及热值

原料品种	成分（%）					
	CO_2	O_2	CO	H_2	CH_4	N_2
玉米芯	12.5	1.4	22.5	12.3	2.32	48.98
棉柴	11.6	1.5	22.7	11.5	1.92	50.78
玉米秸	13.0	1.65	21.4	12.2	1.87	49.88
麦秸	14.0	1.7	17.6	8.5	1.36	56.84

表 8-7 普通煤气主要成分及热值

燃气种类	成分（%）						低位热值（kJ/m³）
	CO_2	O_2	CO	H_2	CH_4	N_2	
空气煤气	0.6	33.4	0.9	0.5	64.6	1.082	
水煤气	8.2	0.2	34.4	52	12	4.0	11 450
发生炉气	2.2	0.4	30.4	8.4	1.8	56.4	5 735
天然气	0.7	0.2	C_nH_m：15.6		81.7	1.8	48 380
石油液化气	0.8		C_nH_m：96.6		1.3	1.0	113 780

生物质燃气不同于普通煤气的另一个特点是净化效果。制造普通煤气的工程规模大，净化系统较为完善，处理后的气体也很干净。而现在我国正在建造的生物质燃气化工程，一般规模都不是很大，净化系统也相对简单，无论是用于发电还是用于炊事，其净化效果较普通煤气要差，这一点应用时影响较大。

生物质燃气有一个特点是有气味。普通的煤气和天然气的臭味是在向居民提供用于炊事用气时有意加入的，以保证安全；而生物质燃气的气味是由于残留在生物质燃气中少量焦油气的味道，尽管不在秸气中加入臭味剂，当生物质燃气泄漏时还是可以被闻到的。

8.4.2 生物质燃气的净化技术

生物质燃气中含有杂质，并不适合直接送给用户使用。生物质燃气中的杂质主要是灰分、微细的炭颗粒、焦油和水分，这些杂质对生物质燃气的使用都有很大的影响。尤其是从生物质气化炉里出来的生物质燃气含有较多焦油，大大降低了生物质燃气的利用价值，主要表现在以下方面：

1）焦油占生物质燃气总能量的 5% 左右，当生物质燃气被冷却降温后，焦油难以同生物质燃气一道被燃烧利用。

2）生物质燃气中的焦油在低温下凝结，容易和水、炭颗粒、灰分等杂质结合在一起，堵塞输气管道，卡死阀门、抽气机转子，腐蚀金属。

3）焦油难以完全燃烧，并产生炭黑等颗粒，对生物质燃气利用设备如内燃机、燃气轮机等损害相当严重。

4）焦油及其燃烧后产生的气味对人体有害。

因此，在送给用户之前必须采用净化技术除去生物质燃气中的灰分、炭颗粒、水分、焦油等。

（1）除尘

生物质燃气中的除尘主要是除去残留在生物质燃气中的灰及微细炭颗粒，采用的方法通常有两种：即干法除尘及湿法除尘。

1）干法除尘。干法除尘的特点是从生物质燃气中分离出的尘粉，保持了原有温度且保持干爽，不与水分混合。干法除尘又分为机械力除尘和过滤除尘。

机械力除尘是利用惯性效应使颗粒从气流中分离出来，可除尘粉的最小粒度是 5 微米。最常见的是旋风除尘器。

过滤除尘是利用多孔体，从气体中除去分散的固体颗粒。过滤除尘可将 1~0.1 微米的颗粒有效地捕集下来，是各种分离方法中效率最高而又最稳定的一种。只是滤速不能高，设备较庞大，排料清灰较为困难。过滤器一般用于末级分离。

2）湿法除尘。湿法除尘是利用液体（一般是水）作为捕集体，将气体中的杂质捕集下来，当气流穿过液层、液膜或液滴时，其中的颗粒就粘附在液体上而被分离出来。常用的设备有鼓泡塔、喷淋塔、填料塔、文氏管洗涤器等。

（2）除焦

目前，生物质燃气焦油的净化技术主要有以下三种：

1）湿式净化系统。湿式净化系统是采用水洗法脱除焦油的一种净化方法。由于现行冷却洗涤塔的除尘效率为30％，所以此净化系统一般采用多个水洗喷淋系统连接在一起对生物质燃气进行净化。此外，冷却洗涤—旋风分离—过滤器过滤组合净化装置应用也比较广，除焦油尘系统的总效率可达90％。运用该工艺流程除尘后所剩的焦油尘含量均在0.5克/米^{3}以下。

2）干式净化系统。干式净化系统是为避免水污染而根据燃气中所含杂质的特点所采用的一种多级净化的方法。目前应用最广泛的是山东能源所开发研制的XFF型固定床下吸式生物质气化系统。该系统采用的是旋风除尘—管式冷却—过滤器净化程序。

3）裂解净化系统。裂解净化系统采用的是一种将生物质气化过程中产生的焦油裂解为可利用的气体，以达到焦油去除和回收利用双重目的的一种净化技术。目前已研究出的焦油裂解设备主要有以下两种：

a. 具有内部裂解气预热的下吸式气化炉。该气化炉中心有一个独立的燃烧室，裂解气进入燃烧室燃烧，出来的富含CO_2和蒸汽的热气化介质进入气化炉发生气化反应。在900摄氏度~1 000摄氏度温度区内，通过调整裂解气循环流量与空气流量的比例，基本上可以将焦油完全转化。

b. 两段立体净化系统。其工作原理是：从气化炉出来的燃气先进入一个装有白云石的固定床焦油裂解器，接着再进入含镍基催化剂的催化床，通过两次净化焦油含量最终可低于100毫克/米^3。

8.5 气化技术评价与发展前景

8.5.1 经济性评价

（1）生物质集中供气系统的经济评价

在现有技术条件下，生物质集中供气系统独立运行时，气化站的经济效益将随着原料、电费价格的升高而降低，随着城市人工煤气价格的升高而上升。随着国家经济和人民生活水平的提高，城市人工煤气的价格将不受国家补贴，那时生物质供气站的效益将会大大增加。

民用燃气工程的单位投资主要受到燃气热值、用气负荷的集中程度和管网规模等因素的影响。据有关报导，济南市煤气工程的单位投资为4 100元/户，而生物质气化集中供气系统的单位投资为1 800~2 300元/户。根据山东省科学院能源所对生物质气化集中供气系统的经济性评价研究，正是由于中国农民的居住特点，抵消了生物质燃气热值低的特点，使自然村为单元的生物质气化集中供气系统的单位投资相当于城市煤气管网的1/3左右。从液化气在农村的利用现状来看，这一投资处于较富裕农民可以接受的范围内。表8-8和8-9是对生物质供气系统的经济评价表。

表8-8　生物质气化集中供气系统投资

项　目	单　位	数　　值	
供气户数	户	130	220
气化站房建筑	m²	45	60
气化站房投资	万元	2	3
气化站占地（参考值）	m²	1 800	2 000
气化站动力（额定值）	kW	4.5	7.0
气柜容积	m²	200	300

（续）

项 目	单 位	数 值	
气柜材料（钢材）	t	19	26
气柜造价	万元	12	15
设备价格	万元	8.8	11.5
气柜配套附件费	万元	0.4	0.8
管网材料及配套附件费	万元	3.3	6.0
户内系统投资	万元	2.6	5.1
其他费用	万元	2	3
单位投资	元/户	2 238	1 882

注：表中所列各项费用为粗略概算，对各个供气系统因地区、规模及现场条件差异会有变化。实际投资以设计后为准。

表 8-9　集中供气系统运行成本表

项 目	单 位	数 值	
供气户数	户	130	220
年供气量	m³	234 000	395 000
秸秆消耗量	t	115	189
燃料成本	元	6 900	11 340
年耗电量	度电	4 320	6 468
年付电费	元	1 944	2 916
人员工资	元（240元/人·月）	5 760	8 640
折旧费	元（按15年）	19 396	27 602
年运行费用	元	34 000	50 498
燃气成本	元/m³	0.145	0.128

（2）气化技术的经济性分析

由于生物质气化燃料生产的原料供应具有的广泛性和充足性，且可从农林废弃物中就地取材，以及其气化设备投资低廉，燃料成本所占比例甚微，使得气化成本更为低廉。所以对生物质进行气化利用具有很高的经济价值。

以生物质燃气为例，把植物秸秆等粉碎后加热处理，转化为可作燃烧的一氧化碳气。1千克秸秆可产气2米³，3千克秸秆即可满足四口之家一日三餐之用。按每千克秸秆0.06元计算，燃气成本0.15～0.2元/米³，低于目前的燃煤价格和城市煤气价格，而且随着国家能源价格的不断提高，这种价差将会更大。同时，生物质燃气用作炊事燃料，能源利用率为35%，比直接燃用生物质提高2倍左右。北京顺义京成木材厂使用3台气化炉，每台每窑可节省6 400千克的木材，增收640元，全年烘干30窑，可节省（增收）19 200元，提高劳动生产力2～3倍，缩短烘干周期一半以上，取得明显经济效益。10GF54生物质燃气—柴油双燃料发电机组，节油率70%，全年节油5.7吨，合8 000多元，扣除成本，年节油效益6 000余元，同时降低发电成本50%。GSQ-1100大型上吸式气化炉以及木粉循环流化床装置，投资回收期仅3个月左右，具有较大的实用价值。在民用燃气方面，若开展生物质热解气化集中供气，户均投资仅相当于城市煤气的1/3，为户用沼气建设投资的2倍左右。而在我国林区，目前仍有大量木材及剩余物当做炊事燃料烧掉，若采用这项技术利用林区残余物，则可能产生相当可观的经济效益。

目前生物质气化最大的问题是资源的收集。中国绝大部分农村都是以农户为生产单位，资源分散，对于气化技术的规模化应用造成了一定的障碍，从成本上分析，规模化应用将导致生物质收集半径的加大与运输成本提高，可能失去经济性。

8.5.2 环境影响评价

生物质资源的高效利用将带来巨大的环境效益。按生物质原料中碳含量 40～50％计算，燃烧 1 吨生物质需排放 1.3～1.5 吨二氧化碳。全国农村炊事燃料二氧化碳排放量达 5～6 亿吨。虽然因其污染源是分散的而未引起足够重视，但其污染总量不会亚于任何一个工业部门。效率较高的生物质气化技术可将此项污染降低 2/3 左右。生物质气化的开发利用不仅不对环境造成危害，而且有利于恢复和建设已破坏的生态环境。开发利用生物质能要求人们恢复植被，最终维持二氧化碳的平衡。

生物质作为一种丰富的可再生能源，利用气化技术转化为清洁能源，其 SO_2 排放量只相当于煤的 1/10，NO_x 排放量仅为煤的 1/5 左右，燃烧过程中实现了 CO_2 的零排放，减少了空气污染，保护了环境，同时也为农林废弃物的规模化利用提供了用途，实现了资源的节约利用。利用生物质气化作为煤气和液化石油气的一种补充，既能解决优质煤的不足，以减少常规矿物燃烧的消耗，又可降低煤气的价格，为未来的能源开发找出一条新路子。

另外，生物质气化技术目前还未完全解决二次污染问题。中小型气化发电设备大部分采用水洗方法，这些水含有灰份和焦油等物质，一般循环使用不对外排放。大型化后耗水量将大大增加，洗焦废水的生化处理工艺仍不成熟。目前对焦油的处理技术还未成熟，而如果采用催化裂解手段等方法处理，则需要设备达到一定规模才能适用。生物质气化可以减少环境污染，但在减少二氧化碳排放的同时增加了焦油的污染。因此，应加大研究技术的投入，促进生物质气化开发技术的创新，早日解决面临的二次污染问题，推进该技术在我国农村地区的广泛应用和推广。

8.5.3 社会影响评价

以热解气化方式实现低质生物质原料的高档次利用，带来的社会效益主要是使农民用上方便清洁的气体燃料，生活方式发生较大进步，从而提高生活舒适程，节省用于炊事的劳动量和时间，并使环境和庭院卫生有一定改善。进一步发挥生物质能源作为农村补充能源的作用，有利于实现秸秆等的全面禁烧，改善农村生活环境和生活条件。同时，节约大量的石油、煤炭等商品能源，减轻对商品能源的需求压力。具体来讲，其社会影响主要表现在以下方面：

（1）**生物质气化技术的开发利用是解决"三农"问题的有效途径**

生物质能资源主要来源于农业和林业，开发利用生物质能资源与农业、农村发展密切相关。生物质能源，特别是农作物秸秆和林木剩余物主要集中在农村地区，都是废物利用，可大幅度提高农业生产的附加值，有效增加农民收入。生物质气化技术的应用将会有效促进农村经济发展和社会进步。

（2）**生物质气化技术在农村地区的推广应用可有效缓解城市化压力，缩小城乡差别**

林木或生物质燃气化燃料用于农村生活用能，每户农民都可以用"秸秆燃气"或"林木质燃气"烧饭、取暖、发电等。这不仅为彻底解决农村秸秆、林木废弃物等问题提供了一条有效途径，减少了因随意焚烧而造成的污染，避免了秸秆和薪柴随意堆积容易引起火灾的隐患，而且对改变农村炊事能源结构和村容村貌及改善家庭卫生条件也有很大促进作用。因此，生物质气化技术将大大改善农民的生活条件，使其拥有与城市居民一样的生活条件，从而减少农村人口向城市的流动。

（3）**发展生物质气化技术可以改变农村炊事能源的结构，大大减轻劳动强度，节约炊事时间**

据调查，使用秸秆燃气的家庭主妇从事炊事的时间，可从每天 3 小时减少 1.5 小时，增加了妇女从事其他活动的时间。因此，农民会将更多的时间和精力投入到科学种田和畜牧业的发展上，保持农村可持续发展。

（4）**生物质气化技术为农村经济发展带来了新契机**

发展林木质或生物质燃气化技术不仅可以利用当地的可再生能源资源，而且还可以把原来外购商品燃料而输出的消费资金转变为投入当地的建设资金，可以显著地促进本地农村经济的发展，增加就业机会。据有关专家估测，如果一个省每年增加 200 个集中供气系统即可形成一定规模的林木或生物质燃气化设备生产企业、技术服务公司和施工企业，可新增数百个至上千个就业的机会。

（张兰、韩荣、张彩红、吕扬）

◆ **参考文献**

［1］马隆龙，吴创之 . 孙立 . 生物质气化技术及其应用 . 北京：化学工业出版社，2003

［2］董玉平，邓波 . 中国生物质气化技术的研究与发展现状 . 山东大学学报（工学版）. 2007（4）

［3］张无敌，夏朝凤，等 . 生物质热解气化技术的评价 . 节能 . 1998（3）

［4］李定凯，孙立 . 秸秆气化集中供气系统技术评价 . 农业工程学报 . 1999（1）

［5］山东科学院能源研究所 . 生物质气化集中供气技术 . 村镇建设 . 1997（12）

［6］李鹏，王维新，等 . 生物质气化及气化炉的研究进展 . 农村新能源 . 2007（3）

［7］刘圣勇，张杰 . 生物质气化技术现状及应用前景展望 . 资源节约与综合利用 . 1999，6（2）

［8］吴创之，罗曾凡，等 . 生物质循环流化床气化的理论及应用 . 煤气与热力 . 1995（9）

［9］王素兰，马尚斌，秦旭东 . 生物质燃气净化技术试谈 . 中州建设 . 2005（4）

9. 直燃和气化发电

9.1 国外直燃、气化发电概述

美国在生物质发电生产方面处于领先地位，生物质能动力工业是仅次于水力的第二大可再生能源工业，相关发电装置装机容量 750 万千瓦。电站的燃料构成为废木材 72%，城市垃圾 18%，从农副业残物中制取的煤气 9% 和沼气 1%。加利福尼亚州由于木材资源丰富，40% 的电力来自于生物质发电。另外，美国还重视木质能源在林产品工业中的应用，其中美国 14 家最大的林产品公司用木质燃料满足了自身 70% 的能源需求。

瑞典 1997 年颁布了《可持续发展的能源供应法》，对石油和煤的消费苛以重税，使以废木材为燃料发电的成本降为煤的 1/2 以下，有效地推动了生物质发电的发展。1980 年，瑞典区域供热的能源消费 90% 是油品，而现在主要是依靠生物质燃料。2000 年生物质能发电已占到发电总额 19%。

林木和秸秆生物质热电联产在丹麦应用相当成熟。多年来，丹麦的生物质热电联产建设速度很快，技术不断取得新的突破，新的热电联产机组得到应用和推广。近 10 年来，丹麦新建的热电联产项目都是以生物质为燃料，同时，还将过去许多燃煤供热厂也改为燃烧生物质。21 世纪初丹麦新建成的生物质热电联产厂总容量为 20 万千瓦，生物质热电联产占丹麦总发电量的 1.5%。

德国对生物质利用技术也非常重视，生物质热电联产应用也很普遍。如德国 2002 年能源消费总量约 5 亿吨标准煤，其中可再生能源 1 500 万吨标准煤，约占能源消费总量的 3%。在可再生能源消费中生物质能占 68.5%，主要应用区域热电联产和生物液体燃料。

9.1.1 直燃发电

美国多采用生物质能直燃发电方式，近 10 年来已建成生物质能发电站约 600 万千瓦，原料多为农业废弃物或木材厂、纸厂的森林废弃物。在欧洲生物质直接燃烧发电技术已相当成熟，发电利用率高。

欧美发达国家生物质直接燃烧供热发电技术，具有工艺技术成熟，秸秆消耗量大，整个生产工艺无污染，实现能源生产二氧化碳零排放等特点。目前该项技术在欧美国家已达到商业化应用阶段。丹麦的 Maribo-Sakskobing、西班牙的 Sanguesa Power Plant（目前西班牙运行时间最长的秸秆燃料热电厂）和英国 Elyan Power Plant 直燃发电的主要技术参数见表 9-1。

表 9 - 1　国外直燃发电（热）电厂主要技术参数对照表

技术参数	单位	丹麦 Maribo-Sakskobing CHP	西班牙 Sanguesa Power Plant	英国 Elyan Power Plant
最大含水量	%	<25	<25	<25
原料运输半径	km	附近	<75	<100
可替换原料		木片	玉米秸秆	天然气或木片
原料库原料 可供应量	d	4（900t）	2	2
年消耗原料	t	64 800	160 000	210 000
燃料消耗	t/h	8.1	19	26.3
蒸汽产量	t/h	43.2	103.5	149
蒸汽压力	bar	92	92	92
蒸汽温度	℃	542	543	522
给水温度	℃	210	230	205
锅炉效率	%	92.9	92	92
净动力输出	MW	9.7	25	38
热输出	MW	20	/	/
（热）电厂效率	%	89	>32	>32
主要原料		麦秆	麦秆	麦秆、燕麦 大麦、黑麦

注：1. 以上丹麦、西班牙和英国（热）电厂的建设规模，以发电功率表示，分别为 9.7 兆瓦，25 兆瓦，38 兆瓦。

　　2. 英国 Elyan Power Plant 是目前世界上规模最大的全部以秸秆为原料的热电厂。

图 9-1　1999 年，丹麦私营热电联产厂
（Funen Assens）
正式开始生产运营

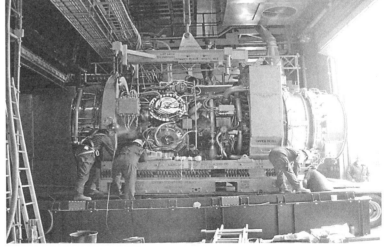

图 9-2　丹麦艾维多电厂主发电机

该电厂可为丹麦哥本哈根地区 20 万居民供热，为丹麦东部 1 400 万居民提供电力（占东部总耗电的 30%）。

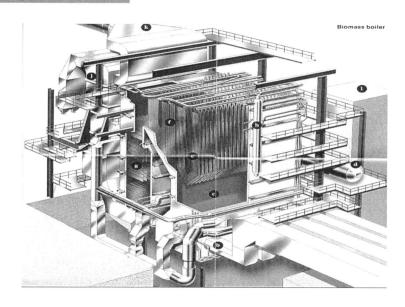

Biomass boiler

a. 燃料供给线　b. 回流器　c. 熔炉
d. 供水箱　e. 过热器2、f. 过热器3、g. 过热器1
图9-3　艾维多生物质锅炉示意图

表9-2　丹麦部分以木质燃料为原料的热电联产项目有关技术指标一览表

项目 电厂名称	新建或 改造 年份	承包人	燃料种类	技术	蒸汽 压力 (bar)	蒸汽 温度 (℃)	最大气 流量 (t/h)	电能总 输出 (MW)	热输出 (MJ/s)	电能转换 效率 (%)	全部能量 转换效率 (%)
Assens	1999	Vølund	木片、锯木厂剩余物	汽轮机	77	525	19	4.67	10.33	27	87
Avedøre 2	2001	Vølund	秸秆、木片	汽轮机	300	582	—	—	—	43	—
Ensted EV3	1998	FLS Miljø A/S	秸秆、木片	气化	200	542	120	39.7	—	—	—
Grenå	1992	Aalborg Boilers Ahlstrøm	秸秆、煤	汽轮机	92	505	104	18.62	60	18	—
Harboøre	1993/2000	Vølund	木片	气化	—	—	—	1.3~1.5	6~8	32~35	95
Haslev	1989/99	Vølund	秸秆	汽轮机	67	450	26	5.02	13	25	86
Hjordkør	1997	Sønderjyllands	木片、生物剩余物	汽轮机	30	396	4,4	0.6	2.7	16	86
Høgild	1994/1998/ 2000	Hollensen	木质原料	汽轮机	—	—	—	0.13	0.16	22	57.3
Junckers-7	1987	B&W Energi	锯木厂废弃物、 木片、刨花	汽轮机	93	525	55	9.6	—	—	—
Junckers-8	1998	Vølund	锯木厂废弃物、 木片、刨花	汽轮机	93	525	64	16.42	—	—	—
Maribo- Sakskøbing	2000	FLS Miljø	秸秆	汽轮机	90	540	43.2	10.2	20	29	87.5
Masnedø	1996	B&W Energi	秸秆、木片	汽轮机	92	522	43	8.32	20.8	28.2	91
Møbjerg	1993	Vølund	秸秆、木片、天然气	汽轮机	65	520	123	282	67	27	88
Novopan	1980	Vølund	各种各样的 木质剩余物	汽轮机	71	520	35	4.2	—	19	88
Rudkøbing	1990	B&W Energi	秸秆	汽轮机	60	450	12,8	2.3	7.0	22	87
Skarp Salling	1999	Reka	木片	Stirling engine	—	—	—	0.03	0.09	18	87
—	1990	Aalborg Ciserv,	BWE, Vølund	秸秆	汽轮机	67	450	40	11.72	28	29

注：引自《丹麦生物质热电联产》。

9.1.2 国外气化发电

近年来，生物质气化发电技术受到极大重视，瑞典和丹麦利用生物质气化发电进行热电联产，使生物质能在转换为高品位电能的同时满足供热的需求，大大提高其转换效率。

奥地利成功地推行了利用木材剩余物气化发电进行区域供电计划，生物质能在总能源消耗中的比例由原来2％～3％激增到1999年的10％，20世纪末已增加到20％以上。到目前为止，该国已拥有装机容量为1兆瓦～2兆瓦的区域供热站及供电站80～90座。

美国的Battelle（63兆瓦）和夏威夷（6兆瓦）项目——B/IGCC（整体气化联合循环）气化发电示范工程代表了生物质发电技术的世界先进水平，可产生中热值气体，系统示意图见图9-4。该气化设备于1998年已安装完成并投入运行。除美国外，也有一些国家开展了B/IGCC研究项目，如英国（8兆瓦）和芬兰（6兆瓦）的示范工程等。从技术角度看，由于生物质燃气热值低（约2 800～3 500大卡/千克），气化炉出口气体温度较高（800℃以上），要使B/IGCC具有较高的效率，必须具备两个条件：一是燃气进入燃气轮机之前不能降温；二是燃气必须是高压的。这就要求系统必须采用生物质高压气化和燃气高温净化两种技术才能使B/IGCC的总体效率达到较高水平（40％）。否则，采用一般的常压气化和燃气降温净化，气化效率和压缩的燃汽轮机效率都较低，气体发电的整体效率一般都低于35％。意大利12兆瓦的B/IGCC示范项目为例，发电效率约为31.7％，但建设成本高达2.5万元（人民币），发电成本约1.2元/千瓦·小时。

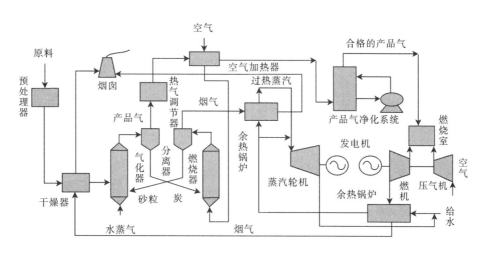

图9-4　美国生物质气化发电系统流程图

此外，比利时（2.5兆瓦）和奥地利（6兆瓦）开发的生物质气化与外燃式燃气轮机发电技术，其基本原理是生物质气化后不需经过除尘除焦，直接在燃烧器中燃烧，燃烧后的烟气用来加热高压的空气，最后由高温高压空气推动燃气轮机发电。该技术避开了高温除尘及除焦两大难题，但需要解决高温空气供热设备的材料和工艺问题。由于该项目中设备的可靠性和造价问题，目前仍很难进入实际应用。

9.2　国内生物质直燃、气化发电发展评述

我国20世纪60年代就开发了60千瓦的谷壳气化发电系统，160千瓦和200千瓦的生物质气化发电设备目前在我国已得到小规模应用，显示出一定的经济效益。我国"九五"期间进行了1兆瓦的生物质气化发电系统研究，旨在开发适合中国国情的中型生物质气化发电技术。1兆瓦的生物质气化

发电系统已于1998年10月建成，采用一炉多机的形式，即5台200千瓦发电机组并联工作，2000年7月通过中国科学院鉴定。由于受气化效率与内燃机效率的限制，简单的气化—内燃机发电循环系统效率低于18%，单位电量的生物质消耗量一般大于1.2千克/千瓦·小时。"十五"期间，在1兆瓦的生物质气化发电系统的基础上，研制开发出4~6兆瓦的生物质气化燃气——蒸汽联合循环发电系统，建成了相应的示范工程，燃气发电机组单机功率达500千瓦，系统效率也提高到28%，为生物质气化发电技术的产业化奠定了很好的基础。

另外，针对目前我国具体情况，采用了内燃机代替燃气轮机，其他部分基本相同的生物质气化发电系统，不失为解决我国生物质气化发电规模化发展的有效手段。一方面，采用内燃机降低对气化气压的要求，减少技术难度；另一方面，降低了调控复杂燃气轮机的成本。从技术性能上看，内燃机代替燃气轮机，发电系统在常压气化时整体发电效率可达28%~30%，只比传统的低压B/IGCC系统低3%~5%。这种技术比较适合我国，设备也可以全部国产化，适合于发展分散的、独立的生物质能源利用体系。

9.2.1 生物质气化发电

根据不同原料和不同用途主要发展了三种工艺类型。第一种是上吸式固定床气化炉，其气化效率达75%，最大输出功率约1 400兆焦/小时。该系统可将农作物秸秆转化为可燃气，通过集中供气系统供给用户居民炊事用能。第二种是下吸式固定床气化炉，其气化效率达75%，最大输出功率约620兆焦/小时。该系统主要用于处理木材加工厂的废弃物，每天可生产2 600米^{3}可燃气，作为烘干的热源。第三种是循环流化床气化炉，其气化效率达75%，最大输出功率约2 900兆焦/小时。

气化发电工艺包括三个过程，一是生物质气化，把固体生物质转化为气体燃料；二是气体净化，气化出来的燃气都带有一定的杂质，包括灰分、焦炭和焦油等，需经过净化系统把杂质除去，以保证燃气发电设备的正常运行；三是燃气发电，利用燃气轮机或燃气内燃机进行发电，有的工艺为了提高发电效率，发电过程可以增加余热锅炉和蒸汽轮机。

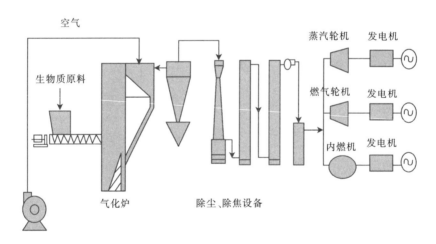

图9-5　生物质气化发电工艺流程图

生物质气化发电系统中，气化形式不同，燃气发电过程多样，发电规模不等，使其系统构成和工艺流程有很大的差别。从气化形式上看，可以将生物质气化过程分成固定床和流化床两大类。从燃气发电过程上看，气化发电又可以分为内燃机发电系统、燃气轮机发电系统以及燃气—蒸汽联合循环发电系统。从发电规模上分，生物质气化发电系统可以分为小型、中型、大型三种。各类生物质气化发电的技术特点见表9-3，图9-5。

表 9-3　各类生物质气化发电技术特点

规模	气化过程	发电过程	主要用途
小型系统（<200 千瓦）	固定床气化，流化床气化	内燃机组 微型燃气轮机	农村用电 中小企业用电
中型系统（500～3 000 千瓦）	常压流化床气化	内燃机	大中企业自备电站、小型上网电站
大型系统>5 000 千瓦	常压流化床气化，高压流化床气化，双流化床气化	内燃机＋蒸汽轮机、燃气轮机＋蒸汽轮机	上网电站、独立能源系统

9.2.2　生物质直燃发电

我国已生产出各种型号的木柴（木屑）锅炉、甘蔗渣锅炉、稻壳锅炉可用于生物质直接燃烧发电，但大多规模小，在1 000～2 000千瓦，作为商品的供应很少，国内市场应用多为中小容量锅炉产品。近期杭州、无锡锅炉厂均研制出适宜我国应用的1.2万千瓦的中温中压燃烧锅炉，并已应用于生产中。

我国生物质直燃发电的电厂规模相对较大，一般装机容量在12～48兆瓦。其中，采用2×12兆瓦抽气机组的供热量比1×25兆瓦抽气机组多，且运行灵活。目前一般采用2×12兆瓦抽凝气轮机配2×75吨/小时木质燃料锅炉。

9.2.3　直燃与气化发电特性分析

直接燃烧发电和气化发电是目前生物质能转化为电能的两种主要方式，现对这两种技术路线对比分析。

表 9-4　直燃、气化发电技术路线对比分析

发电方式	技术原理	转化系统	规模	净效率	优点	缺点
直燃	锅炉直接燃烧后产生蒸气发电	CHP	0.1～1MW	60～90%（总）	技术成熟、规模较大、原料预处理简单、设备较可靠	原料较单一、投资较大；
			1～10MW	80～100%（总）		
		直立式系统	20～100MW	20～40%（电）		
		共燃烧系统	5～20MW	30～40%（电）		
气化	气化后燃气轮机或内燃机发电	CHP			小规模效率较高、规模灵活、投资较少	大规模的发电系统仍未成熟、设备维护成本较高
		柴油机	0.1～1MW	15～25%（电）		
		气轮机	1～10MW	25～30%（电）		
		直立式BIG/CC	30～100MW	40～55%（电）		

生物质气化和直燃发电可以根据设定规模的大小选用合适的发电设备，这一技术的充分灵活性恰能满足生物质能源分散利用的特点。但是，气化发电技术的灵活也决定了在小规模下，生物质气化发电有较好的经济性。

9.2.4　生物质混合燃烧发电

生物质混合燃烧发电是将生物质燃料与煤共同燃烧，生产蒸汽，带动蒸气轮机发电；另一种是先将生物质在气化炉中气化生成可燃气体，再通入燃煤锅炉，可燃气体与煤共同燃烧生产蒸汽，带动蒸气轮机发电。

在大型燃煤电厂，将生物质与煤燃料联合燃烧，许多现存设备不需太大的改动，整个投资费用低。更积极的影响是：大型电厂的可调节性大，能适应不同混合燃烧，使混燃装置能适应当地生物质的特点。在美国，有300多家发电厂采用生物质与煤炭混燃技术。

9.3 生物质直燃、气化发电优先发展区域

9.3.1 木质燃料直燃发电项目分布

目前，生物质发电项目正在国家政策的引导下快速展开。一批新兴木质燃料直燃发电项目正在各地兴起。

表9-5 中国木质燃料发电项目实施进程统计表

序号	项目名称	地点	进展程度	投资额	规模	燃料类型
1	山东国能单县生物发电厂	山东省单县	已投产发电	3.0亿元	24MW	农林剩余物
2	内蒙古奈曼旗木质燃料热电厂	内蒙古通辽市奈曼旗	完成核准、国家立项，在建	2.56亿元	2×12MW	木质
3	内蒙古乌审召木质燃料热电厂	内蒙古乌审旗	完成省内核准，在建	2.7亿元	2×12MW	木质
4	黑龙江国能庆安县生物发电厂	黑龙江省庆安县	完成省内核准	1.60亿元	15MW	木质
5	内蒙古阿尔山木质燃料热电厂	内蒙古兴安盟阿尔山市	可研阶段		12MW	木质
6	山东聊城木质燃料电厂	山东省聊城市	调研论证阶段		24MW	木质
7	黑龙江青冈县生物质发电厂	黑龙江青冈县	调研论证阶段		24MW	木质

9.3.2 木质燃料热电联产发展区域

木质燃料热电联产项目的发展依据是：一是我国有3亿吨丰富的森林能源资源可利用，并且有较大的发展潜力；二是贯彻落实国家为应对气候变化和调整能源结构制定的有关法规和政策；三是综合考虑我国缺电和无电地区的分布状况，以及经济发展对能源的需求状况；四是通过森林能源的利用可以促进森林资源培育、加快荒山绿化和为林农开辟新的增收渠道。

目前，我国生物质发电项目正在国家政策的引导下快速展开。《中华人民共和国可再生能源法》已于2006年1月1日起开始施行，《国家可再生能源中长期发展规划》指出，到2020年我国生物质发电装机容量将达到3 000万千瓦，其中，应用木质燃料发电装机容量为1 000万千瓦。《可再生能源产业发展指导目录》(2005.12.19.公布)确定了"利用农作物秸秆、林木质直燃发电，以及供气和发电的技术改进示范项目"。《可再生能源发电有关管理规定》(2006.1.4.公布)明确规定"需要国家政策和资金支持的生物质发电……和其他有关项目向国家发展和改革委员会申报。"《可再生能源发电价格和费用分摊管理试行办法》(2006.1.9.公布)确定了"生物质发电项目上网电价实行政府定价的，由国务院价格主管部门分地区制定标杆电价，电价标准由各省(自治区、直辖市)在2005年脱硫煤机组标杆上网电价加补贴电价组成。补贴电价标准为每千瓦时0.25元。发电项目自投产之日起，15年内享受补贴电价；运行15年后，取消补贴电价。"

(1) 根据资源分布确定发展区域

全国可作为能源利用的森林能源资源有3亿吨，其燃烧热值一般在1 673～2 215千焦/千克(4 000～5 300大卡/千克)。这些剩余物部分可以用于直接燃烧发电、削片燃烧发电、成型燃烧发电和气化处理发电。

从国家法律、政策、资金投入、技术和市场等方面的分析，在我国开展林木质能源发电，并逐步扩大规模已具备了基础条件。但其产业化发展还处于刚刚起步阶段，需要经过一个历史过程逐步实现，如：经过实验、试点、示范生产活动阶段，项目建设阶段和成熟的产业发展阶段三大步骤实现。影响木质燃料发电产业发展的因素很多，在热电联产技术成熟和标准统一的条件下，森林能源资源现状和发展潜力是产业发展的决定因素，是产业布局的重要基础。因此，以林业发展区划为基础进行林木质发电的发展布局是合理的，区域划分可借鉴林业发展区划的原则，将林木质发电区域按优先顺序

分为以下几类：

1）东北地区。内蒙古和辽宁东部、黑龙江和吉林。

2）"三北"地区。内蒙古中西部、辽宁和吉林西部、河北北部、山西北部、陕西北部、甘肃兰州以北、青海北部、新疆和宁夏。

3）华北中原地区。北京、天津、河北南部、山西南部、河南大部、山东、安徽北部江苏北部。

4）南方地区。上海、浙江、湖南、贵州、湖北、重庆、福建、江西、江苏南部、安徽南部、广西北部、云南东南部、四川东部。

5）东南沿海热带地区。福建东南部、广东、广西南部、云南南部、海南、台湾。

6）西南峡谷地区。云南南部、四川西部、西藏东南部、甘肃南部。

我国林业将形成"西治、东扩、北休、南用"的格局。西部包括西北、西南峡谷和青藏高原3个区域，该区域主要是生态环境建设和恢复，提高林草覆盖率，加强天然林保护，确保生态安全；东扩，指华北中原地区以平原为主的地区，该地区主要是如何提高农田防护林作用，同时兼顾用材林和城市绿化；北休，东北地区主要是加强天然林保护力度，减少森林采伐，使林区得到休养生息，重点发展人工林，以满足社会对林产品的需求；南用，包括南方地区和东南热带地区，是林业产业发展的主要区域，主要是提高森林资源质量和综合效益，对未利用土地进行大规模的造林，加快林业产业化进程。

(2) 根据无电地区需求优先发展区域

中国无电乡761个，无电村29 242个，缺电人口3 000万左右（4人/户），居民生活电力需求近300万千瓦，基本生产电力需求约为1 200万千瓦。

无电地区一般是老少边穷和交通不便地区，国家向这些地区输电成本较高，而当地林木资源丰富，劳动力成本较低，是木质燃料发电条件比较好的地区，这是大力推行木质燃料热电联产产业的优先区域之一。

表9-6　中国无电县、乡、村、户统计表

省/自治区	无电县	无电乡	无电村	无电户	居民生活电力需求量（kW）
西藏	—	486	5 740	289 300	115 720
贵州	—	—	3 377	1 294 000	517 600
甘肃	—	9	3 264	360 173	144 069
内蒙古			3 060	249 590	99 836
福建	—		2 360	249 590	99 836
青海	1	94	2 121	101 000	40 400
四川	—	126	1 625	648 300	259 320
新疆	—	28	1 339	316 200	126 480
宁夏	—	—	1 306	64 000	25 600
湖北			1 050	121 500	48 600
河南		—	700	577 000	230 800
广西		—	700	388 600	155 440
云南		4	532	1 003 800	401 520
湖南		—	518	279 500	111 800
河北		—	400	13 800	5 520
陕西		11	355	289 100	115 640
山西			259	112 000	44 800

（续）

省/自治区	无电县	无电乡	无电村	无电户	居民生活电力需求量（kW）
海南	—	—	253	160 300	64 120
重庆		3	166	191 900	76 760
安徽			50	80 500	32 200
江西			50	287 000	114 800
黑龙江			13	9 100	3 640
辽宁			4	4 800	1 920
广东				50 800	20 320
合计	1	761	29 242	7 141 853	2 856 741

* 《中国电力发展规划研究》2005 年数据。

（3）根据全社会用电量增长需求确定优先发展区域

根据有关专家对全国全社会用电量预测来看，"十一五"期间增长速度相对较快，全国平均为 6.7%，在 2011—2020 年期间，增长速度稍微放缓。从 21 世纪前 20 年的平均增长速度看，全社会用电量需求增长速度平均为 7.0～7.5%，略低于预计的经济增长速度。各区域的增长速度不同。全国 2005 年全社会用电量为 24 300 亿千瓦时，预计 2010 年为 33 700 亿千瓦时，2015 年约 43 800 亿千瓦时，2020 年约 57 000 亿千瓦时。"十一五"期间，南方和华东地区的全社会用电量仍保持较高的增长速度，东北地区的增长速度低于其他地区。在 2010—2020 年期间，华中和西北地区的全社会用电量增长速度将高于其他地区，但预计东北地区仍将低于全国的增长速度。

表 9-7　全社会用电量年均增长率（%）

项目	2003—2005	2006—2010	2011—2020	2001—2020
华北电网	14.0	6.7	5.2	7.4
东北电网	9.6	5.6	5.1	5.8
西北电网	15.8	6.7	6.0	7.9
华东电网	14.7	7.0	5.3	8.0
华中电网	10.5	6.3	5.7	7.2
南方电网	15.5	7.2	5.4	8.0
全国平均		6.7	5.4	7.5

* 同上

从需求总量上看，到 2020 年华东地区是全国需电量最大的地区，其次为华北、南方和华中地区，这四个地区的需电量都超过了 1 万亿千瓦时。从地理分布上看，全国需电量大的地区仍集中在东南沿海及其他经济发达地区。这些地区森林能源资源不是最丰富的地区，因此，在这些地区可以通过发展能源林解决资源不足问题，并可以根据森林能源资源的分布特性，选择在部分地区优先发展。

（4）阶段性发展预测

积极应用森林能源资源发电，并逐步扩大规模在我国已具备了基础条件：一是我国目前基本具备了生物质能源产业发展的宏观条件和地区条件。但其产业化发展还处于刚刚起步阶段，需要国家在法律、政策、资金和技术等方面予以支持。二是化石资源价格的上涨，并最终枯竭，以及环境的日益恶化是全球选择森林能源的逻辑前提。应用森林能源发电，要考虑我国目前的林木质资源总量、可获得量和可利用量相当可观，也要重视其用途和流向受到社会、经济因素，以及森林能源分布和存在的特殊性。对其阶段发展的预测是：

1）"十一五"头 3 年内可建立小规模的示范性发电厂，若选择森林能源资源比较充足的地区，建立 2.4～4.8 万千瓦规模的发电厂 10 个，森林能源消耗量约在 300 万吨/年。到"十一五"中期 2008 年，能源林正在大规模建设期间，根据资源分布和供给条件建立中小型发电厂。若消耗森林能源 1 800 万吨/年，年可发电 150 亿千瓦时。预计到 2010 年，年可获得森林能源资源量将达到 12～14 亿吨，可利用量将超过 7 亿吨，可建 5 万千瓦规模的发电厂 100 个，森林能源消耗量约 3 000 万吨/年，年可发电 250 亿千瓦时。

2）"十二五"期间，当能源林基地建设达到一定规模，其经营、采收、供给、加工和利用形成产业化规模后可将规模成倍扩大。若建立 5 万千瓦规模的发电厂 160 个以上，装机容量达到 800 万千瓦，森林能源年消耗仅为 4 800 万吨，年可发电 400 亿千瓦时。

3）"十三五"期间，预计年可获得林木质生物量 2015 年将达到 20 亿吨，2020 年达到 25 亿吨，可利用量将超过 15 亿吨。此期间若建立 5 万千瓦规模的发电厂 200 个以上，装机容量达到 1 000 万千瓦，森林能源年消耗仅为 6 000 万吨，年可发电 500 亿千瓦时，其潜力巨大。

表 9-8　中国近期森林能资源供给量和发电潜力测算表

项目	单位	2007	2008	2009	2010	2015	2020
生物总量	(亿 t)	180	210	215	220	250	280
可获得量	(t/a)	8～10	9～11	10～12	12～14	25	30
可利用量	(t/a)	3	5	6	7	10	20
可用于发电生物量	(亿 t/a)	0.5	3	4	5	7	10
发电耗林木质能原料	(亿 t/a)	0.06	0.18	0.24	0.3	0.48	0.6
装机容量	(万 kW)	100	300	400	500	800	1 000
发电量	(亿 kWh(千瓦时)/a)	50	150	200	250	400	500

9.4　森林能源热电联产技术

9.4.1　热电联产主要技术流程

森林能源资源（木质燃料）在适合其燃烧的特定锅炉中直接燃烧，产生蒸汽驱动气轮发电机发电和供热，目前该技术已基本成熟，并进入推广应用阶段，一般技术流程可用以下热电联产流程图表示：

9.4.2　直燃发电供热技术指标（示范项目）

（1）基本技术指标

2×12 兆瓦木质燃料示范电厂的机组容量为 2×12 兆瓦抽凝气轮机配 2×75 吨/小时燃木质燃料锅炉。主机的技术条件如下：

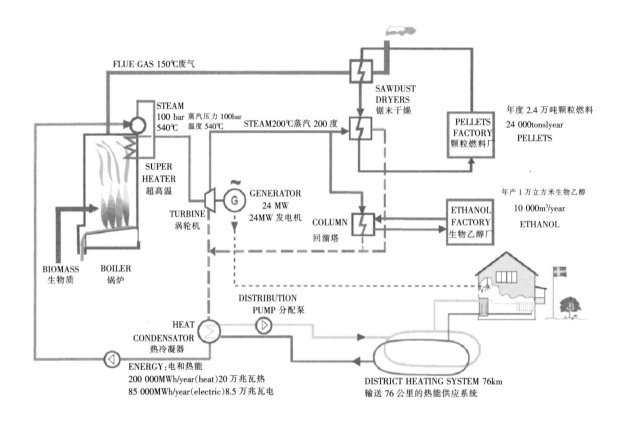

图 9-6　热电联产技术路线示意图（瑞典）

图 9-7　国内外林木生物质热电厂。左：瑞典、右：内蒙古奈曼旗

1）锅炉

锅炉采用中温中压水冷振动炉排锅炉　杭州 HG－75－3.82/450－mt 型。

最大连续蒸发量	75t/h
过热器出口蒸汽压力	3.83MPa
过热器出口蒸汽温度	450℃
给水温度	150℃
排烟温度	140℃
燃料量	13.4t/h
锅炉效率（低位发热量）	91.5%

2）气轮机

型号	C12－35/2
额定功率	12MW
夏季最大功率	15MW
最大主蒸汽流量	75t/h
主气门前新蒸汽压力	3.43MPa
主气门前新蒸汽温度	435℃
抽气压力	0.204MPa
抽气温度	160.7℃
额定抽气量	40t/h
额定背压	4.9KPa
额定转速	3 000r/min
额定冷却水温	20℃
最高冷却水温	30℃

3）发电机

额定功率	12MW
额定转速	3 000r/min
额定频率	50Hz
冷却方式	空冷/水冷

（2）燃烧系统

选用 2×75 吨/小时燃木质燃料锅炉，电厂采用布袋除尘器，除尘效率为 99.9%。

表 9－9　锅炉热力计算成果表

项目	单位	木质燃料
锅炉蒸发量（BMCR）	t/h	75
锅炉燃料量	t/h	13.4

（续）

项目	单位	木质燃料
计算燃料量	t/h	13.0
理论空气量	Nm³/Kg	3.73
实际烟气量	m³/Kg	13.3
空预器进口风温	℃	35
空预器出口烟温	℃	140
空预器出口烟量	m³/h	178 454

（3）烟风处理系统

每台锅炉设置一台100％容量送风机，不设备用。燃烧用风分级送入燃烧室，以降低燃料中NOx的生成量。一次风经暖风器空预器加热后，通过锅炉底部的布风板进入炉膛，以使床料充分沸腾，二次风经暖风器空预器加热后从燃烧室床上燃烧器进入炉膛，以使燃料完全燃烧。在给料系统中通入热二次风，作为输送物料用风。

每台炉设一台100％容量的吸风机，不设备用。空气预热器出口的烟气经过布袋除尘器后由吸风机送至烟囱排入大气。

（4）点火及助燃油系统

燃油系统的设计容量按点火和助燃所需油量考虑。

1）卸油设施

轻柴油采用汽车运输方式，设二台卸油泵，一台运行，一台备用，两座60米³的钢制储油罐。

2）供油设施

本工程采用一级供油泵系统，选择两台100％容量的供油泵，一台运行，一台备用，可满足炉点火及稳燃的用油量。

（5）供热系统

1）主蒸汽系统

主蒸汽采用母管制系统，由锅炉过热器出口联箱引出一根 φ219×8 的管道一路接至气轮机主气门，另一路接至主蒸汽母管。在进入主气门前的电动主闸门设小旁路，供暖管和暖机之用。包括回热抽气系统、高压给水系统、凝结水系统、加热器疏水系统、凝汽器抽真空系统、采暖用热系统和压缩空气系统。

2）回热抽气系统

汽轮机回热抽汽系统有3段非调整抽气，分别供给1台低压加热器、1台除氧器和1台高压加热器。每段抽气管道分别设有气动止回阀。止回阀布置在靠近抽汽出口处，作为防止在机组甩负荷时蒸汽倒入气缸而使气轮机超速的保护措施。每段抽汽管设有电动关断阀，作为气轮机防进水的保护措施。

高压加热器由一段抽气供汽；除氧器在正常运行时，采用滑压运行方式，在正常工况下由两段抽气供汽。低压加热器由3段抽气供汽，在两段抽气上引一路至辅助蒸汽母管。

热网首站布置在汽机房A排外靠近1号机侧。采暖抽气压力0.245兆帕，温度为159.5摄氏度。热网首站加热蒸汽系统、疏水系统、热网循环水系统为母管制，主要设备包括三台管式换热器，一台热网加热器疏水箱，两台热网加热器疏水泵，三台50％容量的热网循环水泵（全厂用量，两台运行，一台备用），两台热网补水泵，两台机组公用一台大气式热网补水除氧器，补水经大气式除氧器除氧后直接补入热网循环水系统，当热网循环水泵的入口压力低于设定值时由补水泵补水使其达到设定值。本期工程不设备用采暖减温减压器，当一级热网水系统超压时，通过安全阀泄压。

表 9-10 主要热经济指标

名称	单位	数值
发电设备利用小时数	h/a	6 000
供热设备利用小时数	h/a	6 260
年平均供热标准煤耗率	kg/GJ	40.41
年平均发电标准煤耗率	kg/kW·h	0.413
全年供热量	kJ	$8.0×10^{11}$（按冬季运行两台机组）
综合厂用电率	%	12.2
发电厂用电率	%	7.38
年发电量	kWh/a	$2×8.05×10^7$
年供热量	kWh/a	$2×3.9×10^{11}$
年均全厂热效率	%	45.8
		1.01
全年耗标煤量	t/a	$2×48\ 029$
年耗自然燃料量	t/a	$2×83\ 900$

9.4.3 气化发电供热技术指标（示范项目）

5.5 兆瓦生物质气化—蒸气联合循环发电系统。该系统包括一个 20 兆瓦的循环流化床气化炉和气体净化系统，10 台 450 千瓦内燃机和一台 1 500 千瓦蒸气轮机，设计效率 28%。系统主要技术指标见表 9-11。

表 9-11 系统技术指标

项目	单位	数值
设计总发电功率	kW	5.5
燃气发电总功率	kW	4.0
蒸汽透平发电功率	kW	1.5
电站自耗电功率	kW	0.5
原料		稻壳、稻秆
原料处理量	t/day	80~120
单位功率原料消耗量	kg/kW	1.3~1.5
系统净发电效率	%	28~30
单位投资	元/kW	6 300

（1）原料及原料的预处理

系统以稻壳、稻秆、麦秆等为原料。如以稻秆和麦秆为原料，为保证气化设备的正常运行，必须先经过干燥和粉碎处理，粉碎后秸秆粒径不超过 6 毫米，水分含量低于 15%。

（2）气体及净化系统

气体系统及燃气净化系统是整个电站的核心部分。主要有气化炉、旋风分离器、焦油裂解炉、文氏除尘器、喷淋塔和储气柜等几个部分组成。其中气化炉采用常压循环流化床，气化炉返料器采用螺旋返料器。旋风分离器分离下来的飞灰经返料螺旋重新进入气化炉参加反应，从而延长了其在炉内停留时间，以提高碳转化率。

图 9-8　小型生物质气化发电装置
（中国科学院广州能源所）

表 9-12　气化炉基本设计参数

项　目	参　数
炉体内径（m）	2.3（底部）
	3.0（上部）
炉体高度（m）	16.6
原料处理量（kg/h）	3 000～8 000
产气量（Nm³/h）	4 200～11 200
热输出功率（kW）	21 000

气化炉产生的可燃气中含有一定数量的焦油。在燃气冷却过程中，液态焦油与飞灰一起黏附在管道上，造成设备堵塞，进入内燃机还可能造成点火故障，活塞'拉缸'等危害；另外，焦油经水洗净化设备后形成含焦油的废水，为避免造成二次污染，必须经过严格处理才能排放。本项目采用木炭作为催化剂，通过补充一定的空气，利用热裂解和木炭催化双重作用，把焦油控制在较低水平。

（3）煤气发电机组

本项目燃气发电部分由 10 台功率为 450 千瓦的内燃机发电机组组成。450 千瓦内燃机发电机组是目前国内最大的生物质燃气发电机组，由柴油发电机组改装而成，并对 1 000 千瓦生物质气化发电站进行了 800 小时的实验测试。相对于燃气轮机，该机组对气体品质要求较低，从而使得燃气净化系统相对比较简单，降低了投资成本。

（4）**余热锅炉及蒸汽透平**

经裂解炉出来的可燃气温度为 700～900 摄氏度，内燃机发电机组排出的尾气温度为 500～550 摄氏度，本系统设计了蒸发量为 10 吨左右的余热锅炉来回收这部分余热，并利用余热锅炉产生的蒸气推动蒸气发电，从而构成气化—内燃机—蒸气联合循环发电系统。通过回收这部分散热损失，整个系统的发电效率提高了 10%。

（5）**排灰和污水处理系统**

灰渣主要来自气化炉及燃气净化系统，气化炉底部排灰采用干式出灰方式，出灰经排灰螺旋排出后，用气力输送方式输送到灰仓，然后包装作保温材料。

文氏管除尘及洗涤可燃气体所产生的含焦油废水每小时约 10 吨，废水中含有灰、焦油等，化学需氧量（COD）含量极高，必须进行处理以避免二次污染，其处理过程为：过滤、曝气和生化处理。处理后

图 9-9　江西必高生物质气化发电厂

图 9-10　奈曼 2×12 兆瓦林木生物质发电项目与能源林建设计划

的废水 COD 值达到国家规定的排放标准，可以循环使用。

9.5　森林能源发电上网电价测算

森林能源可以替代煤炭和石油，用于发电和供热，具有与煤炭火力发电相似的特性和优势，同时

也有一定的劣势。主要劣势：一是原料密集"集团"供给量弱。森林能源具有生命特征，在大地上只能以均匀的方式存在，因此与以立体容积存在的煤炭相比，森林能源资源的存在几乎属于平面容积，密度小，其原料运输、储存、防火、防湿成本均远高于煤炭，这些劣势条件决定了森林能源发电只能是以小型为主。二是初期发电利用间接成本高。用林木质原料燃烧发电是一项新型产业，与应用煤炭资源发电相比，应用木质燃料发电需要从头做起，并需要借鉴发达国家已有的成熟技术和设备，其资源利用和发电程序的一切工艺流程、技术、设备，以及相配套的服务、支持、应用体系及规程需从头做起，大大增加试验、示范和产业化发展的成本。三是资源需培育。森林能源需通过种种培育过程后可产生，一般新造能源林和经济林需2年后才能产出可利用枝条，速生林需5～10年可产出采伐剩余物，其他林种产生剩余物资原的时间会更长。而煤炭目前不需任何培育措施即可获得。四是资源受环境影响大。森林能源资源是具有生命力的生物资源，在受到气候影响和病虫害危害时，会死亡或减产。

9.5.1 直燃发电成本测算

由于国内目前还没有应用木质燃料能发电的先例，故仅以内蒙古通辽在建的林木质能发电项目成本及利润核算为参考。其技术指标：装机总容量5.0万千瓦，长期运行平均负荷是设计的85%；系统故障小于10%，停机率小于10%，正常发电为5 500小时/年；总利用率为75%，测算发电总成本为：14 089.2万元。包括：

(1) 成型燃料11 200万元，单价400元/吨，28万吨/年；

(2) 工资及福利、劳保和住房基金（150人）：1 260.0万元；

(3) 维修费（平均按1%计算）：600.0万元；

(4) 管理成本（包括行政开支及其他费用）240.0万元；

(5) 其他（按50元/度电计算）：250.0万元；

(6) 贷款利息：48 000万元×3%＝1 723.2万元/年；

(7) 设备和房屋折旧（按20年计算）：2 927.4万元/年。

表9-13 产值测算表

项目	单位	数量
运行天数	d	330
运行时间	h/d	24
发电时间	h	7 920（有效发电5 500）
电力输出	万kWh/a	29 700
自消耗电力	万kWh/a	1 381.5
销售电力	万kWh/a	28 318.5
电价	元/kWh（含税）	0.75
销售额	万元	21 238.9
总成本	万元	14 089.6
利润	万元	7 149.3
所得税	万元（33%）	1 072.4
税后利润	万元	6 076.9

注：上述测算中含税电价为0.75元/度电。贷款资金需要9.8年偿还。若资本金收益率为10%，则还本金需要12.3年（2006年测）。

9.5.2 直燃发电动态测算

参考国内秸秆热电联产项目的测算，将热电联产初始成本定为 10 500 元/千瓦，并且每年降低 5%。燃料成本按 5.6 吨/千瓦，每吨 400 元，年增长率按 2%/年，年资本金收益为 10% 测算；热电联产项目 2006 年的含税上网电价为 0.636 8 元/度电，到 2020 年为 0.576 1 元/度电。不供热发电项目 2006 年的含税上网电价为 0.714 6 元/度电，到 2020 年为 0.710 7 元/度电。考虑到诸多变化、不定因素和物价上涨的实际情况后，建议上网电价在可维持在 0.7 元/度左右以促进该事业的可持续发展。详见表和 9－14 和 9－15。

表 9－14　林木质直燃热电联产并网电站投资、运营成本及电价概算表

单位：元

年份 项目	2006	2007	2008	2009	2010	2015	2020
kWp 初始投资额（年降 5%）	10 500	9 975	9 476	9 002	8 552	6 618	5 121
资本金（20%）	2 100	1 995	1 895	1 800	1 710	1 324	1 024
银行贷款（80%）	8 400	7 980	7 581	7 202	6 842	5 294	4 096
偿还贷款本金（20 年均）	420	399	379	360	342	265	205
贷款利息（20 年均值）	270	256	244	231	220	170	132
固定资产折旧（20 年）	420	399	379	360	342	265	205
折旧抵扣部分贷款本息	−420	−399	−379	−360	−342	−265	−205
固定资产维修（年均 2.5%）	263	249	237	225	214	165	128
燃料成本（5.6t/kWp）+2%/年	2 240	2 285	2 330	2 377	2 425	2 677	2 956
其他运营成本（年均 2.6%）	273	259	246	234	222	172	133
年供热收入（GJ/kWp）+4%/年	−400	−416	−433	−450	−468	−569	−693
年资本金收益（10%）	210	200	190	180	171	132	102
度电成本（5 500h）	0.557 3	0.551 4	0.546 1	0.541 4	0.537 2	0.523 6	0.520 1
不含税度电上网电价（年发电 5 500 有效小时）	0.595 5	0.587 7	0.580 6	0.574 2	0.568 3	0.547 7	0.538 7
度电成本（5 500h）	0.598 6	0.592 2	0.586 4	0.581 1	0.576 6	0.561 6	0.557 4
kWp 含税上网电价	3 502	3 456	3 415	3 377	3 342	3 221	3 168
含税度电上网电价（6%VAT）（年发电 5 500 有效小时）	0.636 8	0.628 4	0.620 8	0.613 9	0.607 7	0.585 6	0.576 1

表 9－15　林木质直燃发电（不供热）并网电站投资、运营成本及电价概算表

单位：元

年份 项目	2006	2007	2008	2009	2010	2015	2020
kWp 初始投资额（年降 5%）	10 500	9 975	9 476	9 002	8 552	6 618	5 121
资本金（20%）	2 100	1 995	1 895	1 800	1 710	1 324	1 024
银行贷款（80%）	8 400	7 980	7 581	7 202	6 842	5 294	4 096
偿还贷款本金（20 年均）	420	399	379	360	342	265	205
贷款利息（20 年均值）	270	256	244	231	220	170	132
固定资产折旧（20 年）	420	399	379	360	342	265	205

（续）

项目＼年份	2006	2007	2008	2009	2010	2015	2020
折旧抵扣部分贷款本息	−420	−399	−379	−360	−342	−265	−205
固定资产维修（年均2.5%）	263	249	237	225	214	165	128
燃料成本（5.6吨/kWp）＋2%/年	2 240	2 285	2 330	2 377	2 425	2 677	2 956
其他运营成本（年均2.6%）	273	259	246	234	222	172	133
年资本金收益（10%）	210	200	190	180	171	132	102
度电成本（5 500h）	0.630 1	0.627 1	0.624 8	0.623 2	0.622 3	0.627 1	0.646 0
不含税度电上网电价（年发电5 500有效小时）	0.668 3	0.663 3	0.659 3	0.656 0	0.653 4	0.651 2	0.664 7
含税度电上网电价（6%VAT）（年发电5 500有效小时）	0.714 6	0.709 3	0.704 9	0.701 4	0.698 7	0.696 3	0.710 7

9.5.3　木质原料热值和特性

木质燃料的高位热值一般在16 730～22 150千焦/千克（4 000～5 300大卡/千克），比农作物秸秆高。而且，原料碱金属含量也比农作物秸秆低数倍。因此，应用林木质发电具有一定的优势，受到各地和企业的高度重视和广泛应用。

木质燃料的成分比较清洁，含硫率一般小于0.05%，氯离子含量在0.01%以下。氮化合物含量小于0.39%。因此，用木质燃料发电比用秸秆原料降低了燃料对锅炉的污染和腐蚀。几种应用比较广泛的木质燃料特性成分详见表9-16。

表9-16　几种木质燃料特性成分分析表

项目	单位	松木屑	沙柳枝	根据规格的变化		
				栎树	松树	云杉
碳	C%	50	44.5	49.3	51	50.9
氢	H%	6.2	6.1	5.8	6.1	5.8
氧	O%	43	36.9	43.9	42.3	41.3
氮	N%	0.3	0.39	0.22	0.1	0.39
硫	S%	0.05	0.05	0.04	0.02	0.06
氯	Cl%	0.02	0.008	0.01	0.01	0.03
灰分	a%	1	1.95	0.7	0.5	1.5
挥发成分	%	81	82	83.8	81.8	80
高位发热量	KJ/kg	19.4	17.88	18.7	19.4	19.7
低位发热量	KJ/kg		16.39	18.0	18.2	18.5

表9-17　几种秸秆燃料的热值对比表

种类	高位发热值（kJ/kg）	低位发热值（kJ/kg）	
		7%含水率	11%含水率
玉米秸	16 900	15 052	14 290
高粱秸	16 300	15 370	14 595
稻草	15 200	13 842	13 138
豆秸	17 500	15 349	14 578
麦秸	16 600	15 068	14 311
棉花秸	17 300	15 562	14 784

表 9-18　不同形态生物质的净热值

原料类型	干物质热值（GJ/t）
纯林木质燃料	19.5
森林碎片	19.2
树皮	18.0
木球	19.0

表 9-19　几种木质燃料平均重量

树种	每 m³ 干物质重量（kg）	与栎木比较的（%）
栎木	580	100
枫树	540	93
桦树	510	88
松	480	83
云杉	390	67
杨树	380	65

9.5.4　燃料成本

按照 2005 年木质燃料原料零星收购价计算（100 元/吨），生产成型燃料的加工的成本约为 192.3 元/吨。若按 2006 年灌木林和能源林的价格 150 元/吨计算，生产成型燃料（木质煤）的加工成本约为 280 元/吨。若以森林采伐三剩物为原料生产成型燃料的加工成本为 330 元/吨。据测算，一个 5 万千瓦规模的发电厂，每年大约需要 30 万吨林木质资源，其供给半径将超过 100 公里，增大了原料运输、储藏、防火和供料成本，使原料到炉前的价格每吨将达到 380～420 元。

9.6　林木质热电联产的经济概算

这里从三个主要方面展开经济分析。第一，根据前述技术分析中所提供的各种技术模式，通过相互之间的比较计算，包括对秸秆为原料的热电联产的比较计算，一般性地回答我国木质燃料热电联产项目在经济上是否具备合理性。第二，以森林能源资源为原料的热电联产，主要受到哪些因素的影响，可能呈现何种变化及其临界值的大小。第三，结合中国木质燃料热电联产中长期发展规划对木质燃料热电联产的整体经济性做一概要比较。

根据我国现有森林能源资源可利用状况、木质燃料热电联产技术和设备现状，主要分析木质燃料直燃热电联产和气化热电联产两种模式，通过不同的技术路线和发电规模进行比较分析，同时结合秸秆热电联产进行分析比较。另外，木质燃料直燃热电联产模式根据原材料进炉前预加工处理方式不同又可分为木质燃料直接燃烧热电联产、削片燃烧热电联产和成型木质煤燃烧热电联产等不同模式。这里进行分析拟选取的技术模式及规模如下：6 兆瓦木质燃料气化热电联产、6 兆瓦木质燃料直燃热电联产、12 兆瓦木质燃料直燃热电联产、24 兆瓦木质燃料直燃热电联产、48 兆瓦木质燃料直燃热电联产、6 兆瓦秸秆气化热电联产和 24 兆瓦秸秆直燃热电联产。

9.6.1　热电联产各类型模式的经济比较

经经济评价和比较，木质燃料热电联产在各种模式下单位发电成本介于 0.502～0.688 元/度电之间，这里对并网电价分别取 0.70 元/度电和 0.60 元/度电时分析各种模式热电联产项目的经济效益，并结合参数值等因素得到如下分析比较表：

表9－20　木质燃料热电联产项目经济评价表

	单位	木质燃料（林木质）热电联产					秸秆热电联产		参数值
		6MW 气化	6MW 直燃	12MW 直燃	24MW 直燃	48MW 直燃	6MW 气化	24MW 直燃	
发电单位成本	元/度电	0.585	0.688	0.631	0.619	0.605	0.502	0.549	0.330*
并网电价＝0.70元/度电 · 净现值（NPV）	万元	3 683	1 050	3 291	9 649	26 478	5 728	15 836	0
并网电价＝0.70元/度电 · 全部投资内部收益率	%	24.34	14.04	13.38	14.96	17.09	31.95	17.36	10
并网电价＝0.70元/度电 · 投资回收期	年	5.96	8.53	8.73	8.12	7.44	5.02	7.36	10
并网电价＝0.60元/度电 · 净现值（NPV）	万元	1 327	−1 306	−1 783	−499	6 182	3 373	5 688	0
并网电价＝0.60元/度电 · 全部投资内部收益率	%	15.61	4.16	8.02	9.72	11.77	23.70	12.80	10
并网电价＝0.60元/度电 · 投资回收期	年	7.97	15.88	11.79	10.59	9.46	6.05	8.97	10

* 2005年全国范围内电力均价为0.310元/度电，考虑到价格指数因素，这里估算传统电力行业平均价格为0.330元/度电。

9.6.2　确定性经济分析结论

第一，在并网电价为0.70元/度电时，各类项目经济指标均优于基准参数值，表明在该价格条件下，森林能源热电联产项目的经济收益均高于社会平均水平，具有一定经济合理性；而在并网电价取0.60元/度电时，一部分木质燃料热电联产项目的经济效益指标处于基准水平之下，如6兆瓦林木质直燃、12兆瓦林木质直燃和24兆瓦林木质直燃，这说明当国家并网电价政策规定价格在0.6元/度电时，投资这些类型的热电联产项目在经济上是不可行的。因此，在森林能源热电联产发展初期，通过国家进行相应的价格补贴是非常必要的。

第二，通过上表木质燃料和秸秆生物质热电联产项目的整体比较可以看出，目前小型秸秆气化项目的经济效益最好，6兆瓦秸秆气化热电联产项目最为经济合理。而对于木质燃料热电联产项目，一般地讲，6兆瓦气化较为经济合理。这是由于小型生物质气化发电技术的研究在我国已接近成熟，技术设备在国内可得到有效解决，设备成本低，投入少。

第三，同规模木质燃料直燃热电联产项目与秸秆直燃热电联产项目经济性相比较低。这主要是由于目前木质燃料直燃发电研究相对较少，同等规模的设备工程投资普遍高于秸秆发电设备投资。因此，在初期投资阶段，木质燃料热电联产经济成本较高。但是，随着我国森林能源资源由剩余物转为定向培育能源林，能源林培育经营规模化，生产技术的成熟，这种优劣对比关系将发生逆转。

第四，从单位发电成本与参考值的比较中可以得出，木质燃料和秸秆发电单位成本高于传统化石燃料发电成本。传统化石燃料发电在我国发展已经相当成熟，生产技术和设备研究都处于先进水平，生产效率高，生产规模已达到一定水平，规模效益日益凸现，这些条件促成化石燃料发电成本相对较低。而林木质发电项目的研究尚处于初级阶段，发电技术和设备还很不成熟，设备价格昂贵，增加了该类发电项目的投资成本。另外，发电的生产规模和发电效率受到技术水平和资源分布的制约，处于较低水平，与传统化石燃料发电相比投资大而规模小，这使得林木质热电联产项目目前尚不具备竞争优势。

第五，从木质燃料热电联产项目的比较分析结果来看，直燃热电联产项目将随着生产规模的扩大，内部收益率随之升高，规模效益较为明显。在并网价格为0.70元/度电时，12兆瓦直燃项目

IRR 为 13.38%，24 兆瓦直燃项目为 14.96%，48 兆瓦直燃项目为 17.09%。另外，当并网价格一旦规定为 0.60 元/度电时，仅从经济角度来看，12 兆瓦和 24 兆瓦林木质直燃项目内部收益年低，48 兆瓦林木质直燃项目仍是可行的。当然，由于森林能源资源的约束，目前大规模开发大型（48 兆瓦以上）林木质热电联产项目的条件相对还不成熟。

第六，对于中型规模（>10 兆瓦）的直燃热电联产项目，当并网电价接近 0.70 元/度电时，此规模下的森林能源热电联产项目仍可取得合理的经济效益。从表 9-20 中结果可得出，12 兆瓦直燃项目与 24 兆瓦直燃项目相比，单位成本较高且内部收益率较低，因此，24 兆瓦规模热电联产项目经济效益要优于 12 兆瓦项目。而对于中型规模木质燃料气化热电联产项目，发电设备效率相对较高，发电成本较低，但由于系统复杂，这方面的技术还不太成熟。因此，较大型木质燃料气化发电模式暂不考虑，但是随着气化发电技术的改进，设备投资成本的降低，该类型发电模式有可能成为中型森林能源热电联产的重要选择。

第七，从小型（<10 兆瓦）木质燃料热电联产项目分析结果来看，目前小规模的气化热电联产项目比直燃热电联产项目在经济上更合理。即使在并网电价为 0.60 元/度电时，小型木质燃料气化热电联产项目仍可获得较高的内部收益率。近年来，小型气化热电联产项目的技术研究在我国取得较大成果，如中科院广州能源研究所在"九五"期间进行的兆瓦级生物质气化发电系统研究已较为成熟，气化发电整体效果在同类技术中达到国际先进水平。小型生物质气化发电系统单位投资较低，发电效率相对较高，而较小规模的直燃热电联产项目，由于受到发电参数的限制，其内部收益率和单位发电成本均小于气化热电联产项目，总体的经济性较差。因此，介于小型木质燃料热电联产项目投资小，技术相对成熟，风险小的特点，在产业发展初期，可以选择此种类型生产项目进行投资。

第八，从木质燃料和秸秆热电联产产业长期发展模式看，小规模项目可以优先考虑秸秆气化热电联产模式，但是秸秆的供应量受到农作物种植面积的限制，供应大规模生物质发电项目的可能性较小；对于木质燃料热电联产项目，由于我国森林能源资源丰富，且随着能源林集约化经营，原材料供应规模呈现增长趋势，将为发展大中型木质燃料热电联产项目提供有力保障。从上述分析可以看出，木质燃料热电联产项目随着生产规模的扩大，内部收益率将随之增大，在大中型生物质热电联产项目开发中，具有一定优势。

综上对确定性经济比较的结果中，从经济性、技术限制和规模等诸因素综合考虑，木质燃料和秸秆热电联产项目投资类型选取的一般顺序是，目前以小规模项目建设为主，如选小型"秸秆 6 兆瓦气化""林木质 6 兆瓦气化"，中型项目以"林木质 24 兆瓦"为优，大型应选"林木质 48 兆瓦直燃"。经过一定发展后，结合我国森林能源资源的优势，小型可"秸秆、林木质 6 兆瓦气化"相结合，重点发展大中型"林木质 48 兆瓦直燃"，并且考虑到化石能源价格和环境因素，林木质热电联产将逐渐取得优势而占据重要地位。

9.6.3 不确定性经济分析：主要因素及其临界值计算

林木质热电联产项目受到多种因素的影响，这些因素的变动在实践中是不可避免的，并且，某些因素的变动可能改变对前述经济比较的认识，故而，主要因素和敏感因素的影响计算和分析是重要的。这里综合考虑各因素的情况，热电联产项目，主要受到固定资产投资、原材料价格、并网电价等三个因素的影响。该类项目的固定资产投资额随着生产技术的进步会有较大变动，进而对项目的经济性产生较大影响。另外，并网电价也是影响热电联产产业发展的关键因素。从上述热电联产项目模式分析来看，单位发电成本均高于现行电力市场均价。

这里以内部收益率（IRR）等于基准收益率 10% 时，选取确定性经济计算中优于基准值的部分方案，计算固定资产投资、原材料价格、并网电价等各因素的临界值。计算结果如表 9-21 和 9-22 所示：

表 9-21　IRR＝10％临界值确定

（电价＝0.6 元/度电）

项目 \ 指标		固定资产投资额（万元）			原材料价格（元/t）			并网电价（元/kWh）		
		临界值	变化量	可变幅度	临界值	变化量	可变幅度	临界值	变化量	可变幅度
林木质热电联产	6MW 气化	3 726	1 216	48.45%	347	45	14.90%	0.54	−0.06	−10.00%
	48MW 直燃	51 649	5 649	12.28%	341	24	7.57%	0.57	−0.03	−5.00%
秸秆热电联产	6MW 气化	5 503	3 103	129.29%	371	119	47.22%	0.46	−0.14	−23.33%
	24MW 直燃	31 126	5 226	20.18%	310	48	18.32%	0.54	−0.06	−10.00%

表 9-22　IRR＝10％临界值确定

（电价＝0.7 元/度电）

项目 \ 指标		固定资产投资额（万元）			原材料价格（元/t）			并网电价（元/kWh）		
		临界值	变化量	可变幅度	临界值	变化量	可变幅度	临界值	变化量	可变幅度
林木质热电联产	6MW 气化	5 886	3 386	135.44%	425	123	40.73%	0.54	−0.16	−22.86%
	6MW 直燃	3 755	955	34.11%	329	27	8.94%	0.66	−0.04	−5.71%
	12MW 直燃	15 014	3 014	25.12%	359	52	16.94%	0.64	−0.06	−8.57%
	24MW 直燃	32 481	8 681	36.47%	387	75	24.04%	0.60	−0.1	−14.29%
	48MW 直燃	70 171	24 171	52.55%	420	103	32.49%	0.57	−0.13	−18.57%
秸秆热电联产	6MW 气化	7 672	5 272	219.67%	455	203	80.56%	0.46	−0.24	−34.29%
	24MW 直燃	40 322	14 422	55.68%	393	131	50.00%	0.54	−0.16	−22.86%

9.6.4　初步结论与建议

第一，不同技术类型和生产规模的热电联产项目对固定资产投资规模变化幅度的承受能力不一样，如 6 兆瓦气化项目对固定资产投资规模变化的承受能力明显高于其他模式。另外并网电价取值的不同，使项目对固定资产投资变化的承受能力呈现明显变化。尤其一部分项目在并网电价取 0.6 元/度电时，内部收益率小于社会基准收益率 10%，一旦出现固定资产投资的不利变动将使该类项目投资变得更加脆弱。

在并网电价取 0.7 元/度电，IRR＝10％时，24 兆瓦林木质直燃模式的固定资产临界值为 32 481 万元，其可变幅度为 36.47%，而并网电价取 0.6 元/度电时，经济性很差，低于社会平均水平，要想获得项目投资的正常收益必须降低固定资产投资额。对于小型林木质气化热电联产开发项目，固定资产投资可承受的不利变动幅度较高，固定资产投资的变化对小型项目的影响不大。因此，在技术设备研究不太成熟时，以选择投资小规模气化热电联产项目为先。

第二，在林木质热电联产项目开发初期，林木质燃料收集成本较高，且原材料加工处于初级阶段，成本也相对高；但是，从林木质热电联产产业长期发展来看，原料成本价格的构成将会出现较大波动，如收购价格上升而收集加工成本下降。在森林能源资源丰富的地区建立林木质热电联产项目可以有效降低项目风险。仅从原料可承受的临界值及可变幅度看，大型热电联产项目（48MW）对原料价格的敏感性小于中型项目，在资源总量可以得到保证的情况下，发展大型热电联产项目更有利于弱化原料价格不利波动带来的风险。对于小型生物质热电联产项目，气化发电可承受临界值要高于同规模直燃发电。

第三，并网电价和供热价格是林木质热电联产项目最为敏感的关键因素，尤其小型林木质直燃热电联产项目对并网电价的敏感性非常高。另外从电价分别处于 0.6 元/度电和 0.7 元/度电时，对其他敏感因素的分析比较可以看出，电价的变化直接决定了多数生物质热电联产项目的经济可行性。因此，在林木质热电联产产业发展初期，推广小型林木质热电联产项目过程中，并网电价政策的制定与实施成为该类项目成功与否的关键因素。另外，并网电价的临界值都要高于现行电力市场的均价（0.35 元/度），对于这部分差价需国家补贴弥补。热电联产模式作为有效利用余热的一种方式，但供热价格受国家宏观调控的影响，处于较低水平。制定有效的供热价格政策，对于促进热电联产模式的推广十分重要。

第四，从秸秆热电联产和林木质热电联产的各因素临界值比较中可以看出，目前同规模的秸秆热电联产模式要优于林木质热电联产模式，因为秸秆热电联产主要因素（并网电价、原料价格等）的临界值均要优于林木质热电联产模式。且小型秸秆气化项目可承受的临界值更高，抗风险能力相对更强。秸秆热电联产呈现相似的短期优势，这是由于森林能源资源目前以剩余物为主的特征导致的，随着能源林的兴起与发展，木质燃料供应模式将得到根本的改善。

第五，影响发电直接经济效益的因素很多，其中，燃料供给成本是最主要的因素之一。由于燃料供给成本占整个发电总成本的 60% 以上，因此，根据原料资源的分布、数量和供给成本确定适宜的直燃发电规模是企业降低发电成本，提高经济效益的重要路径。从原料资源供给半径、供应成本和电厂规模经济效益多种因素分析得出，现阶段建立林木质发电厂的最适宜装机容量规模为 24 兆瓦，具有燃料供给半径适宜，成本适中，效益较佳特点。然而，在一些森林能资源比较丰富的地区，建立装机容量规模为 48 兆瓦的电厂效益更佳。因为，在资源相对丰富的地区，虽然原料需求比 24 兆瓦需求翻番，但是，原料供给成本增幅比较小，而电厂规模效益增幅比较大。相反，在森林能源资源比较贫乏的地区，建立装机容量规模为 12 兆瓦的电厂经济效益仍较为可观。

9.7　案例：山东国能单县 1×25 兆瓦农林剩余物直燃发电项目

9.7.1　项目概述

该项目位于山东省单县经济技术开发区，是国家发改委核准的、国内第一个建成投产的国家级生

图 9-11　国能单县生物发电厂

物质直燃发电示范项目，也是一个农林生物质大容量、纯烧、直燃发电项目，装机容量为 $1\times25MW$ 单级抽凝式气轮发电机组，配一台130吨/小时生物质专用高温高压水冷振动炉排锅炉，投资约3亿元，由国家电网公司旗下国能生物发电有限公司投资兴建，2005年10月项目主体工程开工建设，2006年12月1日投产发电，截至2007年10月13日，国能单县生物质发电项目已完成1.75亿千瓦时绿色电量，提前79天完成当年发电目标。截至2007年10月，该项目已消耗农林废弃物20多万吨，节约标煤约10万吨，减排二氧化碳10万吨以上。2007年该项目在燃料收储运过程中，已为当地农民带来直接收入6 000多万元，增加农村就业岗位1 000余个。已完成的发电量可供40万户农民全年的生活用电。

9.7.2 主要系统介绍

(1) 锅炉燃烧系统

国能单县生物发电项目采用高温、高压生物质水冷振动炉排直燃发电锅炉，由龙基电力公司引进欧洲130吨/小时生物质振动式炉排高温高压蒸汽直燃发电锅炉技术，并组织进行技术消化吸收和标准转换，在国内生产制造。

锅炉为高温、高压参数自然循环炉，采用振动炉排的燃烧方式，锅炉的燃烧设备是管式水冷带布风孔的振动炉排，振动炉排水冷壁与锅炉水冷壁通过柔性管连接。锅炉汽水系统采用自然循环，炉膛外集中下降管结构。该锅炉采用"M"型布置，炉膛和过热器通道采用全封闭的膜式壁结构，很好地保证了锅炉的严密性能。过热蒸汽采用四级加热，三级喷水减温方式，使过热蒸汽温度有很大的调节裕量，以保证锅炉蒸汽参数。空气预热器布置在烟道以外，采用水冷方式，有效避免了尾部烟道的低温腐蚀。经过烟气冷却器的烟气和飞灰，由吸风机将烟气吸入旋风除尘器再进入布袋除尘器净化。

(2) 气轮机发电系统

气轮机（型号C30－8.83/0.98）是武汉汽轮发电机厂生产，为高压单缸，冲动，单抽气凝气式，具有一级调节抽汽。气轮机转子通过刚性联轴器直接带动发电机转子旋转，调节系统采用低压数字电液调节。

(3) 电气系统

发电机（型号QF－30－2）为武汉气轮发电机厂生产的空冷式发电机，30兆瓦，额定电压为6.3千伏，额定电流为3 437安倍，额定功率因数为0.8，经一台110千伏双卷变压器升压后接至110千伏配电装置。

(4) 厂内上料系统

装载破碎后生物质燃料（以林业剩余物、棉花秸秆等为主）的车辆进厂后，经称重后进入卸料沟卸料。卸料沟内设双列刮板输送机，再经斗式提升机、移动带分配至储料仓。储料仓内的燃料通过仓底直线螺旋给料机给至带式输送机上，再经斗式提升机和螺旋给料机使燃料落至炉前筒仓内。

(5) 灰渣系统

以一台25兆瓦生物质直燃发电机组为例，根据燃料分析检测报告资料及燃料消耗量，计算的灰渣量如下表9-23所示：

9-23 灰渣量计算表

装机容量	每小时灰渣量（t/h）			日排灰渣量（t/d）			年排灰渣量（万t/a）		
	灰量	渣量	灰渣	灰量	渣量	灰渣	灰量	渣量	灰渣
一台炉 (135t/h)	0.3	1.7	2.0	6.6	37.4	44	0.18	1.02	1.2

注：表中日利用小时数按照22小时计，年利用小时数按6 000小时计。灰渣分配比：灰按灰渣总量的15%计算，渣按灰渣总量的85%计算。

发电厂除灰渣系统特点主要表现在：采用灰渣混除系统；除灰渣系统按照一台锅炉为一单元进行设计；考虑了灰渣的综合利用。

1）除灰系统。发电厂除灰系统采用布袋式除尘器，每炉的布袋除尘器包括 6 个布袋式除尘装置，每 3 个布袋除尘器下设有一条埋刮板输送机，共两条，负责把布袋收集的飞灰集中输送至除尘器外的另两条转运埋刮板输送机。通过这两条转运埋刮板输送机，飞灰被输送至布置于炉底的链式除渣机，与冷却后的渣一起进入布置于锅炉房外灰坑上的灰渣分配输送机。灰渣进入灰坑后，析出的水送回锅炉排污坑，灰渣则由装载设备装汽车外运至综合利用用户。该系统中所有输送机的出力和灰坑容量均满足锅炉 72 小时的灰渣量。

2）除渣系统。锅炉底渣经水冷后直接进入炉底的链式除渣机，冷却水采用锅炉排污坑内回收水（泵送）或原水。底渣与除尘器输送至链式除渣机的干灰一起进入布置于锅炉房外灰坑上的灰渣分配输送机。灰渣进入灰坑后，析出的水送回锅炉排污坑，灰渣则由装载设备装汽车外运至综合利用用户。炉底链式输渣机的排污接至废水处理池。该系统中所有输送机的出力和灰坑容量均应满足锅炉 72 小时的灰渣量。

3）灰渣综合利用。生物质燃料通常含有 3%～20% 的灰分。这种灰以锅炉飞灰和灰渣/炉底灰的形式被收集，这种灰分含有丰富的营养成分如钾、镁、磷和钙，可用作加工高效农业生物复合肥或直接还田。

（6）燃料供应

1）燃料种类。以林业剩余物为主，具体如下：

树皮：来源于国营、私营林场，以及部分农民自伐树木剩余；

木材加工角料：主要来源于木材加工厂；

刨花和粉碎的木渣片：主要来源木材加工厂；

锯末：主要来自板材加工厂；

另外还有一些剩余物：棉花秸秆和桑枝条紫穗槐、柳条等。

2）燃料收储站。收储站主要职责是燃料的收购、燃料的加工、燃料的储存和燃料的调拨。目前在单县建设了 8 个燃料收储站，选址过程中考虑了资源优势、交通条件、地势、排水、电源、可利用水资源、地块面积等因素。这 8 个收储站保证国能单县生物质发电厂每年 15～20 万吨的燃料供应。

3）经纪人。燃料收购最初要以电厂为主组织实施，具体工作主要依靠农民经纪人。对于有收购、加工和储存能力的有实力的经纪人，电厂可与他们签订成品燃料收购合同，一般界定价格、数量、质量、结算方式等方面。对于规模较小的自由经纪人，每天供应能力 1～2 吨，可由各个收储站与他们签订供货合同。

4）燃料运输。经纪人的运输一般自己解决。收储站到电厂的运输由电厂自设或者委托专业物流公司承包，配备拖拉机、全挂车、采用特制大型自卸车若干。每天电厂制订燃料需求计划，燃料供应部门制订物流计划，物流公司根据物流计划运送燃料到厂。

5）厂内燃料存放。燃料只在收储站内或经纪人处进行加工，电厂内不设加工功能。厂内燃料满存可以保证 5～7 天运行所需的燃料。

（吕文、庄会永、刘金亮、马隆龙、周玲玲）

◆ 参考文献

[1] 国家林业局. 中国森林. 北京：中国林业出版社，2000

[2] 张志达、刘红，等．中国薪炭林发展战略．北京：中国林业出版社，1996

[3] 高尚武，等．中国主要能源树种．北京：中国林业出版社，1990

[4] 陈继红，等．经济灌木资源现状及持续利用途径．北京：中国林业出版社，2000

[5] 刘荣厚，等．生物质热化学转换技术．北京：化学工业出版社，2005

[6] 林业部规划院．材种出材率表编制技术研究．林业部调查规划设计院．1995

[7] 雷加富．中国森林资源第一版．北京：中国林业出版社，2005

[8] 肖兴威．中国森林资源清查第一版．北京：中国林业出版社，2005

[9] 国家林业局．中国森林资源报告第一版．北京：中国林业出版社，2005

[10] 中国可持续发展林业战略研究项目组．中国可持续发展林业战略研究．北京：中国林业出版社，2004

[11] 朱俊凤，等．中国沙产业．北京：中国林业出版社，2004

[12] 赵敏，等．基于森林资源清查资料的生物量估算模式及其发展趋势．应用生态学报．2004（8）

[13] 方精云，等．我国森林植被的生物量和净生产量生态学报．1996，16（15）

[14] 魏殿生．发展生物质能源林业在行动．绿色中国，2006（1）：34－37

[15] 马胜红．实施风力发电、生物质直燃发电、光伏发电溢出成本全网分摊的可行性分析．中国能源．2005（10）：5－13

[16] 吕文，等．林木生物质能源直燃发电研究．中国林业产业．2005（11）：21－26

[17] 吕文，等．中国林木生物质能源发展潜力研究（上）．中国能源．2005（11）：21－26

[18] 吕文，等．中国林木生物质能源发展潜力研究（下）．中国能源．2005（12）：29－33

[19] 寇文正．中国能源建设亟待林业支持．中国林业产业．2005（11）：1

[20] 史立山，等．瑞典、丹麦、德国和意大利生物质能开发利用考察报告．阳光能源．2005（10）：53－55

[21] 史立山，等．瑞典、丹麦、德国和意大利生物质能开发利用考察报告（续）．阳光能源．2005（12）：64－66

[22] 吴达成．中国可再生能源发展项目成果可持续性问题探讨．阳光能源．2005（10）：34－38

[23] 王国胜，等．中国林木生物质资源培育与发展潜力研究报告．中国林业产业．2006（1）：12－21

[24] 俞国胜，等．林木生物质能源开发利用技术研究报告．中国林业产业．2006（1）：22－34

[25] 张彩红，等．林木生物质能源的经济分析和可行性研究报告．中国林业产业．2006（1）：35－46

[26] 陈和平我国热电联产政策及状况的评述．热力发电．2003（2）：2－4

[27] 何斯征国外热电联产发展政策、经验及我国发展分布式小型热电联产的前景．能源工程．2003（5）：1－5

[28] 郭雯．意大利热电联产现状：能源政策、法规及市场自由化的影响．能源工程．2003.（5）：22－24

[29] 朱成章．美欧热电联产的沉浮对我国的借鉴．大众电力．2003（12）：4－5

[30] 王振铭，等．我国热电联产现状、前景与建议．中国电力．2003（9）：43－49

[31] 咸伯居．中国热电联产政策研究（硕士论文）．2000年

[32] 裴克，等．国外营林机械．北京：中国林业出版社，1980

[33] 黄仁楚．营林机械理论与设计．北京：中国林业出版社，1996

[34] 中国林业机械协会．当代林木机械博览．中国林业，2005（1）：72－73

[35] 梁桂清．我国割灌机的发展现状及前景．广西机械，2000（1）：24－25

[36] 徐汶祥．新型割灌机的设计研制．林业机械与木工设备．2002（2）：10－11

[37] 刘勤，等．2G－200型悬挂式割灌机的研制．林业科技．1995（5）：45－57

[38] 陈永康．2GB－081型背负式割灌机的研制．林业机械与木工设备．1996（3）：10－11

[39] 耿金川．营林机械—割灌机在幼林地的综合作用．河北林业科技．2002（1）：10－12

[40] 陈晓峰．基于功能设计法的柠条收割机方案．农机使用与维修．2003（6）：4－5

[41] 刘庆福，等．植物秸秆收割机的研究与设计．宁夏农学院学报．2002（1）：20－25

[42] 池智．2004年我国大中拖收割机市场分析及预测．农机市场．2004（1）：14

[43] 洪德纯，等．国外削片机的新进展．世界林业研究．1994（6）：37－42

[44] 洪德纯．新型鼓式削片机．木材加工机械．1994（3）：18－20

[45] 亢奋敏．对柠条生态效益的研究．山西林业．1999（6）：18

［46］秦三民，等．对沙棘产业发展的新思考．沙棘．2003（3）：41-42

［47］保平．柠条的开发与利用．农村牧区机械化 2002（3）：18-19

［48］吴创之，等．生物质能现代利用技术．北京：化学工业出版社，2003

［49］邓可蕴．21 世纪我国生物质能发展战略．中国电力，2000，33（9）：82-84

［50］吴创之．生物质气化发电技术（1）．气化发电的工作原理及工艺流程．可再生能源，2003（1）：42-43

［51］袁振宏，等．生物质能利用原理与技术．北京：化学工业出版社，2005

［52］Raffaele Spinelli，Pieter Kofman．A review of short-rotation forestry harvesting in Europe．Danish Forest and Landscape Research Institute．Vejle，Denmark

［53］Danfors B.，Nordén B..1995 — Sammanfattande ut värdering av teknik och logistic vid salixskörd．JTI-rapport 210 1995．Ultuna，Uppsala，Sweden

［54］Deboys R. S..1994 — First field evaluation of short rotation coppice harvesters．Forestry Commission．The Forest Authority．Technical Development Branch．AE village，Dumfries UK．1994（11）：49

［55］Deboys R. S..1995 — Second field trials of short rotation coppice harvesters．Forestry Commission．The Forest Authority．Technical Development Branch．AE village，Dumfries UK．1995（1）：52

［56］Kofman P. D..Heding N.，Suadicani K.，1994．Grovkvistning af energitræ．Skovning，udkørsel，flishugning og landevejstransport．Skovbrugsserien nr．1994（9）．Forskningscentret for Skov og Landskab，Hørsholm，Denmark．

［57］Kofman P. D.，Spinelli R.，1996．Harvesting short rotation coppice willow in Denmark．Forskningscentret for Skov og Landskab，Hørsholm，Denmark

10. 森林能源资源开发利用的经济模型

10.1 森林能源资源获取与开发利用经济模型

10.1.1 能源林生物量与林地面积、单位标煤森林能源成本的关系模型

通过建立能源林生物量与面积、成本的数学关系模型，实现对以下问题的研究：第一，分析不同树种的能源林生产单位标煤热值（7 000 大卡/千克），所需林木生物量与林地面积之间的关系；其二，分析不同树种的能源林单位面积林木生物量与产生单位标煤热值的森林能源的成本之间的关系。进而使森林能源成本与传统能源之间具有可比性。这里以生产森林能源成型压缩燃料为例进行分析。

（1）单位面积生物量与生产单位标煤热值森林能源所需林地面积的关系模型

对于单位面积林木生物量与生产单位标煤热值所需林地面积的关系式可以初步表述为：

$$y=\frac{a}{x_2 x_3}=\frac{7000}{x_1 x_2 x_3}=\frac{7000}{x_1 d})\qquad(10-1)$$

$d=x_2 x_3$——每公顷土地的生物量；

a——拥有单位标煤热值的生物量；

x_1——某树种的燃烧值（千克）；

x_2——某树种每棵采集生物量（千克）；

x_3——某树种单位面积的种植株树株（公顷）。

由以上关系模型可以看出，生产单位标煤热值的森林能源所需土地面积 y 与单位面积林木生物 d 量成反比，与树种的热值 x_1 也成反比。

例：已知柠条锦鸡儿的单位发热值为 4 742 大卡/千克，计算生产 1 单位标煤热值的森林能源的所需的土地面积为多少？

解：$y=\frac{7000}{x_1 d}=\frac{7000}{4\ 707\times 2000}=0.744\times 10^{-3}$ 公顷，即为表 10-1 中面积一栏的数值

表 10-1 中国森林能源主要能源树种及其特性

树种 \ 特征	热值 x_1 (kJ/kg)	产量 d (t/hm²)	计算所得 面积 (10^{-3}hm²)
小叶栎	19 841	2	0.738
柠条锦鸡儿	19 694	2	0.744
山杏	19 698	2.67	0.556

（续）

特征 树种	热值 x_1 （kJ/kg）	产量 d （t/hm²）	计算所得 面积（10^{-3}hm²）
梭梭	18 410	3	0.53
胡枝子	19 665	3.5	0.426
花棒	18 828	4.5	0.346
甘蒙柽柳	17 895	4.95	0.33
紫穗槐	16 988	5.25	0.328
细枝柳	18 104	5.3	0.305
马桑	16 736	5.8	0.302
马尾松	20 669	5.88	0.241
沙棘	18 970	6.05	0.255
小叶锦鸡儿	19 958	7.94	0.185
蒿柳	18 828	8	0.194
刺槐	19 012	8.36	0.184
短序松江柳	18 573	8.5	0.186
晚松	20 125	9	0.162
头状沙拐枣	17 715	9.38	0.176
麻栎	19 585	10	0.15
枫香	19 264	10	0.152
火炬树	16 276	10	0.18
刺栲	17 811	10.68	0.154
旱柳	18 309	11.25	0.142
石栎	17 744	11.5	0.144
荆条	19 142	13	0.118
木荷	17 703	14	0.118
多枝柽柳	17 598	15	0.111
沙枣	18 410	18.35	0.087
桤木	17 573	18.7	0.089
雷林 1 号桉	19 987	19	0.077
银合欢	18 715	20	0.078
刚果 12 号桉	19 552	20.6	0.073
厚荚相思	20 887	25.3	0.055
东江沙拐枣	16 736	26.25	0.067
大叶相思	20 083	38	0.038
绢毛相思	19 539	39.72	0.038
窿缘桉	20 175	40.85	0.036
巨桉	20 702	42.38	0.033
纹荚相思	23 071	50.4	0.025
翅荚木	17 619	56.25	0.03
黑荆树	19 313	90	0.017
马占相思	20 711	95.2	0.015
柠檬桉	20 443	95.88	0.015
木麻黄	20 711	98.9	0.014

注：原始数据来源《中国能源树种研究》。

由上可知单位面积林地生物量 d 越高，生产单位标煤热值的森林能源所需能源林土地面积越小。尽管不同树种之间热值不同，但影响不太大。总体趋势是随着单位面积生物量的增加，所需土地面积减小。

（2）能源林单位面积生物量与生产单位标煤热值成本的关系模型

森林能源的原料成本由造林成本、育林成本、收集成本、运输成本、储存成本和加工成本构成。在这里，可以初步得出生产单位标煤热值的成型燃料所需的生产总成本 C 为：

$$C = x \left[\frac{1}{d} (C_1 + C_2) + C_3 + C_4 + C_5 \right] = \frac{7\,000}{x_1} \left[\frac{1}{d} (C_1 + C_2) + C_3 + C_4 + C_5 \right]$$

$$(10 - 2)$$

其中，

C——生产单位标煤热值森林能源所需总成本；

x——具有单位标煤热值的生物量（千克）；

$x = \dfrac{7\,000}{x_1}$，（其中 x_1 表示某树种每千克生物量的燃烧值）

y——产出 x kg 生物量所需土地面积（公顷）；

$y = \dfrac{7\,000}{x_1 d}$（其中 d 表示每公顷土地的生物量）

C_1——单位面积林地造林成本（元/公顷）；

C_2——单位面积林地育林成本（元/公顷）；

C_3——收集单位生物量所需费用（元/千克）；

C_4——运输单位生物量所需费用单位：（元/千克）；

C_5——表示加工单位森林能源成型燃料所需成本，单位（元/公顷）。

这里仍以柠条锦鸡儿能源林为例，进行生产单位标煤热值的森林能源林木质成型燃料相关成本的计算：根据 2005 年对内蒙古通辽地区的实地调查数据，各分项成本取值为：

表 10 - 2　通辽地区各成本调查结果

构成成本	C_1	C_2	C_3	C_4	C_5
单位	元/hm²	年/hm²	元/kg	元/kg	元/kg
取值	187.5	450	0.06	0.02	0.257

注：在 C_1 造林成本计算中，总造林投入约 3 000～3 750 元/hm²，这里取数值上限，按 20 年生产期进行直线摊销，即 187.5 元/hm²·年；C_4 运输成本是指 5～10Km 范围以内，大于 10Km 则与距离有明显的关系。

根据公式（10 - 2）

$$C = \frac{7\,000}{x_1} \left[\frac{1}{d} (C_1 + C_2) + C_3 + C_4 + C_5 \right]$$

$$= \frac{7\,000}{4\,707} \left[\frac{1}{2\,000} (187.5 + 450) + 0.06 + 0.02 + 0.257 \right]$$

$$= 0.975 \text{ 元/kg}$$

从上述模型可以看出，在其他条件不变的情况下，单位面积生物量产量越高，具有标煤热值的森林能源所需成本投入就越低；但由于不同树种的热值不同，个别树种尽管单位面积生物量高，但由于树种热值低也会造成产生单位标煤热值的成本偏高。

10.1.2 林木剩余物资源收集半径计量模型

（1）森林能源资源量与收集半径的关系

资源的分布和数量对收集半径有着重要的影响。若一地区的能量密度越高，表明这一区域内的能源资源越丰富，在原料资源收集量一定的情况下，森林能源资源收集半径也就越小。

$$能量密度 = \frac{森林能源资源在某一区域总资源量}{区域面积} \qquad (10-3)$$

当资源量分别取理论蕴藏量、可获得量和可利用量时，对应理论能量密度、可获得资源能量密度和可利用资源能量密度。

1）理论蕴藏量。指理论上某地区每年可能拥有的森林能源资源量。

2）可获得量。指通过现有技术条件可以转化为森林能源的资源数量，因此，可获得量是一个与技术密切相关的实物量指标。同一种能源资源因收集技术路线不同而有不同的可获得量。可以用资源最大可获得量和技术基准可获得量两个指标来反映技术对资源利用的制约。

资源最大可获得量＝满足现有能最大限度转换资源技术参数要求的理论资源量×收集系数

技术基准可获得量＝满足某一技术路线的基本参数要求的理论资源量×收集系数

以上，技术基准可获得量与资源利用的具体技术路线密切相关，反映了某一技术对资源的利用能力。与技术基准可获得量不同，资源最大可获得量反映的是已有技术对资源的最大利用。应当说明的是，这里所说的能够最大限度地转换资源的技术是指可以使用相对劣等资源进行生产的技术。森林能源资源的收集系数与收集半径有关。

3）可利用量。指实际可以用来进行能源生产的森林能源资源量。

可利用量＝可获得量×可利用系数

可利用系数是一系列对能源生产的非技术性约束的综合表述，通常包括该地区森林能源资源的用途份额、经济因素和环境生态因子等制约。只有充分了解我国森林能源资源的理论蕴藏量、可获得量和可利用量，才能合理的将林木生物质资源用于森林能源。

（2）林木剩余物资源收集半径模型建立的假设条件

目前我国林木剩余物种类多，不同树种资源之间的能量密度不同，而且资源分散、不集中，这就决定了必须针对不同的资源类型建立收集半径模型。从森林能源生产加工企业的角度出发，以其对林木剩余物资源的年需求量为出发点，分析和研究资源收集半径模型。

1）森林能源资源分布基本特征要求。一是广泛性，即林木种植面积在这一区域内分布大而广泛；二是均匀性，即同种林木剩余物类型的资源分布是均匀的，疏密程度相同；三是周期性，即林木剩余物的平茬、复壮根据不同林种各具有一定的周期性。

2）森林能源资源收集活动的主体。资源收集活动的主体为各林场，由企业统一收购，收集距离为收集半径；该区域内具有足够的运输能力和充足的劳动力完成收集任务；忽略其他风险因素（如气候变化、战争等）对资源收集的影响。

3）资源收集半径模型假设条件。

a. 假设以生产木质燃料企业为林木生物质资源收集中心，其年木材消耗量为 M 吨；

b. 为了使资源收集半径的计算方法更加科学和全面，必须充分考虑该区域林地的复杂性，所以考虑该区域具有所有林地类型：林分、散生木和四旁树、经济林、竹林和灌木林，假设这些林地占该区域面积的比例分别为 α_1，α_2，α_3······；

c. 假设林木剩余物用于能源的比例为 β；

d. 各类林地每公顷土地所产出的生物量分别为 M_{01}，M_{02}，M_{03}······；

e. 若该地区有木材加工厂，还必须考虑木材加工厂剩余物数量 W_H。

（3）参数设定

由于涉及资源收集的各种环境参数的取值问题，在模型中这些参数均是已知的常量，考虑到通用性问题，这里全部用字母来表示。如表 10-3 所示。

表 10-3 参数设置

参数名称	代号
木林剩余物用于能源的比例（%）	β
林地占用该地区土地的比例（%）	α
平均收集半径（km）	R
合理平均资源收集半径（km）	R_H
年资源收集总量（t/a）	M
单位土地林木剩余物年产量（kg/hm² · 年）	M_0
林木剩余物收集总成本（元）	C_Z
林木剩余物运输成本（元）	C_J
林木剩余物收购费用（元）	C_G
其他费用（元）	C_T
其他费用与林木剩余物总成本的比例（%）	γ
单位重量林木剩余物收购价格（元/kg）	C_g
单位重量林木剩余物运输费率（元/kg · km）	t_0
装卸费用（元/kg）	W_1
劳动力费用（元/kg）	W_2
资源储藏费用（元/kg）	K
单位标煤价格（元/t）	P
国家补贴单价（元/t）	P_0
企业生产木质燃料的成本（元）	C_S
企业生产单位重量木质成型燃料的成本（元）	C_s
单位重量木材的热值（kJ/kg）	x

（4）林木剩余物资源收集半径计算模型

1）林木剩余物的主要构成。林木剩余物作为森林资源之一，其主要由木材加工剩余物（M_H）、中幼林抚育修枝剩余物（M1）、森林采伐剩余物（M2）、灌木林平茬（M3）、经济林及竹林剩余物

（M4）五部分组成。

> 某一区域林木剩余物年收集总量＝MH＋M1＋M2＋M3＋M4

2）林木剩余物资源收集半径的计算　通常情况下，某一产品生产企业从一个原料厂家收购原材料的收集距离是一定的，但由于林木生物质资源的分布的特殊性以及林木剩余物资源种类的不同决定了不同林木剩余物的收集量和收集距离都是动态变化的。考虑到处于收集区域不同位置的林木剩余物资源的收集距离不同，在年收集总量一定的情况下，出于收集时运输费用最小化的考虑，林木剩余物收集过程中将优先选择距离企业近的林木资源，距离企业近的林木资源收集完毕后才会根据需要进一步向更远处扩大收集范围，故收集区域最终形态应该是以生产企业为中心的圆形区域。

该地区具有所有的森林剩余物的资源类型，A、B、C 和 D 分别代表各种类型的林木剩余物，且每一剩余物资源类型在其自身的小范围内资源分布均匀，如图 10-1 所示。

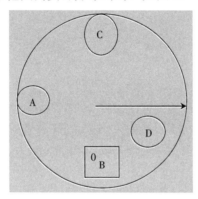

图 10-1　资源收集半径的计算

对于现有林地林木剩余物中的中幼林抚育修枝、森林采伐、灌木林平茬、经济林和竹林的修枝，它们的剩余物产量与收集半径存在一定关系。

收集半径（R）与收集量（M）之间存在的关系是：

> 收集量＝收集面积×林地面积占区域面积的比例×单位面积林地产出的生物量×林木生物量用于能源的比例

以中幼林抚育修枝剩余物产量为例，其产量的计算公式：

$$M_1 = \pi R^2 M_{01} \alpha_1 \beta \tag{10-4}$$

总产量的计算公式为：

$$
\begin{aligned}
M &= M_H\beta + M_1 + M_2 + M_3 + M_4 \\
&= (M_H + \pi R^2 \alpha_1 M_{01} + \pi R^2 \alpha_2 M_{02} + \pi R^2 \alpha_3 M_{03} + \pi R^2 \alpha_4 M_{04}) \times \beta \\
&= [M_H + (\alpha_1 M_{01} + \alpha_2 M_{02} + \alpha_3 M_{03} + \alpha_4 M_{04}) \times \pi R^2] \times \beta
\end{aligned}
\tag{10-5}
$$

得到资源收集半径的计算公式：

$$R=\sqrt{\frac{M-M_H\beta}{(M_{01}\times\alpha_1+M_{02}\times\alpha_2+M_{03}\times\alpha_3=M_{04}\times\alpha_4)\times\beta\times\pi}} \qquad (10-6)$$

式中：M——年木材集量（公顷）；

M_H——木材加工厂剩余物总重量（公顷）；

M_{01}——每公顷中幼林抚育修枝剩余物产量（千克/公顷）；

M_{02}——每公顷森林采伐剩余物产量（千克/公顷）；

M_{03}——每公顷灌木林的剩余物产量（千克/公顷）；

M_{04}——每公顷经济林、竹林的剩余物产量（千克/公顷）；

α_1——中幼林占区域面积的比例；

α_2——森林采伐区占区域面积的比例；

α_3——灌木林占区域面积的比例；

α_4——经济林、竹林占区域面积的比例；

β——林木剩余物用于生产能源的比例；

R——平均资源收集半径（千米）。

a. 木材加工剩余物资源收集模型；

由于木材加工剩余物的资源量与该区域的面积大小不存在关系，它只与木材加工厂年木材消耗量有关。根据对通辽调查点木材加工厂的调查和其他地区的资料，木材加工剩余物数量为原木的34.4%，其中：板条、板皮、刨花等占全部剩余物的71%，锯末占29%。

木材加工厂剩余物数量 W_H：

$$W_H=JQ_1 \qquad (10-7)$$

式中：Q_1——木材加工厂原木产量（米³）；

J——木材加工剩余物数量占原木的百分比，$J=34.4\%$；

ρ——木材的密度（千克/米³）。

木材加工厂的资源收集量为：

$$M_H=JQ_1\rho \qquad (10-8)$$

b. 中幼林抚育修枝剩余物收集半径的计算公式；

①枝丫数量 W_{F1}

$$W_{F1}=U_1Q_2 \qquad (10-9)$$

式中：Q_2——抚育伐商品材产量（米³）；

U_1——枝丫占抚育商品材百分比，$U_1=36.759\%$；

ρ——抚育伐商品材平均密度（千克/米³）。

②小秆数量 W_{F2}

$$W_{F2}=U_2Q_2 \tag{10-10}$$

式中：U_2——小秆占抚育伐商品材百分比，$U_2=28.03\%$。

③枯倒木数量 W_{F3}

$$W_{F3}=U_3Q_2 \tag{10-11}$$

式中：U_3 为枯倒木占抚育伐商品材百分比，$U_3=14.26\%$。

④中幼林抚育剩余物 W_F

$$W_F=W_{F1}+W_{F2}+W_{F3} \tag{10-12}$$

假设 x 公顷林地有抚育伐商品材产量 Q_2，则中幼林抚育修枝的资源收集半径的公式为：

$$R=\sqrt{\frac{M\times10^3}{(W_{F1}+W_{F2}+W_{F3}\times\rho\times\alpha\times\beta\times\pi)}}=\sqrt{\frac{M\times10^3}{\alpha\times\beta\times\pi\times(U_1+U_2+U_3)\times\rho\times Q_2/x}} \tag{10-13}$$

c. 森林采伐剩余物收集半径的计算公式；
①枝丫量

$$W_{E1}=E_1Q_3 \tag{10-14}$$

式中：W_{E1}——枝丫含量（米³）；
$\qquad Q_3$——年主伐商品材产量（米³）；$Q_3=Q(1+e)$；
$\qquad Q$——除去生产过程中消耗量的主伐商品材产量（米³）；
$\qquad e$——生产过程中消耗系数，$e=0.03$；
$\qquad E_1$——综合枝丫率，$E_1=13.74\%$；
$\qquad \rho$——主伐商品材平均密度（千克/米³）。

②枯倒木数量 W_{E2}

$$W_{E2}=V_2F_1 \tag{10-15}$$

式中：V_2——枯倒木含量，$V_2=3.96$ 米³/公顷；
$\qquad F_1$——主伐面积。

③伐区遗弃材数量 W_{E3}

$$W_{E3}=V_3F_1 \tag{10-16}$$

式中：V_3——伐区遗弃材含量，$V_3=1.5$ 米³/公顷。

④主伐剩余物总量 W_E

$$W_E = W_{E1} + W_{E2} + W_{E3} \qquad (10-17)$$

假设 x 公顷地有主伐商品材产量 Q_3，则森林采伐剩余物资源收集半径的计算公式：

$$R = \sqrt{\frac{M \times 10^3}{\beta \times \pi \times (V_1 \alpha_{01} Q_3/x + V_2 \alpha_{02} + V_3 \alpha_{03}) \times \rho}} \qquad (10-18)$$

d. 灌木林剩余物收集半径的计算公式

灌木数量 W_G

$$W_G = V_1 F_1 \qquad (10-19)$$

式中：V_1——单位面积灌木含量，$V_1 = 1.52$ 米³/公顷；

F_1——主伐面积；

ρ——主伐商品材平均密度（千克/米³）。

$$R = \sqrt{\frac{M \times 10^3}{\beta \times \pi \times V_1 \times F_1 \times \rho \times \alpha_{03}}} \qquad (10-20)$$

上述计算中，E、V、U、P 数据根据 1992 年 10 月中国科学技术出版社出版的《技术经济手册（林业卷）》中采伐剩余物指标而得。

10.1.3 平均资源合理收集半径模型

(1) 平均资源合理收集半径（R）与各因子及费用相关关系分析

对于平均资源合理收集半径（用 R 表示平均资源收集半径，R_H 表示合理平均资源收集半径）是指在其他条件已定的前提下，原料资源收集成本低到可以使得森林能源成型产品具有与当前化石能源价格（这里指煤炭价格）相当或更低价格，进而形成的平均原料资源收集半径。这样的林木剩余物收集半径才能符合森林能源加工企业生产与运营的基本要求。对于以上各种林木剩余物资源的收集半径的计算，需在经济约束条件下进一步获得合理的平均资源收集半径。

根据上面的定义，R 是可以调节的。就目前森林能源的开发利用现状来看，林木剩余物用于生产木质成型燃料的成本高于煤炭价格，因此国家对于可再生能源的利用有价格补贴政策，设单位补贴价格为 P_0。在既定条件下，确定或者调整 R 的值，使得林木剩余物收集控制在合理范围内，即单位木质成型燃料的成本价格与国家补贴之和应低于目前煤炭的价格，用数学语言可概括地表达为：

$$C_\Sigma = f(R) + P_0 < P \qquad (10-21)$$

平均林木剩余物资源收集半径（R）与林木剩余物收集中许多因子和费用之间存在密切的联系，这种联系使得 R 的大小对林木剩余物收集费用的高低有直接或间接的影响，通过调整 R，求得林木剩余物收集各项费用最佳组合。下面就从 R 变动出发，以费用表达式为归宿，就几个主要因素及其费用，分析 R 与它们的关系。

1) 单位林木剩余物收购费用（C_g）。每千克重量的林木剩余物收购价格 C_g 可以根据具体的调查数据来确定，这里的收购费用是指在林木剩余物被运输到生产厂家之前从林户或林场收购的价格。

收购成本与年收集量和收购价格有关，收购成本＝年收集量×收购价格，
即：

$$C_G = MC_g \qquad (10-22)$$

2）林木剩余物运输费用（C_J）。由于森林能源资源的分布特点决定了运输费的因素——收集量和运输距离都是动态变化，所以我们可以在圆形的收集区域运用定积分的相应知识进行计算：

设收集半径 r 为积分变量，积分区间为 [0，R]，求出微元：

$$dC_J = 2\pi r^2 dr \cdot \alpha_i \beta M_{0i} t_0 \qquad (10-23)$$

相应地，其积分公式：

$$C_J = \int_0^R 2\pi \alpha_i \beta r^2 t_0 M_{0i} dr = \frac{2\pi \alpha_i \beta t_0 M_{0i}}{3} R^3 \qquad (10-24)$$

其中：i＝1，2，3，4

3）其他费用 C_T。其他费用 C_T 为林木剩余物的劳动力费用、装卸费用及森林能源产品储藏费用之和，

即：

$$C_T = M (W_1 + W_2 + K) \qquad (10-25)$$

其他费用与林木生物质资源的收集量的关系为：林木剩余物其他费用（C_t）与年收集量（M）成正比，而林木剩余物总成本也与收集量成正比关系，所以其他费用与林木剩余物总成本存在固定比例的关系，其值设为 γ，

即：

$$C_T = \gamma \cdot C_Z \qquad (10-26)$$

4）林木剩余物收集总成本 C_Z。林木剩余物收集总成本 C_Z 为收购价、运输费用及其他费用之和，即：

$$C_Z = C_G + C_J + C_T \qquad (10-27)$$

将公式（10-23）－（10-26）联立：

$$C_Z = MC_g + \frac{2\pi \alpha_i \beta M_{0i} t_0}{3} R^3 + \gamma C_Z$$

$$C_Z = \pi \alpha_i \beta M_{0i} R^2 C_g + \frac{2\pi \alpha_i \beta M_{0i} t_0}{3} R^3 + \gamma C_Z$$

$$(1-\gamma) C_Z = \pi \alpha_i \beta M_{0i} R^2 (C_g + \frac{2t_0}{3} R)$$

可求得用 R 表示的 C_Z：

$$C_Z = \frac{\alpha_{0i}\beta M_i \pi R^2}{1-\gamma}\left(C_g + \frac{2t_0}{3}R\right) \qquad (10-28)$$

每千克重量的林木剩余物的收集总成本的计算公式为：

$$C_z = \frac{\alpha_{0i}\beta}{1-\gamma}\left(C_g + \frac{2t_0}{3}R\right) \qquad (10-29)$$

(2) 合理平均资源收集半径的确定

为了确定林木剩余物平均资源的合理收集半径（R_H），需对森林能源的总成本进行约束。林木剩余物用于生产森林能源的方式很多，可压缩成木质成型燃料、木油复合燃料、将木材进行热化学处理，如：生物质气化以及生物质液化等方式。此处仅以林木剩余物资源生产木质成型燃料的利用方式为例，木质成型燃料与煤炭具有替代关系，即将木质成型燃料总成本与煤炭价格进行比较，以此确定 R_H（其他能源利用方式与此并无实质上的区别）。

关于模型的几点说明：①为了使林木生物质能源与煤炭之间具有可比性需要将林木生物质能源的热值转化为标煤的热值；②标准煤的热值为 29 400 千焦/千克。

木质成型燃料总成本与煤炭价格两者之间的关系：

单位标煤热值的木质成型燃料总成本＋国家补贴价格≤单位标煤价格，

即

$$\frac{29\,400}{x}(C_z + C_s) + P_0 \leqslant P \qquad (10-30)$$

从而得出：

$$R_H \leqslant \frac{3}{2t_0}\left\{\frac{1-\gamma}{\alpha_{0i}\beta}\left[\frac{x}{29\,400}(P-P_0) - C_s\right] - C_g\right\} \qquad (10-31)$$

公式（9.15）是对于单一林种林木剩余物求得的合理平均资源收集半径。对于有 4 种林种林木剩余物收集总成本为：

$$\sum C_z = \sum \frac{\alpha_{0i}\beta}{1-\gamma}\left(C_g + \frac{2t_0}{3}R_H\right) = \frac{(\alpha_{01}+\alpha_{02}+\alpha_{03}+\alpha_{04})}{1-\gamma}\beta\left(C_g + \frac{2t_0}{3}R_H\right) \qquad (10-32)$$

因此，四种林木剩余物的合理平均资源收集半径约束公式为：

$$R_H \leqslant \frac{3}{2t_0}\left\{\frac{1-\gamma}{(\alpha_{01}+\alpha_{02}+\alpha_{03}+\alpha_{04})\beta}\left[\frac{x}{29\,400}(P+P_0) - C_s\right] - C_g\right\} \qquad (10-33)$$

10.1.4　未来能源林资源收集半径与收集成本的关系模型

(1) 能源林资源分布特征及收集半径模型基本假设

一般来说，为森林能源生产提供原料的能源林分布具有如下特征：

1）广泛性。能源林种植面积无限大，相应的林木资源分布也无限大，足以满足森林能源企业对林木生物质资源量的需求。

2）单一性。能源林树种单一，单位面积的木材产量相等，暂不考虑树种不同、种植条件不同等因素带来的产量差异。

3）均匀性。林木资源在该地域内分布均匀，疏密程度相同，即林木资源占用土地的比例、密度在整个区域内是相同的。

4）周期性。能源林的生长周期为一定年数，能源林基地建成后每年采伐部分林分，以保证年年种植，年年采伐，故相应的林木资源收集周期为一年。

对建立能源林原料资源收集半径模型做出的基本假设与林木剩余物收集半径模型的假设条件相同。

（2）参数设置

对建立能源林资源收集半径模型的相关参数设置如下（如表10-4所示）：

表10-4 参数设置

参数名称	代号
单位面积林木的产量（kg·hm²）	M_0
单位采集成本（元·kg⁻¹）	c_0
运输费率（元·kg⁻¹·km⁻¹）	t_0
林地面积占土地面积的比例	$k_1, k_1 \in [0, 1]$
林木收集系数	$k_2, k_2 \in [0, 1]$
林木可利用系数	$k_3, k_3 \in [0, 1]$
综合系数	$k, k = k_1 k_2 k_3$
收集总成本（元）	G
采集成本（元）	C_G
运输费用（元）	C_J
其他费用（元）	C_T
收集半径（km）	R
单位重量林木质资源收集成本（元·kg⁻¹）	g
收集量（kg）	M
其他费用占收集成本的比例	γ

（3）能源林资源收集成本与收集半径的关系模型

1）资源收集总成本的主要构成。

能源林原料资源的收集总成本由以下三部分构成：

a. 采集成本（C_G）：指在林间采集林木质资源所要支付的成本；

b. 运输费用（C_J）：运输费用指将采集的林木质资源运输至企业所形成的成本；

c. 其他费用（C_T）：除了收购成本和运输费用外的其他费用，包括装卸费用、劳动力费用、原料储存费用等。

所以，能源林林木资源的收集总成本可以这样计算：

收集成本＝采集成本＋运输费用＋其他费用，即：

$$G = C_G + C_J + C_T \qquad (10-34)$$

2）采集成本。采集成本与收集量和单位采集成本有关，即：采集成本＝收集量×单位采集成本，即：

$$C_G = M c_0 \qquad (10-35)$$

3）运输费用。一般情况下，运输费用可以这样的得到：运输费用＝运输量×运输距离＝收集量×运输距离。收集量和运输距离都是动态变化的，故运输费用的计算需要通过其他途径进行。处在收集区域不同位置，原料资源的运输距离不同，因此在收集量一定的情况下，林木生物质资源收集过程中将优先选择距离企业近的能源林，已达到运输费用最小化。在距离企业近的林木生物质资源全部收集完毕后才会根据需要进一步向更远处扩大收集范围，故收集区域最终形态是以企业所在位置为圆心的圆形，如图 10-2 所示。在运输量一定的情况下，运输费用与运输距离呈线性递增关系，假设收集区域具有圆形的规则几何形态，可以用定积分中的相应知识加以解决。

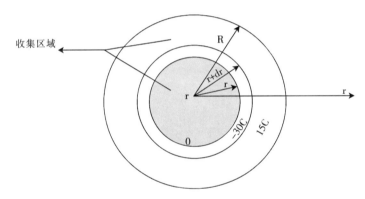

图 10-2　运输费用的计算

由上可以看到，收集半径 R 与收集量 M 之间存在如下关系：

收集量＝收集面积×林地面积占土地面积的比例×单位面积林木产量×林木收集系数×林木可利用系数

故有，$(k_1 \pi R^2)\, M_0 k_2 k_3 = M \qquad (10-36)$

由综合系数 $k = k_1 k_2 k_3$ 可以得出：

$$k M_0 \pi R^2 = M \qquad (10-37)$$

因此，距离企业为 r 处的林木质资源的运输价格为：

$$t = k M_0 t_0 r \qquad (10-38)$$

此式为单位面积林木生物质资源运输价格的表达式。

利用定积分微元分析法计算运输费用。

设收集半径 r 为积分变量，积分区间为 $[0，R]$；

$$dY=2\pi r \cdot dr \cdot kM_0t_0r=2\pi kM_0t_0r^2dr，\qquad(10-39)$$

求出微元 dY，在 $[r，r+dr]$ 上积分，即为运输费用的表达式。

$$Y=\int_0^R 2\pi kM_0t_0r^2dr=\frac{2\pi kM_0t_0}{3}R^3\qquad(10-40)$$

4）其他费用。由于其他费用中所包含的装卸费用、劳动力费用、林木质原料储存费用等均与收集量呈正比关系，而同时收集成本也与收集量呈正比关系，所以其他费用与收集成本存在固定的比例关系，设比例系数 γ，故存在：

$$C_t=\gamma G\qquad(10-41)$$

5）收集总成本。收集总成本（G）计算在求出采集成本、运输费用和其他费用之后，即可计算加总计算得出。

将 G 表示为 R 的函数关系式为：

$$G=\frac{k\pi M_0R^2}{1-\gamma}\Big[c_0+\frac{2t_0}{3}R\Big]\qquad(10-42)$$

将 G 表示为 M 的函数关系式为：

$$G=(1-\gamma)^{-1}\Big[Mc_0+\frac{2t_0}{3}(\pi kM_0)^{-\frac{1}{2}}M^{\frac{3}{2}}\Big]\qquad(10-43)$$

6）单位重量能源林原料资源收集成本。收集总成本计算出来之后，即可进一步计算单位重量林木生物质资源收集成本。

即：

$$g=\frac{G}{M}=\frac{1}{1-\gamma}\Big[c_0+\frac{2t_0}{3}R\Big]\qquad(10-44)$$

由式（10-43）得：

$$g=\frac{G}{M}=(1-\gamma)^{-1}\Big[c_0+\frac{2t_0}{3}(\frac{M}{\pi kM_0})^{-\frac{1}{2}}\Big]\qquad(10-45)$$

10.2 森林能源产业原料供应经济性分析

10.2.1 森林能源产业原料供应系统分析

我国林木生物质资源虽然相对比较丰富，但是存在野生、低产、分布零散的问题。世界各国的实践也表明，森林能源产业化的经济可行性很大程度上受到原料资源的限制和供应成本的影响。推进森林能源产业化发展，关键在于原料资源的可持续性供应。因此，要充分发挥我国森林能源资源优势，使其向基地化和规模化、集约化方向发展，进而保证原料供应量的充足性和原料成本的可控性。

森林能源产业的原料供应系统主要由资源培育、原料采收、原料处理和原料储藏、运输等环节组成。

(1) 能源林资源培育基地（系统）建设

在对我国森林能源优势树种种植的土地资源分布和数量类型进行统计分析的基础上，结合林业生产特点，应用国内外林木良种繁育的理论、技术和管理经验，建设具有高科技含量的种苗培育基地和能源林建设基地，推动能源树种资源基地化建设和集约化经营管理，达到提高产量和规模化供应的目的，以保证森林能源产业化发展原料资源供应的充足性。

(2) 资源收集

对于森林能源资源的收集应根据不同地域的气候条件和树种的自然特征，在最佳收集时期进行采收。在产业发展的不同时期采取不同的原料采收模式，主要由资源集中程度、收集规模和最低收集成本共同决定。在产业初期，原料资源分布相对零散，充分利用农村丰富劳动力的资源优势，采取人工采集和农户个体分散运输是比较经济合理的，同时应采用生产企业向农户直接收购的方式进行原料收集。随着森林能源产业化规模的扩大和能源林基地化的发展，逐渐实现机械化的收割整理，原料收集也由散户收购型转为设置收购站和运营能源林集中供应的模式。这是进行科学合理的原料收集，是有效控制原料成本，稳定原料供给数量的关键环节。

(3) 原料处理和储藏

原料处理是指对采收后的森林能源资源根据其生物特性和生产要求进行初步的加工处理，如干燥、打捆、削片等。对于林木质油料果实应堆放于通风干燥的室内干燥，待果实全部开裂后，分批抖出种子，筛去果壳和杂质，获得炼油的种子；进入原料储藏阶段，宜将榨油的种子于日光晒或专门干燥，将含水率控制在一定范围内，待进一步加工。为保证原料加工前的含油率、含水率和形态等要求，原料处理和储藏环节宜在森林能源生产企业、原料收购点或能源林基地进行集中处理和储藏。另外，为了应对森林能源资源收集受到的季节性影响，对原材料进行科学储存与合理调配也是非常重要的，应在原料供应系统和生产加工系统之间建立及时的信息沟通机制，制定合理的原料进库、储存、流转和储库管理体系。

从上述森林能源产业原料供应系统主要环节的分析可以看出，原料资源供应系统同时受到自然条件、供应规模、经济成本、收集方式等多因素的影响。为实现森林能源产业的可持续性发展，保证原料资源供应的充足性，在产业初期应采取多路径的原料收集模式。因此，建立完善的原料采收和收购系统，使生产企业获得稳定的原料供应的同时，保证价格的稳定，是森林能源产业化发展的必然条件。

10.2.2 原料供应模式分析

原料价格高和供应不稳定是森林能源产业发展面临的主要障碍，组建经济合理的原料供应模式是解决该产业原料供应问题的主要途径。现阶段，主要有直接收购、设置收购点和能源林三种原料供应模式，在不同的时期，实行不同供应模式的组合，可以提高资源利用效率，降低原料供应成本，增强原料供应的稳定性。

（1）直接收购模式

在直接收购模式中，散户直接对原料资源进行收集处理并运送到森林能源生产企业，可以是单一农户或林户的行为，也可以是多个农户或林户自发组成的小型合作组织。原料收集包括森林能源资源的收集、整理和分散运输等环节，采收和初级处理以人工作业为主，辅以各种小型的辅助作业工具，运输工具以农户自备农用车为主。原料收购由森林能源生产企业在厂址附近集中进行收购，价格以周边地区市场价为准，由散户收集成本和同类产品市场竞争程度共同作用形成，不受合同或其他协议的约束。

在森林能源产业初始阶段，多以示范项目进行零星生产，生产规模小，原料供应主要源于对现有森林资源（林木三剩物、散生油料树种资源等）和小面积人工种植能源林资源的利用，分布比较分散，单位面积产量也较少，因此，直接向零散农户进行收购是这一阶段较为经济的一种原料收集模式。然而，由于森林资源原料供应受自然资源和季节性影响较大，在直接收购模式下，农林散户与森林能源生产企业之间的连接完全取决于市场行为，遇到恶劣天气或非采摘季节，原料供应量必然会锐减或供应不及时和不连续，从而导致原料价格的大幅上涨，给森林能源生产企业的原料供应带来极大的不确定性。因此，在产业初期，直接收购模式可以作为森林能源产业原料收集的一种主要模式，但需要与其他多种收集模式相结合，才能实现原料供应的稳定性和可持续性。

（2）设置收购点＋散户直接收购模式

在产业初期，森林能源生产企业以小规模示范生产为主。以加工林木质液体燃料为例，生产1万吨林木质液体燃料年需3万吨油料种子做原料。现阶段原料资源多处于半野生状态，每公顷仅产果实0.3吨，万吨生产规模原料资源辐射面积达到10万公顷以上，且多分布在交通不便的山区，仅以散户直接供应模式无法保证企业的持续性生产经营。在此，设置收购点＋近距离直接收购的联合供应是当前较为经济合理的供应模式。在实际调研中了解到，北方部分地区农户自有农用车10公里范围内平均运费1元/吨·公里，10公里以上的平均运费达到2元/吨·公里，在此运费率的约束条件下，可以考虑在10公里收集范围内，实行直接收购；10公里以上设置收购点，从散户处收购原料，然后集中运输至森林能源生产企业。

森林能源生产企业与各收购点签订供给协议后，收购点作为原料供给的中转站和仓储点，原料初级处理和储藏环节也可在此进行，这样不仅可以缩减生产企业的仓储水平，而且可以弥补原料供应和需求的时间差，保证原料的持续供应。另外，在森林能源资源的原料供应成本中，运输费用占有较大比例，而散户农用车在远距离中实属昂贵的运输方式。通过设置收购点，原料在收购点集中收集，并通过大型汽车批量运输至森林能源加工企业，这样不仅有利于控制运输成本，而且可以避免交通堵塞，符合现有的交通承载能力。收购点模式可以增加原料供应的稳定性，大规模的集中运输方式使得远距离收集半径范围内的运输成本降低；然而，收购点的额外运营与维护也使得单位原料总成本增加。因此，进行收购点的地址与设置数量的选择不仅要权衡不同区域点的资源分布密度和采收成本，还需要对运输成本的节约额与收购点运营费用增加额进行比较，进而达到原料供应规模最优化。

（3）能源林供应模式

收购点＋散户直接收购模式仅是森林能源产业初期的原料供应模式，从中长期产业化发展来看，这样的原料供应模式并不经济合理。进行林木生物质能源林基地化经营，不但可以实现优势树种种植、原料初加工处理、收集及运输的集约化和规模化，还可以有效地降低原料供应成本，提高原料的质量，减少原料供应的季节变化与价格水平波动带来的风险，进而增强原料来源的可靠性。因此，积极发展能源林，实现林木生物质资源的规模化、低成本化、可持续化供应是森林能源产业化发展的关键。

10.2.3　收购点原料派送量分配

设置收购点是森林能源产业初期原料供应的主要方式之一，对于各收购点原料派送量如何分配问题，此处借助了当今运筹学广泛应用的线性规划方程。根据收购点周围资源分布特点，充分考虑其周边森林资源量及收集运输成本的差异性，在保证森林能源生产企业原料需求量的基础上，以实现原材料总供给成本的最小化，进而实现各收购点原料派送量的合理分配。这一方法的运用，使原料供给方案制定科学化、定量化、具体化。对于拟建模型的求解过程不需选用对数学基础要求较高的运筹专业软件进行求解，而是运用广泛普及的 Microsoft Excel 软件即可计算求解，简便易学，有利于该方法在林业系统的推广。这里以阿尔山林木质热电联产项目原料供应方案为例，对收购点原料派送量分配选择模型进行介绍。

(1) 项目介绍及收购点设置

作为典型的林区，阿尔山地区森林能源资源非常丰富。阿尔山地区现有林木剩余物资源主要由火烧木、采伐剩余物、木材加工剩余物、天然次生林下木、灌木林平茬、卫生伐及枝丫材六部分构成。为了更好的利用阿尔山地区丰富的林木剩余物资源，拟建立 2×12MW 林木质直燃热电联产项目，项目总投资 3 亿元，年消耗量达到 18 万吨以上。根据阿尔山地区林木质资源分布现状和电厂对林木质原料的需求特点，经综合评价表明，在大面积能源林尚未建立起来之前，"收购点＋电厂直接收购"模式作为阿尔山林木质热电联产项目前期的原料供应主选方案。

虽然阿尔山地区林木质资源量丰富，但是收集半径越大，收集的难度越大，收集成本也将成倍增长。因此，在满足电厂需求量的基础上，原料供应源的选择遵循近距离低成本的原则，在此约束下确定各收购点每年向电厂派送的原料量。此处拟选择的 3 处收购点为：白狼林业局 33 号林班、白狼林业局 36 号林班、阿尔山林业局金江沟林场 2 号林班；收集半径设置是以收购点为中心，分别选取 10 公里、20 公里、30 公里收集范围。

(2) 线性规划模型的建立

白狼林业局 33 号林班收购点为电厂所提供的林木质资源剩余物供给量为 X。其中 10 公里以内为电厂所提供的林木质资源剩余物供给量为 x_1；10～20 公里以内为电厂所提供的林木质资源剩余物供给量为 x_2；20～30 公里以内为电厂所提供的林木质资源剩余物供给量为 x_3。对应第 i 个收集半径范围内所提供的火烧木、加工剩余物、采伐剩余物、卫生伐及枝丫材、灌木林、天然次生林下木的资源量为 x_{i1}、x_{i2}、x_{i3}、x_{i4}、x_{i5}、x_{i6}。其中 i＝1，2，3。

白狼林业局 36 号林班收购点为电厂所提供的林木质资源剩余物供给量为 Y。其中 10 公里以内为电厂所提供的林木质资源剩余物供给量为 y_1；10～20 公里以内为电厂所提供的林木质资源剩余物供给量为 y_2；20～30 公里以内为电厂所提供的林木质资源剩余物供给量为 y_3。对应第 i 个收集半径范围内所提供的火烧木、加工剩余物、采伐剩余物、卫生伐及枝丫材、灌木林、天然次生林下木的资源量为 y_{i1}、y_{i2}、y_{i3}、y_{i4}、y_{i5}、y_{i6}。其中 i＝1，2，3。

阿尔山林业局金江沟林场 2 号林班收购点为电厂所提供的林木质资源剩余物供给量为 Z。其中 10 公里以内为电厂所提供的林木质资源剩余物供给量为 z_1；10～20 公里以内为电厂所提供的林木质资源剩余物供给量为 z_2；20～30 公里以内为电厂所提供的林木质资源剩余物供给量为 z_3。对应第 i 个收集半径范围内所提供的火烧木、加工剩余物、采伐剩余物、卫生伐及枝丫材、灌木林、天然次生林下木的资源量为 z_{i1}、z_{i2}、z_{i3}、z_{i4}、z_{i5}、z_{i6}。其中 i＝1，2，3。

则：目标方程为

$$Min\ Q = \sum_{i=1}^{3}\sum_{j=1}^{6}(C_x L_x + c_{ij})x_{ij} + \sum_{i=1}^{3}\sum_{j=1}^{6}(C_y L_y + c_{ij})y_{ij} + \sum_{i=1}^{3}\sum_{j=1}^{6}(C_z L_z + c_{ij}) \quad (10-46)$$

其中：Q——电厂原材料收集总成本；

C_x、C_y、C_z——三大收购点各自的单位运输成本；

L_x、L_y、L_z——三大收购点各自距离电厂的距离；

c_{ij}——第 i 种收集半径下第 j 种资源类型单位收购成本；

x_{ij}——白狼林业局 33 号林班收购点为电厂所提供的第 i 种收集半径下第 j 种资源类型的资源量；

y_{ij}——白狼林业局 36 号林班收购点为电厂所提供的第 i 种收集半径下第 j 种资源类型的资源量；

z_{ij}——阿尔山林业局金江沟林场 2 号林班收购点为电厂所提供的第 i 种收集半径下第 j 种资源类型的资源量。

约束条件：

$$\sum_{i=1}^{3}\sum_{j=1}^{6}x_{ij} + \sum_{i=1}^{3}\sum_{j=1}^{6}y_{ij} + \sum_{i=1}^{3}\sum_{j=1}^{6}z_{ij} = W \tag{10-47}$$

$x_{ij} \leqslant V_{ij}$

$y_{ij} \leqslant H_{ij}$

$z_{ij} \leqslant N_{ij}$

x_{ij}，y_{ij}，$z_{ij} \geqslant 0$

其中：W——三大收购点所需要为电厂供给的所有林木质资源剩余物供给总量；

V_{ij}——白狼林业局 33 号林班收购点所能获得的第 i 种收集半径下第 j 种资源类型的资源量；

H_{ij}——白狼林业局 36 号林班收购点所能获得的第 i 种收集半径下第 j 种资源类型的资源量；

N_{ij}——阿尔山林业局金江沟林场 2 号林班收购点所能获得的第 i 种收集半径下第 j 种资源类型的资源量。

（3）模型可测系数的确定

线性规划模型建立之后，需要对目标方程及约束条件中可以测定的诸如成本、路程等一些系数进行计算，而这些系数的计算精确与否直接关系着模型最后求解过程的正确性。

a. 资源可供量与需求量确定

三大收购点为电厂所提供的原料总量 W：电厂每年林木生物质原材料需求量为 18 万吨，按照"收购点＋电厂直接收购"模式，电厂原料除了三大收购点供给外，还有一部分由距离电厂非常近的阿尔山林场、伊尔施林场直接供给电厂，因此必须扣除上述两个林场的供给量，才可得到三大收购点为电厂所提供的原料总量。经过计算可知阿尔山林场、伊尔施林场的林木剩余物资源可获得量分别为 30 219 吨和 26 407 吨。

三大收购点为电厂所提供的原料总量（W）＝电厂需求总量－阿尔山林场供给量－伊尔施林场供给量＝180 000 －26 407－30 219＝123 374 吨。

三大收购点在 30 公里半径范围内包括的林场范围：洮儿河林场、光顶山林场、小莫儿根河林场、望远山林场、古尔班林场、立新林场和金江沟林场，这 7 个林场在 30 公里收集半径内各种资源量合计为：

$$\sum_{i=1}^{3}\sum_{j=1}^{6}v_{ij} + \sum_{i=1}^{3}\sum_{j=1}^{6}H_{ij} + \sum_{i=1}^{3}\sum_{j=1}^{6}N_{ij} = 39\,183 + 48\,109 + 40\,470 = 127\,726 > W$$

$$(10-48)$$

由上可知，三大收购点 30 公里内的林木剩余物总量可以满足供给电厂原料的需求。

b. 各类成本可测系数确定。

三大收购点单位汽车运输成本 Cx、Cy、Cz：白狼林业局 33 号林班收购点单位汽车运输成本 Cx 为 0.5 元/吨·公里；白狼林业局 36 号林班收购点单位汽车运输成本 Cy 为 0.6 元/吨·公里；阿尔山林业局金江沟林场 2 号林班收购点单位汽车运输成本 Cz 为 0.4 元/吨·公里。

三大收购点各自距离电厂的距离 Lx、Ly、Lz：白狼林业局 33 号林班收购点距离电厂 Lx 为 42 公里；白狼林业局 36 号林班收购点距离电厂 Ly 为 16 公里；阿尔山林业局金江沟林场 2 号林班收购点距离电厂 Lz 为 58 公里。

第 i 种收集半径范围内第 j 种资源类型单位收购成本 c_{ij}：收购点对各类资源的收购价格和进炉前预处理成本的确定主要根据前期对各林业局的实地调查和调整后的经济数据结果进行估算。收购点的林木剩余物原料成本包括收集成本、打捆整理成本、削片加工成本、场地租金、仓储费用等。收购点原料的收集成本和收集数量都将随着采集范围的增加而增加，本文结合前期对阿尔山地区经济状况的调查，对以收购点为中心的 10 公里、20 公里和 30 公里采集范围内的原料成本进行了估算，可得：

表 10-5　林木资源单位收购成本 c_{ij}

单位：元

资源类型 j 收集半径范围点 i	1	2	3	4	5	6
1	162	134	154	154	159	159
2	181	144	171	171	177	177
3	196	154	186	186	191	191

3）运用 Excel 软件求出模型最优解。把上述 2）中计算的各类可测系数带入目标方程（10-46）和约束方程（10-47），进行规划求解计算即可得到最优解：

电厂总收集成本 Q 最小为 23 673 485 元

在最小收集成本下，三大收购点 10～30 公里收集半径范围内为电厂供给的各种类型林木剩余物资源量分别如下表 10-6、10-7、10-8 所示。

表 10-6　收购点 1　林木剩余物资源供应量

单位：t

类型 范围	火烧木	加工剩余物	采伐剩余物	卫生伐及枝丫材	灌木	天然次生林下木	供应总量
10 公里以内	4 376	220	0	4 700	584	3 181	13 061
10～20 公里	4375	220	0	4 700	584	3 181	13 060
20～30 公里	4 210	220	0	4 599	451	3 048	12 528
小计	12 961	660	0	13 999	1 619	9 410	38 649

表 10 - 7 收购点 2 林木剩余物资源供应量

单位：t

范围 \ 类型	火烧木	加工剩余物	采伐剩余物	卫生伐及枝丫材	灌木	天然次生林下木	供应总量
10 公里以内	9 148	124	227	2 793	1 854	1 890	16 036
10～20 公里	7 691	124	227	2 793	1 854	1 890	14 580
20～30 公里	7 593	124	201	2 767	1 796	1 831	14 312
小计	**24 433**	**371**	**656**	**8 352**	**5 504**	**5 612**	**44 928**

表 10 - 8 收购点 3 林木剩余物资源供应量

单位：t

范围 \ 类型	火烧木	加工剩余物	采伐剩余物	卫生伐及枝丫材	灌木	天然次生林下木	供应总量
10 公里以内	0	0	1 265	5 885	232	6 108	13 490
10～20 公里	0	0	1 248	5 868	175	6 051	13 343
20～30 公里	0	0	1 150	5 770	84	5 960	12 964
小计	**0**	**0**	**3 663**	**17 524**	**491**	**18 119**	**39 797**

10.3 参与式农村评估方法（PRA）在森林能源项目的应用

10.3.1 参与式农村评估（PRA）

（1）参与式农村评估（PRA）的概念

参与式农村评价方法（Participatory Rural Appraisal，PRA）是在农村发展项目的设计、实施、评估、验收中常用的一种农村调查研究方法。它以 20 世纪 80 年代国际上广泛应用的农村快速评估（Rural Rapid Appraisal，RRA）调查方法为基础，结合其他调查方法如农村社会学、人类学等，经过多年的发展演变，于 20 世纪 90 年代初发展起来并迅速得到推广应用的一种农村社会调查研究方法。

PRA 是一种参与式的方法和途径，在外来者的协助下，使当地人应用他们的知识分析与他们生产、生活有关的环境和条件，制订今后的计划并采取相应的行动，最终使当地人从中受益。同时，PRA 能使决策者、规划者、实施者和村民为了实现同一目标，结合在一起，共同认识和分析情况，制订出计划和行动，并对其做出监测和评价。

（2）参与式农村评估（PRA）的特点

与一般调查研究方法比较，PRA 具有应用范围广，成本低、参与程度高、综合性强、灵活性强的特点。参与程度高体现在 PRA 方法中，是调查者与被调查者共同参与信息收集和问题分析、决策，增加了他们解决问题的能力和执行决策的自觉性，而一般的调查研究方法被调查者只是按要求为调查者提供资料或信息，没有参加分析决定或决策的权利；综合性强体现在 PRA 是由多学科人参加调查分析；灵活性强体现在 PRA 的应用不受场地限制，可以在家里，也可以在田间地头，没有固定的方式方法，调查者也可以转变为被调查者；PRA 也体现了工作者在态度与行为上的转变以及分析与决定社区层次发展问题角色的转换。

（3）参与式农村评估（PRA）的应用领域

PRA 是充分发挥集体智慧，发扬民主，分析问题、制定决策的工作方法，在国外已应用于各个领域，而在我国，由于引进时间较短，应用面较窄。但就 PRA 的内涵而言，它不仅可用于林业，而且可用于工业、农业、教育、医学、商业、贸易、管理等多学科领域；就其应用范围讲，可用于项目立项分析、可行性研究、项目的监测和评估、专题讨论以及重大难题的分析研究。

（4）参与式农村评估（PRA）的局限性

参与式农村评估方法显然已被广泛认为是用于社区项目调查、评估和监测的好方法，但是该方法本身也存在一定的局限性。一是社区发展项目前期运作费较高。由于参与式农村评估方法自始至终强调社区村民的参与，就需要项目组织管理者和社区工作者花费较长的时间深入社区访问，实地调查绘制相关的土地资源利用图、社区图等，所花费的资金较多。二是参与式农村评估方法中的有些工具使用起来较烦琐，操作困难。三是缺乏对参与式农村评估方法进行监测评估的技术，无法得到实施以后的评价效果。

（5）参与式农村评估（PRA）的方法

参与式农村评估经过几十年的发展，经过不断创新衍变，形成了多种多样的工具与方法，如德国技术合作咨询公司（GTZ）在对 PRA 方法的应用进行总结时，归纳了十几种；世界粮食计划署在老挝召开的参与式方法和途径研讨会上将参与式方法归纳为 21 种。本文由于篇幅有限，这里介绍十种常用工具方法。

1）直接观察法。直接观察法是在社区人员的指引下，对社区进行沿线走访，对社区生活的各个方面进行直接观测、总结和归纳，比较不同区域的主要特征、资源来源情况和存在的问题。采用这种方法可以更好地了解社区生活的实际情况、经济状况、文化和社会状况，了解社区内人、资产和资源之间的关系，讨论拟建项目对环境带来的潜在后果等。工作时，所选地区必须覆盖全部主要生态区和生产区，并能反映村庄地形、资源和社会经济变化等方面的多样性。沿线走访时，在每个点都要停留并与居民进行非正式讨论，并绘制样条图。

2）绘制社区分布图。绘制社区分布图是了解社区内自然环境，如河流、山川、基础配套设施以及社区的社会、生态和经济环境等。社区分布图要绘出社区的外围边界；社区的地形特点，如河流、小溪、山脉、公园、宗教领域、学校、医院、商店和市场等；标示各服务网点，如供水点；标示农业用地、林地或牧地等。

3）绘制大事表。大事表展现了在村民、农户和社区生活中有较深影响的事件，是一个乡村史，用于分析某一特别事件或一系列事件对整个社区发展的影响程度。采用这种方法不仅能很好地了解一个社区的历史，而且可以分析该地区多年来变化的因果关系并讨论未来几年的发展方向。

4）绘制农事历。农事历是在一张很普通的时间表里反映大量资料的图表，用以明确社区生活发生的一系列活动。如粮食供需、劳动分工、种植模式、食物结构、劳动力分配、粮食储存、市场价格和气候状况等，从而了解影响农业生产和人们生活的主要因素。

5）绘制每日活动安排图。绘制每日活动安排图可以了解多个个体或群体活动的细节，从而确定项目的活动时间安排。采用这种方法常常会发现不同的家庭类型和个人劳动量的分配。每日活动安排图可以分个人进行，也可以由相同背景的一组人来做，但每人或小组做出的图应该是 24 个时段，代表一整天的时间，并且要求对一天中最重要的时段用着重符号标出。

6）贫富分级图。贫富分级图是为了评价当地居民的生活素质，了解社区对贫富指标的认识，把每个农户分级归纳到不同的贫富标准内，分析产生不同贫富层次的原因。

7）矩阵排序。矩阵排序是根据一定的要求对一些因素从重要性、价值、位置及其他方面进行比较并排序，从而确定其优先发展的顺序，了解形成此优先顺序的原因，讨论其随时间的变化。在社区项目中使用该工具方法可以更直观地反映出多数人对某一事物或急需解决问题的意见，通过社区人员的充分参与，达到调查的目的，该工具是对半结构访谈的较好补充。

8）资源分析图。资源分析图是使用矩阵图，按性别分析社区成员对资源的使用和控制情况。

9）问题和解决。此方法是通过枚举一系列可能存在的问题和解决的办法来展开讨论，从而提出和讨论社区内存在的具体问题。采用这种方法可以说明社区内存在的问题是有解决办法的，并且可以对问题进行优先排序。

10）半结构式访谈。半结构式访谈是相对于结构式而言，半结构式访谈中的访谈者不是使用一个严谨的、正式的问卷调查表，而是针对某个具体的主题，列出一系列相关的问题，在访谈时做参考。在访谈时，这些列出的问题可以根据需要增加或减少。半结构式访谈，通常从一些当地传统的问候性话题开始，从一个可以看得见的人或物开始提问，尽可能把问题变得非正式，而且允许对每一个问题进行讨论。在和谐的气氛中，被采访者介绍经验，讲述故事，回忆过去发生的事情，发表对过去或现在发生事件的感受、看法、态度或愿望等。这一采访方式的特点是灵活性强，气氛愉快、轻松，收集信息量大，不受场所限制。

以上是参与式农村评估（PRA）最常用的工具方法，另外还有利益有关分析、社区大会等。对一个特定的主题或项目，不一定应用到所有工具方法，而是根据实际情况及各种工具的功能，创造性地和有选择性地使用PRA方法，以达到预定的目的。

（6）PRA方法引入森林能源调研项目的必要性

目前，在我国有9亿多人口生活在农村，那里能源短缺，严重阻碍了农村经济和社会的发展。农村居民生活用能70%以上为传统的生物质能源，主要是直接燃烧，效率很低（约为10%～20%），环境污染严重（如由生物质燃烧产生的SO_2排放量达到4.9%，NOx的排放量会达到7.7%），并且造成生物质能的浪费。因此，及时开展生物质能源的利用研究，将当地丰富的林木生物质资源转化成高品位的森林能源，解决农村地区用能问题，对于改善中国农村地区能源短缺局面，促进当地经济发展，提高农村居民的生活用能品质，加快我国的新农村建设和社会稳定具有重要意义。

传统的问卷式调查只是把农村看成一个简单的系统，而忽视了21世纪新农村的复杂性。在项目调研中，过分强调了项目外来人员的作用，使得村民在了解项目时只是被动性的去接受调研人员的说法，导致了交流的单一化，获取信息的僵硬。这些将影响到调研评估的真实性与准确性。

对于森林能源项目，调研中由于许多被调查的村民对于这种新型能源不太了解，甚至有的村民对此一无所知，如果不能很好的让村民真正了解森林能源的燃烧特性、加工方式等相关知识，开展的调研活动无疑是片面性的，也很难收到预期的效果。而传统的调研方式不太适合我们进行森林能源调研项目的开展，正在农村调查中新兴的参与式农村评估（PRA）理念是一种能够适应当前新农村大环境下的调研方式，它可以很好的解决森林能源调研项目中存在的一系列问题。

10.3.2 参与式农村评估（PRA）方法在森林能源项目中的应用

（1）PRA方法在森林能源项目中的应用步骤

1）调研人员的培训。调研人员对参与式农村评估（PRA）理念的了解程度，直接决定着调研的最终效果。在正式调研前，应当请有关方面的专家来为调研人员详细讲解参与式农村评估（PRA）的概念、方法、工具以及在实施过程中应注意的一系列问题，使调研人员对参与式农村评估（PRA）有一个较为深刻的了解与认识。

2）二手资料的收集。在对参与式农村评估（PRA）有了一定认识之后，项目组应首先收集预调研地区的相关信息资料。了解当地的自然气候、经济状况、人文景观、当地农民的收入水平、用能情况，森林资源分布等与森林能源调研活动相关的信息。

3）直接观察法的应用。在调研准备全部就绪，项目组便可展开实地调研工作。项目组进驻调查村落时，尽量不打扰村民的生活，调查时需先向村子的负责人说明项目组的来意，调研活动的时间与范围，要了解的基本情况等等。在项目组开展工作的第一天，应该在村子负责人的带领下，熟悉村子的基本布局情况，并与之前收集的二手资料进行比对，初步了解当地农村用能的基本情况。

4）召开村民大会。项目组在获取基本情况后，应在村委会召开村民大会，向广大村民说明项目组的来意，消除大家的顾虑，调研组还应向大家详细介绍参与式农村评估（PRA）的概念与方法，使村民了解这是一种转换角色的调研评估方法，项目组只是以协助者的身份来开展工作。同时向广大村民普及森林能源的基本知识、开发前景与相关技术。并号召农民就农村能源状况及存在的现实问题进行自发的讨论，调研人员应避免干预，同时客观记录讨论内容。

5）半结构式访谈。半结构式访谈的技巧是参与式农村评估（PRA）方法的核心内容之一。为保证访谈质量，调查人员在访谈前应了解当地的风俗习惯和一些俚语土话。访谈时调研人员需以一种十分谦和的态度去面对村民，避免给村民造成过度的"距离感"和"压抑感"。在采访时调研人员如果发现村民正在进行劳动，应当主动参与到他们的活动中去。在提问方式上不应直接切入主题，而是以"收成好不好"之类村民感兴趣的话题开始，消除彼此的距离感，打消他们的顾虑，再逐步深入。如果访谈时调研人员发现村民正在使用能源，比如烧火做饭，经过村民允许可以亲自去观察村民用能情况。另外，应做好当天访谈的记录整理和统计工作，并对当天的访谈工作进行认真地的总结，以便次日更好的开展工作。

（2）矩阵排序在森林能源项目中的具体应用

矩阵排序作为参与式农村评估（PRA）中的一种重要方法，是对半结构访谈方法的较好补充，在森林能源项目的农户调查活动中运用这种工具可以取得事半功倍的效果。

1）建立矩阵分析表。在访谈调查中，根据直接观察得到该村当前主要有九种生活用能类型，即：秸秆、豆秸、薪材、散煤、蜂窝煤、煤气、沼气以及少量的太阳能和林木生物质能源。可以根据这九种能源的七种不同属性建立矩阵表，如表 10-9 所示：

表 10-9 不同能源各种属性矩阵表

能源属性 / 燃料类型	价格	燃烧热量	耐烧程度	使用方便程度	储存方便程度	购买（取得）方便程度	清洁度
秸秆	A11	A12	A13	A14	A15	A16	A17
豆秸	A21	A22	A23	A24	A25	A26	A27
薪材	A31	A32	A33	A34	A35	A36	A37
散煤	A41	A42	A43	A44	A45	A46	A47
蜂窝煤	A51	A52	A53	A54	A55	A56	A57
煤气	A61	A52	A53	A54	A55	A56	A57
沼气	A71	A72	A73	A74	A75	A76	A77
太阳能	A81	A82	A83	A84	A85	A86	A87
林木生物质能源	A91	A92	A93	A94	A95	A96	A97

在实际调查中结合农民生活特点，对不同类型能源的七种属性规定如下：

a. 价格。是指每种能源的单位价格（单位：元/吨，含运输费用）。而秸秆豆秸等粮食作物剩余物能源，则只按照运费分摊到每吨中计算，太阳能能源则按照购买设备的成本分摊计算。

b. 燃烧程度。通常是用燃烧值大卡数来表示，由于在调查中发现广大村民，对大卡数字没有什么概念，可以选用感性的燃烧热量来表示，比如问村民"用这种燃料做饭快不快"、"这种能源产生的热值高吗？"

c. 耐烧程度。也是衡量一种能源的重要度量因素，耐不耐烧，能否持续稳定的提供热量无疑是农民所关心的。

d. 使用方便程度。是指农民认为某种能源在日常使用中是否安全便捷，点火是否方便，受季节因素的影响程度等。

e. 储存方便程度。是指能源储存是否需要占用大量空间，能源储存问题在农村也是一个很现实的问题。

f. 购买（取得）方便程度。是指能源是否很容易获得，由于目前很多农村交通不便，所以农民很关心能源获取是否方便。

g. 清洁度。是指能源利用过程中排放的烟尘、粉尘和燃烧剩余物的数量和比率。

2）确定能源属性权重。调研人员在进行访谈时，先向村民按照当地的习语介绍这 7 种属性，再让村民根据对这九种能源的认识程度和使用情况分别对这七种属性给予评价，没有使用过的能源可以不填。填好后就成为表 10-9 所示的矩阵 A 的形式，其中 A_{ij}（$i=1\cdots9$；$j=1\cdots7$）表示其 i 种能源的第 j 种属性村民对其的评价值。之后让村民对这 7 种属性进行逐对比较，比较结果相对重要的项目得分，据此可以得到这七种属性的权重 W_j。

表 10-10 是我们访谈时一位农民所确定的权重，这位村民认为"价格"与"燃烧热量"热量相比较，前者重要，得 1 分，后者的 0 分。其余可类推，最后根据各属性的累积得分确定出其相应权重。由于每个村民的价值观、贫富程度不同，对 7 种属性的重要性认识程度也不同，表 10-9 中的村民比较注重能源的价格、燃烧热量和耐烧程度，从这个表也可以反映出各个村民的一些基本生活情况。

表 10-10　某农民对能源七种属性权重评判表

能源属性	1	2	3	4	5	6	7	8	9	10	11	12	13	14	15	16	17	18	19	20	21	累计得分	权重
价格（元/t）	1	1	1	1	1	1																6	28.57%
燃烧热量	0						1	1	1	1	1											5	23.81%
耐烧程度		0					0					1	1	1	1							4	19.05%
使用方便程度			0					0				0				0	1	0				1	4.76%
储存方便程度				0					0				0			1			1	0		2	9.52%
购买（获取）方便程度					0					0				0			0		0		0	0	0.00%
清洁度						0					0				0			1		1	1	3	14.29%

3）建立评价尺度。权重确定后，再对 7 种能源属性的衡量尺度进行打分，把评价程度分为五段。分数按照评价结果的不同分别赋予 1 分到 5 分，如表 10-11 所示：

表 10-11　七属性评价尺度表

属性 ＼ 得分	5	4	3	2	1
价格（元/t）	0~100	100~200	200~300	300~400	400 以上
燃烧热量	热量很足	热量较足	一般	热量不足	热量很不足
耐烧程度	很耐烧	较耐烧	一般	不怎么耐烧	很不耐烧
使用方便程度	很方便	较方便	一般	不怎么方便	不方便
储存方便程度	占很小地方	占较少地方	一般	需要较多空间	需要很多空间
获取方便程度	很方便	较方便	一般	不怎么方便	不方便
清洁度	很清洁	较清洁	一般	比较脏	很脏

通过表 10-11 的评价打分，把能源的 7 种属性由定性化描述转化为定量化指标，这样就可以对九种能源进行综合评价了。

4）综合评价 把表 10-14 中村民的评价矩阵 A 里面的各项 Aij（i=1…9；j=1…7）按照表10-11 中相应的规定进行打分，这样就把含有定性指标的评价矩阵 A 变为范围 1~5 的得分矩阵 B 了，Bij（i=1…9；j=1…7），进而求各种能源属性的加权和，最终得到综合评价值。

第 i 种能源综合评价值 Vi 计算公式为：

$$V_i = \sum_{j=1}^{7} B_{ij} * W_j \tag{10-49}$$

其中 Bij（i=1…9；j=1…7）为第 i 种能源的第 j 种属性村民对其的评价值量化后的值，Wj 为能源第 i 种属性的权重。其综合评价表如下表 10-12 所示

表 10-12 综合评价表

属性	价格	燃烧热量	耐烧程度	使用方便程度	储存方便程度	获取方便程度	清洁度
得分	28.57%	23.81%	19.05%	4.76%	9.52%	0.00%	14.29%
秸秆	B11	B12	B13	B14	B15	B16	B17
豆秸	B21	B22	B23	B24	B25	B26	B27
薪材	B31	B32	B33	B34	B35	B36	B37
散煤	B41	B42	B43	B44	B45	B46	B47
蜂窝煤	B51	B52	B53	B54	B55	B56	B57
煤气	B61	B62	B63	B64	B65	B66	B67
沼气	B71	B72	B73	B74	B75	B76	B77
太阳能	B81	B82	B83	B84	B85	B86	B87
林木生物质能源	B91	B92	B93	B94	B95	B96	B97

根据每种能源的综合评价值进行排序，从而确定出各种能源在农民心目中的重要性程度。由于个体的差异，村民对能源属性的偏好不同，导致了赋予权重的不同，再加上评价的差异，最终导致了评价综合指标值的千差万别。

如果评价各种能源在当地的整体水平，则可以把村民个体求出来的综合评价值进行加总，再求其均值，从而得到各种能源的总体综合评价值。

$$Z_i = \frac{1}{n} \sum_{k=1}^{n} V_{ik} \tag{10-50}$$

Zi——当地对第 i 种能源的总体综合评价值；

Vik——第 K 个农民对第 i 种能源的综合评价值；

n——参与评价的农民总数

除了以上所介绍的几种参与式农村评估（PRA）工具方法外，进行森林能源项目调研还可以使用绘制社区分布图、绘制大事表、绘制农事历等工具方法。通过以上的一系列方法，把参与式农村评

估（PRA）引入到森林能源调研中，可以充分调动广大村民的参与积极性，获得大量真实可靠的关于农村用能状况的数据资料，同时也可以最广泛的宣传森林能源这种新型能源，为其在我国广大农村地区的推广打下坚实的基础。

（张彩红、张兰、张大红、徐剑琦、王莹）

◆ 参考文献

[1] 中国森林能源资源研究专题组 . 中国森林能源资源培育与发展潜力研究 . 中国林业产业 . 2006（1）

[2] 吕文，王春峰，王国胜，俞国生，张彩虹，张大红，刘金亮 . 中国森林能源发展潜力研究（1）. 中国能源 . 2005，27（11）

[3] 徐剑琦 . 林木生物质能资源量及资源收集半径的计量研究 . 北京林业大学硕士学位论文 . 2006 年

[4] 徐剑琦，张彩虹 . 木质生物质能源树种生物量数量分析 . 北京林业大学学报 . 2006（6）

[5] 蓝增寿，张彩虹，等 . 丹麦森林能源开发昂首前行 . 中国林业产业 . 2006（1）

[6] 张彩虹 . 林业投资新方向——中国林木质生物能源产业发展，北京林业大学学报（社会科学版）. 2006 年增刊

[7] 阿尔山林木质热电联产项目木质燃料供应研究课题组 . 内蒙古阿尔山市 2×12MW 林木质热电联产项目木质燃料供应研究报告 . 2007

[8] 刘轩，张彩虹 . 规划求解在阿尔山林木质热电联产项目原料供应方案中的应用，中国系统工程学会林业系统工程专业委员会第八次学术年会及江苏省系统工程学会农林系统工程专业委员会 2007 年学术研讨会 . 2007

[9] 中华人民共和国国家发展计划委员会基础产业发展司 . 中国新能源与可再生能源 1999 白皮书 . 北京：中国计划出版社，2000 年

[10] 阿尔山林业局 . 2005 年阿尔山林业局资源统计 . 2006 年

[11] 郭贤明，王兰新，等 . 参与性乡村评估在扶持社区发展中的应用 . 林业调查规划 . 2006，No. z1

[12] 赵书学，何丁 . PRA 在农村综合规划设计中的应用 . 林业调查规划 . 2004，No. z1

[13] 何丕坤 . 新时期的社会经济本底调查工作 . 林业调查规划 . 2004，No. z3

[14] 杨德勇 . 论 PRA 在自然保护区社区调查中的工作技巧 . 林业调查规划 . 2002，No. z1

[15] 崔淑丽 . 参与式农村评估（PRA）在现代农村（业）综合开发项目中的应用 . 宁夏农林科技 . 2001（6）

11

11. 森林能源政策

11.1 国内外政策介绍

11.1.1 影响政策制定的因素分析

森林能源自身生产的技术、市场、资源、生态特点，不仅决定了一个国家或政府对森林能源发展所持的基本态度，即鼓励还是不鼓励，鼓励的力度有多大；而且，它们还会影响一个国家或政府制定森林能源政策的具体细节。与其他可再生能源相比，森林能源既存在被鼓励的因素，又存在明显地抑制因素，这两个方面的因素在不同国家、不同发展阶段会有不同的表现方式，使得政策呈现出既具有共性，又具特色的特点。

（1）有利因素

首先，森林能源资源开发技术比较成熟，其次，森林能源不需要太大的基础设施投资，能源稳定性也比较高，可以有计划的种植和利用，比风能和太阳能具有使用上的优势。投资与成本初步研究表明，森林能源产业从资源培育、资源收集、成型产品加工到利用各个环节资金密集度不高，基本上属于劳动密集型产业，资本有机构成较低，初期投资不大，而成本的比重较大，从这点来讲适合我国资金稀缺、劳动力丰富的基本国情，有利于吸引社会资本向该产业流动。再次，森林能源可以大规模开发，开发成本较低，收益较高。最后，森林能源对提高农村经济具有重要的意义，是许多贫困农村人口通过开发森林能源获取货币性收入的重要渠道。因此，森林能源应当是目前最容易开发利用、最具有市场竞争优势的可再生能源之一。

（2）不利因素

首先，森林能源开发利用的环境影响与风电、太阳能、地热能和海洋能相比处于劣势，尽管林木剩余物的循环开发利用有利于环境和生态，但通过利用会较早释放自身吸收固定的二氧化碳，其次，森林能源资源开发存在比较高的机会成本，风电、太阳能、水能和其他生物质能的机会成本非常低，甚至为 0 和负（如生产、生活垃圾），而林木资源要占用土地，而这些土地是可以用作其他作物种植或非林业用途的；再次林木资源具有非常高的生态价值，要求科学合理利用，这对于目前环境问题突出和生态比较脆弱的国家和地区来说，是一个敏感问题。

在观念和制度上，影响森林能源开发利用的是所谓"多功能"概念。多功能概念的提出可以追溯到 20 世纪 80 年代末和 90 年代初日本提出的"稻米文化"。1992 年联合国环境与发展大会通过的《21 世纪议程》将 14 章第 12 个计划（可持续农业和乡村发展）定义为"基于农业多功能特性考虑上的农业政策、规划和综合计划"。1999 年 9 月联合国粮农组织和荷兰政府在马斯特里赫召开了国际农业和土地多功能会议再次强调了农业和土地的多功能性。农业和土地的多功能性实际上是通过强调农业和土地除了满足粮食和原料基本职能外，还具有维护自然景观、保护生物多样性、防止自然灾害、土地涵养、保护历史遗产等，在环境和文化方面对人类社会做出贡献。更实质的是，农业和土地的基本职能以外的功能都难以通过市场力量实现，这实际上就在一定程度上否定了大规模工业开发和商业化运作农业资源的可能性。林业作为广义农业的一个部门，也是需要依靠土地资源的，并且具有更加多的自然景观、生物多样性和生态涵养功能。林木多功能性使其可能要同时承担许多目标，森林能源的开发利用要受到与林木发展的一系列政策（如生态补偿机制）的影响和约束。森林能源的开发利用要置于林木资源开发利用的整体政策框架内考虑。在生态环境日益成为一种突出问题的大背景下，森林能源的开发利用不可能不受到某种抑制。

（3）森林能源政策制订的其他外部因素

从影响森林能源发展的政策来看，许多其他能源发展政策也会对森林能源的发展存在影响。许多政府对常规化石能源（煤、石油等）消费使用环节征收能源税/碳税、消费税抑制常规能源的使用，这会刺激包括森林能源在内的非常规能源的发展，但政府激励和支持常规化石能源勘探和开发的政策又会对包括森林能源在内的非常规能源的发展起到一定的抑制。例如，据美国能源部估计，1999 年美国联邦政府对天然气、石油和煤炭的税收抵免和补贴金额达 23 亿美元，据此核算，联邦政府该年度对不包括乙醇在内的所有可再生能源的税收抵免额仅有 1 500 万元，前者是后者的 150 多倍，在常规能源占主导情况下，试图将可再生能源得到的政策扶持力度与常规能源并驾齐驱甚至超过后者是不可能的。在可再生能源内部，在政府投入资源一定的情况下，政府对其他可再生能源发展的扶持政策会对森林能源的发展存在一定的影响。因此，从一般均衡角度，研究政府森林能源发展政策必须要充分考虑其他能源发展政策。但是，其他能源发展政策对森林能源的发展绩效的影响非常复杂，影响效果也具有一定的不确定性。因此，基于局部均衡意义上的政府森林能源发展政策分析是比较具有可操作性，其结论也基本可靠，可以不考虑其他能源发展政策的影响。

11.1.2 森林能源发展与利用国外政策和模式

（1）国外森林能源发展的基本模式

世界各国发展森林能源的动因和方向有较大差别。就不同经济发展水平来说，发达国家和发展中国家利用生物质能源的数量和技术差别很大。森林能源在发达国家能源结构中的比重是比较低的，2001 年经济合作与发展组织（OECD）国家生物质能产量占一次能源的比例大约为 3%，发达国家以商业化利用为主，主要是发电供热，其次为生物液体燃料。发达国家发展生物质能的主要目的是应对气候变化，减排温室气体；保护环境，减少大气污染；能源来源多样化，保障能源安全；保持技术优势，扩大出口。相反，以林木为主的生物质能在发展中国家的能源结构中的地位就比较高，2001 年中国生物质能占一次能源的比例为 19%，亚洲为 31%，拉丁美洲为 17.6%，非洲高达 48.7%，发展中国家森林能源虽然占能源消费总量比重高，但发展中国家消耗的生物质能大部分是非商品能源，以直接燃烧用做炊事和采暖为主，热效率很低（仅 10% 左右）。发达国家森林能源所关注和着眼的重点是规模化、现代化和市场化问题，而发展中国家发展森林能源的目的主要是解决农村能源问题，扩大能源供应和缓解能源短缺。由于森林等生物质能资源禀赋的不同，生物质能在不同国家能源结构中的比重也存在差异。如在发达国家内部，森林资源比较丰富的欧洲非 OECD 国家，生物质能产量占一次能源的比例就达到 4.7%，可再生能源占本国一次能源消费量比例最高的国家依次是冰岛（72.9%）、挪威（45.0%）和瑞典（29.1%）。① 因此，世界各国发展森林能源所采取的战略也有一定的差别，森林能源在不同国家可再生能源发展中的地位也存在差异，所采取的模式也存在一定的差异，其绩效也有很大不同。

1）欧洲模式：综合扶持型。欧洲经济发展、技术先进，森林能源商品化程度高，再加上欧洲

---

① 冰岛可再生能源之所以有如此高的比重，与该国丰富的地热资源和较少的社会活动有关。而挪威和瑞典可再生能源主要由林木生物质能和水电组成。

（特别是欧盟）一直重视可再生能源的发展问题，欧洲在发展可再生能源方面是一种系统的、全面综合扶持的模式，所采取的主要措施是：制定具体目标、落实经济政策、建立研发队伍、培育产业基础、建立市场氛围、鼓励企业竞争。早在 1986 年，欧洲理事会在其能源目标中就提出了一系列促进可再生能源发展的措施，《在可再生能源白皮书》中提出了"启动方案"，该方案是全面支持可再生能源的战略，通过资金奖励、宣传、工业部门协调、推广等手段推广可再生能源使用，"启动方案"通过《可再生能源计划》（ALTENER）增加可再生能源的利用和市场份额，通过《智能化能源计划》克服非技术障碍、创造市场机会、草拟标准和培训、发展计划和监测工具、鼓励当地团体和市政当局采取行动建立可再生能源可持续市场，通过欧盟研究计划对可再生能源提供中长期科技规划。

在欧盟综合发展可再生能源政策框架内，一些地处寒冷地带、地广人稀、经济发达的欧洲国家，特别是那些森林资源丰富，而常规能源相对缺乏的中、北欧国家（如缺油少气的芬兰、瑞典、丹麦、德国和捷克），就非常重视森林能源的开发利用。20 世纪 70 年代发生的第一次石油危机刺激许多国家寻找替代石油的途径。20 世纪 70 年代中期，瑞典国家能源委员会资助了一个"瑞典国家能源林计划"（NSEFP），从国外共引进 3 000 多个以柳树为主的无性系进行筛选试验。进入 80 年代，由于农产品生产过剩，瑞典对农业结构重新做了调整，于是把发展能源林作为一项国策开始实施。全国至少有 50 万～100 万公顷，农田适宜于发展能源林。瑞典政府拨出 5 000 万欧共体货币单位专项造林补贴经费提供给愿意营造能源林的农户（1991～1996 年）。瑞典从 1997 到 2002 年，对生物质能热电联产提供 25% 的投资补贴，5 年总计补贴了 4867 万欧元。另外，从 2004 至 2006 年，瑞典政府对户用生物质能采暖系统（使用生物质颗粒燃料），每户提供 1 350 欧元的补贴。

丹麦近年来一直调整其能源政策。在第二部能源计划《81 能源计划》中，通过提高对化石燃料（石油和煤炭）的能源税，实施了第一个对以秸秆和木屑为燃料供热系统的补贴计划，使林木等生物质燃料具有一定竞争力。1990 年的《能源 2000》提出在能源消费量降低 15% 的前提下，可再生能源消费量提高 170%，政府对在农村地区建立生物燃料锅炉给予财政支持，1996 年的《21 世纪能源》则强调 2005 年丹麦可再生能源消费的增长主要通过增加在集中供电系统使用秸秆和木屑来实现。丹麦从 1981 年起，每年投资补贴生物质能企业 400 万欧元。

芬兰对森林能源的支持力度非常大。对风能、水电、木材、生物质能技术每度电的优惠额高达 0.69 欧元。[①] 德国对包括林木能源在内的生物质能的支持力度也非常大。德国从 1991 到 2001 年在生物质能领域的投资补贴总额为 2.95 亿欧元。

由于欧洲对森林能源的全面支持和措施系统，欧洲包括森林能源在内的可再生能源发展迅速，丹麦可再生能源发电量比例将从 1997 年的 8.7% 提高到 2010 年的 29%；德国可再生能源发电量比例将从 1997 年的 4.5% 提高到 2010 年的 12.5%；希腊可再生能源发电量比例将从 1997 年的 8.6% 提高到 2010 年的 20.1%；西班牙可再生能源发电量比例将从 1997 年的 19.9% 提高到 2010 年的 29.4%；爱尔兰可再生能源发电量比例将从 1997 年的 3.6% 提高到 2010 年的 13.2%；意大利可再生能源发电量比例将从 1997 年的 16% 提高到 2010 年的 25%；芬兰可再生能源发电量比例将从 1997 年的 24.7% 提高到 2010 年的 31.5%；瑞典可再生能源发电量比例将从 1997 年的 49.1% 提高到 2010 年的 60%；

2）美国模式：成本驱动型。美国发展可再生能源的策略则是注重技术优势、保持世界领先。美国对不同的技术采取不同的发展对策，如太阳能发展的重点在技术研发，保持工业技术的领先地位；风力发电、地热则是以市场为导向。而对森林能源来说，其重点是生物液体燃料，其政策措施是通过各种税收措施降低林木等生物质能的成本，通过成本驱动，开拓市场。

美国各州对森林能源政策支持的力度和方式有所差异。通过投资税收优惠、生产税收优惠、财产

---

① 在欧盟 15 国可再生能源的促进措施中，只有芬兰明确提出支持林业。

税优惠、增值税减税、营业（销售）税减税及对包括森林能源发电优惠额等措施减少森林能源生产成本，提高市场竞争力。美国模式是以企业为主体，政府为引导，市场竞争为导向的市场主导型。

3）印度和巴西模式：资源驱动型。印度和巴西是发展中国家中发展森林能源等可再生能源的领头羊。印度注重根据自身条件，森林能源则以解决农村能源为主；通过解决和提高广大农村贫困人口森林能源使用效率为导向，将森林能源发展与贫困地区发展相结合，实际上是资源短缺下的政策驱动。

巴西则是资源推动型，其发展优势是资源丰富，但巴西森林能源的起步则相对较晚，技术落后，产业发展不足，因此，巴西森林能源的政策重点放在技术扶持和产业培育上，大力发展生物液体燃料。2004 年，巴西生物液体燃料产量达到了 1 500 万吨，在世界处于领先地位。

上述三种政策模式对我国森林能源政策的制定都具有一定的启发意义。欧洲国家综合、系统的森林能源发展政策是最科学、最有成效的。森林能源开发是一个系统工程，需要多部门、多环节充分配合和发展才能取得更好的成效。美国市场主导模式也具有一定的借鉴意义，因为森林能源要可持续发展，必须要具有市场竞争力，并且通过税收优惠措施降低森林能源生产成本降低了政策扶持成本，政策效率也比较高，减少了市场扭曲。印度和巴西针对本国资源特点制定的森林能源政策基本上做到了"顺势而为"，降低了发展成本，提高了效果。

（2）国外热电联产及其相关可再生能源历史和现行政策

欧美等发达国家在经过了社会化大生产和现代工业后，经济得到了飞速发展，同时也对自然环境和资源造成了极大的破坏。自 20 世纪 70 年代开始，越来越重视经济的可持续发展和可再生能源开发。普遍认识到发展生物质能是解决环境保护、能源安全、农业与农村发展、就业等重大问题的主要应对战略之一，因而，把生物质能看做是"战略能源"。

欧美等国的政策导向主要是鼓励热电联产方面，北欧等国同时注重对可再生能源，特别是生物质能源的利用和发展。但无一例外，国家政策均发挥着主要的作用。森林能源的利用在欧美、日本等国家已经比较成熟并且趋于多样化，尤其在欧洲国家，林木生物质热电联产已经相当普遍，甚至成为一些国家的主要供暖方式。

从技术上看，欧洲的生物质发电系统已形成比较完整的装备制造体系；从政策支持来看，各国在税收、价格、投资上给予生物质发电比较大的优惠政策，生物质发电项目在丹麦、德国等国家已经能够盈利运行。从总体上看，欧洲生物质发电已进入初步商业化发展阶段。从 1990 年到 2001 年，欧盟 15 国生物质发电装机容量翻了一番，达到 8 733 兆瓦，发电量 28.3 太千瓦时（TWh，1TWh＝1× 10^9 kWh）。

热电联产本身就是一种能源节约手段，对环境保护有其独特的重要作用。随着能源价格的上涨、可再生能源需求迫切和人们环保意识的增强，利用林木质进行热电联产技术和应用在全世界范围内得到日益广泛的重视。欧洲各国和美国是林木质热电联产发展较好的国家。下面，拟从政策借鉴角度，对欧美部分国家的相关政策和做法作一概括介绍。

1）丹麦。在丹麦生物质发电系统已经成熟，已形成比较完整的装备制造和热电体系。优惠政策促进起到关键作用。一是改革税收制。早在 1996 年丹麦政府就决定征收"绿色税收"，引导能源消费的可持续发展。绿色税收的应税商品是化石燃料，对用作不同目的的化石燃料税不同。用于供热的化石燃料征收绿税，用作生产电力的化石燃料不征收绿税；消费者在购买使用电力时缴纳电力消费税，而购买热力时不需缴纳消费税。二是电力体制改革。1999 年丹麦议会通过了电力体制改革的规划方案，解除政府对电力零售市场的管制。确定了 10 年内以最低 0.3 丹麦克朗/千瓦时（相当 0.040 5 欧元/千瓦时）的价格收购生物质能电力，0.1 丹麦克朗/千瓦时（约 0.013 5 欧元/千瓦时）的价格购买绿色电力证书。为了保证 21 世纪能源战略规划实现，丹麦各党派还于 1993 年 6 月 14 日达成协议，重点以集中供电技术为基础，扩大生物质能在能源消费结构中的比重。1997 年 7 月 1 日，签署生物质能协议的各个政党起草了补充协议，协议指出：生物质能集中供电站有权选择各种生物质原料，秸秆、木屑和木材加工废弃物等。可以在天然气供应区内建设生物质能热电联供电站。三是补贴政策。丹麦政府的经济推进手段主要是补贴政策。如对生物质能技术研发和建设给予补贴。1996 年，丹麦政府对生物质能的补贴投入达 3 100 万欧元。其中，最有影响的补贴是 1992 年确立的生物质热电联产投资建设补贴的最高额度为 50%，一般情况下补贴占初始投资成本的 10%～25%。大型生物质发电站补贴额度 10%～50% 不等。丹麦能源署根据各个项目的具体能源环境效益确定投资补贴额度。

热电联产在区域供热和供电已经发挥着主要的作用，丹麦 90% 的区域供热都由热电联产提供，而且大多采用生物质燃料（垃圾、干草、木料等）。

①1979 年颁布、1990 年修订的热供应法案。该法案出台的目的在于推动从社会经济和环保角度来看最为适宜的建筑物供热技术，减少对石油的依赖。法案中一开始就明确提出将尽可能提高热电联产在集中供热中的比例。

②1979 年以来丹麦投资了数十亿丹麦克朗发展热电联产。

③丹麦政府给予的补贴使得小型热电联产电厂的电价很低，从而极大地推动了技术革新和吸引新的投资，进一步使小热电联产电厂的成本下降。小热电联产电厂实现商业化后，将取代大量燃烧生物质的区域供热设施。

④1993 年开始对工业排放的二氧化碳进行征税并将税款用来补贴节能研究。

2）美国。①1978 年制订《公用电力公司政策法案》（PURPRA），要求公用电力公司从独立的电力供应商购买电力，从而刺激了热电联产和可再生能源政策的发展。PURPRA 规定：公用电力公司从独立电力供应商购买电力时，应按"可避免成本"向独立供应商支付电费。②1998 年，美国能源部开始实施"联合热能和电能挑战计划"（CHP 挑战），目标在于到 2010 年全美热电联产装机容量达到 1 亿千瓦。③2001 年，美国国家能源改革研究小组提出"美国国家能源政策"报告，建议总统要求财政部长与国会协作通过缩短热电联产项目折旧年限或提供投资税收信贷，支持提高能源效率，并建议总统要求环保局（EPA）的管理者与当地州政府合作，促进使用设计良好的 CHP 系统和其他清洁能源发电机。④美国各州政府根据自身法律框架、电力供需情况、州公共事业委员会（PUC）和当地电力公司的态度、环保法规等方面的规定不一，采取地方性不同的热电联产政策。

a. 电网接入，例如得克萨斯州和加利福尼亚州都制订了州一级的电网接入标准（CEC 2002；TNRCC2001），为热电联产电厂获得与传统电厂平等的电网接入权提供了保证。

b. 排放标准：例如，为了推动较为清洁的电力生产技术，得克萨斯州自然资源保护委员会（TNRCC）将原来不合理的基于输入（即电厂的燃料消耗）改为基于输出（即生产出的有用能源产品）的排放计算标准，由此认可了热电厂家的环保效益。

c. 热电联产激励项目，例如纽约州研究发展机构（NYSERDA）负有分配纽约州的公共效益基金（public benefit fund）的职责。它通过向热电联产项目赠款约 150 万美元/年的计划，降低热电项目的投资风险，给予热电研发项目以支持。

3）意大利。①欧盟建筑物能源性能指令（2002 年 12 月颁布，2002/91/EC）规定新建使用面积超过 1 000 米² 的建筑物，其所有者须进行热电联产应用的可行性研究。

②1999 年 2 月 11 日，为了促进能源市场自由化意大利通过"伯尔萨尼法（De2cree Bersani）"。其中涉及热电联产的政策和原则有：

对可再生能源和热电联产电力优先调度；

面向全部用户（all bound customers）的单一购买者，必须确保其所购电力中一部分来自于可再生能源和热电联产；

凡生产和购买电超过 1 000 万度/年的经营者，必须确保其电力业务量的 2 ％来自于具有绿色证书的可再生能源电厂，不过热电联产发电并不包括在内；

各地方基金将支持可再生能源和热电联产新增装机容量的建设。

4）英国。自 20 世纪 80 年代后期，英国相继制定了《电力法》（1989 年）、《英格兰和威尔士非化石燃料电力条例》（1994 年），并逐渐确定了"非化石燃料义务"（The Non-Fossil Fuel Obligation，简称 NFFO）该制度为应用非化石燃料资源生产电力提供了法律的和市场的机制。为保障该制度的实施，英国政府以政府采购的形式，引导和强制用户接受可再生能源。英国还积极推行和实施了经济激励政策。2003 年英国 DTI 又筹集 1 800 万英镑资助 5 个生物质能电站建设。

扶持政策主要体现在以下几个方面

①"非化石燃料义务"制度为应用非化石燃料资源生产电力提供了法律的和市场的机制，英国政府以政府采购的形式，引导和强制用户接受可再生能源，还积极推行和实施了经济激励政策，政府向企业提供直接的资金补助，最高资助额度是生物质能技术初始设备投资的 40 ％。该项政策总资助额度为 6 000 多万英镑。

②2001 年 4 月生效的气候变化税法律。该税是英国政府 2000 年制定的《财务法》中的内容，是"工业、商业、农业以及公共部门组织领域的用能税"，规定对非本国电能用户以 0.43 英磅/千瓦时的标准征收税费。气候变化税所得的收入将通过作为降低雇主交纳的国家保险金返还和提高企业能源利用率的资金来源，而从可再生资源获取电能和热能以及高质量的热电结合方案所使用燃料的方式却可以免除这种税的征收义务。

③包含资金授予、研究与发展方案在内的扶持工程。2001 年 3 月，英国首相宣布，将 1 亿英镑用于扶持发展可再生产业。创新与执行组织承诺对这笔资金的投向进行研究，在其《英国的可再生能源正构建着未来的环境》报告中。对于这笔资金资金投向哪个领域做出了详尽的建议。

④积极采取各种政策促进热电联产项目的发展：

1998 年政府解除限制，购电少于 100 千瓦的用户可以直接向 CHP 电厂买电，拥有与大用户相同权利。

1999 年宣布英国热电联产的目标是到 2010 年生产能力要翻一番，达到 10 000 兆瓦。

2001 年采取了一系列的措施，包括：免除气候变化税；免除商务税；高质量的热电联产项目还有资格申请政府对采用节约能源技术项目的补贴金。

5）德国。德国首先在立法方面以《电力输送法》（1990 年）为主要法律依据，规定电力公司必须允许可再生能源发电上网，当地电力公司以从终端用户获得的平均收益的 70 ％作为上网电价，可再生能源发电价格与常规发电成本的差价由当地电网承担。《电力输送法》规定电力公司有义务按照政府规定的电价，无条件的购买符合技术标准的可再生能源电力，政府每年依据电力公司的销售状况，并经过审计核算后颁布固定电价。该项政策促进了可再生能源发电技术在德国开发利用的市场化进程，使德国在生物质能开发利用方面，具有领先的技术优势和市场优势。

二是制定《可再生能源优先权法》（EFG）（2000 年）。该法案对购买和补偿由可再生资源产生的能源进行了相关规定。目的是到 2010 年之前，至少使可再生能源在能源消费总量中所占的比例增加一倍。该法案规定运营国家电网的公司，必须购买和补偿通过水电、风能、太阳辐射能、地热能和生物质能产生的电。下表列出了对通过生物质能发电的补偿情况。

三是在经济促进方面的做法是：从 1994 年开始年投入 1 000 万德国马克资助生物质能发电项目，到 2001 年资助额度达到 3 亿德国马克，2002 年超过 20 亿欧元。资助的主要内容包括：对于生物质能技术给予直接的投资补贴，规模小于 100 千瓦的生物质能供热技术给予 52 欧元/千瓦的投资补贴，最高补助额度 2 046 欧元；对于规模大于 100 千瓦的生物质能供热或热电联产项目给予优惠贷款。

四是建立生物质能信息通报制度，定期向社会发布生物质能源的技术信息和项目开展信息，改善生物质能相关利益者之间的信息交流，生物质能技术建设，销售和消费环节间的信息交流，促进生物质能技术投资厂商和技术研发机构之间的信息交流，加强研发向市场的转化能力，开展生物质能技术综合评估，指导未来产业发展方向和研发方向。

①1990年颁布的《电力输送法》规定电力公司有义务按照政府规定的电价，无条件的购买符合技术标准的可再生能源电力，政府每年依据电力公司的销售状况，并经过审计核算后颁布固定电价。

②制定《可再生能源优先权法》（EFG）（2000年），对购买和补偿由可再生资源产生的能源进行了相关规定，表11-1列出了针对生物质能发电的补偿情况。

表11-1　生物质能发电补偿额一览表（欧分/kWh）

生物质能电厂建设规模	2002年	2003年	2004年	2005年
小于0.5MW	10.1	10.0	9.9	9.8
小于5 MW	9.1	9.0	8.9	8.8
小于20 MW	8.6	8.5	8.4	8.4

注：包括每年1%的递减。

③2002年1月25日德国新的热电法获通过，主要用于鼓励热电联产发展，具体措施主要包括：
某些类型的热电企业享有并网权；
电联产电厂在正常售电价格基础上按每kWh售电量获得补贴
电近距离输电方式所节约的电网建设和输送成本返还热电联产电厂。

6）瑞典。瑞典国在促进热电联产产业发展方面的做法：一是制定《电力证书法》，并从2003年5月1日开始实施，确立了瑞典的可再生能源配额与绿色证书交易制度。根据《电力证书法》，所有的电力消费者有义务逐步增加包括生物质能在内的可再生能源电力的比重。2003年规定的可再生能源电力证书的最低购入价为6.6欧元/兆瓦时，对未完成配额的处罚是当年证书价格的150%。可再生能源发电商除了得到一般的电力销售收益外，每发1兆瓦时的电还得到一个有价证书。二是提高能源税，税种包括燃料与电力能源税（0.5欧元/升汽油）、能源生产税、二氧化碳税（1.7欧分/kg）和二氧化硫（SO₂）税（3.41欧元/千克硫）。生物质能发电享受免征能源税、CO₂和SO₂税的优厚待遇，造成生物质热电联产比煤热电联产还要便宜。三是瑞典政府每年提供约360万欧元的资金支持生物质能技术的研究开发，占政府整个能源研发资金的16%。

上述国家的政策及实施行动取得了丰富的经验，相比较而言，德国政策被证明对生物质能发展是最成功的，它将发电补贴，赠款和软贷款结合起来，而且保持政策稳定了20年，足以保证任何投资都得到了回报。尽管这个政策成本是巨大的，但是取得的效果很好，方法也是正确的。德国的补贴并不仅仅针对生物质能而是对所有可再生能源。丹麦的模式则更侧重于生物质能。

（3）国外扶持政策的总结

1）纳入国家能源发展战略。发展可再生能源已经成为许多国家能源发展战略的重要组成部分。以美国、瑞典和奥地利三国为例，生物质转化为高品位能源利用已具有相当可观的规模，分别占该国一次能源消耗量的4%、16%和10%。瑞典、丹麦的林木生物质发热发电技术正逐步走向商业化。德国多年来不遗余力地发展可再生能源，据统计，德国可再生能源发电量占总发电量的比例，已从1998年4.7%提高到2003年的8%，政府计划到2020年使这一比例达到20%，在20世纪中叶至少达到50%。目前，德国生物能供热总量已达到全国供热量的4%；法国计划在2010年将可再生能源发电在电力生产中的比例从1997年的15%提高到22.1%，其中除水力以外的可再生能源发电所占的比例由2.2%提高到8.2%。加拿大的生物质能是仅次于水电的最重要可再生能源，它为加拿大提供了 6％的初级能源，主要来自林产品、纸浆和造纸行业废物燃烧产生的蒸汽热源。日本将从 2010 年正式启动生物能源利用计划，通过回收农林业及养殖业废料，作为能源生产的原料。中国政府近年来也非常关注新能源和可再生能源的开发利用，把发展包括林木生物质能在内的可再生能源纳入了国家能源发展中长期规划，作为维护我国能源安全的重要选择。

2）实行价格补贴和税收优惠政策。逐步减少对化石能源的补贴，同时加大对可再生能源的补贴，是许多国家扶持可再生能源发展的政策选择。如丹麦政府自 1976 年起对可再生能源特定项目进行补贴，对秸秆锅炉制造的补贴金额在 1995 年为锅炉价格的 30％，2000 年为 13％；对于秸秆发电等，政府免征能源、二氧化碳等环境税，并从 1993 年开始，将征收的二氧化碳排放税用于补贴节能技术和可再生能源的研究；政府优先调用秸秆产生的电、热，保证最低上网电价、热价；政府还要求各发电公司必须有一定比例的可再生能源容量。法国政府一直采取投资贷款、减免税收、保证销路、政府定价等措施扶持企业投资可再生能源的技术应用项目。德国 2000 年出台的《可再生能源促进法》规定，电力运营商有义务以一定价格向用户提供可再生能源电，政府根据运营成本的不同，对运营商提供金额不等的补助。巴西不仅是目前世界上唯一不使用纯汽油做汽车燃料的国家，也是世界上最早通过立法手段强制推广乙醇汽油的国家。早在 1931 年，巴西政府就颁布法令，规定在全国所有地区销售的汽油必须添加 2％～5％的无水酒精。此后，政府又陆续颁布法令提高添加无水酒精的比例。1966 年提高到 10％，1981 年提高到 20％，1993 年提高到 22％，2002 年将上限提高到 25％。目前，巴西乙醇汽油中的酒精比例是世界上最高的。

3）征收碳税。发达国家普遍将发展可再生能源作为减少温室气体排放的重要措施。目前一些发达国家开征碳税，以抑制温室气体排放。从 20 世纪 90 年代起，欧洲一些国家开征了以减少温室气体排放为目的碳税或能源税。碳税最早于 1990 年由芬兰开征，此后，瑞典、挪威、荷兰和丹麦也相继开征。以煤为例，五国的碳税税率分别是：芬兰，33.1 欧元/吨；挪威，53.9 欧元/吨；瑞典，104.6 欧元/吨；丹麦，32 欧元/吨；荷兰，10.5 欧元/吨。2001 年，法国和英国开始征收碳税，德国、意大利等欧盟成员国也计划在环境税收改革中引入碳税。除了欧洲国家外，为了达到《京都议定书》规定的 14 减排目标，日本计划在 2005 年开征碳税。征收碳税将增大化石燃料生产和使用成本，有利于可再生能源的发展。

4）绿色能源营销。绿色能源营销正在荷兰、美国、德国、澳大利亚等国逐步发展起来，绿色能源营销主要是基于公众环境意识的提高和政府的政策。一方面鼓励公众用户自愿选择购买可再生能源产品。另一方面，许多国家还通过立法强制推行绿色能源。如德国《可再生能源法》规定，所有利用可再生能源发电的业主，都有权把电卖到电网上去，同时，电网有责任和义务收购这些电，其电价是按不同可再生能源类型、发电功率大小和所处位置等条件来确定。巴西政府要求使用的所有汽油中都要添加 20％到 25％的酒精，以减少石油消耗和污染，同时，从 2004 年 11 月开始，要求在石油柴油中添加 2％的生物柴油，并在数年内将这一比例提高到 5％。自 1993 年第一个美国公用电力公司设计的绿色价格项目开始运营，到 2005 年为止，已有 80 多家电力公司实施或宣称他们将要实施绿色价格项目。这些项目的实施使得美国新增可再生能源装机容量将近 73 兆瓦以及计划装机容量 120 兆瓦。

11.1.3 促进发展森林能源与利用的相关政策

（1）我国可再生能源政策现状

国家鼓励发展可再生能源，并实施了以下一系列的可再生能源政策：

1）可再生能源的宏观政策。在《1996—2010 年新能源和可再生能源发展纲要》中明确指出要按社会主义市场经济的要求，加快新能源和可再生能源的发展和产业化的建设，并且在"十五"期间还将可再生能源的发展计划纳入了我国的"十五"能源规划，要求采取措施调整能源结构，提高清洁能源在能源消费中所占的比重，其中就包括了鼓励发展风能、太阳能、地热等可再生能源；要求通过技术进步来推动可再生能源事业的发展。国家鼓励发展利用太阳能，开发地热发电、大功率风力发电、潮汐发电和生物质能发电技术；鼓励发展新型、高效及清洁能源技术和石油替代技术为主要发展方向，改造传统能源利用技术，提高能源利用效率，降低污染排放，并给予税收优惠等支持政策。

2）国家将可再生能源的开发利用列为能源发展的优先领域，通过制定可再生能源开发利用总量目标和采取相应措施，推动可再生能源市场的建立和发展。国家鼓励各种所有制经济主体参与可再生能源的开发利用，依法保护可再生能源开发利用者的合法权益。

3）国务院能源主管部门对全国可再生能源的开发利用实施统一管理。国务院有关部门在各自的职责范围内负责有关的可再生能源开发利用管理工作。

县级以上地方人民政府管理能源工作的部门负责本行政区域内可再生能源开发利用的管理工作。县级以上地方人民政府有关部门在各自的职责范围内负责有关的可再生能源开发利用管理工作。

4）国务院标准化行政主管部门应当制定、公布国家可再生能源电力的并网技术标准和其他需要在全国范围内统一技术要求的有关可再生能源技术和产品的国家标准。

5）国家鼓励和支持可再生能源并网发电。建设可再生能源并网发电项目，应当依照法律和国务院的规定取得行政许可或者报送备案。建设应当取得行政许可的可再生能源并网发电项目，有多人申请同一项目许可的，应当依法通过招标确定被许可人。

6）电网企业应当与依法取得行政许可或者报送备案的可再生能源发电企业签订并网协议，全额收购其电网覆盖范围内可再生能源并网发电项目的上网电量，并为可再生能源发电提供上网服务。

7）国家鼓励清洁、高效地开发利用生物质燃料，鼓励发展能源作物。利用生物质资源生产的燃气和热力，符合城市燃气管网、热力管网的入网技术标准的，经营燃气管网、热力管网的企业应当接收其入网。

8）国家鼓励和支持农村地区的可再生能源开发利用。县级以上地方人民政府管理能源工作的部门会同有关部门，根据当地经济社会发展、生态保护和卫生综合治理等实际情况，制定农村地区可再生能源发展规划，因地制宜地推广应用沼气等生物质资源转化、户用太阳能、小型风能、小型水能等技术。

县级以上人民政府应当对农村地区的可再生能源利用项目提供财政支持。

9）可再生能源发电项目的上网电价，由国务院价格主管部门根据不同类型可再生能源发电的特点和不同地区的情况，按照有利于促进可再生能源开发利用和经济合理的原则确定，并根据可再生能源开发利用技术的发展适时调整。上网电价应当公布。

10）国家财政设立可再生能源发展专项资金，用于支持以下活动：①可再生能源开发利用的科学技术研究、标准制定和示范工程；②农村、牧区生活用能的可再生能源利用项目；③地区和海岛可再生能源独立电力系统建设；④再生能源的资源勘查、评价和相关信息系统建设；⑤进可再生能源开发利用设备的本地化生产。

11）国家对列入可再生能源产业发展指导目录的项目给予税收优惠。

通过以上的分析评，我们不难看出我国现行热电联产和可再生能源政策规定主要还停留在政策指导阶段，没有详细的政策条款和具体实施方案，特别是热电联产补贴规定不足，可再生能源细则不明确，还需要进一步研究和实践。我们应该积极结合我国国情，并借鉴国外成功案例和政策经验等，制定出适合我国林木生物热电联产发展的政策。

（2）发展生物能源和生物化工政策

为了确保发展生物能源和生物化工不与粮争地，促进非粮替代稳步发展，2006 年，国家出台了《财政部、国家发展改革委、农业部、国家税务总局、国家林业局关于发展生物能源和生物化工财税扶持政策的实施意见》（财建［2006］702号）的规定 。强调发展生物能源与生物化工对于替代化石能源、促进农民增收、改善生态环境，具有重要意义。"十五"期间我国在部分地区试点推广燃料乙醇取得良好的社会效益与生态环境效益。随着国际石油价格的上涨，迫切需要加快实施石油替代战略，积极有序地发展生物能源与生物化工。根据国务院领导指示精神，下一阶段将重点推进生物燃料乙醇、生物柴油、生物化工新产品等生物石油替代品的发展，同时合理引导其他生物能源产品发展。目前我国生物能源与生物化工产业处于起步阶段，制定并实施有关财税扶持政策将为生物能源与生物化工产业的健康发展提供有力的保障。提出了生物能源与生物化工财税扶持政策的原则是：坚持不与粮争地，促进能源与粮食"双赢"，坚持产业发展与财政支持相结合，鼓励企业提高效率，坚持生物能源与生物化工发展既积极又稳妥，引导产业健康有序发展。

关于价格将启动弹性亏损补贴机制。鉴于目前国际石油价格高位运行，如果油价下跌，生物能源与生物化工生产企业亏损将加大。为化解石油价格变动对发展生物能源与生物化工所造成的市场风险，为市场主体创造稳定的市场预期，将建立风险基金制度与弹性亏损补贴机制。当石油价格高于企业正常生产经营保底价时，国家不予亏损补贴，企业应当建立风险基金；当石油价格低于保底价时，先由企业用风险基金以盈补亏。如果油价长期低位运行，将启动弹性亏损补贴机制。

2007年10月，财政部又制定了《生物能源和生物化工原料基地补助资金管理暂行办法》，生物能源和生物化工原料基地（以下简称原料基地）是指为生物能源和生物化工定点和示范企业提供农业作物原料与林业原料的基地。原料基地要充分开发利用荒山、荒坡、盐碱地等未利用土地和冬闲田。

林业原料基地补助标准为200元/亩；补助金额由财政部按该标准及经核实的原料基地实施方案予以核定。农业原料基地补助标准原则上核定为180元/亩，具体标准将根据盐碱地、沙荒地等不同类型土地核定；补助金额由财政部按具体标准及经核实的原料基地实施方案予以核定。

11.1.4 森林能源发展与利用政策评价

（1）森林能源发展与利用政策的演变

1) 20世纪90年代前森林能源政策。森林能源纳入我国能源发展政策是比较晚的。20世纪50年代，为了补充能源供应的不足（主要是农村能源不足），我国就开始对小水电、沼气池、太阳灶、风力提水机、小型风力机、中低温地热利用和小型潮汐电站等可再生能源进行了开发利用，但对薪炭林研究开发时间起步于20世纪的1981年。由于森林能源开发利用的侧重点在于补充农村燃料的不足，技术含量低，产业化程度低，再加上没有形成系统的可再生能源政策，政策手段的局限性也较大。

2) 20世纪90年代森林能源政策。20世纪90年代是我国森林能源政策快速发展的时期。1992年6月，联合国环境与发展世界首脑大会在巴西里约热内卢召开，明确提出人类可持续发展的观点，发表了《21世纪议程》。在联合国环发大会以后，中国政府把开发和推广可再生能源技术列为实施可持续发展战略的重要措施之一。1994年3月，前国家总理李鹏主持召开国务院第十六次常务会议，讨论通过了《中国21世纪人口、环境与发展白皮书》，充分表明了中国政府对可持续发展的重视。从此，可持续发展战略成为我国的基本国策之一。1995年，我国提出转变经济增长模式。无论是可持续发展战略，还是向集约型经济的转变，都要求我国在经济增长的同时降低能耗，提高能源使用效率。在此背景下，我国森林能源政策制定开始不断丰富。

1995年1月国家计委办公厅、国家科委办公厅、国家经贸委办公厅共同制定了我国《新能源和可再生能源发展纲要（1996—2010）》，针对我国能源工业面临经济增长与环境保护的双重压力和由于农村燃料短缺造成的森林过度樵采、植被破坏、生态环境恶化等严重现实，提出大力发展薪炭林的主张。《发展纲要》认为发展薪炭林对缓解当地农村能源紧张，保护森林资源、林草植被和生态环境，促进农村经济发展起到了积极的作用。在《发展纲要》提出的工作的主要方面中，将发展薪炭林放在了第一位。从森林能源资源开发对象上看，"研究开发高产和多功能的薪炭林树种及栽培工艺技术和速生林营造技术，建设商品性薪炭林基地，重点放在农民缺柴、水土流失严重和有条件发展薪炭林地区，力争 2000 年和 2010 年全国薪炭林面积分别达到 640 万公顷和 1 340 万公顷，加上其他每年提供薪柴 18 000 万吨（相当于 10 000 万吨标准煤）和 27 000 万吨（15 400 万吨标准煤）"；从森林能源使用上看，重点还是放在森林能源终端使用技术和使用设备上，"在巩固、提高节柴改灶的成果基础上，实现居民节煤灶具的商品化生产和销售，完善省柴灶的产业体系和服务体系，使每年节柴数量达到 10 000 万吨以上，约相当于 5 000 万吨标准煤"；森林能源的深加工和产业化生产没有直接提出，而是置于生物质能大范畴内，"加速农村生物质能利用技术的更新换代，发展高效的直接燃烧技术、致密固化成型、气化和液化技术，形成和完善产业服务体系，到 2000 年和 2010 年生物质能高品位利用能力达到 250 万吨和 1 700 万吨标准煤"。《发展纲要》从行政政策实施角度，对包括森林能源在内的新能源和可再生能源的发展所需要的政策支持从组织协调、优惠政策、科研和示范、产业化建设以及国际合作等方面给了具体的指导。

　　1995 年国务院批准了国家计委、国家经贸委、国家科委、财政部、农业部、林业部、水利部和电力部拟定的《关于"九五"期间开展农村能源综合建设项目的实施意见》，该意见在预期目标中提出"加快发展以薪炭林为主的薪柴资源。植树造林有较大发展，五年内新增薪炭林面积应占同期新增造林面积的 10% 以上，薪炭林经营技术趋向规范化，平原县实现绿化，森林采伐剩余物得到合理利用，基本停止林木过量樵采（包括收集林地落叶）。"这表明森林能源开发更加明确化和定量化。该意见还明确规定了能源开发的工作程序、技术路线和项目管理办法等支撑政策。《实施意见》对包括森林能源在内的可再生能源的发展是比较详细的，也注重了政策措施的可操作性和部门的协调性，对森林能源的发展是有很大促进作用的。

　　除了国家部委制定了与薪灰林开发利用的政策措施外，我国一些省级人民代表大会常务委员会或政府也制定了一些可再生能源发展的法规和行政条令。如山东省人民政府 1997 年 4 月颁布了《山东省农村能源建设管理规定》中，将薪炭林营造技术作为新能源、可再生能源重点推广应用项目；河北省人大常委会 1997 年 4 月通过的《河北省新能源开发利用管理条例》中，将秸秆等生物质气化、炭化技术作为重点推广项目，森林能源开发利用是涵盖其中的，没有明确提出；安徽省 1998 年 10 月颁布的《安徽省农村能源建设与管理条例》中，确定的组织推广的农村能源技术中，包括生物质气化、固化、炭化技术，也是将森林能源开发利用是涵盖其中的，没有明确提出；甘肃省人大常委会 1998 年 9 月通过的《甘肃省农村能源建设管理条例》中，将秸秆等生物质气化、液化、固化利用及其技术也作为鼓励开发的技术，没有明确指出森林能源的深加工问题，该省《农村能源建设条例》还将速生、丰产薪炭林的营造及其合理采薪、永续利用技术作为鼓励技术，考虑到甘肃脆弱的生态环境和广大靠薪柴获取生活能源贫困农村人口的存在，这一规定不能作为大规模开采森林能源的解释；湖北省人大常委会 1998 年 12 月通过的《湖北省农村能源管理办法》规定开发和推广的技术中有三项与森林能源有关：生物质气化、固化技术，薪炭林营造技术，新型液体燃料开发利用技术。

　　20 世纪 90 年代能源政策对我国未来森林能源的开发利用起到了积极的作用，为森林能源发展政策的制定和完善提供了基础，也取得了明显的实际成效，使我国薪炭林种植面积不断扩大，林木副产品能源深加工和林木产业化生产的规模和技术含量都不断提高。但是，这一时期的政策也存在一定的局限性。首先，此时期的政策往往是以部门行政指导或地方法规的形式颁发的，缺少统一性、权威性和约束力。例如，《实施意见》将农村能源综合建设的范围是限定在一个县的范围内，只是从能源建设这一环节来支持经济发展，提高人民生活质量，改善生态环境角度发展薪灰林，这无疑限定了森林能源的跨区域、深层次大规模开发。其次，森林能源的发展是置于改善农村生活条件和保护生态环境框架下确定的，其根本出发点还不是从能源发展、从森林能源开发角度，而是更多地补偿由于林木资源过度开发造成生态恶化和贫困农村人口生活质量下降所采取的一种补救措施，对森林能源的大规模、产业化开发利用以及相应的配套措施（如规划、资源评估等）的实施都缺乏坚实的政策基础和制度保证。再次，在有关鼓励可再生能源发展系列政策中，关于森林能源的政策显得过于模糊，往往是隐含在其他政策条文中，森林能源发展政策力度不强。如支持可再生能源的财税政策来说，我国尚未对发展森林能源给予增值税的优惠。目前，人工沼气的增值税税率按 13％征收，小水电的增值税税率为 6％，风力发电的增值税税率为 8.5％，均低于一般制造业 17％的增值税税率，而森林能源的开发利用尚没有明确的增值税减免。最后，可能是出于对林木多功能问题的回避，森林能源的原料定位往往强调剩余物，这无疑也会大大限制生物质能的规模化、产业化发展。

（2）当前我国森林能源政策的新特点

进入 21 世纪以来，随着常规化石能源价格的日益攀升，可再生能源成为我国政策战略的重要内容，森林能源政策在新时期有了新的突破，呈现出新的特点。概括来说，就是"法制化"、"明确化"、"产业化"和"组织化"。

1）法制化。2005 年 2 月通过的《中华人民共和国可再生能源法》是我国可再生能源发展政策制定的重要里程碑，标志着我国包括森林能源在内的可再生能源的开发利用有了法律依据。在《可再生能源法》第二条中，可再生能源是指风能、太阳能、水能、生物质能、地热能、海洋能等非化石能源，并将通过低效率炉灶直接燃烧方式利用秸秆、薪柴、粪便等排除在该法之外。《可再生能源法》将生物质能排在风能、太阳能、水能 3 种可再生能源的后面。生物质能在《可再生能源法》中的位置排列表明中国政府出于生态环境和土地资源稀缺的考虑，对生物质能可再生能源采取了谨慎保护的态度，并试图通过将低效率炉灶直接燃烧方式利用秸秆、薪柴、粪便等生物质能利用方式排除在该法之外，达到提高生物质能利用效率、保护生态环境的目的。

《可再生能源法》第十六条规定"国家鼓励清洁、高效地开发利用生物质燃料，鼓励发展能源作物。利用生物质资源生产的燃气和热力，符合城市燃气管网、热力管网的入网技术标准的，经营燃气管网、热力管网的企业应当接收其入网。国家鼓励生产和利用生物液体燃料。石油销售企业应当按照国务院能源主管部门或者省级人民政府的规定，将符合国家标准的生物液体燃料纳入其燃料销售体系。"同时，《可再生能源法》又在第三十条和第三十一条又对生物质能终端使用和市场环节作了法律责任的规定。第三十条规定"违反本法第十六条第二款规定，经营燃气管网、热力管网的企业不准许符合入网技术标准的燃气、热力入网，造成燃气、热力生产企业经济损失的，应当承担赔偿责任，并由省级人民政府管理能源工作的部门责令限期改正，拒不改正的，处以燃气、热力企业经济损失额一倍以下的罚款。"第三十一条规定"违反本法第十六条第三款规定，石油销售企业未按照规定将符合国家标准的生物液体燃料纳入其燃料销售体系，造成生物液体燃料生产企业经济损失的，应当承担赔偿责任，并由省级人民政府管理能源工作的部门责令限期改正，拒不改正的，处以生物液体生产企业经济损失额一倍以下的罚款。"《可再生能源法》第十六条、第三十条和第三十一条为保证包括森林能源在内的生物质能的终端市场渠道开发和产业化生产开了绿灯。

2）明确化和产业化。与以前森林能源政策不同的是，21 世纪，森林能源政策不再隐含在其他政策条文中，也不再模模糊糊，而是明确列在国家鼓励产品目录和产业发展规划中。2000 年 8 月国务院批准国家计委、国家经贸委颁布的《当前国家重点鼓励发展的产业产品和技术目录（2000 年修订）》中，在农业产品中，天然橡胶种植作为石油深加工产品的替代品，可以有效地节省石油资源，也可以看做是鼓励森林能源发展的一种措施；在林业及生态环境产品中，速生丰产林工程、人工林、小径木材、竹林和林区剩余物的深度加工及系列产品开发以及林产化学工业产品的深度加工都可以看做是潜在森林能源开发、利用的重要政策支持项目。

在我国《生物产业发展"十一五"规划》中，生物能源被列为发展重点。① 其中，在生物能源专项中，在能源植物条目下，林木能源是"以黄连木、小桐子树、油桐、文冠果、光皮树、乌桕等主要木本燃料油植物为对象，选育一批新品种，促进良种化进程；积极培育与选育高热值、高产、速生的乔木和灌木树种，以及高含油率、高产的油脂植物新品种（系），建立原料林基地；改进沙柳、柠条等沙木灌木资源培育建设模式，提高灌木资源利用率，建立沙生灌木资源培育示范区。"在燃料乙醇条目下，"加快以农作物秸秆和木质素为原料生产乙醇技术研发和产业化示范，实现原料供应的多元化；"在生物柴油条目下，"支持以农林油料植物为原料生产柴油，加强清洁生产工艺开发，提高转化效率，建立示范企业，提高产业化规模。"在生物质发电和供热条目下，"加快研制大型高效生物质连续气化装置，开发生物质燃气高效净化技术，积极开展秸秆、木屑等农林废弃物直燃和气化发电示范工程，大力支持以灌木林和柳树等燃值高的速生能源植物为原料的生物质直燃发电技术示范；"在生物质致密成型燃料条目下，"积极发展生物质致密成型燃料技术，鼓励利用农作物秸秆、林木剩余物，加工致密成型燃料，为农村、林区提供使用方便、清洁环保、燃烧效率高的能源，减少农村燃料消耗对林木等植被的破坏。"具体到项目上看，生物能源专项在林木上，重点培育一批速生高产、高含油和高热值能源植物品种，实现规模化、基地化种植；建设年产万吨级植物纤维燃料乙醇示范线；利用多种农林油料等建设 10 万吨级连续化生产柴油示范生产线；以秸秆、木屑等农林业废弃物以及沙生灌木为原料，建立年处理 10 万吨级以上生物质的气化固化示范发电厂。生物能源的发展思路是"突出区域特色、技术创新和节能环保"，具体到林木能源来说，林木能源植物发展有三个特点：一是高产，二是土地要素的机会成本低，不与地争粮，不与粮争地。三是使用机会成本较低的林木废弃物的循环、高效利用。满足这三个特点就可以提高森林能源的效益，降低机会成本，更重要的是减少发展林木能源受粮食安全、生物多样性等制度因素的制约。林术质能源产业原料定位将逐步由剩余物转变为林木资源。

3）组织化。森林能源政策在这一阶段的突出特点，是组织化程度提高。一是成立了国家林业局林木生物质能源领导小组，设立办公室，负责全国林木生物质能源发展规划和实施计划的制定；指导和协调全国林木生物质能源培育及其转化利用工作，推动林木生物质能源的研究开发，以及开展信息通报、能力建设等相关工作。二是组织专家开展林木生物质能源资源发展潜力的调查研究，形成了中国林木生物质资源培育与发展潜力研究报告、林木生物质能源开发利用技术研究报告、开发林木生物质能源的经济分析和可行性研究报告、以及林木生物质能源生产与清洁发展机制结合的相关政策研究报告等四个专题报告，初步掌握了我国森林能源种类、分布、数量和开发利用现状。三是积极制订林木生物质能源工作要点，明确工作思路和工作重点。四是组织对国外林木生物质能源发展先进技术的学习考察。五是为进一步做好林木生物质能源工作，切实推动林木生物质能源发展，指导林木生物质能源的开发利用，抓紧制订全国能源林培育规划。六是建立信息通报制度。建立《国家林业局林木生物质能源工作简报》，定期向有关主管部门及全国林业系统介绍和通报可再生能源尤其是林木生物质能源国内外发展情况。七是积极推动能源林培育试点示范。初步选定了一批能源林培育示范基地，开展了前期准备工作。八是重视宣传，努力扩展林木生物质能源的影响。

（3）**生物质能发电供热的政策分析**

我国政府重视可再生能源开发利用，党的十四届五中全会通过的《中共中央关于制定国民经济和社会发展"九五"计划和 2010 年远景目标的建议》要求"积极发展新能源，改善能源结构"。1998年1月1日实施的《中华人民共和国节约能源法》明确了"国家鼓励开发利用新能源和可再生能源"。国家计委，国家科委，国家经贸委制定的《1996—2010 年新能源和可再生能源发展纲要》则进一步

---

① 生物制造也是生物产业的发展重点，虽然生物制造不直接提供能源，但可以通过"支持以农林可再生资源为原料"，"大力发展生物基产品，实现对化石原料的部分替代"，"减少工业生产能耗与污染物排放"，间接提供能源。

明确：要按照社会主义市场经济要求，加快新能源和可再生能源的发展和产业建设步伐。国家经贸委又在此基础上制定《2000—2015 年可再生能源产业发展规划》。国家科委先后在"八五"、"九五"科技规划中安排了多项生物质能技术研究发展和示范工程项目，如生物质能成型技术，生物质热解气化及热利用等相关技术，大中型沼气工程及其发电技术，纤维素废弃物制取乙醇燃料技术，生物柴油制取技术等等。"十五"期间，除了国家科技攻关计划，生物质能科技计划又列入了国家高科技发展863 计划，重点研究了 4 兆瓦规模的气化发电技术，制取乙醇燃料中试示范，大型沼气发电工程示范。秸秆/谷壳直接燃烧发电技术也进入项目可行性研究阶段。

21 世纪是我国进入全面建设小康社会发展的新阶段，据专家估计，到 2020 年我国能源需求总量将达到 25 亿～33 亿吨标煤。然而中国常规化石能源资源有限，环境保护压力不断增加。促进可再生能源的开发利用将是我国中长期能源战略和科技规划中的重要优先领域，成为保障国家能源安全，保护大气环境，提高我国持续发展能力的主要战略措施。为此，在 2020 年中长期规划中，可再生能源发电总装机容量比 2000 年翻两番，超过 1.2 亿千瓦，其中生物质能发电要达到 3 000 万千瓦，是现在 200 万千瓦的 10 倍。

2006 年 1 月 1 日，《中华人民共和国可再生能源法》关于"对列入国家可再生能源产业发展指导目录，符合信贷条件的可再生能源开发利用项目，金融机构可以提供有财政贴息的优惠贷款"条款，"国家对列入可再生能源产业发展指导目录的项目给予税收优惠"和"电网企业应当与依法取得行政许可或者报送备案的可再生能源发电企业签订并网协议，全额收购其电网覆盖范围内可再生能源并网发电项目的上网电量，并为可再生能源发电提供上网服务"条款等，将成为促进我国生物质能热电联产的重要法律保障措施。

（4）森林能源政策的绩效和需要改进的地方

我国发展林业生物质能的潜力很大，具备产业化、规模化开发利用的资源基础。目前森林能源问题已经受到了重视。现行有利政策有：

1) 我国现行林业政策基本方向是生态导向，包括天然林保护、退耕还林政策、采伐限额政策等；

2) 我国一直提倡充分利用林产剩余物提高森林综合出材率和森林资源利用率；

3)《森林法》中的林种划分上承认了薪炭林的地位；

4) 我国近期提出了林业发展的"东扩、西治、南用、北休"的政策方向；

5) 近期，国家林业局加强了森林能源资源的培育和开发利用工作，开始重视森林能源的开发和利用问题。

我国尚有 5 400 多万公顷宜林荒山荒地，如果利用其中的 20% 的土地来种植能源植物，每年产生的生物质量可达 2 亿吨，相当于 1 亿吨标准煤；我国还有近 1 亿公顷的盐碱地、沙地、矿山、油田复垦地，这些不适宜农业生产的土地，经过开发和改良，大都可以变成发展森林能源的绿色"大油田"、"大煤矿"，补充我国未来经济发展对能源的需要。因此，我国还应加强和完善森林能源政策，以促进我国森林能源的进一步发展。

国际经验表明，成功的可再生能源支持政策具有以下几个特点：必须具备足够大的规模、范围和年限，以便对可再生能源的投资决策和消费决策产生实质影响；根据一国可再生能源产业发展阶段量体裁衣；通过精心设计促使可再生能源政策与其他的政府政策和能源市场条件形成良性互动；存在其他支持性的政策举措以便形成和运营一个健全的可再生能源产业。因此，要使得我国森林能源取得大发展，必须进一步完善我国政策。

首先，进一步明确森林能源的发展。关于森林能源开发利用，其政策措施散见于各种行政意见和法律文本中，森林能源开发利用的法律条款、政策措施不系统、不明确和不连贯。目前最具有竞争力的领域还是森林能源树种的种植，由于森林能源树种种植的重要机会成本，即土地资源的价格随着农产品竞争优势的下降而下降，森林能源树种的成本优势比较显著，而且森林能源树种可以连片开发，满足大规模生产的需要，可以支撑较大规模的包括配套设施建设的固定资产投资。考虑到森林能源的灵活性和便于大规模开发，森林能源是具有较强市场竞争力的。相反，集中讨论的农作物秸秆和部分林业剩余物，收集半径大，运输成本高，能源密度低，规模化的生物质热电联产难以具备竞争能力。回避或模糊森林能源树种产业化种植和开发利用，而集中于农作物秸秆和部分林业剩余物的开发利用并不见得对我国可再生能源的发展有利。因此，要明确地将森林能源产业化、规模化、企业化生产列入发展政策。

其次，加强组织保证。我国政府和社会各界对发展森林能源的重要性还没有给予足够的重视，尚未形成协调有效地森林能源开发利用的管理体制，开发利用相关主体之间的关系、责任和义务不明确，开发利用的前景也缺乏系统的评估和规划，致使政府、企业、研究部门、社会团体和个人等社会主体的作用和积极性没有充分发挥出来。目前构成森林能源发展政策的架构是政府能源部门、环境部门和农林部门共同作用的结果。这三个部门分别代表不同的利益，有不同追求目标和约束条件，森林能源能够得到发展必须是三个部门的共同协调，缺乏统一和权威性。

再次，政策设计要符合电力、可再生能源和林业政策的基本方向。通过综合分析我国电力供求趋势、森林资源变动和可再生能源发展需求等国情，不难看出：①我国目前电力短缺严重，电力供应远远不能满足经济发展和居民生活所需，势必采取电力扩张政策，大力支持电力发展；②我国林业逐步由砍伐利用向环境保护方向转变，并取得了一定成果，但同时也存在森林覆盖率远低于世界平均水平、森林质量不高、林地利用模式不合理等问题，尽可能地鼓励造林是必然的；③随着常规化石能源的不断开采和消费，能源紧张和环境污染问题日益严重，从可持续发展角度来看，寻求可再生能源是生存的需要。大力发展森林能源热电联产恰恰能够综合考虑社会经济和环境保护的需要，一方面提供源源不断的绿色电力来源，即提供了电力，又保护了环境；另一方面充分利用灌木资源和闲置废弃地等，增加森林资源总量，提高林地利用效率。因此，必须抓住这个最佳结合点的产业，有计划有步骤地开展政策扶持以促进其发展。

最后，建立长效发展机制，加强森林能源"一揽子"综合政策扶持。生态环境约束也是制约我国森林能源开发利用的重要问题。不能回避的是，包括我国在内的林业生物质能发展都面临着一个林木多功能性、土地稀缺和环境压力问题。2007年5月国务院颁布的《中国应对气候变化国家方案》提出了我国应对气候变化面临的七大挑战，将森林资源保护和发展排在第4位，认为随着工业化、城镇化进程的加快，保护林地、湿地的任务加重，压力加大。但是，只要界定和处理好森林能源发展的范围、方式，就可以同时获得森林能源发展和生态效益改善。这需要进行体制创新，建立森林能源发展的长效机制，不能处于一方面由于常规能源产品价格高昂而鼓励森林能源发展，而另一方面却由于环保、生态和粮食安全等问题限制森林能源发展的徘徊和摇摆之中。

通过全面总体规划，从税收优惠到资源保证，从人才培养、技术研发、推广到市场培育进行系统的协调，对林业资源进行详细普查和评估，对林业产权进行明确规定。对我国来说，森林能源生产的主体是农民，而我国的农村能源在科学研究、技术推广、产业开发、社会化服务等方面，都没有形成自己的发展体系。乡级服务站已基本上没有了，县级农村能源办公室的级别也很低而且一般以提供沼气技术的咨询和服务为主，服务范围窄，工作力度小。要发展生物质液体燃料，必须加强农村能源科研和技术服务体系的建设。

11.2　森林能源发展与利用的政策建议

11.2.1　森林能源发展与利用的指导思想
在科学发展观指引下，以尊重森林生产规律为前提，以提高我国森林资源的效率为基础，以提高我国能源供给水平为目标，以提高森林能源的经济效益为保证，以提高农户能源使用的质量为重点，以林养林，以林供能，以能促林，丰富我国森林资源，扩大我国能源供给渠道，实现农村能源结构升级和环境友好，实现我国森林资源可持续、高质量、高效能的利用。

11.2.2　森林能源发展与利用的基本原则

（1）保护为主、适当开发

我国林业政策的首要任务和目标是在科学发展观指导下，是恢复和扩大森林面积，开展国家、社区、个人多层次的植树造林活动。在林业资源得到有效保护的前提下，对我国森林资源进行适度开发，以林养林，既提高了森林所在地的就业和收入，又可以筹集到资金进行森林的养护和扩大，做到资源保护和经济效益的"双赢"。

（2）因地制宜、多元发展

我国地域辽阔，森林资源的分布不平衡；林木品种多样，生物特性、生态价值、经济价值丰富多变。因此，政策方案设计必须考虑国情和林情，需要考虑到我国社会经济发展的地区不平衡性，考虑到地区间自然条件及林木生物质资源的差异，考虑林业生态建设与林业产业发展的和谐统一。

我国林业政策在总体保护为主、适当开发的总体原则下，各地结合本地森林资源实际和森林资源的特性，宜保则保，宜开发则开发。在森林产权改革不断深化的基础上，国家、企业、集体、个人等各种社会经济主体都积极参与。

（3）紧密结合、合理分工

森林能源具有重要的生态价值，是一种重要的有益公共物品，发展森林能源是政府提供公共物品的重要责任，是政府公益事业和公共服务的重要内容。森林能源还是一种可再生的经济资源，可以成为市场主体获得经济利润的来源，还可以成为一种产业，借助市场机制，利用价格杠杆、税收杠杆、金融杠杆和产权杠杆等经济、法律手段，实现森林能源的开发、利用。政府公益事业和经济产业是森林能源保护、开发的两只手，都得到充分利用，并且形成合理分工。

（4）有促有压、合理利用

根据我国七部委联合颁发的《林业产业政策要点》，我国林业产业发展以可持续发展和环境保护为基本原则和目标，对林木资源开发利用的领域划分出鼓励扶持、限制发展和淘汰禁止三个方面，有促有压，既保护了我国珍贵的林木资源，又促进我国森林能源产业的升级和经济效益的提高。

（5）分布实施渐进推进

我国正处于社会经济全面发展的快速增长期，能源方面必须尽快解决短缺和环境污染两大问题，但受制于现有的发展基础，宜采取分阶段、渐进推动的政策设计，分步走、大步走、快步走。为此，根据"中国森林能源中长期发展规划设想"的三个阶段，进行政策方案的阶段性设计。把政策的良性调整和政策的稳定性有机结合起来，将政策制订、政策实施、政策效应评估以及政策保障措施有机地统一起来、协调起来，并不断总结和完善，将成功的有实际推动效果的政策和具有一般性的政策条款法律化。

11.3　森林能源发展与利用的阶段性战略重点和举措

11.3.1　发展初期（2008—2010）

发展初期的政策重点是大力扶持成型燃料加工、气化燃料开发、生物柴油和热电联产的发展，加强技术支撑和政策扶持。资源方面在鼓励利用剩余物为主的同时，着力规划和进行能源林建设。

国家直接投资或提供贷款支持能源林建设，也可调整林木进出口政策，使之有利于森林能源开发或产品供给。在技术和设备方面，政府资助进行技术研发，提供贷款。在经济方面国家直接投资或优惠贷款进行项目建设，在初期进行原料的进价补贴，特别是进行上网电价或税费补贴。

例：国家要制定和实施一系列森林能源服务政策和调控政策。各地方也要结合本地实际情况，有选择性地制定本地区林木热电联产发展的促进政策。这一阶段，政策综合作用和影响最为重要和突出。

具体政策设计方案如表11-2所示：

表11-2 我国森林能源质热电联产发展初期政策框架

		1. 资源方面	2. 技术和设备方面	3. 经济方面	4. 社会方面
A 中央	扶持政策	A1.1 剩余物利用	A2.1 示范项目投入	A3.1 基建投资	A4.1 行政评估
		A1.2 能源林规划	A2.2 立项科研	A3.2 基建贷款	A4.2 建立集散中心
		A1.3 能源林投资	A2.3 进口免税	A3.3 进价补贴	
		A1.4 能源林贷款	A2.4 优惠贷款	A3.4 上网补贴	
		A1.5 木材进出口调整		A3.5 税收减免	
		A1.6 产品免税		A3.6 彩票设计	
	服务政策	A1.7 资源调查公布	A2.5 技术调查公布	A3.7 合作调查	A4.3 宣传鼓励
					A4.4 技能培训
	调控政策				A4.5 批准限制
B 地方	1. 扶持类	B1.1 地方能源林规划		B3.1 地方投资	
				B3.2 减免地方税	
				B3.3 交通改善	
				B3.4 地方贷款	

以林木质热电联产项目为例的政策要点说明：

A类：中央政策

（1）**扶持政策**

A1.1 鼓励现有各种林木质剩余物资源收集和利用；

A1.2 国家制定相关能源林建设规划及相关实施方案；

A1.3 采取直接投资的方式启动能源林项目，或者与当地其他林业工程相结合，协同发展；

A1.4 对于民间建设能源林的企业、社会团体、个人等实行贷款优惠政策，如贴息贷款、适当延长贷款期；

A1.5 调整我国木材进出口结构，鼓励和增加林木生物质原料进口；

A1.6 对于能源林林木质产品实行减免税收政策；

A2.1 国家投资能源培育、热电联产示范性项目；

A2.2 国家设立林木质能源林培育和热电联产关键性技术专项科研项目，并专款专用地鼓励种植树种、培育模式研究；为了对林木质原料进行处理和热电联产生产需要对能源林收割、切片、成型、发电、热处理等技术和设备进行研究；

A2.3 根据国内配套设备不足的实际情况，对于涉及林木生物质资源培育和热电联产的设备采取减免关税的政策；

A2.4 对于民间科研部门的研究款项或者民间投入科研资金实行优惠贷款政策，并对科研成果专利和知识产权严格保护；

A3.1 国家投资建设能源林基地辐射地区内的公路、铁路、水运等交通条件以及相关配套措施；

A3.2 国家设立相关基础建设类型贷款，对于发展热电联产的地区政府给予贷款优惠政策，例如贴息贷款、适当延长贷款期等；

A3.3 国家对林木生物质企业实行原料进价补贴政策；

A3.4 参考当地常用性电力上网电价，对林木质热电联产企业实行上网电价补贴；

A3.5 对于利用林木质进行热电联产的企业，实行免征增值税；

A3.6 设立并发行国家清洁能源彩票；

A4.1 将林木生物质热电联产发展水平纳入相关部门工作人员政绩评价体系；

A4.2 通过行政方式建立能源林林木质集散中心，为林木质市场形成创造条件。

（2）服务政策

A1.7 通过详细地实地调查和报表相结合的方式，摸清我国现有林木质资源及其潜力，建立自下而上的，林木质资源变化情况汇报制度，并定期向社会公布；

A2.5 广泛调查和综合国内现有林木生物质热电联产技术和设备情况，以供有意于进行林木质热电联产的企业参考；

A3.7 加强国际间投资和技术合作，在《京都议定书》签署的大背景下，与外国政府、国际组织等保持密切联系，并提供相关合作意向和合作项目等信息，并及时向外界公布；

A4.3 国家通过电视、报纸、广播、网络等公众传媒加大林木质能源宣传，使公众了解和认同这种新型能源；

A4.4 根据现有资源、技术的信息，进行林木生物质热电联产相关知识教育活动，比如定期举办相关部门行政人员培训班、对基层技术和工作人员进行技能培训等。

（3）调控政策

A4.5 国家应该严格监督和控制林木质热电联产项目批准，尤其根据地区林木质资源和社会经济情况，防止出现盲目建设和重复建设。

B类：地方政策。

政策要点说明：

B1.1 地方政府根据林木质资源量及其分布等，制定详细具体地发展规划。

B3.1 地方政府财政专项拨款直接投资能源林建设；

B3.2 对于林木质热电联产原料产品和电力生产企业实行减免地方税收政策；

B3.3 地方政府做好当地能源林发展土地规划，交通规划，并投资建立铁路、公路、水运等交通设施，改善硬件条件。

B3.4 对于能源林基地建设、技术和设备引进、科研项目等实行地方贷款优惠政策，如降低贷款利率、延长贷款期。

除了实行上述政策外，资源发展优势大且经济相对发达的地区应该根据自身情况，通过财政拨款、地方税收减免、优惠的土地政策等，扶持林木生物质热电联产的建设和发展，以促进本地区能源利用结构合理化、以新型产业刺激当地经济的发展。对于资源现状良好或潜力巨大的贫困地区，中央及当地政府应该考虑的适当加大扶持力度。

11.3.2 产业形成期（2010—2015）

经过一定时期的发展，森林能源开发利用产业逐渐成熟起来，规模经营开始出现，逐渐具备了与其他能源类型电力竞争的能力。因此，该阶段政策重心是支持服务于产业发展，构建森林能源开发利用产业发展体系。

首先要坚持实行扶持政策，同时还应该加强政府部门对于的服务，建立相对完整和系统的服务机构和体制；另外在这一阶段还要注意电力的消费实现问题。产业形成期政策的主要功能是扶持和服务于产业发展。在资源方面，能源林利用与生物利用并举，建立资源调查、评价等发布和咨询服务体系；在技术设备方面，减少对国外的依赖，鼓励国内技术开发利用，制定和颁布相关标准；在经济方面，逐步降低国家补贴，引入市场机制。除此以外，强化环保意识和节能意识，开展森林能源公益教育。具体政策设计框架如表 11 - 3：

表 11 - 3　中国森林能源产业形成期政策框架

		1. 资源方面	2. 技术和设备方面	3. 经济方面	4. 社会方面
A 中央	扶持政策	A1.1 扩大资源范围 A1.2 规划调整 A1.3 能源林投资 A1.4 能源林贷款 A1.5 产品减税	A2.1 立项科研 A2.2 进口减税 A2.3 研究贷款	A3.1 基建贷款 A3.2 上网补贴 A3.3 税收减少 A3.4 鼓励上市	
	服务政策	A1.6 资源调查公布 A1.7 资源评价	A2.4 技术调查公布 A2.5 工艺标准制定	A3.5 市场导向	A4.1 普及教育
	调控政策				A4.2 规模控制 A4.3 效率控制
B 地方	扶持政策	B1.1 调整地方规划		B3.1 地方投资 B3.2 减少地方税 B3.3 地方贷款	A4.4 工业限制
	服务政策	B1.2 信息上报			

以林木生物质热电联产项目为例的政策要点说明：

A 类：中央政策

（1）扶持政策

A1.1 充分利用剩余物，同时有计划地使用能源林资源，两者统一调配；

A1.2 基本按照初期相关能源林建设规划，并允许根据实际情况适当调整；

A1.3 继续直接投资于能源林项目，重点在于当地其他林业工程相结合，协同发展；

A1.4 对于民间建设能源林的企业、社会团体、个人等实行贷款优惠政策，如贴息贷款、适当延长贷款期，并且保证前期贷款政策的持续性，不得提前收回贷款；

A1.5 对于能源林林木质产品实行减少税收的政策，扶持林木质原料生产企业的发展；

A2.1 国家继续设立林木质能源林培育和热电联产关键性技术专项科研项目，并专款专用地鼓励各个科研机构和大中院校的技术人才为我国林木质热电联产发展提供技术支持，但本阶段的工作重点在于实现技术和设备的高效性，提供整个林木质电力生产的效率，比如原料林木质的节约，热能和电力的合理利用等；

A2.2 对于国外进口设备和技术专利等实行减少关税政策；

A2.3 保持对民间科研部门的研究款项或者民间投入科研资金优惠贷款政策的延续性，并对科研成果专利和知识产权严格保护；

A3.1 对于林木质热电联产企业的基础建设、设备购买、技术引进等实行优惠的贷款政策，例如贴息贷款、适当延长贷款期等，此时可以考虑减低优惠力度；

A3.2 取消对林木生物质企业实行原料进价补贴政策，但继续实行符合当地电力发展的上网电价补贴政策；

A3.3 对于利用林木质进行热电联产的企业，实行减征增值税等各种税收；

A3.3 鼓励林木质热电联产企业上市，放宽上市限制，制定相关上市程序和监督规则等。

（2）服务政策

A1.6 继续完善生物质资源量变化登记和汇报制度，并结合先进的勘测技术和评价手段，提高数据的准确性、时效性；

A1.7 建立能源林质量评价体系，并对生物质产品采取分类标准限制，根据不同利用途径对不同来源的原料进行严格控制，防止乱砍滥伐现象；

A2.4 关注在建科研项目实施，对科研成果进行总结，了解并及时追踪汇总国外热电联产设备和技术的前沿研究成果，定期向社会公布，同时始终关注林木质热电联查相关技术的发展方向；

A2.5 建立能源林培育、收割、处理、发电等工艺流程的质量评价标准，规范生产，提高效率；

A3.5 进一步做好林木质热电联产原料生产和供应及电力生产和消费的各个环节的衔接工作，规范已有林木质原料产品和电力产品市场，建立相应监督反馈制度；

A4.1 加大林木质能源宣传力度，可以通过普通教育、社区教育、专业教育等形式向全体民众普及林木生物质知识，强调发展林木质能源产业重要性，使他们自觉节约用能并积极使用林木生物质能源。

（3）调控政策

A4.2 国家应该严格监督和控制林木质热电联产项目批准，尤其根据地区林木质资源和社会经济情况，防止出现盲目建设和重复建设；

A4.3 对已有项目和待批准项目实行生产效率限制政策，制定相关标准，整个运行效率低于标准值，强制企业进行技术或管理革新。已有项目要求限期改正，待建项目立即改变项目实施计划，以达到国家标准；

A4.4 强制要求工业和商业用电必须达到一定的绿色电力应用比例，如违反将受到相应处罚，并限期改正。

B 类：地方政策。

B1.1 地方根据国家规划调整以及当地规划实现情况等对当地具体林木生物质热电联产规划进行局部调整；

B1.2 改进数据收集技术，利用科学手段和方法进行资源数据调查，及时向上级主管部门汇报数据，保证数据的时效性、准确性；

B2.1 地方政府继续对能源林建设、热电联产技术和设备改良等直接投资，可以适当调整支持力度；

B3.2 对于林木质热电联产原料产品和电力生产企业实行减少地方税收政策；

B3.3 继续对能源林基地建设、技术和设备引进、科研项目等实行地方贷款优惠政策，如降低贷款利率、延长贷款期；不得提前收回前期贷款。

在林木生物质热电联产产业形成阶段，中央和地方政策应该根据林木生物质资源状况、常规能源储藏和利用情况、环境保护需要等适当对原有规划进行调整，同时利用卫星等高科技手段对能源林进行监控和测量，提高资源测量的准确性，坚持长期性地贷款政策等，但总体上不是强化扶持力度，工作重点应放在服务政策上。

11.3.3 产业发展期（2015 以后）

森林能源产业逐步走向规范化、市场化，有持续稳健的发展前景。

这一阶段森林能源产业主要依赖市场自发调节，政府作用及政府行为只起辅助作用。这时，森林能源产业已经完全具备与其他能源竞争的实力。在资源方面，以定向能源林为基础；在技术和设备方面，以国内自主设计和制造为基础；在经济方面以市场机制为基础。该阶段政府部门的工作与政策重点将转向规范市场各种不良行为、适当调控资源配置、完善各阶段各层次的相应评价体系、标准以及相应监督管理体制等方面。因此，该阶段政策方向是完善产业体系、规范发展、调节关系，融入市场经济体系。这一阶段的政策主要发挥调节产业发展的作用，政策的综合作用相对减弱，具体政策框架如表 11-4 所示：

表 11-4 中国森林能源产业第三阶段政策设计框架

		1. 资源方面	2. 技术和设备方面	3. 经济方面	4. 社会方面	
A 中央	扶持政策	A1.1 专业化 A1.2 规划调整 A1.3 能源林贷款	A2.1 立项科研 A2.2 研究贷款			
	服务政策	A1.4 资源数据库 A1.5 调整资源评价	A2.3 技术革新推广 A2.4 调整工艺标准	A3.1 专业投资咨询		
	调控政策	A1.6 规范能源林用地 A1.7 林木质资源与产品进出口		A3.2 融资多样化	A4.1 规模控制 A4.2 效率控制 A4.3 工业控制 A4.4 民用控制	
B 地方	促进政策 服务政策	B1.1 数据库更新		B3.1 招商引资		

以林木生物质热电联产项目为例的政策要点说明：

A 类：中央政策

(1) **扶持政策**

A1.1 鼓励热电联产原料专业化生产，主要来源是专业定向能源林；

A1.2 基本按照初期相关能源林建设规划，并允许根据现实情况适当改变，逐步减少规划比重，其能源林发展与布局主要依靠市场调节；

A1.3 取消能源林项目直接投资，保留建设贷款优惠政策；

A2.1 国家继续鼓励林木质能源林培育和热电联产相关技术和设备研究，但减少资助项目和投资金额；

A2.2 鼓励企业自主研发或与科研部门开展合作开发项目，实行优惠贷款政策。

(2) **服务政策**

A1.4 完善生物质资源量变化登记和汇报制度，并结合先进的勘测技术和评价手段，建立中国林木生物质资源信息数据库，其中涉及资源量、资源品质、具体分布及其气候、土壤等详细情况；

A1.5 进一步完善能源林质量评价体系，并对生物质产品采取分类标准限制，根据不同利用途径对不同来源的原料进行严格控制，防止乱砍滥伐现象；

A2.3 做好国内外林木质热电联产技术研究进程和成果汇总，尤其注意创新性技术的宣传和推广；

A2.4. 进一步完善能源林培育、收割、处理、发电等工艺流程的质量评价标准，规范生产，提高效率；

A3.1 在市场主导条件下，进行投资咨询服务提供，并允许有资质的企业、社会组织、个人参与。

(3) **调控类**

A1.6 规范能源林用地，在林地自由转移的基础上，要进行能源林用地规范，严格禁止将不适宜造林的土地、自然保护区用地用于能源林建设；

A1.7 林木资源与产品进出口方面，一般也要遵循资源进口、产品出口的进出口贸易，制定相应政策；

A3.2 采取融资多样化政策包括直接投资和间接投资，必要时发行林木生物质专用彩票或者政府债券。

A4.1. 国家应该严格监督和控制林木质热电联产项目批准，尤其根据地区林木质资源和社会经济情况，防止出现盲目建设和重复建设；

A4.2 对已有项目和待批准项目实行生产效率限制政策，制定相关标准，整个运行效率低于标准值，强制企业进行技术或管理革新。已有项目要求限期改正，待建项目立即改变项目实施计划，以达到国家标准；

A4.3 控制企业和工商业用电，限制并进一步提高绿色电力应用比率；

A4.4 设置居民用电消费，限制并进一步提高绿色电力使用比率。

B 类：地方政策。

B1.1 建立基层林木生物质资源和环境数据库，及时更新并上报数据；

B3.1 鼓励社会闲散资金、外资进入林木质热电联产产业。

除了这些中央政府颁布的政策以外，各个省市区等各级政府应该根据自身发展条件和经济状况的不同采取地方性政策，支持和服务于林木生物质热电联产产业，并注意根据当地发展变动情况及时变更政策，保持林木生物质热电联产快速稳定的发展速度和合理的规模，鼓励全体国民自觉消费绿色电力。

（郭庆方、张大红、张希良、吕文）

◆ 参考文献

［1］王世绩．"瑞典的能源林计划——一个富国的惊人之举"．世界林业研究．1995（5）

［2］姚向君，等．国外生物质能政策与实践．北京化学工业出版社．2006

［3］David Clement，等．可再生能源税收优惠政策在国际上的实施情况．见：中国可持续能源财经与税收政策研究，北京：中国民航出版社，2006 年

［4］中国能源研究会．中国能源政策研究报告．1982

［5］吕文，等．中国林木生物质能源发展潜力研究（1）．中国能源．2005（11）

［6］倪洪兴．农业多功能和非贸易关注问题．农村社会经济．2000（下）：40-43

［7］David Clement，等．可再生能源税收优惠政策在国际上的实施情况．见：中国可持续能源财经与税收政策研究．北京：中国民航出版社，2006

12

12. 附录

12.1 可再生能源发展专项资金管理暂行办法 [财建 [2006] 237 号]

第一章 总 则

第一条 为了加强对可再生能源发展专项资金的管理,提高资金使用效益,根据《中华人民共和国可再生能源法》、《中华人民共和国预算法》等相关法律、法规,制定本办法。

第二条 本办法所称"可再生能源"是指《中华人民共和国可再生能源法》规定的风能、太阳能、水能、生物质能、地热能、海洋能等非化石能源。

本办法所称"可再生能源发展专项资金"(以下简称发展专项资金)是指由国务院财政部门依法设立的,用于支持可再生能源开发利用的专项资金。

发展专项资金通过中央财政预算安排。

第三条 发展专项资金用于资助以下活动:

(一) 可再生能源开发利用的科学技术研究、标准制定和示范工程;

(二) 农村、牧区生活用能的可再生能源利用项目;

(三) 偏远地区和海岛可再生能源独立电力系统建设;

(四) 可再生能源的资源勘查、评价和相关信息系统建设;

(五) 促进可再生能源开发利用设备的本地化生产。

第四条 发展专项资金安排应遵循的原则:

(一) 突出重点、兼顾一般;

(二) 鼓励竞争、择优扶持;

(三) 公开、公平、公正。

第二章 扶持重点

第五条 发展专项资金重点扶持潜力大、前景好的石油替代、建筑物供热、采暖和制冷,以及发电等可再生能源的开发利用。

第六条 石油替代可再生能源开发利用,重点是扶持发展生物乙醇燃料、生物柴油等。

生物乙醇燃料是指用甘蔗、木薯、甜高粱等制取的燃料乙醇。

生物柴油是指用油料作物、油料林木果实、油料水生植物等为原料制取的液体燃料。

第七条 建筑物供热、采暖和制冷可再生能源开发利用,重点支持太阳能、地热能等在建筑物种的推广应用。

第八条　可再生能源发电重点扶持风能、太阳能、海洋能等发电的推广应用。

第九条　国务院财政部门根据全国可再生能源开发利用规划制定的其他扶持重点。

第三章　申报及审批

第十条　根据国民经济和社会发展需要以及全国可再生能源开发利用规划，国务院可再生能源归口管理部门（以下简称国务院归口管理部门）负责会同国务院财政部门组织专家编制、发布年度专项资金申报指南。

第十一条　申请使用发展专项资金的单位或者个人，根据国家年度专项资金申报指南，向所在地可再生能源归口管理部门（以下简称地方归口管理部门）和地方财政部门分别进行申报。

可再生能源开发利用的科学技术研究项目，需要申请国家资金扶持的，通过"863"、"973"等国家科技计划（基金）渠道申请；农村沼气等农业领域的可再生能源开发利用项目，现已有资金渠道的，通过现行渠道申请支持。上述两类项目，不得在发展专项资金中重复申请。

第十二条　地方归口管理部门负责会同同级地方财政部门逐级向国务院归口管理部门和国务院财政部门进行申报。

第十三条　国务院归口管理部门会同国务院财政部门，根据申报情况，委托相关机构对申报材料进行评估或者组织专家进行评审。

对使用发展专项资金进行重点支持的项目，凡符合招标条件的，须实行公开招标。招标工作由国务院归口管理部门会同国务院政府部门参照国家招标管理的有关规定组织实施。

第十四条　根据专家评审意见、招标结果，国务院归口管理部门负责提出资金安排建议，报送国务院财政部门审批。

国务院财政部门根据可再生能源发展规划和发展专项资金年度预算安排额度审核、批复资金预算。

第十五条　各级财政部门按照规定程序办理发展专项资金划拨手续，及时、足额将专项资金拨付给项目承担单位或者个人。

第十六条　在执行过程中因特殊原因需要变更或者撤销的，项目承担单位或者个人按照申报程序报批。

第四章　财务管理

第十七条　发展专项资金的使用方式包括：无偿资助和贷款优惠。

（一）无偿资助方式。

无偿资助方式主要用于盈利性弱、公益性强的项目。除标准制定等需由国家全额资助外，项目承担单位或者个人须提供与无偿资助资金等金额以上的自有配套资金。

（二）贷款贴息方式。

贷款贴息方式主要用于列入国家可再生能源产业发展指导目录、符合信贷条件的可再生能源开发利用项目。在银行贷款到位，项目承担单位或者个人已支付利息的前提下，才可以安排贴息资金。

贴息资金根据实际到位银行贷款、合同约定利息率以及实际支付利息数额确定，贴息年限为1～3年，年贴息率最高不超过3%。

第十八条　项目承担单位或这个人获得国家拨付的发展专项资金后，应当按国家有关规定进行财务处理。

第十九条　获得无偿资助的单位和个人，在以下范围开支发展专项资金：

（一）人工费。

人工费是指直接从事项目工作人员的工资性费用。

项目工作人员所在单位有财政事业费拨款的，人工费由所在单位按照国家有关规定从事业费中足额支付给项目工作人员，不得在项目经费中重复列支。

（二）设备费。

设备费是指购置项目实施所必需的专用设备、仪器等的费用。

设备费已由其他资金安排购置或者现有设备仪器能够满足项目工作需要的，不得在项目经费中重复列支。

（三）能源材料费。

能源材料费是指项目实施过程中直接耗用的原材料、燃烧及动力、低值易耗品等支出。

（四）租赁费。

租赁费是指租赁项目实施所必需的场地、设备、仪器等的费用。

（五）鉴定验收费。

鉴定验收费是指项目实施过程中所必需的试验、鉴定、验收费用。

（六）项目实施过程中其他必要的费用支出。

以上各项费用，国家有开支标准的，按照国家有关规定执行。

第五章　考核与监督

第二十条　国务院财政部门和国务院归口管理部门对发展专项资金的使用情况进行不定期检查。

第二十一条　项目承担单位或者个人按照国家有关规定将发展专项资金具体执行情况逐级上报国务院归口管理部门。

国务院归口管理部门对发展专项资金使用情况进行审核，编报年度发展专项资金决算，并在每年3月底前将上年度决算报国务院财政部门审批。

第二十二条　发展专项资金专款专用，任何单位或者个人不得截留、挪用。

对以虚报、冒领等手段骗取、截留、挪用发展专项资金的，除按国家有关规定给予行政处罚外，必须将已经拨付的发展专项资金全额收回上缴中央财政。

第六章　附　　则

第二十三条　国务院归口管理部门依据本办法或者同国务院财政部门制定有关具体管理办法。

第二十四条　本办法由国务院财政部门负责解释。

第二十五条　本办法自 2006 年 5 月 30 日起实施。

12.2　财政部关于印发《生物能源和生物化工原料基地补助资金管理暂行办法》的通知 财建〔2007〕435 号

各省、自治区、直辖市、计划单列市财政厅（局），财政部驻各省、自治区、直辖市、计划单列市财政监察专员办事处：

　　为了确保发展生物能源和生物化工不与粮争地，促进非粮替代稳步发展，根据《财政部、国家发展改革委、农业部、国家税务总局、国家林业局关于发展生物能源和生物化工财税扶持政策的实施意见》（财建〔2006〕702 号）的规定，我们制定了《生物能源和生物化工原料基地补助资金管理暂行办法》，现予印发，请遵照执行。

附件：生物能源和生物化工原料基地补助资金管理暂行办法

中华人民共和国财政部

二零零七年九月二十日

附件:

生物能源和生物化工原料基地补助资金管理暂行办法

第一条 为保障发展生物质能源和生物化工原料供应,切实 做到发展生物能源和生物化工不与粮争地,根据《财政部国家 发展改革委农业部国家税务总局国家林业局关于发展生物能 源和生物化工财税扶持政策的实施意见》(财建〔2006〕702 号) 的有关规定,特制定本办法。

第二条 生物能源和生物化工原料基地(以下简称原料基地)是指为生物能源和生物化工定点和示范企业提供农业作物原 料与林业原料的基地。原料基地要充分开发利用荒山、荒坡、盐 碱地等未利用土地和冬闲田。原料基地必须符合以下条件:

(一)除利用冬闲田外,不得占用耕地或已规划用作农田的未利用土地,利用冬闲田种植原料作物要确保不与粮争地;

(二)不作为地方执行耕地占补平衡政策所补充的耕地;

(三)有利于生态保护,不造成水土流失;

(四)集中连片或相对集中连片,可以满足加工生产的需要。

第三条 中央财政安排专项资金用于原料基地补助,资金使用范围:

(一)种子(苗)繁育、种植、抚育管护、土地平整等与原料基地相关的生产性支出;

(二)技术指导、工程验收、监督检查、方案审批等与原料基地相关的管理费用支出;

(三)财政部批准的与生物能源和生物化工相关的其他支出。

第四条 原料基地采用"龙头企业+基地"的建设运营模式。龙头企业应当是生物能源和生物化工定点或示范企业。企业是原料基地建设的主体,负责组织实施种子(苗)繁育、种植、抚育 管护,并负责收购、加工、销售等,并投入必要的资金。企业要与种植、经营者签订合同,承诺收购能源林木果实或能源农作物,切实保障种植者利益。原料基地建设企业有权优先收购能源林木 果实及能源农作物。企业根据生产经营的需要及上述要求,在适宜区域选择原料基地,并制订详细的实施方案。实施方案要细化到田边地头,详细说明原料基地建设实施内容与起始工作时间,测算原料基地投入及建成后的经济效益情况,具体申报原料基地 财政补助。

第五条 申请原料基地财政补助必须符合本办法第二、三、四条规定。省级林业和农业部门应分别牵头,商本级国土资源部 门对林业或农业原料基地用地情况等进行审核;省级财政部门负责对原料基地投入、经济效益情况进行审核。对经审核符合条件 的原料基地?省级财政部门商本级林业(或农业)、国土资源部 门向财政部申请原料基地补助资金,并同时报送原料基地实施方 案。

第六条 财政部商国家林业局(或农业部)、国土资源部对 原料基地实施方案进行审核,同时财政部将视情况组织力量对原 料基地进行实地核查。财政部根据主管部门的审核意见,结合实 地核查情况,审核批复原料基地补助资金。

第七条 林业原料基地补助标准为200元/亩;补助金额由 财政部按该标准及经核实的原料基地实施方案予以核定。农业原料基地补助标准原则上核定为180元/亩,具体标准将根据盐碱 地、沙荒地等不同类型土地核定;补助金额由财政部按具体标准 及经核实的原料基地实施方案予以核定。

第八条 原料基地补助资金由财政部一次性拨付至省级财 政部门,省级财政部门要按照实施进度情况将补助资金及时拨付至企业,将补助资金拨付情况及时报告财政部,同时抄送财政部驻当地财政监察专员办事处(以下简称专员办)。

实行国库集中支付的,原料基地补助资金支付管理按相关规定执行。

第九条　在原料基地建设实施过程中，各级林业、农业、国土、财政部门要切实做好监督检查，确保按批准的方案实施。

专员办按属地原则对补助资金进行核查，核查内容包括：

（一）项目承担单位收到补助资金是否专账核算；

（二）补助资金是否专款专用；

（三）地方财政是否滞留补助资金；

（四）与补助资金管理、使用有关的其他事项。

对核查发现的问题，按《财政违法行为处罚处分条例》（国务院令第 427 号）等有关法律、法规处理、处罚。

原料基地建成后，由国家林业局、农业部分别负责组织验收，财政部将根据验收结果及各专员办监督检查情况对补助资金进 行清算。

第十条　本办法自印发之日起实施，由财政部负责解释。

12.3　中国森林能源大事记

1965 年 8 月 31 日　中共中央、国务院发出《关于解决农村烧柴问题的指示》，提出烧柴问题是关系到农村人民生产、生活的一件大事，各级领导必须当做一项重要工作从关心人民生活出发，切切实实地解决农村烧柴问题；各有关业务部门应在种植（薪炭林）、技术等方面大力支持。

1965 年　中国林业科学院林化所在北京光华木材厂建立了国内第一套木屑热解工业化生产装置，生产能力为 500 千克/小时。

1980 年 3 月 5 日　中共中央、国务院发出《关于大力开展植树造林的指示》，指出在烧柴困难的地方要大办沼气和积极发展薪炭林；对沼气和薪炭林在农村能源中的作用给予肯定，并号召全国积极发展。

1980 年 7 月 28 日　国务院副总理万里在全国农业资源调查和农业区划第二次会议上强调重视农村能源问题。解决农村能源光靠煤炭不行，今后解决农村能源，第一条大抓沼气，可以给贷款，给材料、培训人员；第二条抓薪炭林；第三条有条件的应大抓小水电。

1981 年 3 月 8 日　中共中央、国务院发出《关于保护森林发展林业若干问题的决定》，指出在烧柴困难的地方，要把发展薪炭林作为植树造林的首要任务，划定地段，组织社队、社员，以及机关、部队、厂矿、学校、农牧场等单位，积极营造，谁造归谁所有。这为全国发展薪炭林指出了方向，并制定了政策。

1981 年 5 月 11 日　全国农村省柴节煤经验交流会在河南省周口市召开，会议由国家科委、农业部、商业部和国家物贸总局联合举办，29 个省、直辖市、自治区和林业部、农垦部、解放军总后勤部的 203 名代表出席了会议。会议推广省柴节煤利用的先进经验，同时展出各地选送的先进炉灶。中国农工院和国家物贸总局燃料局对各地选送的省柴节煤炉灶热性能进行了现场测试，大部分柴灶可达到"三个十"（十两柴十分钟可烧开十斤水）。

1981 年 7 月 1 日　第一届中国农村能源展览在全国农业展览馆开幕。内容包括沼气、小水电、薪炭林、太阳能、风能、地热能和节能，展览面积 1 300 平方米，观众 3 万余人。

1981 年 9 月　中国林学会在南京召开森林能源学术研讨会，出席会议的有来自 22 个省（自治区、直辖市）的科研、设计、教学、生产单位的代表共 60 人。会议把解决农村能源作为当前急需解决的问题摆在首位。通过学术交流和讨论，对于解决农村薪材供需矛盾和合理利用森林能源的途径提出了建议，并就发展森林能源的科研工作交换了意见。

1981 年　林业部建立了全国薪炭林造林统计制度，确立了加强薪炭林建设的方针。

1982 年 2 月　为抓好薪炭林的建设和管理，林业部造林经营司设专人管理薪炭林工作。

1982 年 7 月　中国能源研究会向党中央、国务院提出《中国能源政策纲要建议书》，其中在有关农村能源的部分指出，鉴于 20 世纪内国家不可能大幅度增加农村的商品能源供应，农村能源开发应根据各地条件，建立以非商品能源为主的能源相互协调、补充的多元结构，发展薪炭林、沼气、小水电、社队煤矿和太阳能、风能等新能源。同时强调，大力推广省柴煤灶；大力营造薪炭林；抓好沼气建设；稳步发展小水电和社队煤矿。

1983 年 1 月 2 日　中共中央文件《关于当前农村经济政策的若干问题》中指出，小水电、风力、太阳能和薪炭林等能源带有紧迫性，必须抓紧。

1983 年 2 月 10 日　国务院办公厅转发《关于加快农村改灶节柴工作的报告》。

1983 年 12 月　在国家计划委员会，经济委员会的支持和资助下，林业部下达了由中国林业科学院林业科学研究所等研究部门承担的第一批薪炭林研究课题。

1984 年 9 月 20 日　全国人大六届七次会议通过了《中华人民共和国森林法》，决定自 1985 年 1 月 1 日起正式实施。森林法的实施标志着我国林业工作真正开始步入法制化的轨道。

1984 年 6 月　中国林业科学研究院林产化学工业研究所研发生产了"木质原料和农业剩余物的气化和成型设备"，并开发了以林木剩余物为原料的上吸式气化炉，同时在出热量达 4.18×104 千焦/小时的中试装置中，进行了气化发电试验研究。

1984 年 3 月 1 日　中共中央、国务院《关于深入扎实地开展绿化祖国运动的指示》中指出，解决缺柴地区农民和部分城镇居民燃料问题，对于保护好林草植被至关重要；在燃料困难的地方，应把发展薪炭林作为植树造林的首要任务；某些以木材为能源的企业，生产规模必须严加控制。要大力开发小水电、沼气、太阳能、风能，推广以煤代木及节柴灶等，解决群众的实际困难。

1984 年 4 月 4 日　国务院办公厅发出《关于成立国务院农村能源领导小组的通知》。通知强调，为加强农村能源开发工作，进一步发展农村经济，保护生态环境，促进我国"四化"建设，国务院决定成立国务院农村能源领导小组，李鹏任组长，杜润生和黄毅诚任副组长，卢嘉锡、杨俊、林汉雄、钱正英、何康、杨钟、何光远等为领导小组成员。领导小组的主要任务是审查农村能源总体规划；提出开发农村能源的方针政策；督促检查和协调各部门的有关工作。领导小组下设办公室，林汉雄兼办公室主任，编制 10 人，由国务院农村发展研究中心代管。

1984 年 12 月 23 日　为摸清全国农村薪材年消耗量，林业部造林经营司在黑龙江省哈尔滨市召开北方片农村薪材消耗量调查会议。会议上统一了调查方法，并要求各省区市 1985 年底前完成。

1985 年 1 月 15 日　林业部造林经营司在湖北省咸宁市召开南方片农村薪材年消耗量调查会议。

1985 年 6 月　全国薪炭林建设工作会议在北京市密云县召开，三北地区营造薪炭林的成功做法和经验得到全面推广。当时，被林业部确定为薪炭林试点县的密云县和延庆县还把薪炭林列为该县国民经济发展计划和全县"四大能源"开发项目之一。

1985 年 12 月　林业部利用财政部安排的农村能源建设专项经费，第一次下达了 10 省（自治区）23 县薪炭林试点计划。

1986 年 9 月 2—5 日　由林业部主持的全国薪炭林工作座谈会议在北京密云县召开。会议交流了全国薪炭林发展情况、经验和问题。

1986 年 10 月 4 日　叶青、边疆率中国能源代表团参加在法国戛纳举行的第 13 届世界能源大会，其中农村能源代表有邓可蕴、赵一章、杨跃先等。

1987 年 12 月　林业部根据 25 个省（自治区、直辖市）的调查统计，1985 年农村消耗薪材量为 28 730.5 万吨，其中农村生活消耗薪材量为 25 956.08 万吨。

1988 年 4 月 2 日　李鹏总理为在全国农业展览馆举办的第二届农村能源展览题词：大力发展农村能源。

1988 年 6 月 10 日　农业部、林业部、水电部和全国农业展览馆联合组织的第二届中国农村能源展览会在北京全国农业展览馆开幕，展览面积 1 300 平方米，来自全国农村能源战线的 1.5 万余人参观了展览。

1988 年 6 月　林业部部长高德占在福建视察指导林业工作时指出，老百姓的生活烧柴消耗木材要控制，改灶节柴要抓紧，改烧煤没条件的，就要拿出钱造薪炭林；经济发达地区的乡镇企业、工厂以木材为燃料的，要让他们发展薪炭林；群众烧柴要建薪炭林基地。

1988 年 8 月　林业部部长高德占为《农村能源》杂志题词：大力发展薪炭林，改善生态环境，解决农村能源。

1988 年 11 月 17 日　世界银行援助农村能源项目工作组泰勒先生等 4 位专家来华，与中方有关人员协商具体分工、完成期限及下步合作内容等。工作组还就援助中国薪炭林造林及改灶等进行了为期 4 周的第二阶段的合作项目现场方案设计和规划。

1989 年 9 月 4—8 日 为了交流薪炭林试点造林进展情况和经验，研究加快薪炭林发展的措施，林业部造林经营司在河南泌阳县召开了全国薪炭林试点工作座谈会。

1990 年 8 月 21—24 日 林业部造林经营司在内蒙古呼和浩特市召开三北地区 13 省、自治区、直辖市薪炭林现场经验交流会。

1990 年 12 月 23 日 "七五"农村能源科技攻关项目"薪炭林树种和营林技术研究"、"发展薪炭林区划和政策研究"、"成型燃料技术设备研究"等技术成果，由国家主管部门主持，在广西南宁市进行了鉴定。

1990 年 林业部部长高德占在安徽调查时，针对森林资源年消耗量大于生产量的问题指出，这里森林资源年消耗量一半以上在"四柴"（窑柴、炉柴、灶柴、香菇柴），这既是一个很大的浪费，又是一个很大的节约潜力。要重点下力气抓好民用节柴灶的推广、土特产品烘干以及乡镇工业用柴。也可以收取一定比例的资金，用于兴建燃料林。一定要用经济杠杆把这部分用材压下来。要发展森林资源，多方筹集资金，多层次、多形式、多树种造林。

1991 年 5 月 4 日 为了增加试点县密度，以辐射和带动周围地区发展薪炭林，林业部决定"八五"期间，每年安排 50 万元基建费在全国增加 50 个薪炭林试点县；要求各省林业厅匹配相应资金，每个试点县用 10 万元资金 5 年造薪炭林 1 万亩，带动面上发展薪炭林至少 1 万亩。

1991 年 5 月 24—30 日 农业部、林业部、国家环保局、中国生态学会、中国生态经济学会联合在河北省迁安县召开全国生态农业（林业）县建设经验交流会。出席这次会议的有国务院有关部委、生态农业（林业）试点县、科研院所、大专院校、部分省区农林部门、新闻单位及全国各省、市、自治区农业环境监测站的代表共 230 余人。农业部副部长洪绂曾在会上指出：我国生态农业的发展具有六大特点，其中第三是发展农村能源，重点是提高生物质能利用效率，河北省委书记邢崇智、林业部副部长徐有芳、国家环保局局长曲格平、中国农业环保协会理事长边疆、中国生态经济学会副理事长石山等领导出席会议并做了重要讲话。

1991 年 5 月 31 日 为了进一步加强对农村改灶节柴和薪炭林建设工作的领导，林业部决定成立农村能源办公室。

1991 年 国务院批转林业部《关于各省、自治区、直辖市"八五"期间年森林采伐限制审核意见的报告》的通知中强调，"对烧柴管理要大力抓好"。同时"要制订规划，积极推行烧柴改革，改燃代材，改灶节材"。"各地要加强宣传，搞好试点，积极引导，大力推行改灶节材，鼓励营造薪炭林，实行多能多渠道解决生活燃料问题"。

1991 年 10 月 26 日 由东北林业大学承担的"东北西部干旱半干旱地区薪炭林树种选择及燃烧性能和营造技术的研究"课题通过专家技术鉴定。

1992 年 国家"七五"科技攻关项目"薪炭林选种、引种及栽培经营试验"获林业部科技进步二等奖。以该课题为主要内容的《森林能源研究》一书由中国科学技术出版社，高尚武等主编。

1993 年 12 月 林业部造林司和中国林学会在京召开了全国薪炭林学术研讨会，有 60 多名代表到会，国务院参事高尚武到会讲话。中国林业出版社出版了《全国薪炭林研讨会文集》。

1994 年 我国签署了《联合国防治荒漠化公约》，同日本、俄罗斯、德国签订了环境保护合作协定，还同蒙古和俄罗斯签订了共同自然保护区的协定。

1995 年，9 月 林业部在山西省右玉县召开了"全国沙棘建设现场经验交流会"，并在全面推进沙棘资源建设和开发利用的基础上，进一步确定了要结合资源培育措施，开展沙棘平茬复壮，并将平茬物作为重要的薪柴和生物能源加以利用。

1995 年 9 月 5 日 由林业部主办的全国薪炭林建设现场会在河南省泌阳县召开，这是迄今为止的一次最重要的我国关于薪炭林建设的全国性会议。

1996 年 11 月 29 日 林业部以林计通字〔1996〕149 号文发出通知，印发了《全国森林能源工程"九五"实施计划》，标志着全国森林能源工程开始正式启动，全国首批 37 个重点县市于当年开始建设。

1996 年 12 月 由张志达，刘红、李世东主编的《中国薪炭林发展战略》一书由中国林业出版社出版，这是一本从全局探讨中国发展薪炭林战略的书。原林业部副部长祝光耀为该书题词：推进森林能源工程建设，加速国土绿化步伐。

1998 年 4 月 29 日 全国人大九届二次会议通过了《关于修改〈中华人民共和国森林法〉的决定》，并于 1998 年 7 月 1 日起施行。新《森林法》为鼓励植树造林、改善生态环境、推进国土绿化进程、实现可持续发展战略提供了重要的法律保障。

1998 年 中国林业科学研究院林产化学工业研究所成功地研制了"棒状燃料成型机"，和"成型颗粒燃料制造机"，采用的是热压成型原理。是将林木生物质材料中的木质素加热到软化状态会产生一定的胶粘作用时对其进行挤压而成型。并与江苏正昌粮机集团公司合作，开发了内压辊筒式颗粒成型机，生产能力为 250～300 千克/小时，生产的颗粒成型燃料适用于家庭或暖房取暖使用。

1998 年 由张志达等主编的《中国绿色能源》一书由中国林业出版社出版。

2000 年 8 月 河南，黑龙江两省 6 市开始试用乙醇汽油，并计划 2005 年全面推广乙醇汽油。

2000 年 1 月 29 日 中华人民共和国国务院令第 278 号公布《中华人民共和国森林法实施条例》，并自公布之日起施行。

2001 年 4 月 我国宣布推广使用车用乙醇汽油，并批准了 4 个产能共为每年 102 万吨的燃料乙醇试点项目，4 家企业分别为吉林燃料乙醇公司、河南天冠燃料乙醇公司、安徽丰原生化公司以及黑龙江华润酒精公司。

2002 年 国家林业局发布了《关于调整人工用材林采伐管理政策的通知》，2003 年又出台了《关于完善人工商品林采伐管理的意见》，进一步放宽了速生丰产用材林的采伐限制。对森林资源管理政策进行了调整和完善，以鼓励和推动速丰林工程健康发展。

2004 年 2 月 经国务院同意，国家发改委等 8 部门联合制定颁布了《车用乙醇汽油扩大试点方案》和《车用乙醇汽油扩大试点工作实施细则》，由此相关工作全面启动。涉及试点工作的 9 个省（其中黑龙江、吉林、辽宁、河南、安徽 5 个为全省，河北、山东、江苏、湖北 4 个为省内部分地区）进行试点工作。

2004 年 5 月 国家林业局三北局有关专家与北京林业大学、中国可再生能源学会联合开展了"林木生物质能源资源及利用研究"课题，重点研究了利用林木枝条生产成型燃料技术与经济可行性。

2005 年 2 月 国家林业局组织有关专家开展了"中国林木生物质能源发展潜力研究"项目。基本摸清了中国林木生物质资源的现状、分布和开发利用潜力。

2005 年 6 月 26 日 国家林业局组织北京林业大学、东北电力设计院、北京国林山川生物能源科技公司有关专家考察瑞典、丹麦生物质能源开发利用。并撰写了《瑞典丹麦考察林木生物质能源开发利用情况报告》。提出了将林木生物质能源开发利用作为我国能源发展战略的重要组成部分，并赋予应有的地位，发挥应有的作用。该项考察由世界自然基金会（WWF）资助。

2005 年 8 月 北京林业大学张大红、张彩虹教授给原国家林业局局长周生贤致信，建议我国林业实行森林能源化发展战略，周生贤给予较高评价，明确森林能源化是中国林业发展的新方向，并批示有关部门落实。

2005 年 10 月 四川省长江造林局与四川大学等单位联合开展的小桐子种植与开发生物柴油技术研究取得重大突破。经过 20 多年的研究，目前已经利用小桐子混合生物柴油进行了 1.5 万公里的柴油机车行车试验；成都市的柴油公交汽车也开始试验这种新型清洁燃料；一座年产 200 吨的小桐子柴油混合燃料车间也在四川建成。生物柴油这种清洁高效的能源开始展现出广阔的应用前景，四川省在"十一五"规划中，计划在攀枝花市、凉山彝族自治州发展小桐子资源 200 万亩。

2005 年 10 月 北京国际可再生能源大会召开。国家主席胡锦涛对大会书面致辞：加强全球合作，妥善应对能源和环境挑战，实现可持续发展，是世界各国的共同愿望，也是世界各国的共同责任。随着世界经济的不断发展，能源和环境问题日益突出。如果能源和环境问题得不到有效解决，不仅人类社会可持续发展的目标难以实现，而且人类的生存环境和生活质量也会受到严重影响。可再生能源丰富、清洁，可永续利用。加强可再生能源开发利用，是应对日益严重的能源和环境问题的必由之路，也是人类社会实现可持续发展的必由之路。中国高度重视开发利用可再生资源，把可再生能源开发利用作为推动经济社会发展的重大举措。

2006 年 1 月 1 日，中国将正式实施《可再生能源法》。我们将坚持以科学发展观统领经济社会发展全局，加快调整经济结构，转变经济增长方式，提高自主创新能力，发展循环经济，保护生态环境，进一步加大发展可再生能源的力度，促进经济发展与人口、资源、环境相协调，努力建设资源节约型、环境友好型社会。加快可再生能源开发利用，必须加强国际合作。国际社会应该在研究开发、技术转让、资金援助等方面加强合作，使可再生能源在人类经济社会发展中发挥更大作用，造福各国人民。希望本次大会在促进世界可再生能源开发利用、扩大可再生能源国际合作等方面发挥重要作用。

2005 年 12 月 15 日 国家林业局下发了关于同意内蒙古通辽市奈曼旗林木生物质发电项目列为国家林木生物质能源开发利用示范项目的批复，将奈曼旗木质能源林培育基地列为国家林业局能源林培育示范基地。

2006 年 1 月 1 日 《中华人民共和国可再生能源法》正式生效。与《可再生能源法》相配套的10 部文件相继颁布。

2006 年 1 月 4 日 国家发改委制定了《可再生能源发电有关管理规定》明确规定"需要国家政策和资金支持的生物质发电……和其他有关项目向国家发展和改革委员会申报。"

2006 年 1 月 9 日 国家发改委制定了《可再生能源发电价格和费用分摊管理试行办法》并颁布。办法规定：生物质发电项目上网电价实行政府定价的，由国务院价格主管部门分地区制定标杆电价，电价标准由各省（自治区、直辖市）2005 年脱硫燃煤机组标杆上网电价加补贴电价组成。补贴电价标准为每千瓦时 0.25 元。发电项目自投产之日起，15 年内享受补贴电价；运行满 15 年后，取消补贴电价。自 2010 年起，每年新批准和核准建设的发电项目的补贴电价比上一年新批准和核准建设项目的补贴电价递减 2%。发电消耗热量中常规能源超过 20% 的混燃发电项目，视同常规能源发电项目，执行当地燃煤电厂的标杆电价，不享受补贴电价。

2006 年 5 月 20 日 国家林业局组织有关专家与北京林业大学、中国电力集团东北电力设计院、北京国林山川生物能源科技公司等单位联合开展了"林木生物质热电联产技术路线、上网电价及中长期发展规划研究"。在全面评价国内外林木生物质热电联产发展现状的基础上，研究了国内外能源林发展现状，研究了适合我国发展的能源林培育模式和未来采收整理技术的发展模式，提出了能源林培育、收割、收集、处理技术路线，强调机械化收割和原料收集是确保热电联产产业健康发展的关键因素之一。提出了当前适宜在我国推行的林木生物质热电联产电厂建设装机容量规模在 1.2 万～4.8 万千瓦（双机组）为好。该项目得到世界自然基金会中国分会资助。

2006 年 5 月 30 日 国家发改委、财政部设立了可再生能源发展专项资金，为了加强对可再生能源发展专项资金的管理，提高资金使用效益，制定了《可再生能源发展专项资金管理办法》，为可再生能源发展专项资金的具体操作和实施提供了法律保障。

2005 年 7 月　国家发改委组团考察欧洲生物能源开发利用。来自财政部、国务院法制办、农业部、国家林业局、清华大学、中国农业大学的有关人员考察了瑞典、丹麦、德国、意大利 4 国的生物质能源开发利用示范项目，向国务院提交了考量报告。

2006 年 8 月　国家林业局批准成立了"国家林业局林木生物质能源领导小组"。国家林业局副局长祝列克任领导小组组长。领导小组下设办公室，造林司司长魏殿生任办公室主任。至此，全国林木生物质能源工作开始走向正规发展的道路。

2006 年 8 月 7 日　国家林业局在北京召开"全国林业生物质能源示范建设座谈会"。

2006 年 8 月 19 日　国家发改委在北京主持召开了"全国生物质能源开发利用工作会议"。

2006 年 5 月　国家能源办副主任马富才同志会同国家林业局赴四川省攀枝花市的小桐子种植基地进行了实地调查，与省发改委、省林业厅有关人员一起听取了攀枝花市政府和四川省长江造林局关于开发利用小桐子工作情况的汇报，现场考察了野生小桐子，布置了大力发展小桐子资源有关工作。

2006 年 9 月 28 日　中华人民共和国科技部与联合国开发计划署（UNDP）合作的"少数民族地区绿色能源减贫项目"在北京召开了项目启动会。

2006 年 9 月 30 日　财政部、国家发展改革委、农业部、国家税务总局、国家林业局联合下发了"关于发展生物能源和生物化工财税扶持政策的实施意见"，将重点推进生物燃料乙醇、生物柴油、生物化工新产品等生物石油替代品的发展，同时合理引导其他生物能源产品发展。制定并实施有关财税扶持政策将为生物能源与生物化工产业的健康发展提供有力的保障。

2006 年 11 月 24 日　国家林业局在北京举办"林业生物质能源暨小桐子产业化发展论坛"。国家林业局副局长李育材指出，"十一五"期间我国将重点培育能源林，发展生物柴油和木质燃料发电。能源林所提供的原料产能量要占国家生物质能发展目标的 30% 以上，加上林业剩余物，力争使林业生物质能源量占国家生物质能源发展目标的 50% 以上。

2006 年 11 月 28 日　国家发改委正式下发了《关于内蒙古通辽市奈曼旗林木生物质热电项目的批复》。强调国家支持奈曼旗林木生物质热电项目的建设，并在税收方面给予优惠政策支持。

2007 年 4 月 6 日　国家林业局与中国粮油食品（集团）有限公司签署了合作发展林业生物质能源的框架协议。计划在贵州省建设年产 2～3 万吨的生物液体燃料的原料林基地。并将培育能源林列入林业"十一五"发展规划，并编制了《全国能源林建设规划》，《林业生物柴油原料林基地"十一五"建设方案》。

2007 年 4 月　内蒙古阿尔山市 2×12 兆瓦林木质热电联产项目、木质燃料供应计划研究项目正式开展。该发电项目总投资 3 亿元，其中，世界银行贷款 1 200 万美元。该项目得到世界银行可再生能源推进项目办公室资助。

2007 年 4 月　协助清华大学完成与英国 BP 石油公司所签署的"中国生物质燃料技术发展路线图项目"的"中国林木质资源与开发液体燃料潜力研究项目"正式启动。重点研究了优良液体燃料能源树种的种类、分布、培育技术，进行相应能源林基地建设的可行性论证和配套技术路线的设计；分别以现状、2010 年，2020 年，2030 年和 2050 年时段的林木质液体燃料产业发展进行分析，并对其产业化和市场化进行综合评价，提出了阶段性发展目标。项目由清华大学和英国 BP 项目资助。

2007 年 7 月 17 日　国家林业局局长贾治邦在国务院新闻办举行的新闻发布会郑重宣布：林业生物质能源是大有希望的绿色能源和十分重要的可再生能源，大多在一次种植后可持续利用几十年，期间生长着的林木发挥着正常的生态功能，能有效固定二氧化碳和减少碳排放。发展生物质能源是今后降低碳排放、解决能源安全及环境问题的重要渠道之一。我国现有林木生物质中，每年可用于发展生物质能源生物量为 3 亿吨左右，折合标准煤约 2 亿吨。全国有宜林荒山荒地 5 700 多万公顷和近 1 亿公顷的边际性土地，培育能源林的潜力和空间很大。国家林业局已与中石油、中粮集团、国家电网公司等合作，逐步建立"林油一体化""林电一体化"发展模式，推动林业生物质能源发展。

2007 年 9 月　国家发改委制定的《可再生能源中长期发展规划》公布，确定了重点发展生物质发电、沼气、生物质固体成型燃料和生物液体燃料。到 2010 年，生物质发电总装机容量达到 550 万千瓦，生物质固体成型燃料年利用量达到 100 万吨，沼气年利用量达到 190 亿米^3，增加非粮原料燃料乙醇年利用量 200 万吨，生物柴油年利用量达到 20 万吨。到 2020 年，生物质发电总装机容量达到 3 000 万千瓦，生物质固体成型燃料年利用量达到 5 000 万吨，沼气年利用量达到 440 亿米^3，生物燃料乙醇年利用量达到 1 000 万吨，生物柴油年利用量达到 200 万吨。

2007 年 5 月 25 日　全国生物柴油行业协作组一届理事会二次会议在北京隆重召开。全国各地近百家从事生物柴油相关产业的企业代表齐聚北京，共同商议生物柴油的发展现状以及未来的发展前景。全国生物柴油行业协作组自 2005 年 11 月份成立以来，已经切实有效地开展了各项组织建设工作。截至目前，协作组共有正式企业代表 96 家，其中副理事长单位 21 家，理事单位 26 家，会员单位 49 家，另有 14 位从事生物柴油行业科研、生产、信息研究工作的权威专家加入"专家委员会"。此外，首期"会员通讯"已经编辑完成，协作组官方网站（中国生物柴油网 www.chinabd.org.cn）也开始上线运行。

2007 年 6 月　由奕森年等编著的《中国文冠果资源研生开发与实践》一书由林业出版社出版，国家林业局副局长李育才为书题词："大种文冠果，为生物质能源建设做贡献"。

2007 年 8 月 14 日　国家发改委、农业部、国家林业局共同召开"全国生物质能开发利用工作会议"。国家发改委陈德铭副主任在工作会议上做了重要讲话。

2007 年 9 月 20 日　财政部印发《生物能源和生物化工原料基地补助资金管理暂行办法》的通知。

2007 年 10 月　由陈放、吕文、张正敏主编，云贵川各级科技林业部门专家参加编著的《小桐子生产技术》一书在四川大学出版社出版，这是我国第一本阐述小桐子资源开发生物柴油的书。

2007 年 10 月 28 日　小桐子生物柴油产业国际研讨会在海南省海口市召开，会议的主题为：小桐子产业开发与生物柴油发展。会议主要议题是研究促进小桐子生物能源产业的健康有序发展，增进相互交流与合作，广泛地获得国际国内的经验和成果，进一步扩大该项目的影响，获得更加广泛的参与和支持。会议由中国国际经济技术交流中心（CICETE）主办，联合国开发计划署（UNDP）驻华代表处、国家发展与改革委员会能源研究所、中国可再生能源学会、中国能源研究会、绿色能源减贫合作项目执行办公室等单位支持，海南省可再生能源协会承办。

2007 年 12 月　《中国森林能源》一书通过专家评审，将正式出版。本书由张希良、吕文等编著，有关研究单位专家和企业家 30 多人参加编写。全书计 40 多万字，分 12 个章节分别就森林能源资源的种类、分布、利用途径、发展战略、经济效益、政策扶持条件等做了全面阐述。

2007 年 12 月　由钱能志等编著的《中国林业生物柴油》一书在中国林业出版社出版。

2007 年 12 月 19 日　国家林业局副局长雷加富在例行新闻发布会上披露，中国的森林覆盖率从新中国成立时的 8.6%，增加到目前的 18.21%，到 2010 年将提高到 20%。目前，中国人工林保存面积达到 5 300 多万公顷，占世界人工林总面积的近 1/3，居世界首位。

2007 年 12 月 20 日　2007 中国国际林业博览会在北京全国农业展览馆开幕。

12.4　森林能源主要研究项目（2004 年 5 月—2007 年 12 月）

1. 林业生物质资源利用现状与开发潜力研究

　　　　　　　　　　　　　　　　　　　　　　　吕　文　王永键　程世强

2. 中国林木生物质能源发展潜力研究

　　　　　　　　吕　文　王春峰　王国胜　俞国胜　张彩虹　张大红　刘金亮

　专题研究一：中国林木生物质资源培育与发展潜力研究

　　　　　　　　　　　　　王国胜　吕　文　刘金亮　王树森　吕　扬　王广涛

　专题研究二：林木生物质能源开发利用技术研究

　　　　　　　　　　　　　俞国胜　袁湘月　李美华　回彩娟　熊邵俊

　专题研究三：林木生物质能源的经济分析和可行性研究

　　　　　　　　　　　　　张彩虹　张大红　徐剑琦　王　莹　张　兰

　　　　　　　　　　　　　黄　雷　刘　轩　吕　扬

　专题研究四：林木质能源生产和清洁发展机制结合的机制与相关政策分析

　　　　　　　　　　　　　王春峰　杨宏伟　贾晓霞　章升东

3. 林木质能源发电上网电价机制及政策研究

　　　　　　　　　　　　　　　　　　　　　　　吕　文　苏保忠　王文静

4. 林木质热电联产中长期发展规划（设想）技术路线和政策研究

　　　　　吕　文　张彩虹　张大红　王国胜　袁湘月　张　兰　王　莹　于国续　刘金亮

　专题研究一：中国林木生物质热电联产中长期发展规划

　　　　　　　　　　　　　王国胜　董建林　王树森　甘　霖　西　古　吕　文

　专题研究二：林木生物质资源收获　处理与利用技术研究

　　　　　　　　　　　　　俞国胜　袁湘月　胡　渭　赵　静　吕　文

　专题研究三：案例分析—内蒙古通辽市奈曼旗 2X12MW 林木
　　　　　　　质若电联产示范项目可行性研究

　　　　　　　　　　　　　刘金亮　于国续　张树齐　黄明胶　吕　文

　专题研究四：林木生物质能源热电联产的经济分析研究

　　　　　　　　　　　　　张彩虹　张大红　张　兰　王　莹　黄　磊

　专题研究五：林木生物质热电联产政策与设计研究

　　　　　　　　　　　　　张彩虹　张大红　王　莹　张　兰

　专题研究六：欧洲农林生物质能热电联产技术（译文集）

　　　　　　　　吕　扬　王　莹　袁湘月　李　静　石春娜　顾早迪　吴　琼

　　　　　　　　张　兰　王国胜　吕　文

5. 中国部分省区油料能源树种资源和开发生物柴油潜力调查研究

　　　　　　　　刘金亮　赵晓明　吕　文　徐剑琦　王　莹　张　兰　甘　霖　西　古

6. 中国林木质资源与开发液体燃料潜力研究

　　　　　　　　　　　　　吕　文　张彩虹　王国胜　张　兰　王　琪

7. 内蒙古阿尔山市 2×12MW 林木质热电联产项目木质燃料供应研究

　　　　　吕　文　张彩虹　张　兰　Winfried　Rijssenbeek　王国胜　郭利恒

　　　　　　　　吴　琼　刘　轩　张启龙　王　琪

8. 开发"木质煤"替代化石煤炭的可行性研究

吕　文　刘金亮　李　涛　俞国胜　刘　军　徐剑琦　王　莹
张　兰　吕　扬　甘　霖

12.5　文中主要缩写和单位换算

UNDP	联合国开发计划署
FAO	联合国粮农组织
WWF	世界自然基金会
NDRC	国家发展和改革委员会
CICETE	中国国际经济技术交流中心
SAF	国家林业局
BP	英国石油公司
CDM	清洁发展机制（clean development mechanism）
IPCC	政府间气候变化专门委员会
NCCC	国家气候变化对策协调委员会
CHP	热电联产
Ce	标煤当量，1千克标准煤＝7kce
ktce	千吨标准煤当量
Mtce	兆吨标准煤当量
ktoe	千吨标准油当量
Mtoe	兆吨标准油当量
W	瓦
kW	千瓦　1kW＝1 000W
MW	兆瓦，1MW＝1 000kW
GW	吉瓦（百万千瓦），1GW＝1 000MW
J	焦耳
kcal	千卡，1kcal＝4 184 kJ
kWh	千瓦时，1kWh＝1 000Wh（1 Wh＝3 600J）
TWh	太千瓦时，1TWh＝1×10^{12}kWh
hm^2	公顷，1公顷＝0.01平方公里＝10 000平方米＝15亩

后 记

　　《中国森林能源》一书是广大从事森林能源科研和生产工作者多年工作和辛勤劳动的结晶。

　　社会实践和科学研究表明，发展和利用森林能源是人类应对能源危机和气候变化的重要举措之一。特别在中国，能源短缺、环境污染严重、森林资源匮乏，发展和利用森林能源更是缓解能源和气候危机，促进森林资源发展、加快荒山荒沙绿化和帮助林农开辟新的增收渠道的重要途径之一。

　　中国拥有丰富的未开发的森林能源资源，根据第六次全国森林资源清查资料，中国森林资源面积为 1.75 亿公顷，活立木总蓄积量为 136.2 亿米^3，森林生物质资源总量约为 180 亿吨，每年可作为能源利用的森林资源总量 2.97 亿吨，大约可替代 2 亿吨标准煤。但是，长期以来，受经济发展、科学技术水平和人们认识偏差等因素的影响，这些资源基本上没有被利用，大多数还处于废弃状态，自生自灭。森林剩余物资源得不到利用、能源能量得不到释放，严重制约了森林资源增长和林业可持续发展。因此，积极研究中国森林剩余物资源的利用，测算森林能源资源发展潜力，探索森林资源经济高效利用途径，利用现有宜林地和不适宜农耕的荒山、荒沙、盐碱地、海滩地，以及矿山、油田复垦地等科学培育森林能源资源，开发生物质固体、液体、气体燃料具有重大的战略意义和深远的历史意义。

　　世纪之交，国家林业局组织有关部门和专家结合国家可再生能源发展战略目标，加强了森林能源的研究工作。几年来，在继承前人几十年的研究成果基础上，广泛学习和借鉴先导国家林木生物质能源开发利用的成功经验，深入开展国内外林木生物质能开发利用技术研究；开展森林能源资源调查研究，科学评价和测算森林能源资源的开发利用潜力，探讨森林能源资源发展思路、开发利用的技术路线、未来发展潜力，推动国家确立森林能源中长期发展目标，并在能源培育、林木质能源加工、林木质发电等环节，开展了示范项目建设。在上述背景下，以《中国林木生物质能源发展潜力研究》、《林木质热电联产中长期发展规划

（设想）、技术路线和政策研究》和《中国林木质资源与开发液体燃料潜力研究》等课题研究工作为基础，有关学界、政界和商界的同仁们进行了系统总结分析，完成了《中国森林能源》的编著。

全书分十二章，分别论述了我国在全球应对气候变化和能源危机的重要时期，大力发展与利用森林能源的战略性、迫切性和可行性，全面介绍了国家发展与利用森林能源的战略目标、有关政策、优先区域、转化技术、应用途径，测算了我国森林资源能源利用潜力，提出了阶段性利用森林剩余物资源、培育能源林和原料集成供给的模式，并对未来森林能源化在促进农村林区林农致富，调整能源产业结构和保护环境的潜力进行了预测评估等，这些可为从事生物质能源研究和开发利用的广大学者、投资者和经营者，以及政府有关部门提供参考。

诚然，本书的出版仅仅是一个开端，是森林能源的一簇薪火。森林能源方兴未艾的科技攻关、理论研究和森林能源利用即将全面展开任重而道远。历史进程已经展开，不久的将来，我国森林能源发展和利用将成为燎原之势，迅猛前行。

本书付梓之际，感谢国家有关部门领导和专家的支持与指导，感谢参考文献中具名的作者，感谢一切关心森林能源发展和利用的人们。

作 者

2008 年 7 月 1 日

图书在版编目（CIP）数据

中国森林能源/张希良等编著. —北京：中国农业出版
社，2008.6
ISBN 978-7-109-12665-7

Ⅰ.中… Ⅱ.张… Ⅲ.森林-生物能源-研究-中国
Ⅳ.TK6 S7

中国版本图书馆 CIP 数据核字（2008）第 071427 号

中国农业出版社出版
（北京市朝阳区农展馆北路 2 号）
（邮政编码 100125）
责任编辑 刘爱芳

中国农业出版社印刷厂印刷 新华书店北京发行所发行
2008 年 7 月第 1 版 2008 年 7 月北京第 1 次印刷

开本：889mm×1194mm 1/16 插页：8 印张：17
字数：450 千字 印数：1～1 000 册
定价：80.00 元
（凡本版图书出现印刷、装订错误，请向出版社发行部调换）